趣味网络图解

——从基础到应用——

林兆伦（@小白debug）著

電子工業出版社
Publishing House of Electronics Industry
北京•BEIJING

内容简介

本书以一系列引人入胜的问题为起点，带领读者深入计算机网络的技术核心。本书基于网络的四层模型，自下而上逐层剖析网络编程和数据传输的根本原理，特别聚焦于程序员在学习和职业实践中经常面临的具体情境。

本书采用提问、分析、解答的方法，引导读者逐步深入，直至完全理解网络通信的精细运作方式。书中不仅阐述了socket的使用及其底层实现机制，还细致解读了TCP的三次握手与四次挥手过程，以及应用层协议的多样性。更进一步，本书深入比较了TCP与UDP在实际应用中的不同表现，通过实际案例分析，揭示了它们的内在特性。通过通俗易懂的语言，本书将复杂的网络知识转化为轻松有趣的学习体验，确保读者在享受阅读的同时，也能充分吸收知识。

不论是对于网络编程的新手，还是对于富有经验的开发者，本书都是一部内容丰富、值得深读的学习指南。本书的目标是通过生动有趣的讲解方式，不仅拓宽读者在网络技术领域的视野，更加深其对该领域的理解。

未经许可，不得以任何方式复制或抄袭本书之部分或全部内容。
版权所有，侵权必究。

图书在版编目（CIP）数据

趣味网络图解 ： 从基础到应用 / 林兆伦著.
北京 ： 电子工业出版社，2025. 8 (2025. 9 重印).
ISBN 978-7-121-51031-1

Ⅰ. TN915.04-64

中国国家版本馆CIP数据核字第2025HT7498号

责任编辑：张月萍
印　　刷：天津千鹤文化传播有限公司
装　　订：天津千鹤文化传播有限公司
出版发行：电子工业出版社
　　　　　北京市海淀区万寿路173信箱　　邮编：100036
开　　本：720×1000　1/16　印张：24.5　字数：548.8千字
版　　次：2025年8月第1版
印　　次：2025年9月第3次印刷
定　　价：129.80元

凡所购买电子工业出版社图书有缺损问题，请向购买书店调换。若书店售缺，请与本社发行部联系，联系及邮购电话：(010) 88254888，88258888。

质量投诉请发邮件至zlts@phei.com.cn，盗版侵权举报请发邮件至dbqq@phei.com.cn。

本书咨询联系方式：faq@phei.com.cn。

前　言

Preface

你好，我是林兆伦。

相信不少人都有过这样的感受：当我们作为新手去学习一项新的技术时，翻开各种专业学习资料，常常会遇到用一些我们不认识的专业术语去解释另一些我们不认识的专业术语的问题，这让本来就一头雾水的人更加一头雾水。

还有一些新手，刚上来学习就被推荐看一些厚厚的“网络**黑皮书**”，这些资料非常全面，但海量的资料摆在新手面前的时候，新手很容易分不清哪些才是重点。

经典书籍确实很棒，但我不建议初学者上来就看经典书籍，因为太枯燥，容易劝退初学者。没有人会零基础就拿着汉语词典去学中文，道理是一样的。

这类教科书式的讲解形式，习惯于从正面讲解知识点，比如告诉你四次挥手是什么，但很少告诉你是否可以三次挥手、两次挥手等。

而在面试时，面试官却很喜欢从某个知识点侧面提问，如果对知识点了解不全面，就很容易触及自己的知识盲区。

于是我就想，是不是可以反过来，针对某个知识点，从一个不常见的角度，去一层一层剖析问题。这样让读者既能知其然，又能知其所以然，读者是不是就可以了解这个知识点的全貌呢?

于是，我就精挑细选了一批网络话题，从常见的场景引出，谈一些大家平时不容易了解到的细节。

如果看到书里的标题，感觉一头雾水，那么我建议大家深入学习。如果大家看完后，有一种“原来还能这样?！”的感觉，那么我会很开心，因为这本书有价值了。

本书特色

本书用通俗的语言讲述计算机网络相关技术，通过幽默有趣的表达方式层层深入某个网络话题，以点带面，让大家慢慢夯实自己的计算机网络基础知识体系。

本书主要涵盖计算机网络中的网络层、网络接口层、传输层、应用层以及网络编程等多个主题。每个主题一章，你不必从头到尾逐章阅读，完全可以从自己感兴趣的任何章节开始阅读。

读者对象

本书不会从零开始讲述如何编写代码，但依然会穿插少量代码片段。所以它对读者会有一点儿小小的要求。

如果你恰好懂一些编程知识，能看懂简单的代码，同时又想深入学习计算机网络基础，那么这本书非常适合你。

勘误与支持

由于作者水平有限，书中难免会出现一些错误或不准确的地方，恳请广大读者朋友批评指正。

读者如果在阅读过程中产生疑问或发现Bug，欢迎到“小白debug”微信公众号的后台留言。

致谢

感谢成都道然科技有限责任公司的姚新军（@长颈鹿 27）老师，姚老师为人认真负责，在写书的过程中给了我很多建议和帮助，还安排设计师对书内的插图进行了统一绘制，没有他就不可能有这本书。

感谢我在盛大游戏工作时的前上级谢斌，是他给了我进入互联网行业的机会，并在多个项目中为我提供发展和提升的平台。他平易近人的态度和卓越的专业技能，对我产生了积极的影响，并激励我不断进步。没有他的帮助和指导，我的职业道路将会大不相同。

感谢我的哥哥林兆钦，他是大众眼里的“别人家的孩子”，从小到大都很优秀，一直像榜样一样影响着我。他在我求学和工作的过程中帮我做了很多关键决策。我想起那个八月，他帮我拖着行李，从广东送我来到上海上学，炎热的夏风吹得树叶四处摇晃。一晃十多年就过去了，如今再想起，用当下流行的话来说就是，“命运的齿轮在那一刻就开始转动了”。

感谢我的父母，他们善良勤恳、踏实刻苦的品质塑造了我的人格。创作内容的过程很枯燥，每当想起远在家乡、聚少离多的他们，我就有了坚持下去的动力。人生是一道选择题，不管我选的是AB还是CD，他们对我做的事情都无条件地支持和鼓励。

另外，特别感谢我的妻子。作为内容创作者，我的生活常常被写作占满，不是在写东西，就是在想接下来要写什么，这让我陪她的时间少了很多。但她总是理解我，给我鼓励，让我能够坚持写完这本书。她的存在，对我来说意义重大。

我和大部分程序员兄弟一样，来自某个“十八线”小县城，是家人起早贪黑辛勤劳动供出来的“小镇做题家”，我们拿着类似的剧本，在各自的人生里不断努力改变自己和家人的命运。谨以此书献给我的家人和一路关注我、支持我的读者朋友们，希望所有努力的人都能得偿所愿，希望所有喜欢计算机的朋友们都能在这本书中收获知识和快乐！如果这本书能给你们带来帮助，那将是我最开心的事情。

林兆伦

目　录

Contents

第1章

网络基础：探索网络的起点

在计算机网络的世界里，我们常常会遇到各种零散的知识点，如IP、TCP和UDP等。这些知识点虽然看似简单，但如果不能将它们系统地组织起来，那么它们就会变得杂乱无章，难以理解和记忆。因此，要想学好计算机网络，第一步就是构建属于自己的知识体系。我们需要在大脑里构建出知识的框架，再将零散的知识点分门别类往里面塞，这样学到的东西可以更加有条理。就像搭积木一样，通过下层协议可以组装出上层协议。我们可以用搭积木的方式去理解计算机网络的各个组件，以四层网络为基础去梳理那些散乱的概念，最终形成自己的知识体系。通过本章的学习，我们将能更好地理解计算机网络的工作原理，并能使用Wireshark进行网络问题的定位和解决。

1.1 TCP/IP四层网络是什么？

当我们讨论网络的时候，会发现这里有着非常多的概念，比如：IP、TCP和UDP。对我们来说这些都是非常零散的知识点。零散知识点学多了之后会变得杂乱无章。所以要想学好计算机网络，第一步就是构建属于自己的知识体系。

小时候你搭过积木吗？比如乐高或者小鲁班积木，它们都可以用一个个基础的组件，构建出复杂一些的组件，再组装出一个个超级酷炫的作品。比如同样都是小车模型，搭出来的底座在很多作品里都是可以复用的。

而计算机网络也类似，它有一个**四层网络**模型，自底向上分为四层，每一层都有各自的协议。就像搭积木一样，通过下层协议可以组装出上层协议。

我们可以用搭积木的方式去理解计算机网络的各个组件，以四层网络为基础去梳理那些散乱的概念，最终形成自己的知识体系。

1.1.1 TCP/IP四层网络

网络协议是网络中数据交换的规则和约定，它定义了数据如何从一个设备传输到另一个设备。为了更好地理解网络协议，我们通常将其分为四层，从下往上依次是：**网络接口层、网络层、传输层、应用层，如图1-1所示**。后续章节也会按照这个顺序展开。每节都会从一个话题聊起，当某个话题聊深了，很可能涉及其他层的内容，如果大家感到理解上遇到困难，可以先跳过，等看完后面的内容再回来看当初不理解的地方，想必会有豁然开朗的感觉。

接下来先简单了解每一层负责的内容。

网络接口层

网络接口层包括**数据链路层和物理层**，它们的作用是在相邻网络节点之间提供可靠的数据传输。**数据链路层**负责将二进制数据分割成帧，并识别帧的开始和结束，确保帧的完整性，以及处理传输过程中可能出现的错误。**物理层**则负责将数据转换成物理信

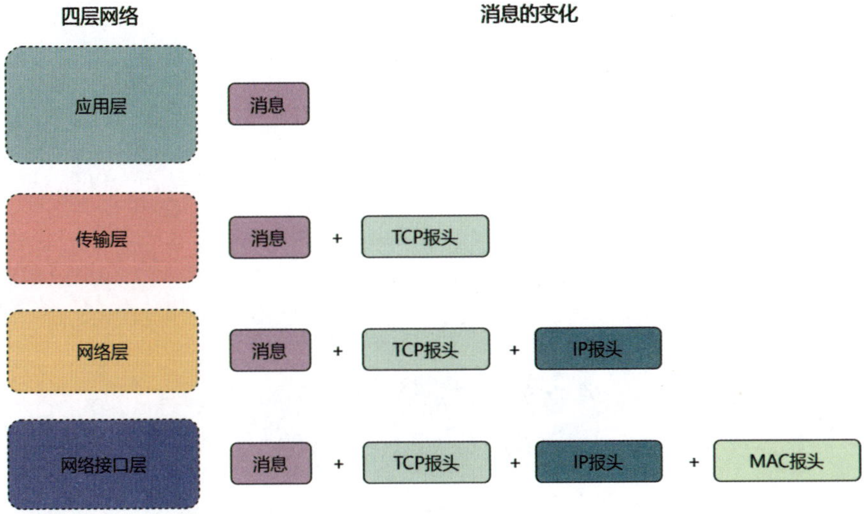

图1-1

号，并在物理介质上传输。物理层还定义了传输介质的特性，如频率、电压、传输速度等。

在数据链路层，有一个非常重要的概念：MAC地址（Media Access Control Address），它是设备制造商分配给网络设备的一组数字和字母组成的代码，是这个设备在网络中的唯一标识符，可以将MAC地址简单理解为网络设备的“身份证号码”。

网络层

网络层主要负责在不同网络之间路由数据。为了确保数据能够到达正确的目的地，它定义了IP地址和路由协议等一系列概念。网络层的主要协议是IP（Internet Protocol）。

IP是什么？

IP是一种用于在互联网上路由数据的协议。它定义了一个包含**源IP地址和目的IP地址**的数据报，以及数据报的长度和其他信息。IP数据报在网络中传输时，每个路由器都会根据IP数据报**目的IP地址**来决定将其转发到哪个网络。这在2.1节中会有详细的介绍。

现在，了解了网络层的IP地址和MAC地址概念后，我们可以来了解ARP。

ARP是什么？

ARP（Address Resolution Protocol，地址解析协议）是一种将IP地址转换为MAC地址的网络协议。它的作用是在IP网络中，当一个设备需要与另一个设备进行通信时，需要知道对方的物理地址才能将数据包准确地发送给对方。因为在以太网中，每个设备都有一个唯一的MAC地址，所以ARP就是用来将IP地址转换为MAC地址的一种机制。这样，数据包就可以通过IP地址正确地传输到目的设备了。

传输层

传输层负责在主机应用之间提供可靠的数据传输。它确保数据以正确的顺序、无错地到达目的地。传输层的主要协议是TCP（Transmission Control Protocol）和 UDP（User Datagram Protocol）。

TCP是什么？

TCP是一种可靠的传输层协议，它提供了面向连接的、可靠的、有序（基于字节流）的数据传输服务，如图1-2所示。

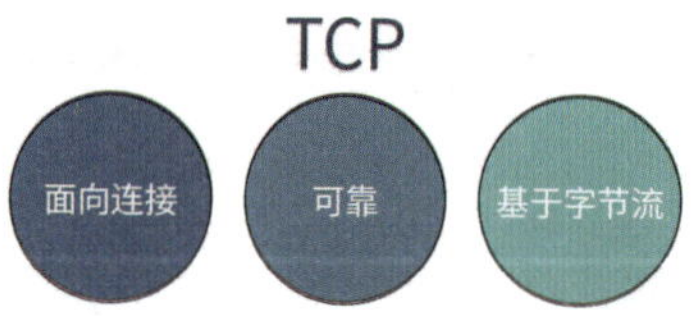

图1-2

TCP通过在主机之间建立一个虚拟的连接来传输数据，它保证了数据的完整性、可靠性和有序性。在传输数据之前，TCP会在客户端和服务器之间建立一个三次握手的过程，以确保连接是可靠的。在数据传输过程中，TCP会使用确认和重传机制来确保数据的完整性，如果数据丢失或损坏，TCP还会重新传输数据。

UDP是什么？

UDP 是一种不可靠的传输层协议，它提供了无连接的、不可靠的、无序（基于消息报）的数据传输服务，如图1-3所示。

图1-3

UDP不建立连接，它将数据作为一个数据报发送，不保证数据的完整性、可靠性和有序性。但是，UDP的优点是它的传输速度快，因为它不需要建立连接和进行复杂的确认和重传机制。因此，UDP常用于对实时性要求较高的应用，如语音和视频传输。

关于TCP和UDP的更多内容，将会在3.2节详细展开。

应用层

应用层负责为应用程序提供网络服务。它定义了用于在应用程序之间传递信息的协议，如HTTP（Hypertext Transfer Protocol）、FTP（File Transfer Protocol）、SMTP（Simple Mail Transfer Protocol）等。

HTTP是什么？

HTTP 是应用层的协议，它是用于在互联网上传输网页的协议。我们平时上网对HTTP使用得比较多，在浏览器中输入的URL以http://开头的网站，就代表用的是HTTP。

HTTP定义了客户端和服务器之间的请求和响应的格式，以及数据的传输方式。客户端向服务器发送一个HTTP请求，服务器会返回一个HTTP响应，其中包含了请求的数据或者网页的内容。在4.1节中，将会详解介绍这一协议。

接下来，我们以两台计算机互联传输数据为例，将上面的知识点串联起来。

1.1.2　两台计算机互连

假设有**两台**计算机，它们之间通过一根采用交叉互连法的水晶头网线连接在一起，理论上两者能够连通，如图1-4所示。

图1-4

此时A主机上的应用向B主机上的应用发送消息。从网络分层的角度来看，数据在发送的过程中会被加上各种报头，接收方收到数据后会层层解包，还原数据，如图1-5所示。

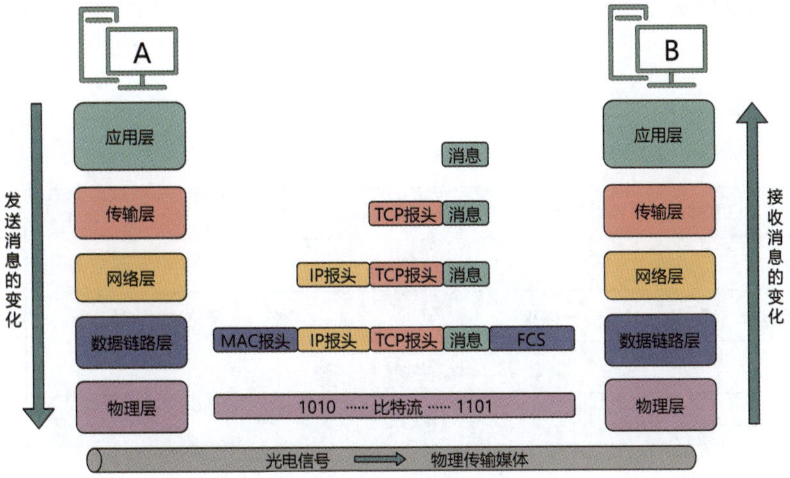

图1-5

接下来看看每一层具体做了哪些事情。

应用层

A主机的应用产生消息，会在应用层内对消息进行加密或压缩等操作，然后将消息传入A主机的传输层。

传输层

消息到了传输层，就会被加入传输层的数据报头。以TCP为例，TCP报头如图1-6所示。

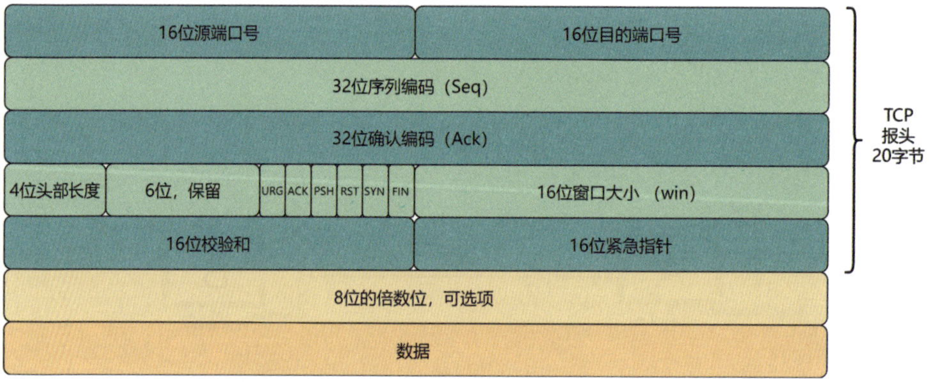

图1-6

这里面需要关注的是**源和目的端口号**，它们可以定位到这台计算机上哪个进程在收发数据。

应用层的消息会先被加到图1-6中标黄的（“数据”）那部分内容里，然后数据会继续向下流转到网络层。

网络层

到了网络层，会为数据加入IP层的报文头，如图1-7所示。

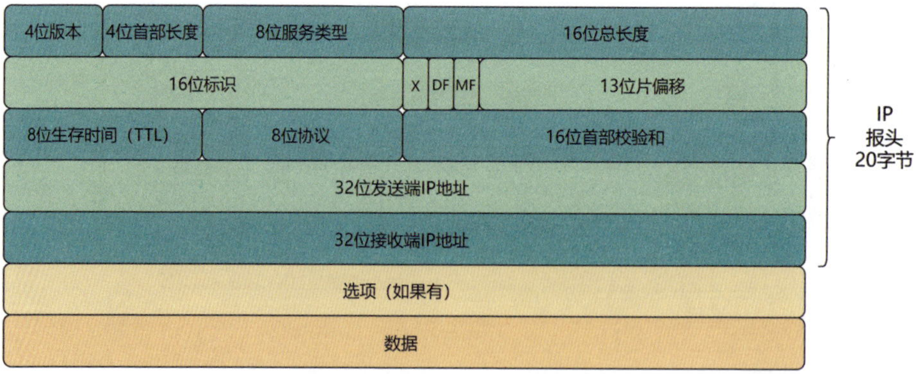

图1-7

其中报头内，最重要的是**源和目的IP地址**，也就是发送端和接收端IP地址，类似于快递的收发地址。

下一步，数据包会传入数据链路层。

数据链路层

到了数据链路层，数据包需要先拼接上**MAC报头，然后再传到物理层**。MAC报头如图1-8所示。

图1-8

其中需要关心的是标红的**源和目的MAC地址**。MAC地址大致如下所示：

```
28:f9:d3:62:7d:31
```

源和目的MAC地址，在发送消息的时候就会被填上。

但是A只知道自己的MAC地址，怎样才能知道B的MAC地址呢？这时候需要上面提到的ARP。它可以将IP地址解析为以太网的MAC地址。它的工作流程如图1-9所示。

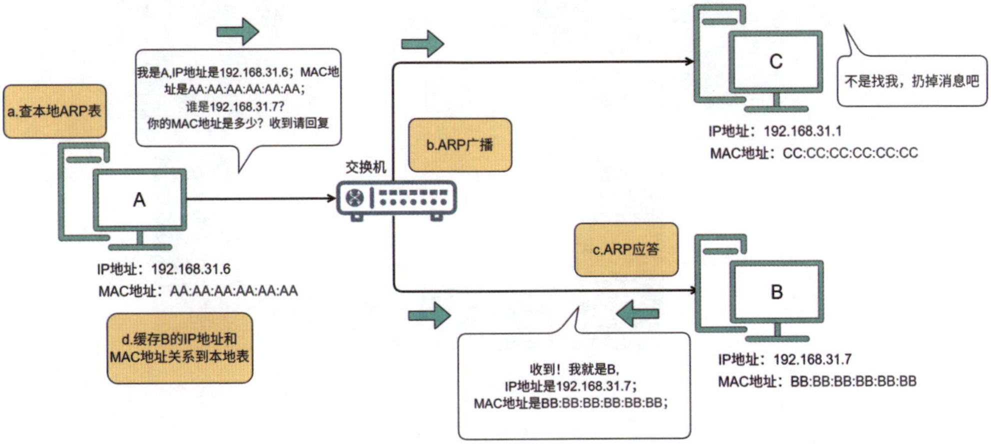

图1-9

- A 查本地ARP表发现B的IP和MAC地址映射关系不存在。
- A通过ARP广播的形式向局域网发出消息，询问某IP地址对应的MAC地址是多少。比如A此时知道B的IP地址，但并不知道B的MAC地址是多少，就会尝试在局域网内发起ARP广播，询问局域网内所有机器，哪个机器的IP地址与B的IP地址一致。
- B收到这个ARP消息，发现A要问的IP地址与自己的IP地址一致，就会把自己的MAC地址作为应答返回给A。

- 此时A就知道了B的MAC地址，顺便把消息记录到本地ARP表里，下次直接用表里的就行，不需要每次都去问。

物理层

在网络通信中，数据以二进制形式（0和1的比特流）在计算机内部表示。当数据通过网线在物理层进行传输时，会被转换为电信号。而这个二进制数据到电信号的转换过程，就发生在物理层。

数据在转换成电信号后，会顺着网线直达B主机。数据到了B主机后就会将数据按数据链路层、网络层、传输层，层层解包，最终将数据传到B主机的应用层。至此两台计算机互连成功！

另外需要注意的是，上面提到网线的时候，强调了网线两端的水晶头需要采用**交叉互连法**。采用交叉互连法的网线如图1-10所示。

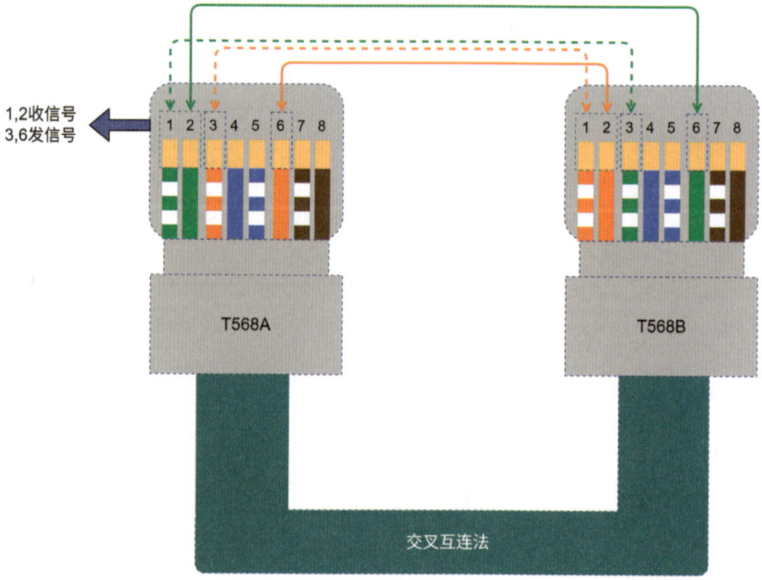

图1-10

水晶头里有8根线，**注意图1-10里的颜色**是有顺序的。第1和第2根线起着收信号的作用，而第3和第6根线起发信号的作用。将一端的第1和第3根线、第2和第6根线互换一下位置，就能够在物理层实现一端发送的信号，另一端能收到。

当然，现在有些网卡有**自适应**的功能，就算是**直连互连法**的线，也能有**交叉互连法**的效果。

1.1.3 小结

- TCP/IP四层模型是经典的网络分层模型，我们可以通过它梳理自己的网络知识，建立自己的认知脉络。本节讲述了每一层负责的内容，以及一些有代表性的协议概念，后续章节会不断提到这些概念，帮助大家更好地理解网络的工作原理。

- A主机给B主机发消息，消息从应用层到数据链路层的传输过程中，会被加上A主机的各种“身份信息”。比如在传输层会加上A主机的应用端口号，在网络层会加上源和目的IP地址，在数据链路层会加上源和目的网卡的MAC报头信息。B主机收到消息后则会逐层解包、验证，最后顺利将数据传到应用层。

1.2　怎样使用Wireshark抓包？

相信大家多多少少听说过Wireshark，没听说过也没关系，你现在听到了，它是一个很强的网络抓包分析工具，有了它，网络底层发生什么事情，传了哪些数据包，数据包长什么样子，都能很清晰地展现出来。

正好，本书或多或少会通过一些网络抓包实验来介绍一些协议。因此，为了不劝退零基础的读者，我会通过本节内容给大家简单介绍怎样进行抓包。如果你已经有相关的基础，可以跳过本节内容。

安装软件

学习使用一款软件，最重要的是，你要有这款软件，所以第一步是安装软件。

这里需要注意，Wireshark是一个免费的开源软件。

如果你去某个国内知名搜索引擎上搜索wireshark，那必然只能得到一堆排名靠前的广告和一些不靠谱的第三方软件站，如图1-11所示。有些软件更离谱，直接在Wireshark的基础上包一层会员功能就开始收费，丧失良心的同时还泼灭了不少人刚燃起的学习热情。

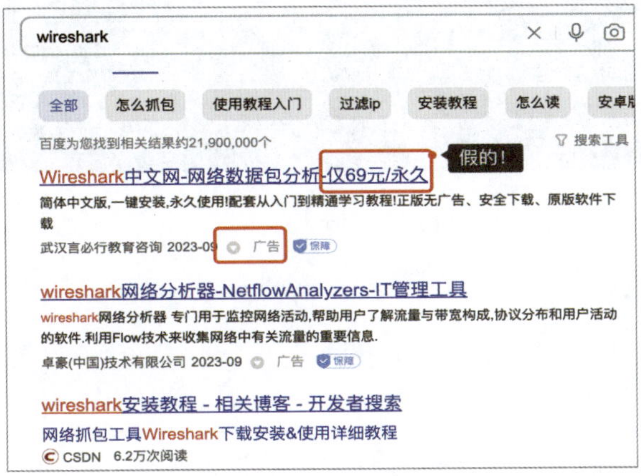

图1-11

我建议直接到官网去下载，打开官网后，单击Download Wireshark Now按钮，跳转到对应的下载页面，如图1-12所示。

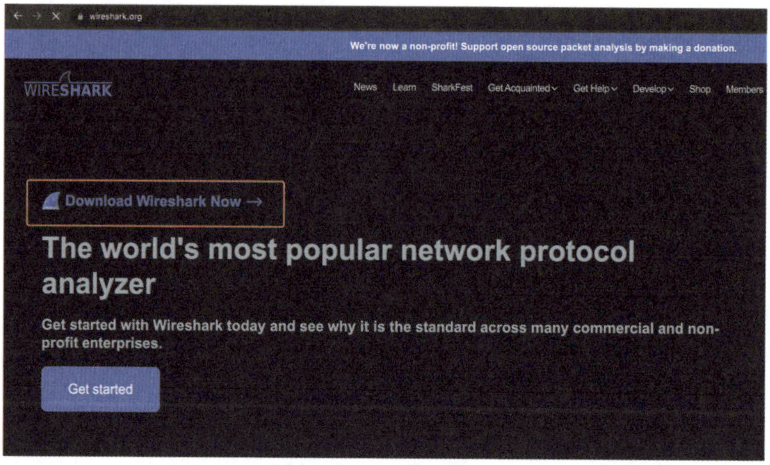

图1-12

选一个适合你的操作系统的安装程序，打开安装程序，一直单击“下一步”，直到安装完成，如图1-13所示。

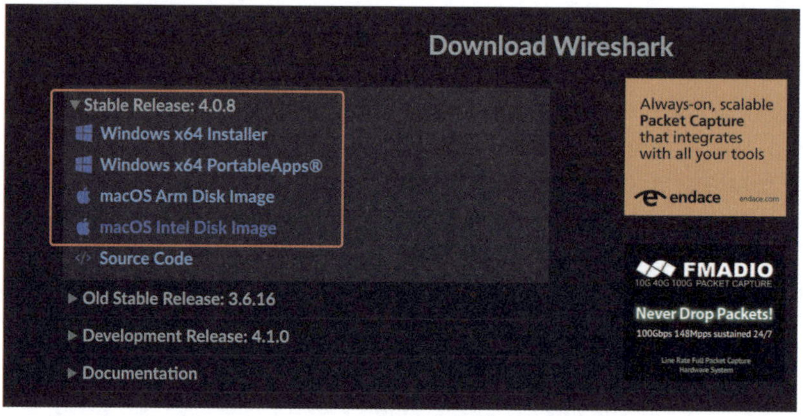

图1-13

运行 Wireshark

安装完成后，试着打开Wireshark应用程序。因为这是一个要和操作系统底层打交道的软件，所以少不了管理员权限。

> **注意** 在macOS命令行里要用 sudo，在Windows系统下要以管理员身份运行。

你将会看到如图1-14所示的界面。

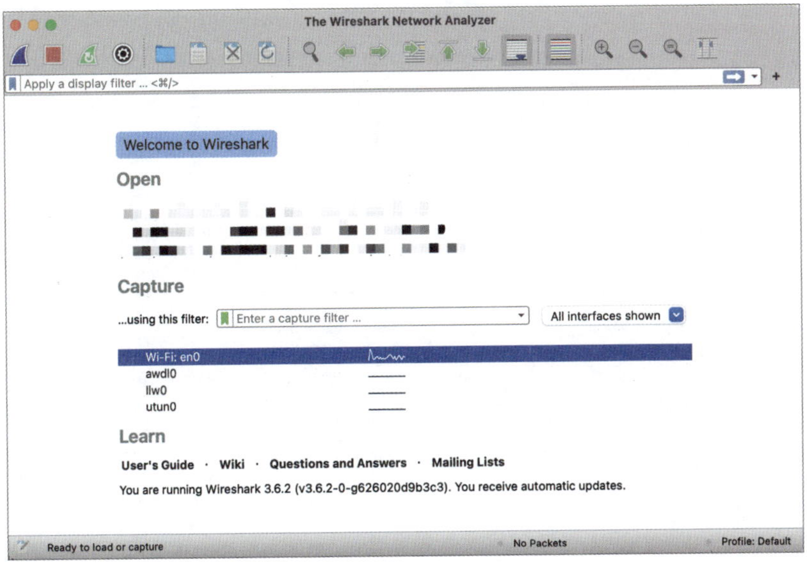

图1-14

接下来就需要选一块网卡进行抓包。依次单击 Capture→Options，就能看到很多网卡信息，如图1-15所示。

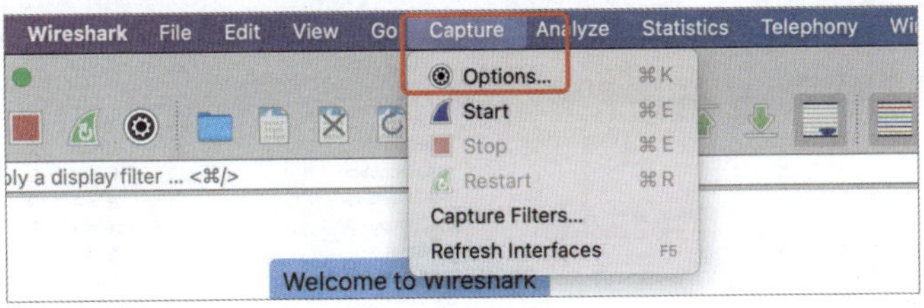

图1-15

新手一般只需要看`en0`和`lo0`，lo0是指本地回环地址用到的“假网卡”，用来处理IP地址为回环地址（127开头的IP地址）的数据包，这些数据包只在本机里流转，不会到外部网络。那反过来，想抓外部网络的数据包，就选en0，它是指这台设备的第一张网卡。

> ★ 注意
>
> 如果这部分看不懂，没关系，后面的4.11节会详细解释。

如果在你的计算机上看到的网卡名字和我的不一样，不知道该选哪个，你可以看如图1-16所示截图里`Traffic`那一栏，这个地方显示了当前网卡有没有流量。

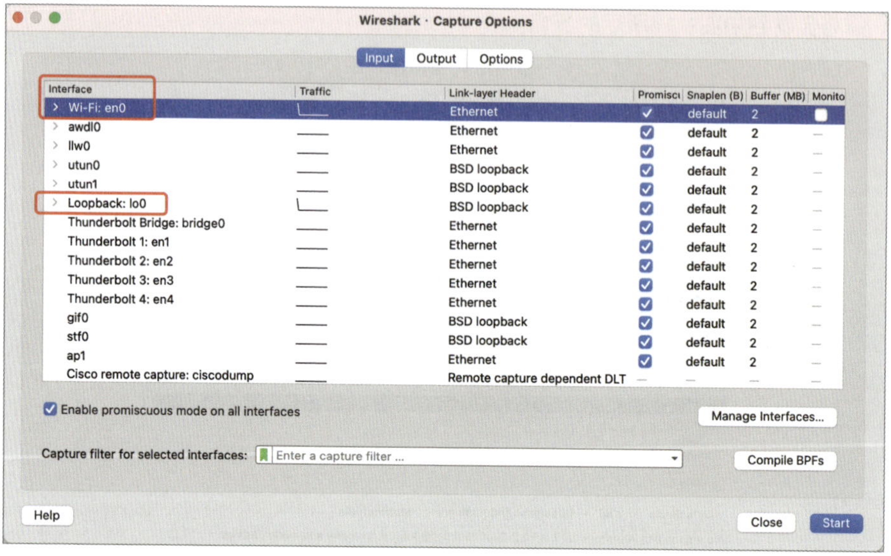

图1-16

有流量的都是像股市一样跌宕起伏的，而那些和苦情剧大结局里主角心电图一样平的，就没有任何数据收发，没必要去抓，如图1-17所示。可以说 Wireshark 非常贴心了。

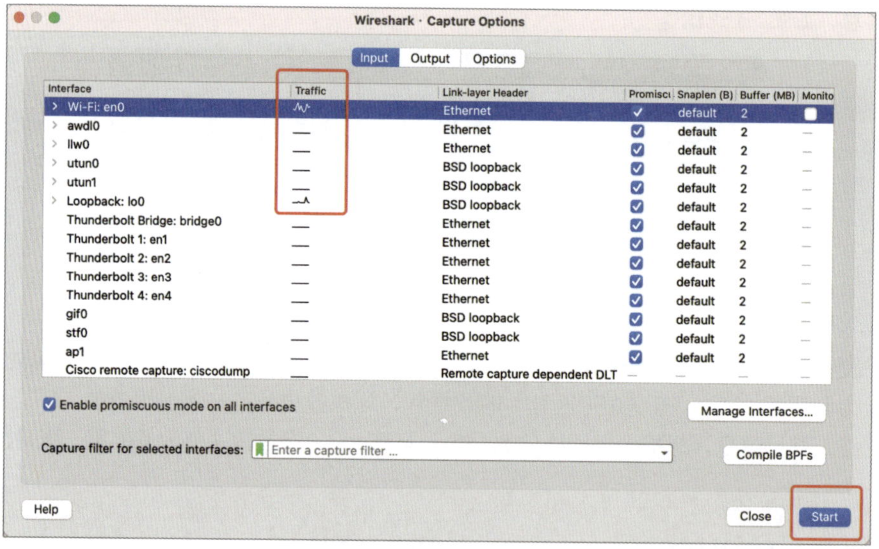

图1-17

这时候，单击右下角的**Start**按钮，Wireshark的图标就会**从蓝色变成绿色**，说明现在开始抓包了。主界面里也会开始出现大量数据包，如图1-18所示。

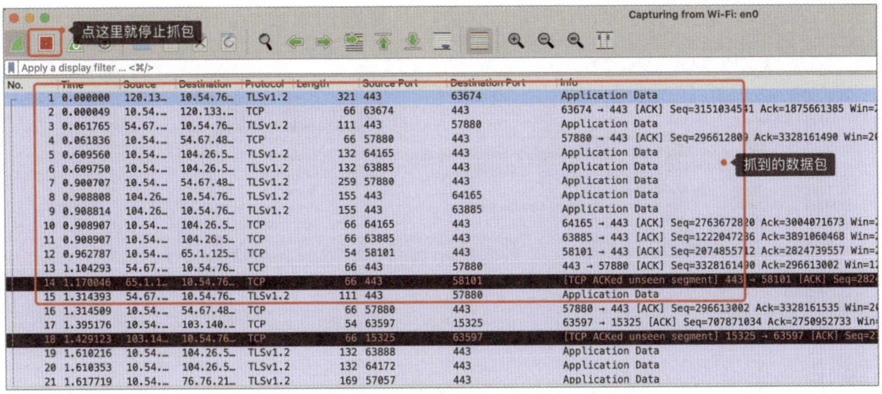

图1-18

这时候你可以起身去喝杯奶茶，让Wireshark 抓一会儿数据包。回来之后单击左上角的**红色Stop按钮**，就停止抓包了。为防止数据丢失还可以按**Ctrl+S**组合键保存数据包文件，随后打开的窗口如图1-19所示。

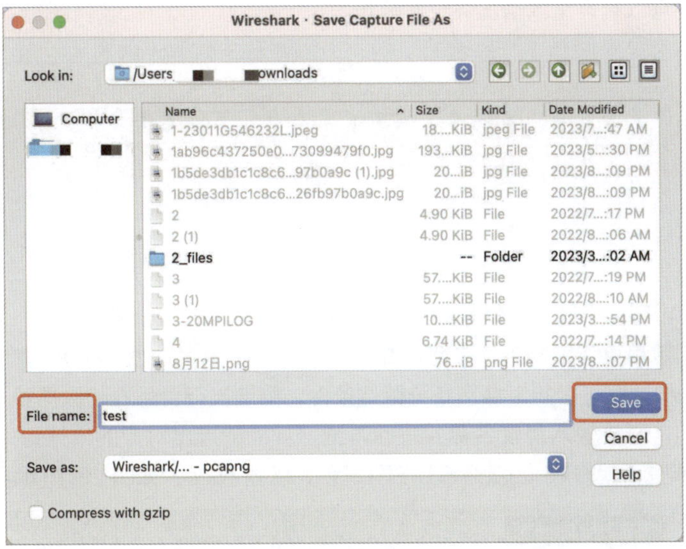

图1-19

怎样查看数据包

接下来就是怎样查看数据包了，这才是重点。可以看到，主界面下“包海茫茫”。

初步了解概况

如果没什么大事，谁会去看数据包呢，一旦看抓包，基本就是为了排查某些问题。所以，第一件事就是大概了解这些数据包发生了哪些问题。

单击Wireshark**左下角**的圆形按钮，就会打开**专家信息**面板。在这里可以大致看到有哪些异常的包，如图1-20所示。

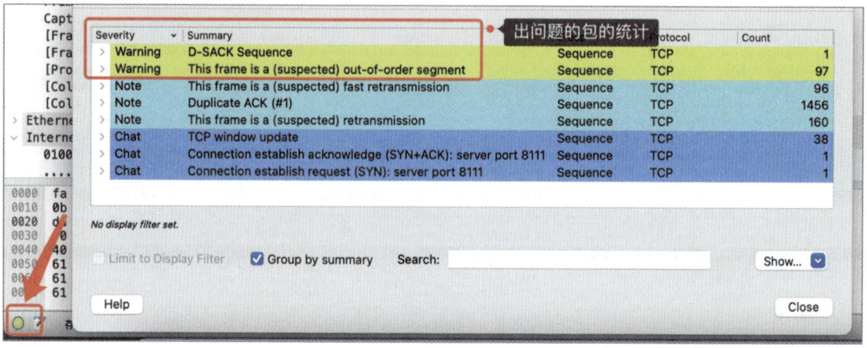

图1-20

比如红框里表示**D-Sack**的数据包有1个，**乱序**的数据包有97个。从浅蓝色部分可以看出，**重复ACK**包有1456个，说明网络传输过程发生了丢包。

这时候就可以挑严重的情况去仔细分析。

> ★ 注意
>
> 发生少量丢包是正常现象，发生大量丢包，可能需要分析一下。

筛选

专家信息面板相当于将数据包做了一次筛选，将报错信息汇总后给你，但这种筛选其实比较粗糙，它并不区分具体是哪个IP地址、哪个端口发生的问题。

如果我们**想用更详细的条件去筛选数据包**，该怎么做呢？也很简单。Wireshark 界面上方有个**输入框**，它可以用来填写各种**筛选条件**，筛选出符合条件的数据包。

最简单的，直接输入**协议名称**并按回车键，就能筛选出对应的数据包，比如你想要看HTTP包有哪些，就输入http。想看所有TCP包，就输入tcp，如图1-21所示。

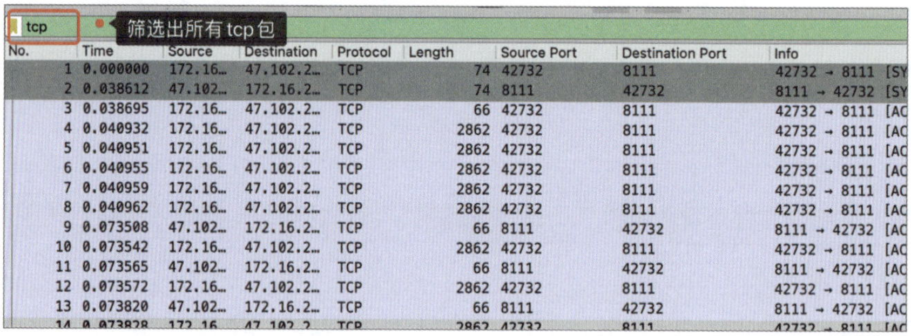

图1-21

同时还支持通过and和or来构成各种复杂的表达式逻辑。

比如我想要筛选出所有TCP包的**载荷**里带有“aaa”这一信息，**且**端口号还是8111的数据包有哪些，就可以像下面这样写：

```
tcp.payload contains "aaa" and tcp.port == 8111
```

筛选结果如图1-22所示。

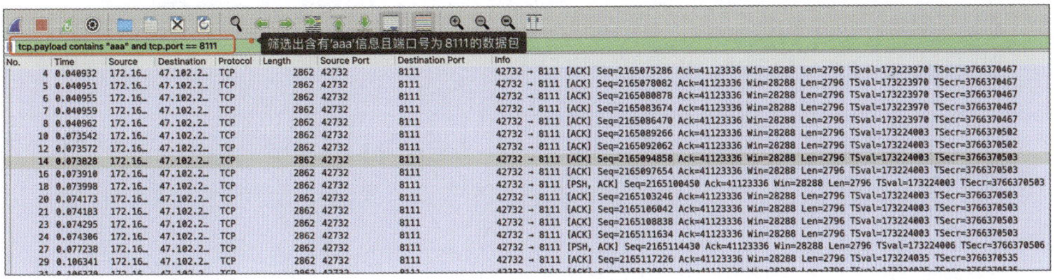

图1-22

筛选IP地址就用**ip.addr == 47.102.221.141**。

筛选某个域名就用**http.host == "example.com"**。

筛选TCP的RST包就用**tcp.flags.reset == 1**。

相关表达式的内容很多，相当灵活，全部罗列出来够写一本书，因此这里只是简单地“抛块砖”，大家真正需要用到的时候再去搜索就好了。

跟踪

当你大致筛选出一批数据之后，就要开始分析了。但这里有个问题，我们筛选出来的只是符合特征的一堆数据包，它们之间并不一定有前后逻辑关系。我们实际分析的时候，一般是需要结合这个数据包的**前后数据包**进行逻辑分析的。因此这是两码事。

那么问题来了，**怎样找到某个数据包的前后数据包并进行分析呢？**

很简单，选中一个数据包，单击鼠标右键，选择Follow，这时候会出现一堆可以**跟踪**的选项，如图1-23所示。根据你需要跟踪的协议流类型进行选择。

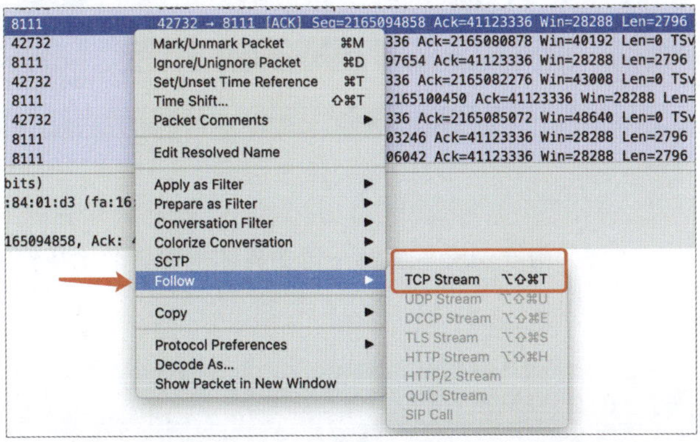

图1-23

比如单击TCP Stream，就能看到这个TCP流从三次握手到最后四次挥手的完整过程（当然前提是你都抓到了这些包），如图1-24所示。

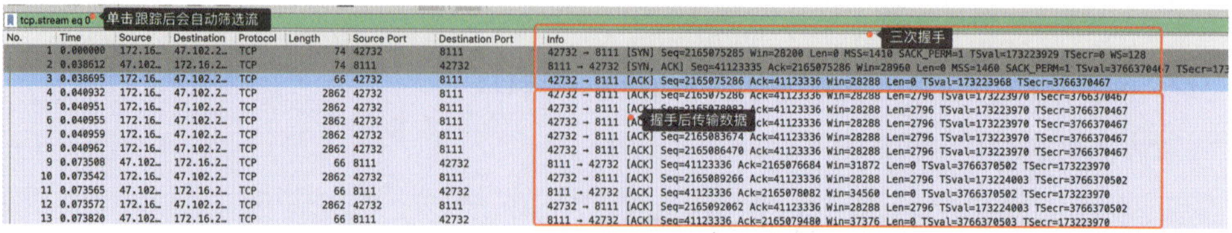

图1-24

同时也能看到抓的数据包内的信息很丰富，包括IP端口、长度，以及info那一列底下的Sequence 序列号、Ack和窗口大小等信息。这些都是我们分析数据包逻辑时可能会用到的信息。

现在从抓包列表里看到的是传输层的TCP数据包的数据内容，但我们知道，**网络分为应用层、传输层、网络层、数据链路层和物理层**，数据包就像套娃一样，一层包一层，比如IP报文作为网络层的数据包，里面同时也包含了传输层的TCP数据包内容。

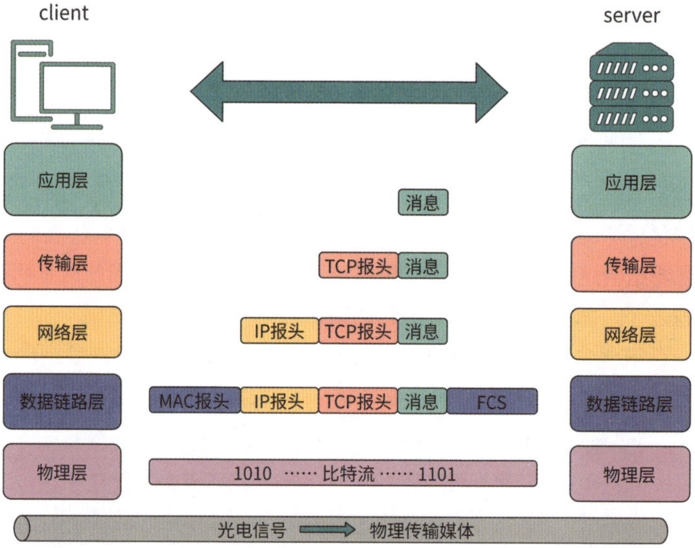

图1-25

那么问题就来了，**如果想要看看里面每一层的具体信息该怎么操作呢？**

很简单，可以通过 Wireshark 底下的详情栏看到。就像图1-26这样。

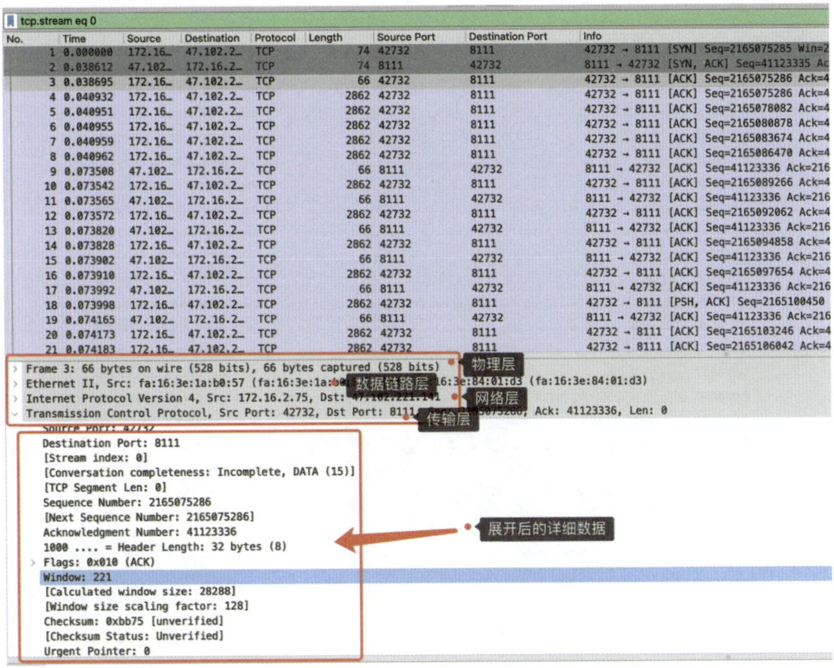

图1-26

流程图

数据包通过一行行的方式展示出来，确实容易让人看得头昏脑涨，这时候你可以通过 **Statistics→Flow Graph** 功能将它转为流程图，如图1-27和图1-28所示，这样就清晰多了。

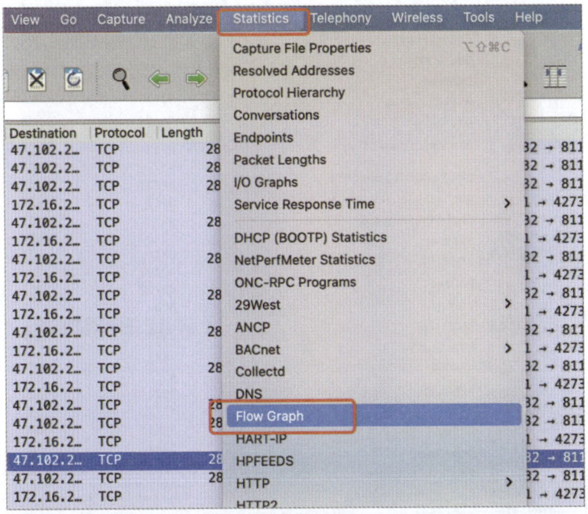

图1-27

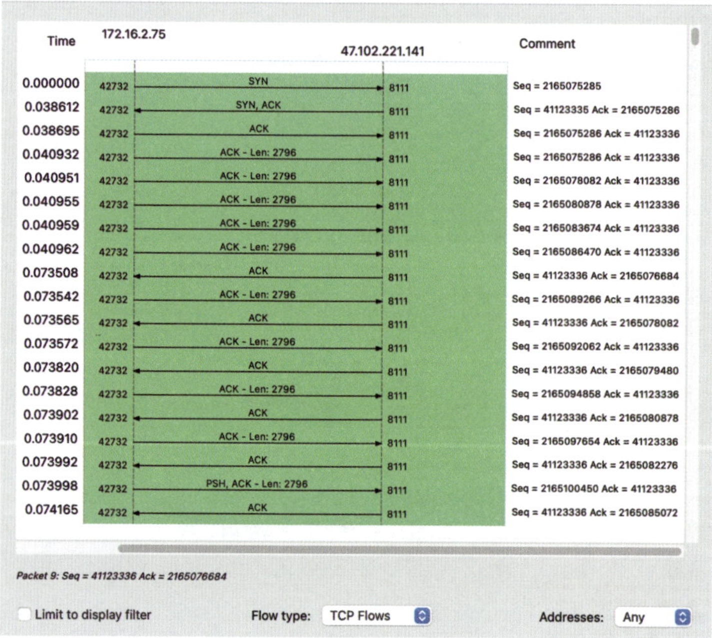

图1-28

时序图

上面的这些图或界面，更关注包和包之间的逻辑，但如果想要观察“**某段时间内数据包的传输情况**”，就会稍微有些不直观，因此，需要通过Statistics→TCP Stream Graphs→Time Sequence时序图去观察网络传输情况，如图1-29和图1-30所示。

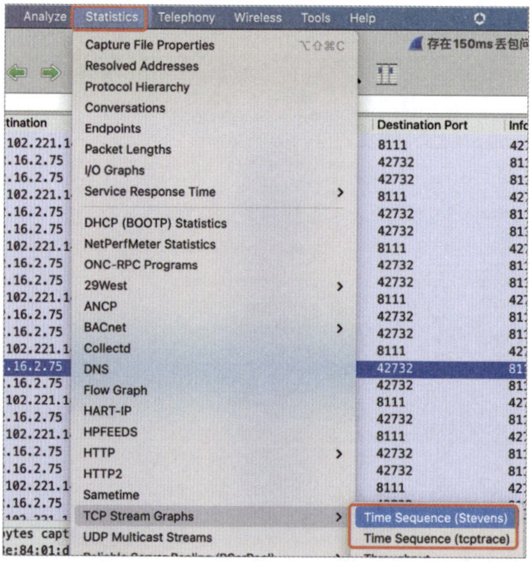

图1-29

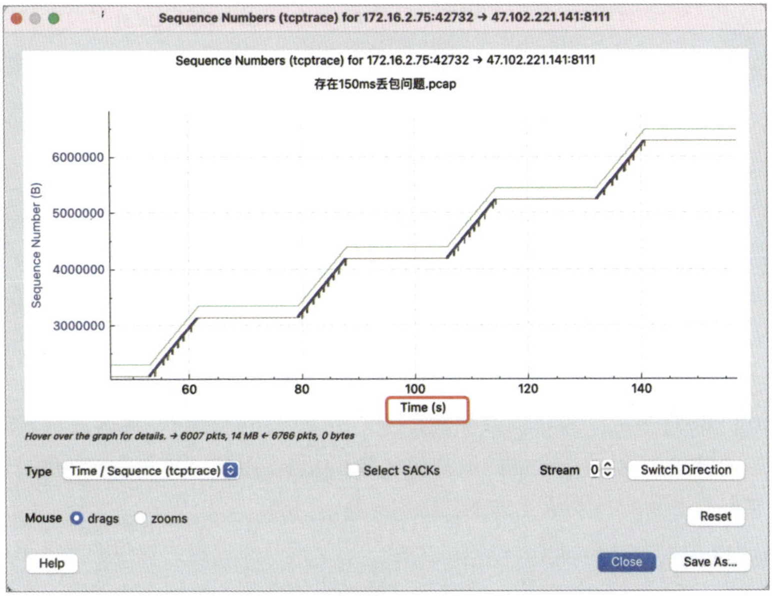

图1-30

到这里，Wireshark抓包基础就介绍得差不多了，这是一个需要实践操作的软件，建议大家动手操作。

> ★ 注意
> 当然，就算你不实践，也不太会影响后面部分的阅读，在遇到有抓包内容的部分，我都会尽量详细地介绍，降低阅读门槛。

如何在没有图形界面的Linux上抓包？

看到这里，细心的读者已经发现了，前面介绍的抓包是在Wireshark软件界面上操作的。但我们遇到的服务，一般都部署在centOS这样的Linux操作系统上，对外并不提供图形化操作界面，这该怎么办？

> ★ 注意
> 虽然我知道centOS可以有GUI界面，但一般并不会在生产环境中使用。

这也好办，解决思路是**先用tcpdump抓包，得到抓包文件后下载到本地机器，再用Wireshark 打开这个文件进行分析**。tcpdump 说白了就是一个没有界面的Wireshark。比如我经常在生产环境中使用下面的tcpdump 命令。

```
tcpdump -i eth0 -nn -s0 -v port 80 -w /root/test/capture-%H.pcap -G 3600 -C 200
```

它可以捕获网络数据包并将其保存到一个名为capture-%H.pcap的文件中。这行命令里 tcpdump 背后跟了很多参数，下面逐一解释它们的含义：

- -i eth0：指定要捕获数据包的网卡，i是interface的缩写，这里选了eth0网卡。你可以根据需要将其替换为实际的网络接口名称。
- -nn：禁用主机名解析和端口名解析，以提高捕获性能。数据包中的IP地址和端口号将以数字形式显示。
- -s0：设置要捕获的数据包的截断长度为 0，表示捕获完整的数据包，而不是截断数据包的一部分。
- -v：启用详细的输出模式，将显示更多有关捕获数据包的信息。
- port 80：指定要捕获的目标端口号为80，表示只捕获目标端口号为80的数据包，通常是采用HTTP通信的数据包。除了port，还可以加入各种参数去做筛选，效果和Wireshark 主界面上方的筛选栏一样。
- -w /root/test/capture-%H.pcap：指定捕获数据包后保存的文件路径和文件名格式。%H是Hour的缩写，最终会被替换为抓包时的时间（小时），可以每小时创建一个文件。这样就算抓包了一晚上，第二天也能很方便地根据发生问题的时间将对应文件拿出来分析。
- -G 3600：设置文件轮换时间，每 3600 秒（1 小时）创建一个新的捕获文件。这有助于将捕获文件保持在一定的大小限制内，防止文件过大。
- -C 200：设置每个捕获文件最大为200MB。一旦达到这个大小，将创建一个新的捕获文件，并继续捕获数据包。这有助于限制每个文件的大小，以便于管理和存储。

总的来说，这个命令的作用是捕获通过网络接口eth0发送或从端口80接收的数据包，并将这些数据包以每小时一个文件的方式保存在指定目录中，每个文件最大为200MB。

抓好数据包之后，就需要考虑另外一个问题，怎样将抓包文件传出来？这里有几个常用方法。

scp 命令

通过下面的scp 命令将文件从远端服务器复制到/path/to/local/目录下。

```
scp username@remote_server_ip:/path/to/remote/file.txt /path/to/local/
```

静态文件服务

使用scp命令时要敲不少地址，我介绍一个更简单的方法：可以通过 python 命令，建一个 http 服务器用于下载静态文件。在目标文件所在的目录下执行下面这行命令：

```
$ python3 -m http.server 8011
Serving HTTP on 0.0.0.0 port 8011 (http://0.0.0.0:8011/) ...
```

这行命令会启动监听8011端口，你可以通过在浏览器里输入服务器的**IP地址:端口**打开这个目录。单击链接即可下载文件，如图1-31所示。

> ★ 注意
>
> 在生产环境中暴露端口下载文件的方式不太安全，用完记得关掉。

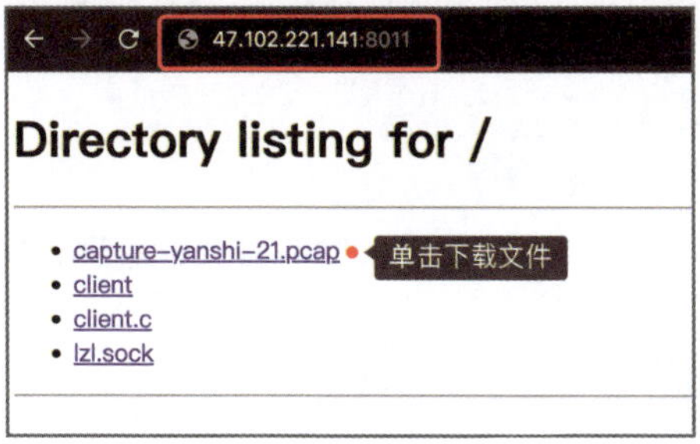

图1-31

通过第三方存储中转

第一种方案需要你有服务器的访问权限，第二种方案要求你的机器能暴露出自定义网络端口。

如果公司规定，线上环境服务器就是不让本地机器访问，加了各种跳板机限制，也不支持暴露自定义网络端口，那可以尝试将文件传入阿里云oss或者亚马逊的s3 这类对象存储服务中，再访问对象存储服务将其下载下来。

对象存储服务一般都有命令行客户端可以下载，比如亚马逊s3可以这样将文件复制到对象存储中：

```
export AWS_ACCESS_KEY_ID="aaa" && export AWS_SECRET_ACCESS_KEY="bbb" && aws s3
cp localfile.txt s3://bucket/localfile.txt --endpoint-url https://proxy_url
```

看到这里估计大家会疑惑，也不是所有公司和项目都有对象存储吧?

对，没错。确实不是所有公司都有，但能将服务器权限搞得那么严格的公司，多半财大气粗，会有对象存储服务。

小结

- Wireshark 是一个免费的开源网络抓包分析工具，建议通过官网下载。
- 我们可以根据需要选择网卡进行抓包，通过专家信息面板可以大概了解网络数据包的概况，通过上方的输入栏可以构建表达式筛选出需要的数据包。

- Flow Graph可以通过流程图的方式更直观地展示数据包传输流程，时序图可以用来观察某段时间内的数据包传输情况。
- 在Linux服务器中可以通过tcpdump进行抓包，传到本地机器上再用 Wireshark 进行分析。

1.3 如何使用Wireshark定位timeout问题

在上一节中，我们学习了Wireshark抓包，这一节我们将小试牛刀，利用它来定位开发过程中常见的timeout问题。

1.3.1 问题背景

作为开发人员，我猜你一定遇到过下面这种扯皮的经历，**现在没遇到没关系，迟早会遇到。**

我来描述一下：假设有一个服务调用链路是A → B。现在，A服务接口调用B服务的API出现I/O超时问题。

A服务设置的timeout 是5s。也就是说从A服务的视角看来，它发出了一个请求到B服务，苦等5s都没有任何响应。这时候，如果你是A服务，大概率会吐槽B服务的开发人员是“小可爱”。

不过，你要客客气气地对 B 服务的开发人员说：“你的服务好像超时了，辛苦帮忙看看哦。”

但诡异的是，B服务的开发人员看了监控和日志，却发现api latency小于100ms，且单独使用curl命令调用B服务的API也一切正常，如图1-32所示。

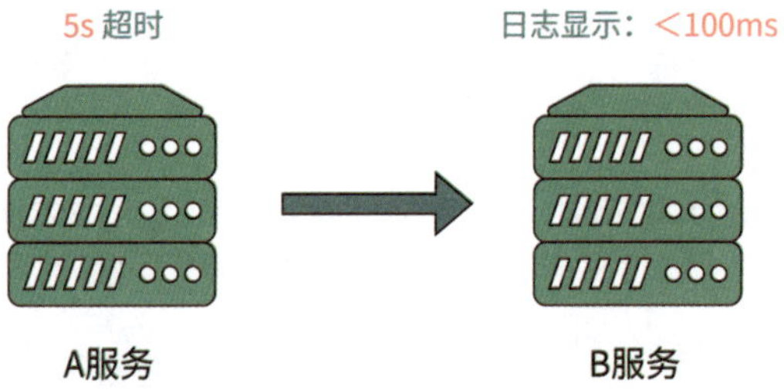

图1-32

然后B服务的开发人员还将curl命令扔给了你，回复说：“是不是你的调用传参错了呀，你可以和这个curl命令对照一下，它是好的哦。”

```
curl --location 'http://bbb.com' \
-- header 'content-type: application/json' \
```

```
--
data '{
    "xiaobaidebug": "先赞再看，养成习惯"
}'
```

这就有意思了。

上游（A 服务）认定下游有问题，毕竟I/O超时了。但下游（B 服务）会认为自己没问题，毕竟执行curl命令都没问题，可能是数据发到了上游但上游逻辑有问题导致处理超时。双方各执一词，都在等对方进一步排查自己的代码。好一个你不动我不动。这不就“死锁”了吗？怎么破局？

如果没看下面的内容，最终结果，大概率就是大家将“锅”甩来甩去，最终一致决定将“锅”甩给“**网络波动**”。

接下来就用这个案例来告诉大家，怎样才能定位这类问题出在哪一方，让大家在“甩锅”的时候更加有理有据，得心应手。

1.3.2 排查方案

A服务出现超时（timeout），但B服务的监控和日志 latency 都小于 100ms。那说明对B服务来说，它自己已经返回了，那它到底返没返回到A服务呢？

此时可以在A服务那里抓包，在内核的网络接口层判断数据是否已经送到A服务的对应实例中。

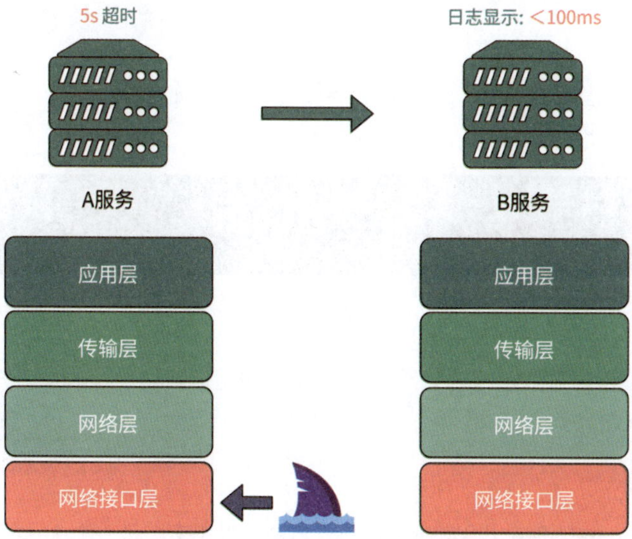

图1-33

如果已经到A服务所在的实例了，那么多半就是A服务自己收到数据后处理超时了。如果数据根本没到A服务所在实例的网络接口层，那必然就是B服务自己的问题了。具体步骤如下。

1.抓包

在A机器执行 tcpdump 进行抓包：

```
**tcpdump -i any -nn -tttt -s0 -v host bbb.com -w test.pcap**
```

下面是对每个选项的解释：

- **tcpdump**：这是一个用于抓取网络数据包的命令行工具。
- **-i any**：指定抓取数据包的网络接口。在这里，any表示抓取所有可用的网络接口。
- **-nn**：禁用名称解析，这样输出中会显示IP地址而不是主机名。
- **-tttt**：显示时间戳和日期。在这里，**-tttt**会显示精确到微秒级别的时间戳。
- **-s0**：指定抓取数据包的最大长度。在这里，**-s0**表示抓取完整的数据包。
- **-v**：输出详细的信息，包括一些解析后的字段。
- **host bbb.com**：指定抓取的目标主机为 **bbb.com**，也就是B服务的域名。
- **-w test.pcap**：将捕获的数据包保存到名为**test.pcap**的文件中。

总的来说，这个命令会抓取所有网卡上的数据包，显示IP地址和精确到微秒级别的时间戳，抓取完整的数据包，输出详细信息，并将符合目标主机**bbb.com**的数据包保存到名为**test.pcap**的文件中。

2.复现

此时执行复现问题的操作。预期抓包界面会从Got 0变成Got *x*(*x*是正整数)，意思是抓到了*x*个数据包，如图1-34所示。

图1-34

如果有必要，还可以执行 curl 命令，抓取一些正常调用成功的包，方便后续对比正常包和异常包之间的差异。

3.导出文件

复现问题后，按Ctrl+C组合键停止抓包。当前文件夹下会多一个 **test.pcap** 文件，如图1-35所示。用scp 命令将它传到安装了 Wireshark的机器里。

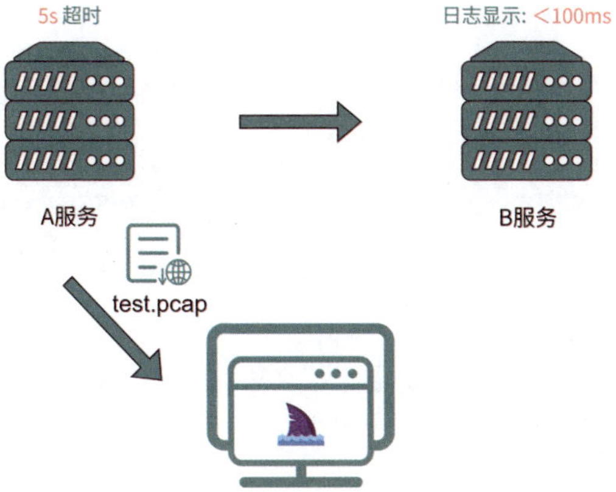

图1-35

4.分析数据包

在MAC本地通过 Wireshark 打开**test.pcap**文件。找到报错时的http请求，可以通过在框内输入http去筛选，如图1-36所示。

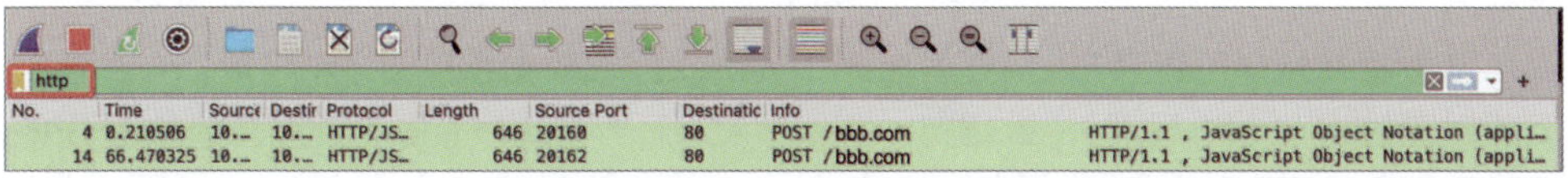

图1-36

找到目标请求，单击右键再依次选择Follow→TCP Stream命令跟踪某个TCP连接从建立到断开的过程，如图1-37所示。

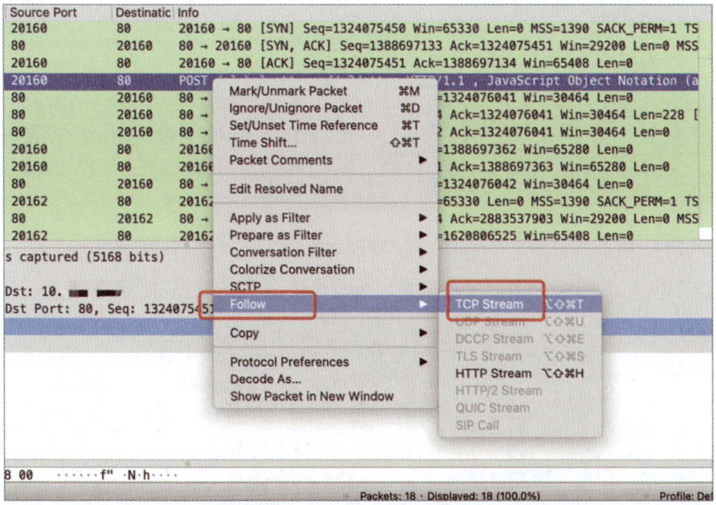

图1-37

结果如图1-38所示。

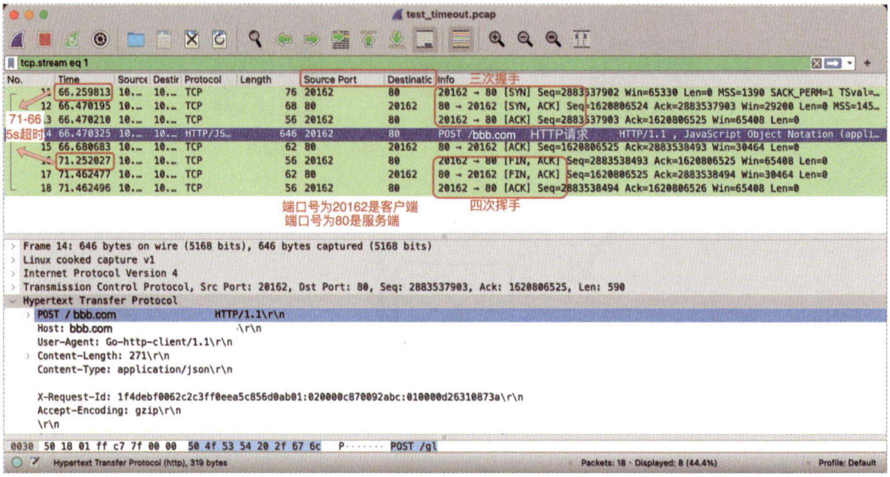

图1-38

注意图1-38中，端口号是20162的是客户端，也就是A；端口号是80的是服务端，也就是B。

从数据包流向可以看出，A在发出HTTP请求后，B数据包只回了ACK包，一直没有回复对应的HTTP状态码200的数据包。直到5s超时，客户端一直等不到服务端的HTTP响应，于是主动触发TCP四次挥手断开连接。

所以从这里就可以看出，**问题确实出在服务端，也就是B节点**，而不是A节点收到数据包后没处理直到超时。

1.3.3 原因

问题来了，**为什么执行curl命令时就是好的呢**？

> ★ 注意
>
> 接下来的内容涉及部分HTTP的基础知识，如果学习起来感觉有困难，可以先跳过，4.1节将系统介绍HTTP的知识点。

我们可以对比执行curl命令时的数据包和异常情况下数据包的差异。

正常情况下使用curl的数据包应该如图1-39所示。会有一个HTTP状态码为200的响应包。

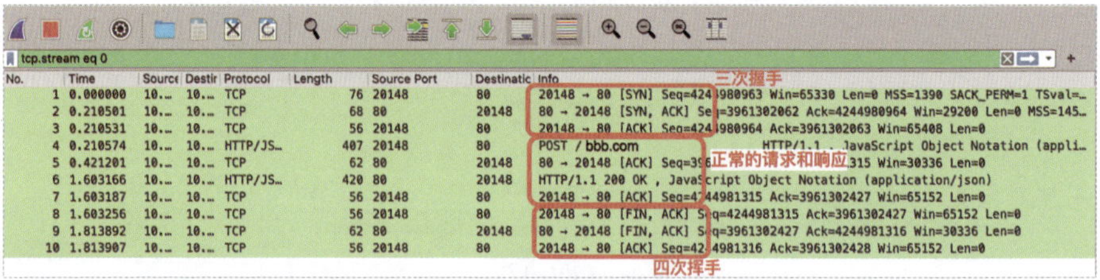

图1-39

依次对比域名、入参 payload和header等信息，就发现了header有一些差异。

正常的HTTP的header如图1-40所示。

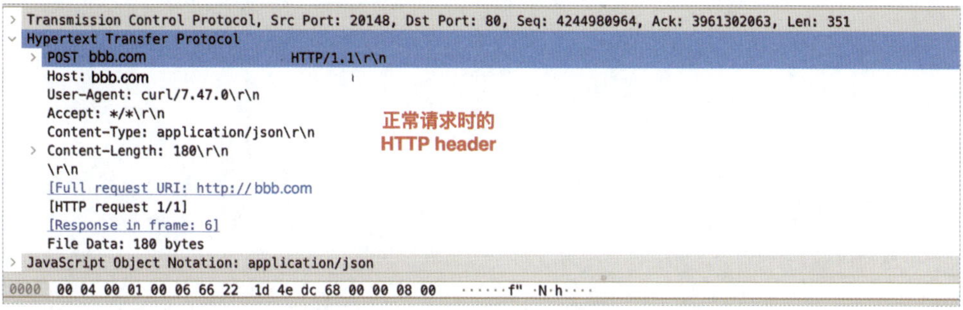

图1-40

报错的HTTP请求的header如图1-41所示。

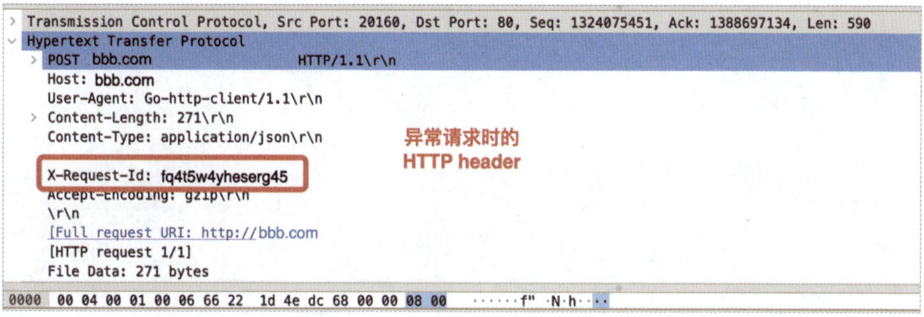

图1-41

将错误的header陆续加入 curl 命令中构造调用，最终发现只要存在 X-Request-Id 头，就会出现超时问题。

到这里问题就清晰多了，将问题反馈给 B 节点的开发人员，进一步排查就好了。

最终，问题的根因是B服务内部存在逻辑问题。之所以A服务出现超时，B服务的监控和日志却一切正常，单纯是因为监控和日志正好没有覆盖报错问题区域。

这口“锅”，请B服务的老哥稳稳接住！

1.3.4 小结

本节通过一个常见的超时例子，讲解了Wireshark的初级使用方法，简单实用。建议大家掌握这个技能，未来一定用得上！

第2章

网络层和网络接口层：架起连接的桥梁

本章将深入探讨网络层和网络接口层的关键概念，揭示网络通信背后的复杂机制。从常见的IP地址以192.168开头的原因，到局域网和广域网的连接方式，以及NAT技术如何让多台设备共享一个公共 IP地址。本章还探讨了网络设备如集线器、交换机和路由器的区别，帮助读者理解它们在数据传输中的角色和功能。通过这些知识，读者可以更好地理解网络是如何实现高效、可靠的通信的。

2.1　为什么我们家里的IP地址都是192.168开头的?

大家有没有发现一个有趣的现象，不管搬几次家，家里的IP地址大概率是192.168开头的。我家就是这样的，我猜你家的IP地址也是。那么问题来了，为什么大家的IP地址都是192.168.xx.xx？我们接下来聊聊这个话题。

2.1.1　IP地址是什么？

我们知道，网络通信的本质就是收发数据包。如果说**收发数据包**就和**收发快递**一样，如图2-1所示，那么**IP地址**就类似于快递单上填的收件地址和发件地址，有了它，路由器就可以充当快递员的角色，在这个纷繁复杂的网络世界里找到该由谁来接收这个数据包。

图2-1

由于现在主流的IP地址还是IPv4地址，所以以IPv4为例进行讲解。IPv4地址如图2-2所示。

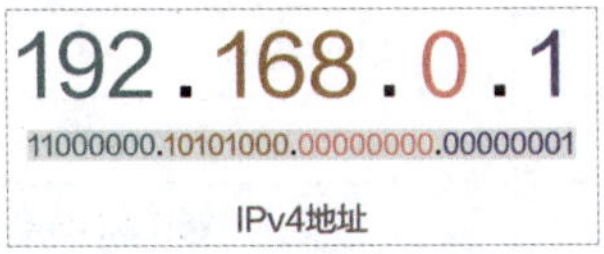

图2-2

在控制台执行ifconfig就能看到IP地址。inet右边的192.168.31.170就是IP地址。

```
$ ifconfig
en0: flags=8863<UP,BROADCAST,SMART,RUNNING,SIMPLEX,MULTICAST> mtu 1500
    options=400<CHANNEL_IO>
```

```
ether 88:36:3d:33:a0:15
inet6 fe70::1009:aabf:ecc6:2d10%en0 prefixlen 64 secured scopeid 0x6
inet 192.168.31.170 netmask 0xffffff00 broadcast 192.168.31.255
nd6 options=201<PERFORMNUD,DAD>
media: autoselect
status: active
```

说白了，它就是一个类似身份证号的**编号**，用于在互联网中唯一定位某台设备。

为了表示这个编号，IP地址一共有**4**字节且分为4部分，一字节**8**位，共**32**位，能用来表示最多2^{32}，也就是大约**43**亿个地址。

貌似……有点少?

2021年全球就有78亿人，2024更是接近80亿人，也就是说人均一个IP都达不到。为此好多年前就在说，**IPv4**地址不够用，要耗尽了，于是才会有后来的**IPv6**地址。IPv6用了更多的字节，因此能表示更多的地址，形式如图2-3所示。

fe80:0:0:0:1009:cdbf:ecd7:2a10

IPv6 地址

图2-3

大家对此是不是感到很**陌生**，感觉没怎么见过?

这么多年，大部分人其实还在用IPv4地址，不是说要耗尽了吗？为什么大家还一直在用IPv4？先别急，我们再聊一个**前置**知识点，**IP地址的分类**。

2.1.2 IP地址的分类

为了更好地管理这43亿个IP地址，对它们进行了分类。我们应该在教科书上看过图2-4这样一张IP地址分类的图。

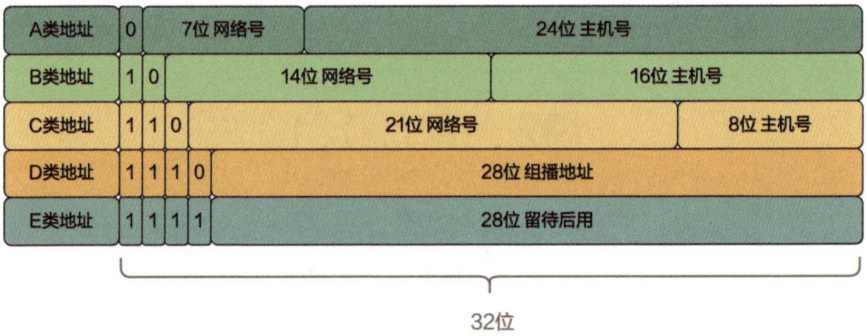

图2-4

大概的意思是在**32**位地址里，开头为0的，就是A类地址。开头为10的，就是B类地址。开头为110的，就是C类地址。在这之后，把剩下的字节数拆成两段，一段表示**网络**

号，另一段表示**主机号**。

网络号和主机号的关系，就像是某个停车场编号和停车位号的关系。一个城市里有很多停车场，而停车场里又有很多个停车位。每个停车位可以停一辆车，这里的一辆车，其实就是一台计算机（主机）。

大型停车场少，但是车位巨多，对应**A类地址的网络号少，但是主机号多。**

小型停车场到处都是，但是车位少，对应**C类地址的网络号多，但主机号少。**

专家们一开始这样划分网络，其实也是为了**方便管理**，比如A类地址，是给大型组织机构用的，主机地址的数量多达**1600**万个以上，C类地址是给小公司用的，主机号只有**200**多个。

这个差距就有点悬殊了，放在今天就不太合理，我开个网吧可能都不止200台设备对吧，用C类嫌主机号少，用A类又嫌主机号太多。**因此现在这套分类机制其实已经很少用了。**

取而代之的方案是，将所谓的ABC分类直接取消，**只保留网络号和主机号**，并且网络号的位数也不像以前限制得那么死，**用一个斜杠告诉用户多少位是网络号，其余的都是主机号**。比如 **172.20.61.69/20**（如图2-5所示），**网络号**的位数就是**20**位，主机号的位数是32−20=**12**位，能放4096台设备，很灵活，很够用。

图2-5

这就是所谓的**CIDR**（Classless Inter-Domain Routing，无类别域间路由）。

2.1.3　IP地址不够用了吗？

但不管你怎么去分类，在32位的限制下，就算玩得再花哨，只要将**A类+B类+C类+X类加起来**，IP地址的个数最多还是大约43亿，还是不够用。

既然**加法**不行，那我们就用**乘法**。

什么意思？

43亿这个数字对大家来说太大了，为了方便理解，我们改成**6个IP**地址。

假设将6拆成**4+2**，再让**4**乘以**2**，那结果8肯定大于6。

一开始，我们理解的网络世界**只有一层**，每人一个IP地址，就只有6个人能上网，如图2-6所示。

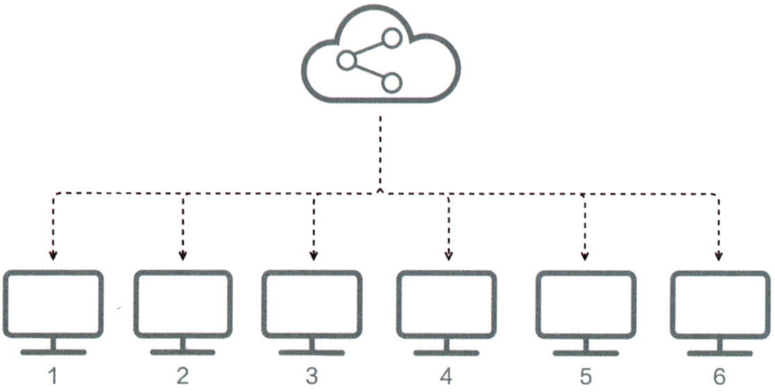

图2-6

现在将网络分为两层，如图2-7所示。

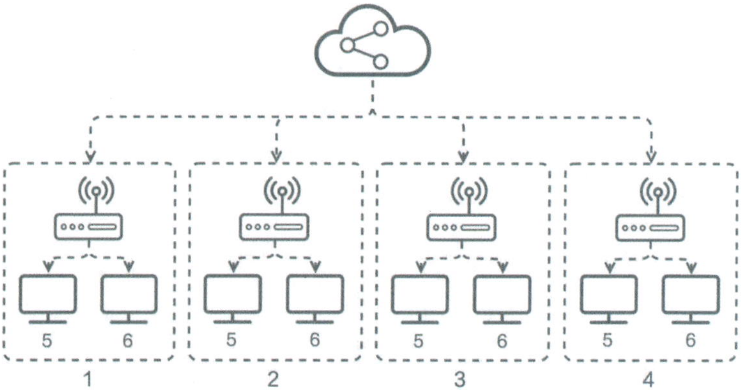

图2-7

每2个人构成一个“**小网络**”，**对外共用一个IP**，而内部每个人的IP地址都不一样，4个小网络共同构成一个“**大网络**”。比如小明的计算机是1号网络下的6号机器，小红的计算机是2号网络下的6号机器。这样也能做到**唯一标识某台机器**。

像上面这样，每2人构成的小网络，就叫作**局域网**，也就是所谓的**内网**，用的IP地址（上面的5，6）也叫**私有IP地址或内网IP地址**，而上面提到的“大网络”，则是**广域网**，用的IP地址则被称为**公有IP地址或公网IP地址**，如图2-8所示。

通过这种方式，原本只能让6人上网，现在却能让8人同时上网，这还是只有6个IP地址的情况下，如果让数字变回43亿，那就能支持远多于43亿个的设备上网了。

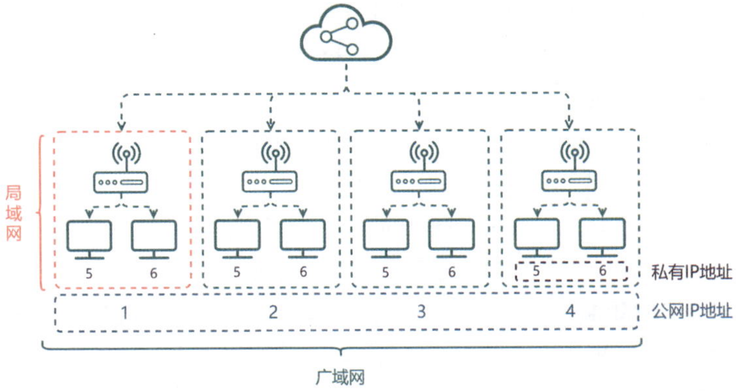

图2-8

按照这样的思路，回到上面的ABC类IP地址，大佬们也将它们分成了**私有和公有两部分**。

在rfc1918文档中定义了**私有地址的范围**。它们不会出现在广域网中，只会出现在局域网内。

```
* A类地址：10.0.0.0~10.255.255.255
* B类地址：172.16.0.0~172.31.255.255
* C类地址：192.168.0.0~192.168.255.255
```

这时候，你再看看**C类**的私有地址范围，眼熟不?

192.168.xx.xx就是这网段内的一个IP地址。这个范围里有6万多个主机号，什么家庭条件能用得完?

于是，就变成了一条街或者一个小区，又或者小区内的几幢楼**共用一个公网IP地址**，而内部就用**192.168.xx.xx**这样的**内网IP**，如图2-9所示。所以只要你在家，大概率会发现你的IP地址是C类的**192.168.xx.xx**。

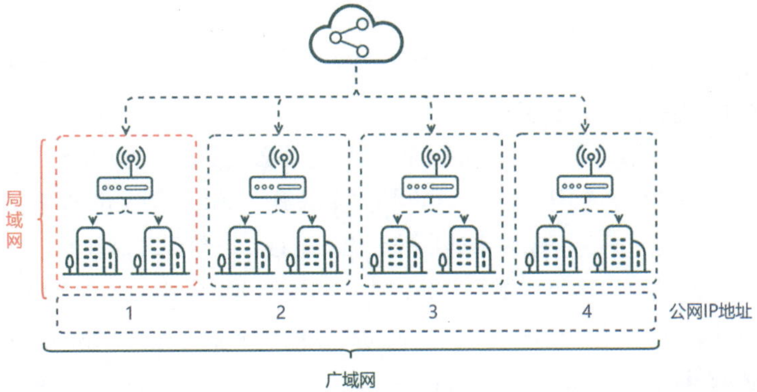

图2-9

但其实只要你想，A类和B类的私有地址也是可以用在局域网里的。

你到了公司执行**ifconfig**命令，很可能会发现你的局域网IP就不是**192.168**开头的了，而是**172**或者**10**开头的。

这是因为在公司内网里，需要的IP地址数量会更大，172和10开头的IP能表示的主机更多，比如10开头的能表示1600万个以上主机。

不说别的，**仅A类地址**，只拿10开头的网络号出来当内网IP地址，就能表示1600万个以上主机号，其余的100多个A类网络号都拿来当公网地址，按上面提到的算法进行相乘，公网**IP**地址数×内网**IP**地址数**=(100×1600**万**)×1600**万（100以上近似按100算），你也别管我算得对不对，反正就是能提供给好多设备使用，更别说还有B类和C类的还没算呢。

而且上面只考虑了一层局域网，其实局域网内还能再分成多层，局域网内再嵌套局域网。就像图2-10这样，能用的IP地址数量就更多了。

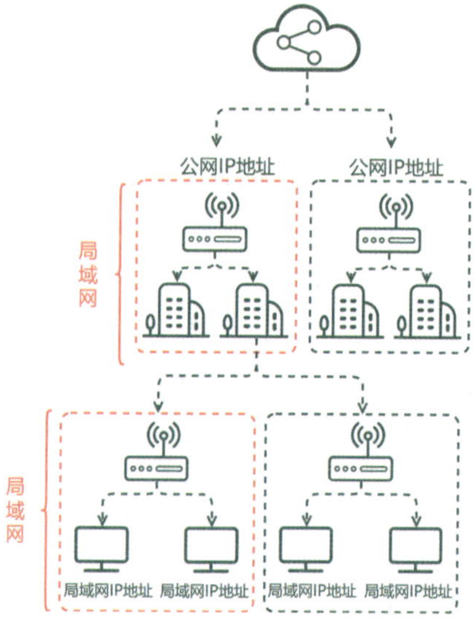

图2-10

所以说，IP地址虽然不多，但其实完全够用，这也是我们一直以来迟迟不切换成IPv6的原因。**够用，能跑，为什么要换**？

聊到这里，其实就回答了本节标题的问题：**为什么我们家里的IP地址都是192.168开头的**？这是因为IPv4地址有限，为了有效利用这些有限的地址，我们可以将网络分为**局域网和广域网**，将IP地址分为了**私有IP地址和公网IP地址**，一个局域网里的多台机器都可以共用一个广域网IP地址，从而达到了“做乘法”的效果，大大增加了“可用IP数量”，**小区里几幢楼可以共用一个公网IP地址**，且因为设备数量不多，一般选用**C类**的私有地址，也就是**192.168**开头的地址。

但问题来了，**怎样知道我的公网IP地址是什么呢**？

2.1.4　查询自己的公网IP地址

在家里的计算机上，通过**ifconfig**命令，能获得自己的**内网**IP地址，比如我的就是**192.168.31.170**。

```
$ ifconfig
en0: flags=8863<UP,BROADCAST,SMART,RUNNING,SIMPLEX,MULTICAST> mtu 1500
     options=400<CHANNEL_IO>
     ether 88:36:3d:33:a0:15
     inet6 fe70::1009:aabf:ecc6:2d10%en0 prefixlen 64 secured scopeid 0x6
     inet 192.168.31.170 netmask 0xffffff00 broadcast 192.168.31.255
     nd6 options=201<PERFORMNUD,DAD>
     media: autoselect
     status: active
```

但如果你想知道你的公网IP地址，该怎么做呢？

有一个简单的方法。直接在**baidu**上搜索“**我的IP地址**”，就能看到你的公网IP地址，如图2-11所示。

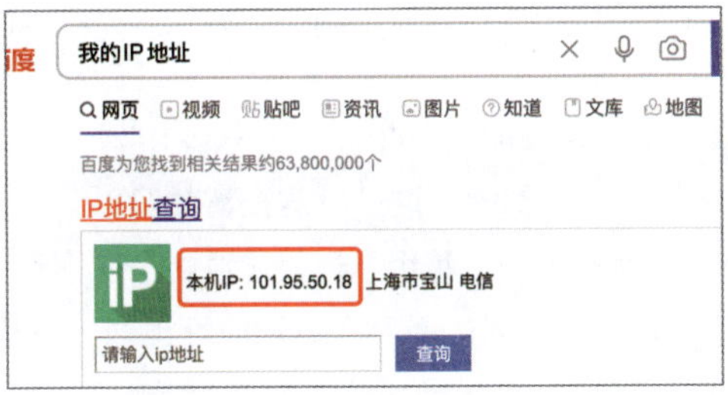

图2-11

别去ping这个地址，这个图被我处理过。

如果你用的是阿里云的设备，就会发现你的设备既有私有IP地址，也有一个公网IP地址，如图2-12所示。

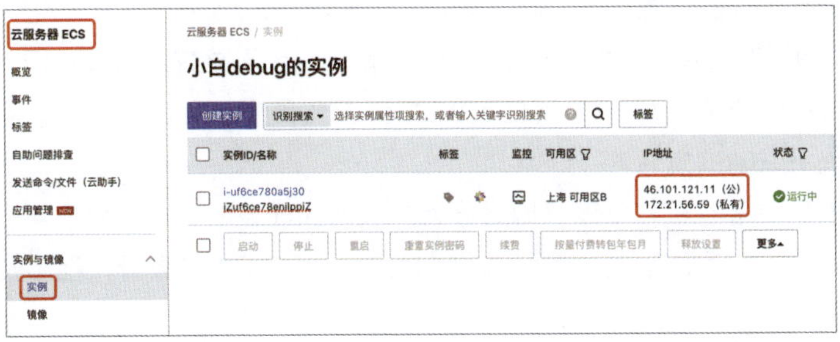

图2-12

当你去ping上面的私有IP地址**172.21.56.59**时，会发现根本**ping不通**。

```
$ ping 172.21.56.59
PING 172.21.56.59 (172.21.56.59): 56 data bytes
Request timeout for icmp_seq 0
Request timeout for icmp_seq 1
Request timeout for icmp_seq 2
^C
--- 172.21.56.59 ping statistics ---
4 packets transmitted, 0 packets received, 100.0% packet loss
```

而公网IP地址**46.101.121.11**却可以ping通。也就是说，在你家的局域网里，你只能通过公网IP地址去访问这台云服务器。

```
$ ping 46.101.121.11
PING 46.101.121.11 (46.101.121.11): 56 data bytes
64 bytes from 46.101.121.11: icmp_seq=0 ttl=48 time=273.481 ms
64 bytes from 46.101.121.11: icmp_seq=1 ttl=48 time=268.018 ms
64 bytes from 46.101.121.11: icmp_seq=2 ttl=48 time=266.606 ms
^C
--- 46.101.121.11 ping statistics ---
3 packets transmitted, 3 packets received, 0.0% packet loss
```

这时，用过这家服务器的人可能会有个疑问：只要申请一台云服务器，阿里云就能给你一个公网IP地址，这是怎么做到的？**这……这么富的吗**？

其实，阿里云向管IP地址的机构，**租用**了一批IP地址，在你需要的时候，就能有偿租给你，不用了也能回收分配给其他人。而且公网IP地址下面，其实也可以挂多台云服务器，用上文提到的方式，让多台云服务器共用一个IP地址。因此不太需要担心IP地址耗尽的问题。

2.1.5 小结

- IP地址就像快递单上填的发件和收件地址，是一串编号，用于在纷繁复杂的网络世界中标识你的位置。
- IPv4类地址有32位，大约能表示43亿个IP地址。为了更好地管理它们，教科书上出现过ABC这样的分类方式，并且在ABC类里还分为私有地址和公有地址。但目前流行使用**CIDR**的方式进行分类。
- 为了表示更多主机，可以将网络分为广域网和局域网，广域网使用公网IP地址，局域网使用私有IP地址。将公网IP地址数量乘私有IP地址数量，就能表示远大于43亿台设备。
- 家庭网络较小，往往小区内几幢楼构成一个局域网，这几幢楼共用一个公网IP地址。局域网内选择了C类的私有地址，也就是192.168.xx.xx开头的IP地址，所以你会发现我们家里的IP地址基本上都是**192.168**开头的。

- 在baidu上搜索“**我的IP地址**”，就能看到你的公网IP地址。

2.2 为什么我在公司访问不了家里的计算机？

家里的局域网内，基本上都用**192.168.xx.xx**这样的**私有IP地址**。

如果我们在发送网络包的时候这么填，对方在回数据包的时候该怎么回？毕竟千家万户用的都是**192.168.0.1**，网络怎么知道发给谁？

所以肯定需要将这个**192.168.xx.xx私有IP地址转换为公网IP地址**。

因此在上一节的最后，留了这么个问题。局域网内用的是私有IP地址，公网用的都是公网IP地址，如图2-13所示。一个局域网里的私有IP地址想访问局域网外的公网IP地址，必然要做IP地址转换，转换是在哪里做的呢？

图2-13

答案是**NAT设备**，全称Network Address Translation，网络地址转换。基本上家用路由器都支持这项功能。我们来看看它是怎么工作的。

2.2.1 NAT的工作原理

为了简单起见，假设你家分到了一个公网IP地址**20.20.20.20**，对应配到了你家自带NAT功能的**家用路由器上**，家里需要上网的设备很多，比如你的手机、计算机都需要上网，它们构成了一个**局域网**，用的都是**私有IP地址**，比如**192.168.xx.xx**。你在计算机上执行**ifconfig**命令，发现家里计算机的IP地址是**192.168.30.5**。你要访问的公网IP地址是**30.30.30.30**。于是就有图2-14这样一张图。

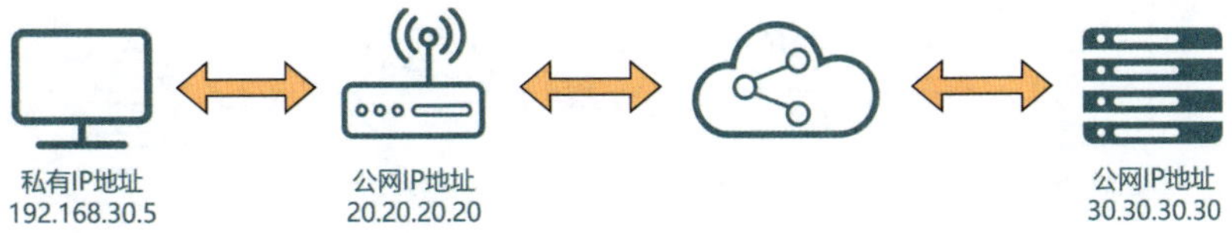

图2-14

当你准备发送数据包的时候，你的计算机的内核协议栈就会构造一个IP数据包。这个IP数据包报头里的**发送端**IP地址填的就是**192.168.30.5**，**接收端**IP地址就是

30.30.30.30。将数据包发到NAT路由器中。

此时NAT路由器会将IP数据包里的**源（发送端）IP地址**修改一下，将私有IP地址**192.168.30.5**改写为公网IP地址**20.20.20.20**，这叫SNAT（Source Network Address Translation，源网络地址转换）。并且还会在NAT路由器内部留下一条 **192.168.30.5->20.20.20.20**的映射记录，这个信息会在后面用到。之后IP数据包经过公网里各个路由器的转发，被发到了接收端**30.30.30.30**，至此**发送流程**结束，如图2-15所示。

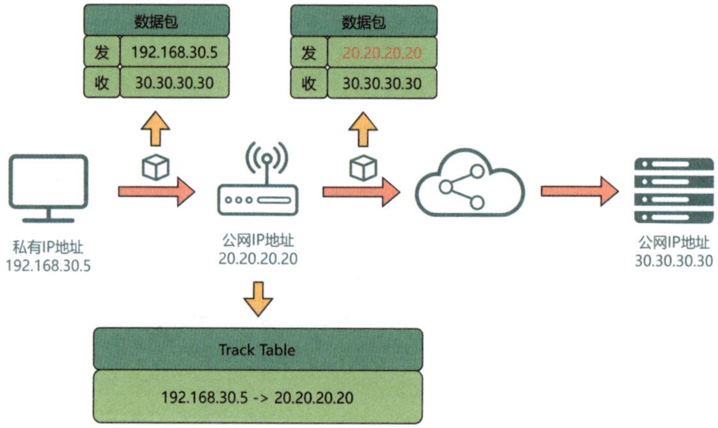

图2-15

如果接收端处理完数据，需要发一个响应给你的计算机，那就需要将**发送端**IP地址填上自己的**30.30.30.30**，将**接收端**地址填上你的公网IP地址**20.20.20.20**，发往NAT路由器。NAT路由器收到公网来的消息之后，会检查自己之前留下的映射信息，发现之前留下了**192.168.30.5->20.20.20.20**的记录，就会修改这个数据包的**目的IP地址**，变成内网IP地址**192.168.30.5**，这也叫**DNAT**（Destination Network Address Translation，目的网络地址转换）。之后将其转发给你的计算机，如图2-16所示。

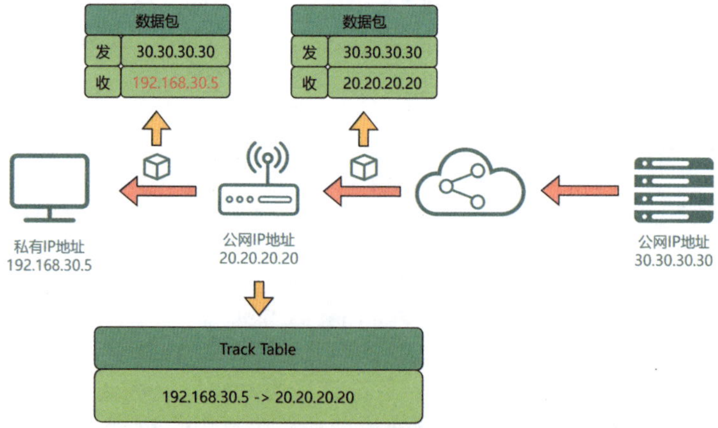

图2-16

整个过程下来，NAT悄悄地改了IP数据包的发送和接收端IP地址，但对真正的发送方和接收方来说，它们却**对这件事情，一无所知**。

这就是NAT的工作原理。

2.2.2 NAPT的工作原理

到这里，相信大家都有一个很大的疑问。局域网里并不只有一台机器，局域网内每台机器在NAT留下的映射信息都是`192.168.xx.xx->20.20.20.20`，发送消息时没什么事，但**接收**消息的时候就不知道该回给谁了，如图2-17所示。于是，接下来会通过NAPT的工作原理带大家搞清楚这个疑问。

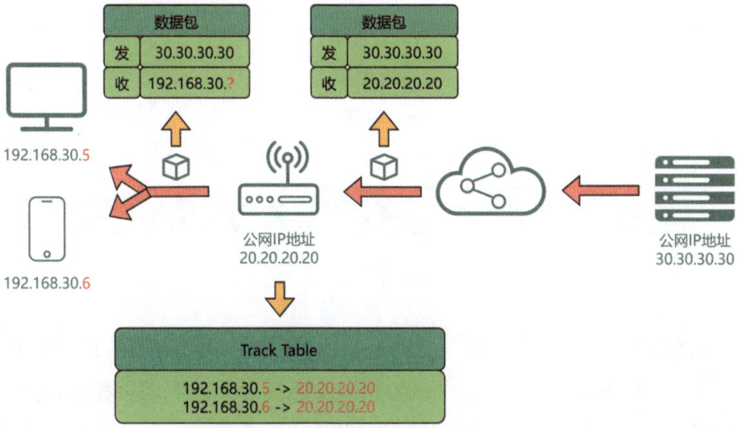

图2-17

这个问题相当致命，因此**实际上大部分时候不会使用普通的NAT**。那怎么办呢？问题出在我们没办法区分内网里的多个网络连接。于是我们可以**加入其他信息区分内网里的各个网络连接，很自然就能想到端口。**

但IP数据包（**网络层**）本身是没有端口信息的。常见的**传输层**协议TCP和UDP数据报文里才有**端口**的信息，如图2-18和图2-19所示。

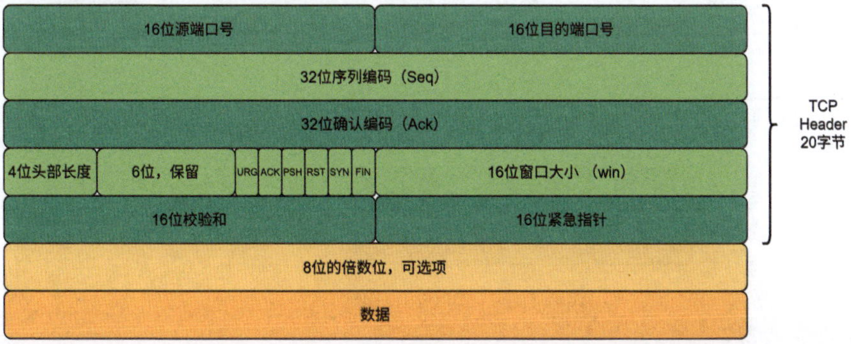

图2-18

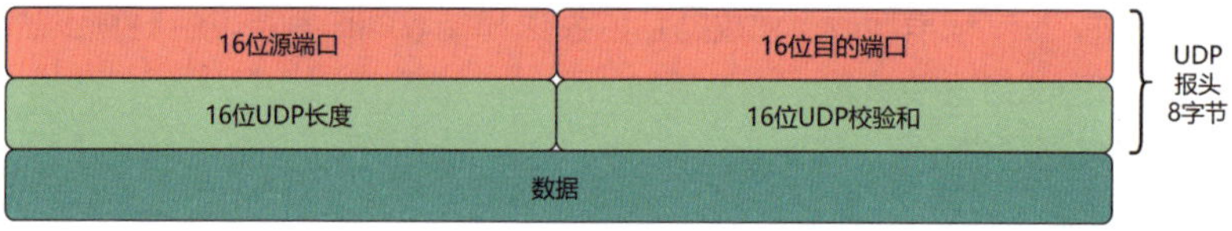

图2-19

于是流程就变成了下面这样。

当你准备发送数据包的时候，你的计算机的内核协议栈就会先构造一个TCP或者UDP数据报头，里面写入端口号，比如发送端口是**5000**，接收端口是**3000**，然后在这个基础上，加入IP报头，填入发送端和接收端的IP地址。数据包的结构如图2-20所示。

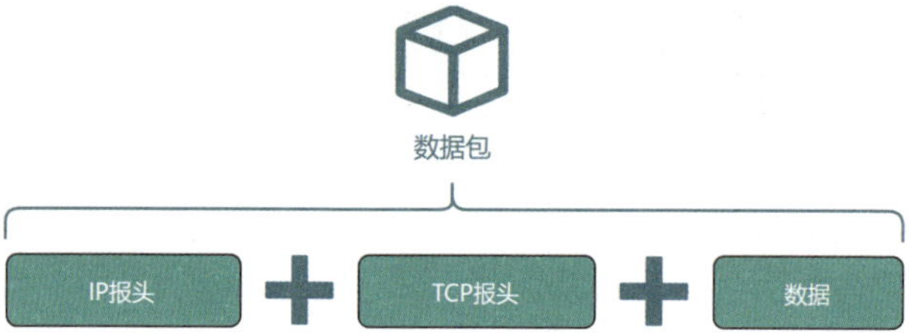

图2-20

假设，**发送端**IP地址填的是**192.168.30.5**，**接收端**IP地址填的是**30.30.30.30**。将数据包发到NAT路由器中。此时NAT路由器会将IP数据包里的**源IP地址和端口号**修改一下，从**192.168.30.5:5000**改写为**20.20.20.20:6000**。并且还会在NAT路由器内部留下一条**192.168.30.5:5000->20.20.20.20:6000**的映射记录。之后数据包经过公网里各个路由器的转发，被发到了接收端**30.30.30.30:3000**，到这里**发送流程**结束，如图2-21所示。

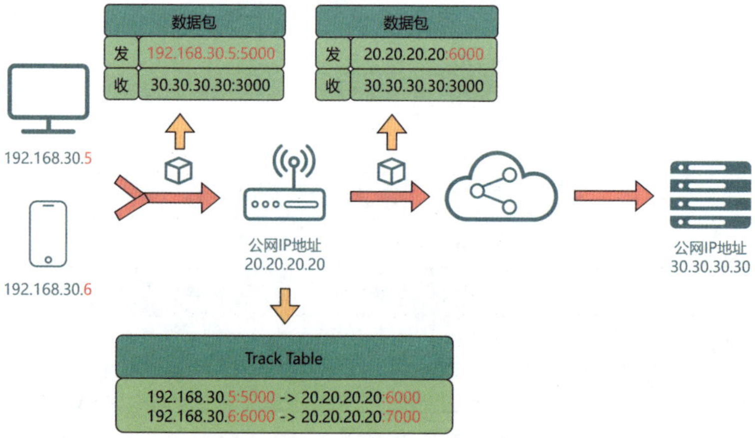

图2-21

接收端响应时，就会在数据包里填入**发送端**地址**30.30.30.30:3000**，将**接收端**地址

`20.20.20.20:6000`发往NAT路由器。NAT路由器发现自己之前留下过一条`192.168.30.5:5000 -> 20.20.20.20:6000`的记录，就会修改这个数据包的**目的IP地址和端口**，变回原来的`192.168.30.5:5000`。之后将其转发给你的计算机，如图2-22所示。

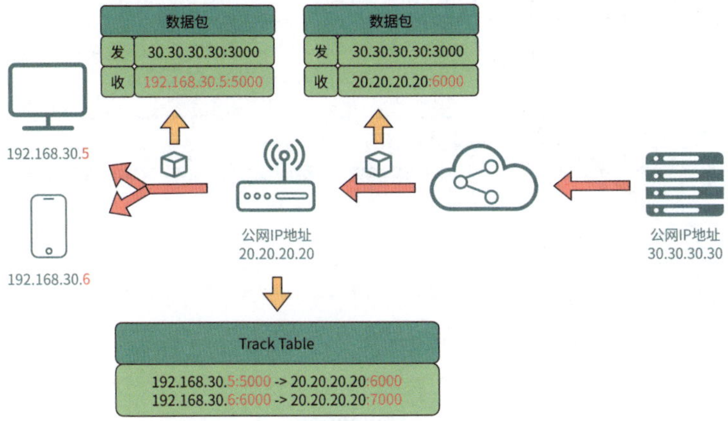

图2-22

如果局域网内有多个设备，它们就会被映射到不同的公网端口上，毕竟端口最大可达65535，完全够用。这样大家都可以相安无事。

像这种同时转换**IP地址和端口**的技术，就是NAPT（Network Address Port Transfer，**网络地址端口转换**）。

看到这里，问题就来了。这么说**只有用到端口的网络协议才能被NAT识别出来并转发**？

但这怎么解释**ping**命令？ping基于ICMP，而ICMP报文里并不带端口信息，如图2-23所示。我依然可以正常地ping通公网机器并收到回包。

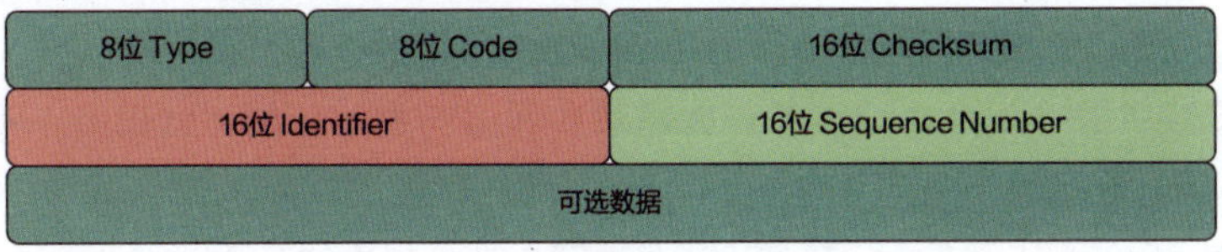

图2-23

事实上针对ICMP，NAT路由器做了特殊处理。ping报文头里有个`Identifier`信息，它其实指的是发出ping命令的**进程id**。对NAT路由器来说，这个`Identifier`的作用和端口一样。

另外，当我们去抓包的时候，就会发现有两个`Identifier`，一个后面带`BE`（`Big Endian`），另一个带`LE`（`Little Endian`）。

其实它们都是**同一个数值**，只不过**大小端不同**，读出来的值不一样。就好像同样的数字345，反着读就成了543。这是为了兼容不同操作系统（比如Linux和Windows）下大小端不同的情况，如图2-24所示。

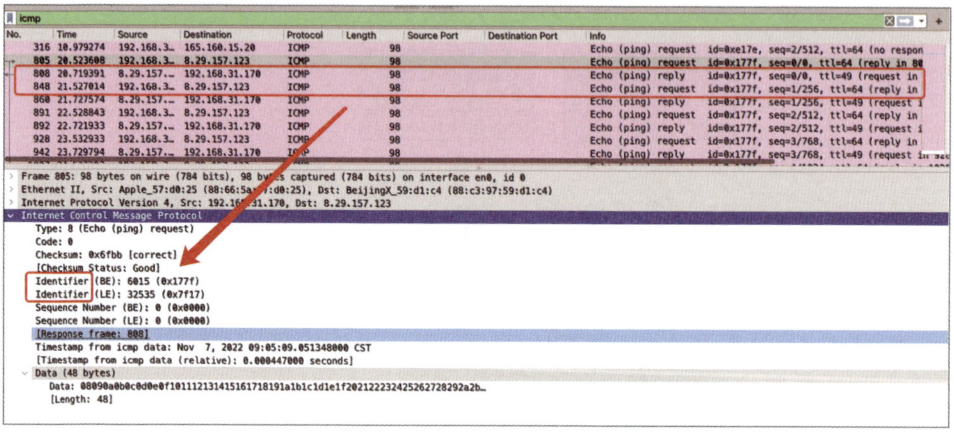

图2-24

2.2.3 内网穿透是什么？

看到这里，我们大概也发现了，使用NAT上网，前提是**内网机器主动请求公网IP地址**，这样NAT才能将内网的**IP端口**转成外网**IP端口**。

反过来，公网的机器想主动请求内网机器，就会被拦在NAT路由器上，此时由于NAT路由器并没有任何相关的IP端口的**映射记录**，因此也就不会给内网里的任何一台机器转发数据。

举个现实中的场景就是，你在家里的计算机上启动了一个HTTP服务，地址是192.168.30.5:5000，此时你在公司办公室里想通过手机去访问它，却发现访问不了。

问题就来了，有没有办法让外网机器访问到内网的服务？有。

大家应该听过一句话，“**没有什么是加中间层不能解决的，如果有，那就再加一层。**”这句话放在这里，依然适用。

说到底，因为NAT的存在，我们只能从内网主动发起连接，否则NAT设备不会记录相应的映射关系，没有映射关系也就不能转发数据。

所以，我们在**公网**上部署了一台服务器x，并暴露了一个访问域名，然后使内网服务**主动**与服务器x建立连接，这样在NAT路由器上就建立了相应的**映射关系**。接着，所有用户都去访问服务器x，服务器x将数据转发给内网机器，然后沿原路返回响应，从而实现了**内网穿透**，如图2-25所示。内网穿透还有其他实现方案，上面介绍的只是其中的一种。

像上面提到的服务器x，你也不需要自己去搭，已经有很多现成方案，花钱就完事了。

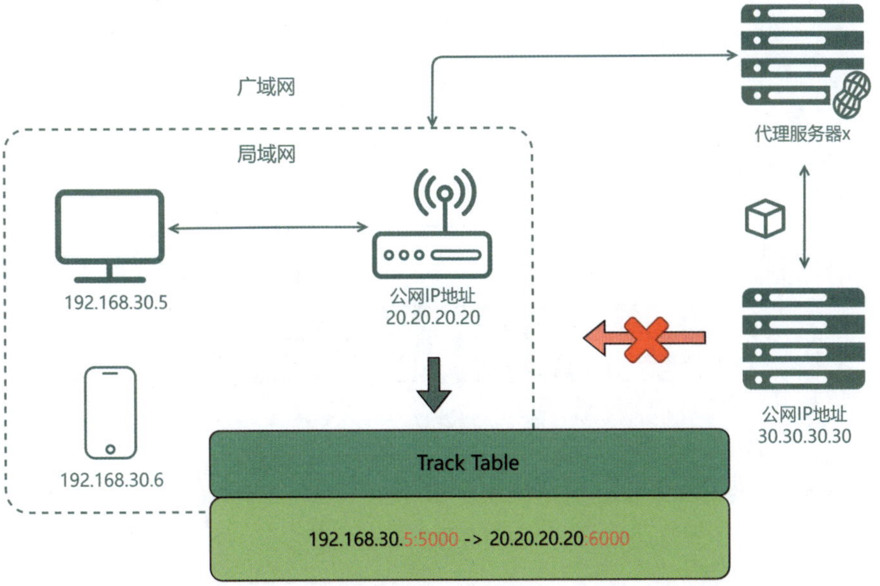

图2-25

到这里，我们就可以回答本节标题的问题了。

为什么我在公司访问不了家里的计算机？

那是因为家里的计算机在局域网内，局域网和广域网之间有一个NAT路由器。由于NAT路由器的存在，外网服务无法主动连通局域网内的计算机。

两个内网的聊天软件如何建立通信？

好了，问题又来了。

我家的计算机在我家小区的局域网里，同学家的计算机也在她家小区的局域网里，如图2-26所示。都在局域网里，且NAT只能从内网连到外网，那我的计算机上登录的QQ是怎么和同学计算机里的QQ连上的呢？

图2-26

上面这个问法其实存在一个误解，误以为两个QQ客户端应用是直接建立连接的。然而实际上并不是，两个QQ客户端之间还隔了一个聊天服务器，如图2-27所示。

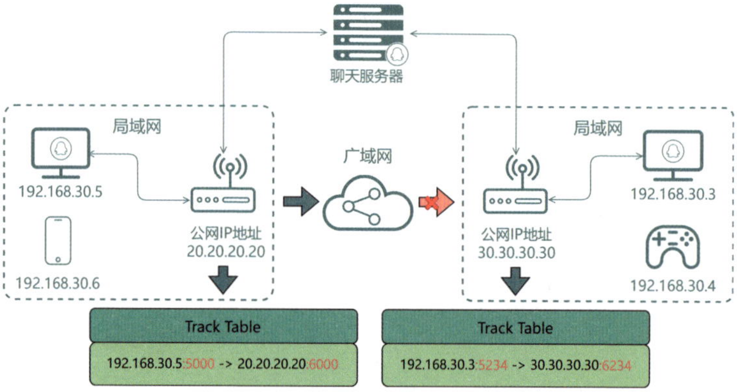

图2-27

也就是说，两个在内网的客户端登录QQ时都会**主动**向公网的聊天服务器建立连接，这时两方的NAT路由器中都会记录相应的映射关系。当其中一个QQ发送消息时，数据会先到服务器，再通过服务器被转发到另外一个客户端上。反过来也一样，通过这个方式让两台内网的计算机进行数据传输。

两个内网的应用如何直接建立连接？

上面的情况，是两个客户端通过**第三方服务器**进行通信，但有些场景就是要**抛开第三端**，直接进行两端通信，比如P2P下载，这种该怎么办呢？

在这种情况下，其实还是离不开第三方服务器的帮助。

假设还是A和B两个**局域网内**的设备，A内网里的NAT设备叫**NAT_A**，B内网里的NAT设备叫**NAT_B**，和一个第三方服务器（**Server**）。

流程如下。

step1和step2：A主动去连Server，此时A对应的**NAT_A**就会留下A的内网地址和外网地址的**映射关系**，Server也拿到了A对应的外网IP地址和端口。

step3和step4：B的操作和A一样，主动连第三方Server，**NAT_B**内留下B的内网地址和外网地址的**映射关系**，然后Server也拿到了B对应的外网IP地址和端口。

step5、step6和step7：重点来了。此时Server发消息给A，让A主动发**UDP**消息到B的外网IP地址和端口。此时NAT_B收到这个A的UDP数据包，**根据NAT_B的设置不同**，导致这时候**有可能**NAT_B能直接转发数据到B，那此时A和B就通了。但也**有可能不通**，直接丢包。不过丢包没关系，这个操作的目的是给NAT_A留下**有关B的映射关系**。

step8、step9和step10：和step5一样熟悉的“配方”，此时Server再发消息给B，让B主动发**UDP**消息到A的外网IP地址和端口。NAT_B上也留下了关于A的映射关系，这时候由于之前NAT_A上有过关于B的映射关系，此时NAT_A就能正常接收B的数据包，并将其转发给A。到这里，A和B就能正常进行数据通信了。这就是所谓的**NAT打洞**。

step11：注意，之前我们都用的是**UDP数据包**，只是为了在两个局域网的NAT上**打个洞**出来，实际上大部分应用用的都是TCP连接，所以，这时候还需要A主动向B发起TCP连接，如图2-28所示。到此，就完成了两端之间的通信。

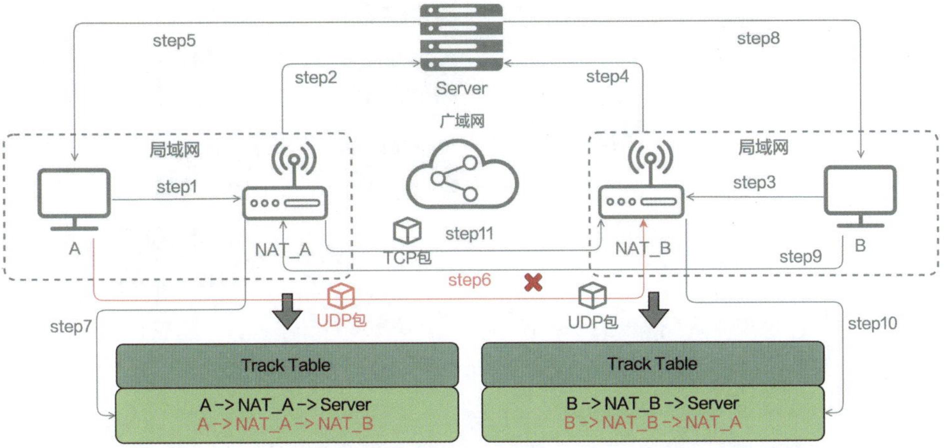

图2-28

估计大家这时会有疑惑：**端口已经被UDP用过了，TCP再用，那岂不是端口重复占用（address already in use）？**

其实并不会，端口重复占用的报错常见于两个TCP连接在不使用`SO_REUSEADDR`的情况下，重复使用了某个IP端口。而UDP和TCP之间却不会报这个错。之所以会有这个错，主要是因为在一个Linux内核中，内核收到网络数据时，会通过五元组（传输协议、源/发送方IP地址、目的/接收方IP地址、源/发送方端口、目的/接收方端口）去唯一确定数据接收者，如图2-29所示。当五元组一模一样的时候，内核就不知道该把数据发给谁。而UDP和TCP之间的"传输协议"不同，因此五元组也不同，所以不会有上面的问题。

图2-29

NAPT还分为多种类型，上面的NAT打洞方案，都能成功吗？

关于NAPT，确实细分为几种类型，比如完全锥形NAT和受限锥形NAT，但这并不是本节的重点，所以就略过了。我们现在常见的是锥形NAT。上面的打洞方案适用于大部分场景，其中包括限制最多的**端口受限锥形NAT**，如图2-30所示。

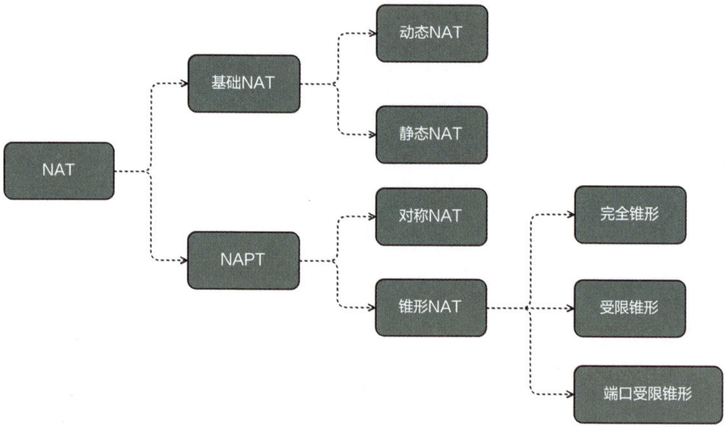

图2-30

2.2.4 小结

- IPv4地址有限，但通过NAT路由器，可以使得整个内网的多台机器对外只使用一个公网IP地址，大大节省了IP地址资源。
- 内网机器主动连接公网IP地址，中间的NAT会将内网机器的内网IP地址转换为公网IP地址，从而实现内网和外网的数据交互。
- 普通的NAT技术只会修改网络包中的发送端和接收端IP地址，当内网设备较多时，将有可能导致冲突。因此一般会使用NAPT技术，同时修改发送端和接收端的**IP地址和端口**。
- 由于NAT的存在，公网IP地址是无法访问内网服务的，但通过内网穿透技术，就可以让公网IP地址访问内网服务。一拨操作下来，就可以在公司的网络里访问家里的计算机。

2.3 ping不通，网络就一定不可用吗？

我们平时写代码，为了判断代码是否正常，一般会使用IDE的debug功能，单步调试每一行代码，看看是否符合我们预期。

在计算机网络领域，也有类似的场景，搭建好网络后，为了判断网络通不通，也会通过一些工具去“调试”我们的网络。比如通过 ping命令可以初步判断网络节点是否可达。同样的道理，原本跑得好好的网络突然哪天用不了了，为了排查问题，也可以用这个ping命令去大致定位出问题的网络节点。那么问题就来了，当我们ping不通某个网络节点时，它的网络功能就一定不可用吗?

我们知道，ping命令其实是对ICMP的简单封装，那么我们就先从ICMP是什么开始讲起。

2.3.1　ICMP是什么？

ICMP（Internet Control Message Protocol），也就是互联网控制报文协议。它和IP（互联网协议）一样，同属于网络层。最常见的用途就是通过它来测试网络节点的可达性。ICMP原理也比较简单，源主机会包装一个ICMP消息，发送到目的主机，目的主机根据情况选择**回复甚至不回复**，源主机以此判断网络通不通。并且数据包在去往目的主机的路上，如果途经的中间路由器节点发现目的主机不可达，还可能在ICMP回包中带上**具体的原因**，也就是所谓的错误报告，这些错误报告有助于诊断网络连接问题和故障排除。

ICMP除了判断网络通不通，还能通过重定向（Redirect）消息，告诉源主机“其实你有一条捷径可以让你更快到达目的地”，以此**建议**源主机换一个更优的网络路径。同时还可以通过源点抑制消息告诉源主机：“消息发太快啦，顶不住了！”以此**建议**源主机降低发送速率，避免网络拥塞。

但是，注意上面用了“建议”这个词，就像零售店可以不接受矿泉水瓶上的“建议零售价”一样，源主机也完全可以不接受ICMP响应的建议。所以我们会发现这两个功能**相对**没那么常用。

2.3.2　ICMP报文格式

了解了ICMP的作用，我们来看一下它的报文结构，如图2-31所示。

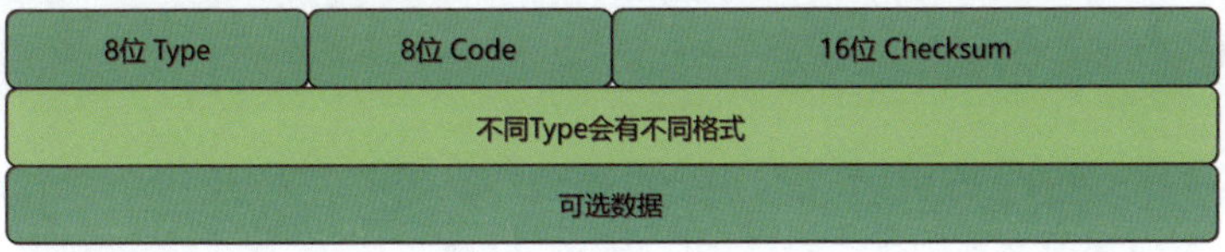

图2-31

简单解释一下这些字段的含义。

- 类型（Type）：占用1字节，8位，用于指示ICMP报文的类型。不同的类型代表不同的ICMP消息，如echo请求、echo应答、目的地不可达等。具体的类型在rfc792里有介绍，我将它整理在表2-1里。根据这个字段可以将报文分为两类，分别是**查询报文**和**差错报文**。查询报文主要用于获取有关网络或目标主机的特定信息。比如Type为0或8的报文是用来查网络连通性的。差错报文主要用于报告网络错误，比如Type=3就是报告目的地不可达的错误。

表2-1　ICMP报文字段

类型（Type）	代码（Code）	描述	类别
0	0	Echo 回复（Echo Reply）	查询报文
3	0	目的地不可达：网络不可达（Network Unreachable）	差错报文
	1	目的地不可达：主机不可达（Host Unreachable）	差错报文
	2	目的地不可达：协议不可达（Protocol Unreachable）	差错报文

续表

类型（Type）	代码（Code）	描述	类别
	3	目的地不可达：端口不可达（Port Unreachable）	差错报文
	4	目的地不可达：需要分片但设置了不分片标志（Fragmentation Needed and DF Set）	差错报文
	5	目的地不可达：源路由失败（Source Route Failed）	差错报文
4	0	源抑制（Source Quench）	差错报文
5	0	重定向：网络重定向（Redirect for the Network）	差错报文
	1	重定向：主机重定向（Redirect for the Host）	差错报文
	2	重定向：服务类型及网络重定向（Redirect for the Type of Service and Network）	差错报文
	3	重定向：服务类型及主机重定向（Redirect for the Type of Service and Host）	差错报文
8	0	Echo 请求（Echo Request）	查询报文
11	0	超时：在传输过程中生存时间超时（Time to Live Exceeded in Transit）	差错报文
	1	超时：分片重组超时（Fragment Reassembly Time Exceeded）	差错报文
12	0	参数问题（Parameter Problem）	差错报文
13	0	时间戳请求（Timestamp Request）	查询报文
14	0	时间戳回复（Timestamp Reply）	查询报文
15	0	信息请求（Information Request）	查询报文
16	0	信息回复（Information Reply）	查询报文

- 代码（Code）：占用1字节，用于提供有关ICMP报文类型的更详细信息。代码字段与类型字段共同确定了具体的ICMP消息。比如根据表2-1可以知道，对于Type等于 3，也就是目标不可达这一类型，Code 会用于更加详细地描述不可达的原因，到底是主机不可达（Code=1），还是端口不可达（Code=3）。
- 校验和（Checksum）：占用2字节，用于校验ICMP报文的完整性。校验和字段通过对ICMP报文的头部和数据部分进行计算得出，用于检测传输过程中是否发生了错误或损坏。
- 剩下的数据部分，会根据Type和Code 来决定填什么内容。

比如对于ICMP报文正常可达的情况下，也就是Type=0或8的情况下，报文格式如图2-32所示。

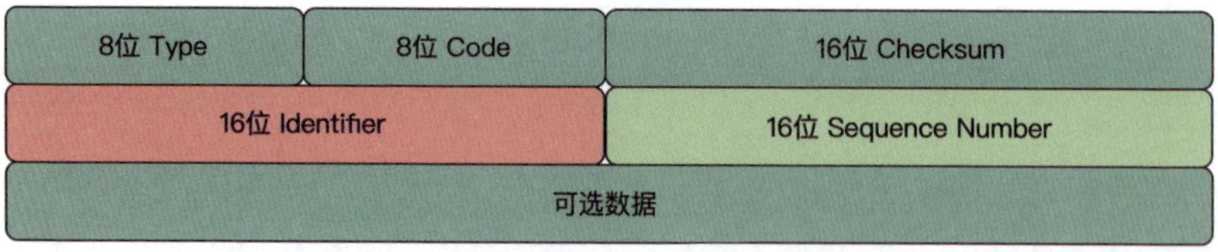

图2-32

多出来的Identifier字段，在Linux系统里，一般填的是发起ICMP请求的进程 ID，也就是ping命令进程的ID。在Windows里，就是一个随机生成的唯一ID。而Sequence Number则是消息的序号，同一次请求和响应里的Sequence Number 是一致的，它允许发送者追踪和匹配每个请求的响应，从而识别和分析单个数据包的往返路径。

而对于Type=3，目的地不可达报错，它的报文格式如图2-33所示。

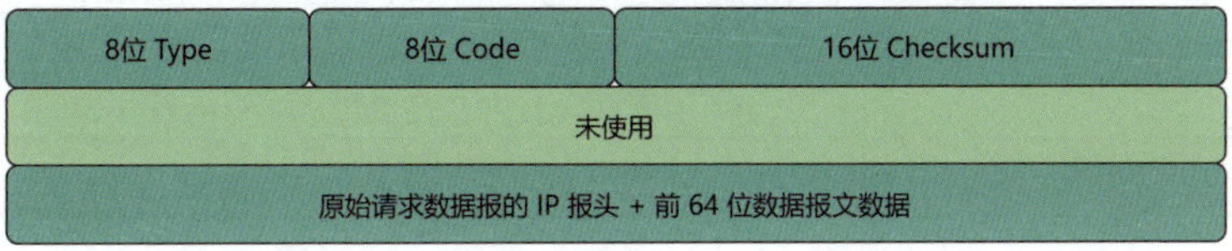

图2-33

其中的未使用（unused）的字段，通常设置为 0。接下来的是原始请求数据报的IP报头和前8字节的数据，主要用于辅助排查问题。

看到这里问题就来了，ICMP和IP同属网络层，它们有什么关系呢？

2.3.3 ICMP和IP的关系

ICMP会基于IP进行网络传输，二者的大致关系如图2-34所示。

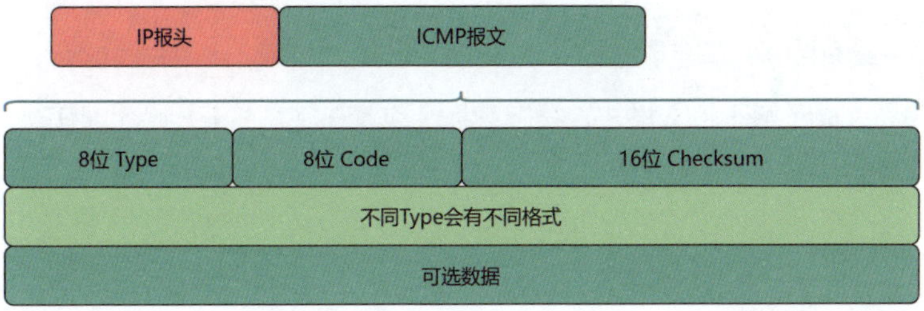

图2-34

也就是说，ICMP在传输的过程中，在外部看来就是一个IP数据包，只有解析IP报头，取出里面的数据，才能获取ICMP的报头，进一步解析ICMP报头里的内容，才能知道这个报文具体是ICMP的哪种类型，是echo 应答成功了还是目的地不可达。

那么问题又来了，为什么ICMP外部已经有IP报头了，还要在不可达的时候将IP报头放到自己的body体里，这不是多此一举吗？其实这两个IP报头并不是一回事，ICMP外部的是响应报文的IP报头，ICMP报文内部放的则是请求报文的报头，如图2-35所示。

但问题又来了，不是能通过Sequence Number匹配每次的请求和响应吗？遇到报错，匹配一下不就不需要冗余这份报头了吗？这是因为，**并不是所有ICMP响应，都来自某个ICMP请求**，比如一个普通IP数据包，传到某个中间路由器，本来预期中间路由器会将数据包转发到目的路由器，结果中间路由器在多次ARP请求后，还是没办法得到目的路由器的MAC地址，所以只能无奈给源机器发出目的地不可达的ICMP响应。这时候在ICMP响应的报文里加入发送IP包的报头，有助于后续更好地排查问题，如图2-36所示。

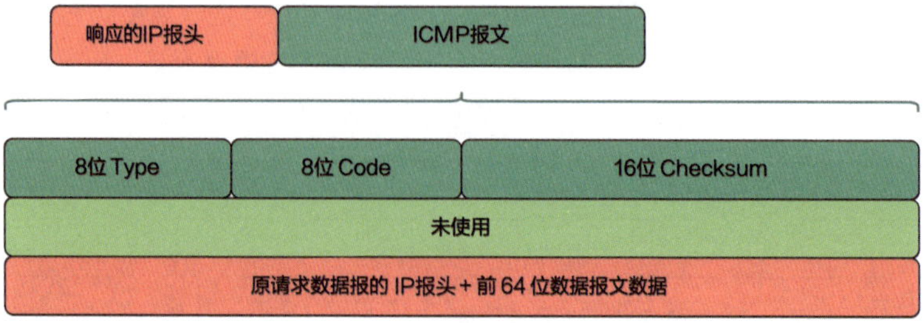

图2-35

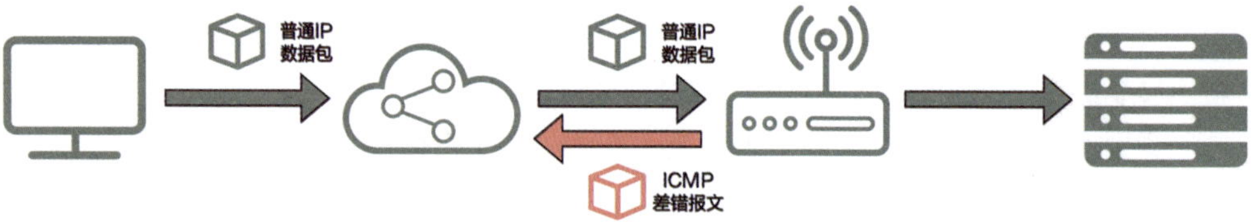

图2-36

2.3.4 ICMP抓包

现在我们大概了解了报文格式，接下来抓个包看一下。打开Wireshark开始抓包。

直接在命令行输入：

```
ping baidu.com
```

这时候就可以看到Wireshark界面陆续抓到ICMP的数据包。为了看得更清楚，可以在上方输入框中输入“icmp”，这样就可以过滤出ICMP的数据包，如图2-37所示。

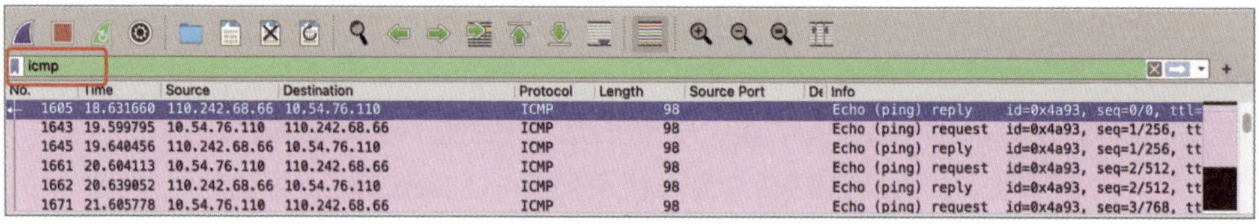

图2-37

查询报文

在ping baidu.com的过程中，可以抓到大量的查询和响应报文。

来看看具体的报文内容，比如对于Type=8的报文，Wireshark很贴心地在边上标注了这是Echo（ping）request报文，如图2-38所示。

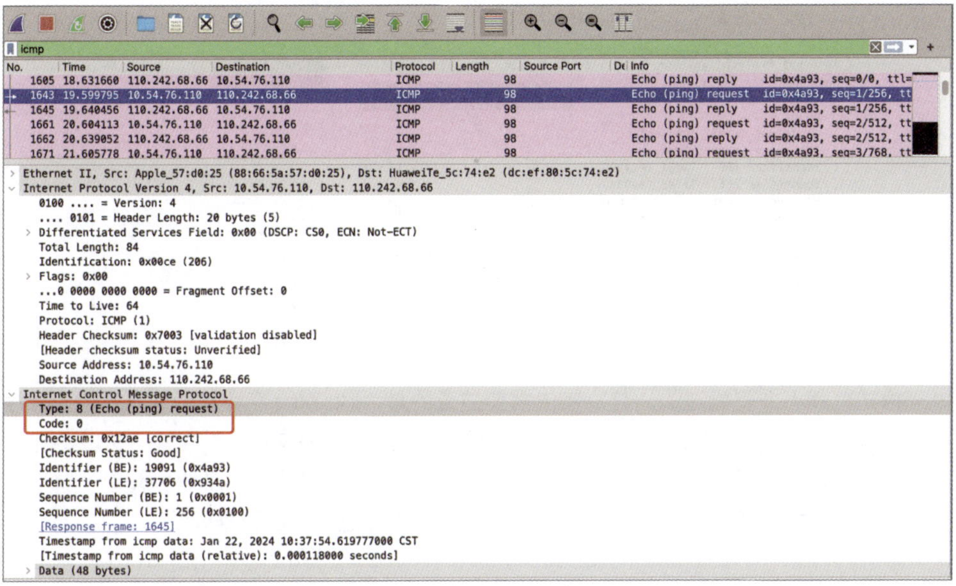

图2-38

对于Type=0的报文，Wireshark会在边上标注这是Echo (ping) reply报文，如图2-39所示。

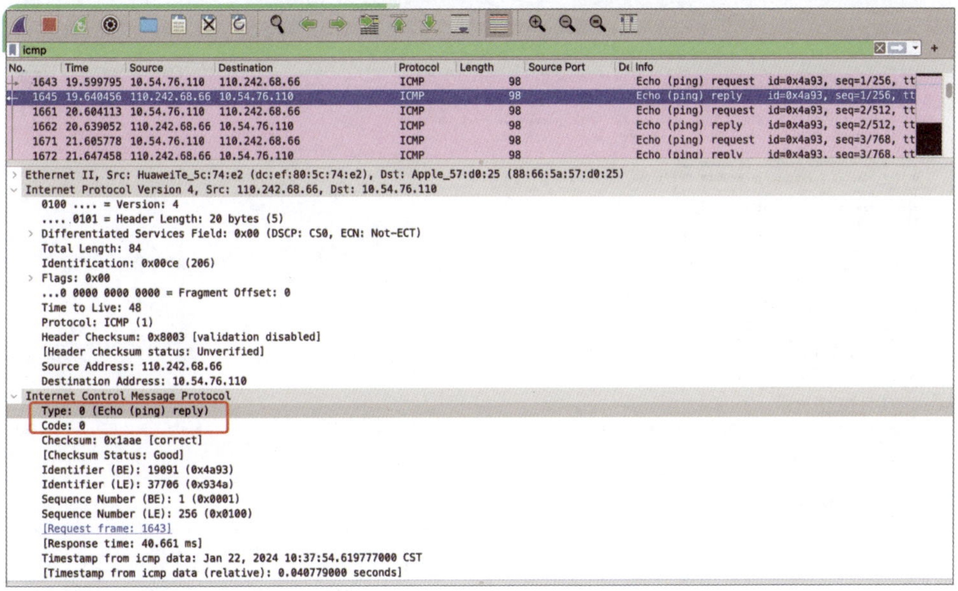

图2-39

同时，观察底部的协议信息，可以看到ICMP是基于IP进行传输的。具体的报文字段信息，也详细展示出来了，如图2-40所示。

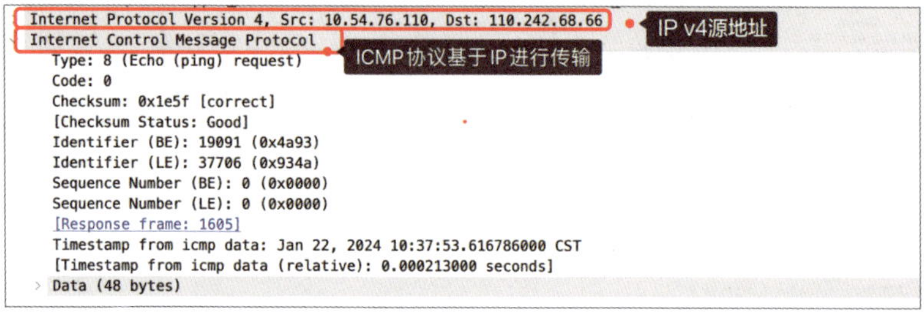

图2-40

格式也和上面提到过的一样。其中需要注意的是，Identifier 字段被同时展示为大端字节序（BE）和小端字节序（LE），这是因为不同用户使用的操作系统可能对大小端的处理方式不同。通过同时展示两种字节序，可以方便用户根据其操作系统和需求选择合适的字节序进行解析和理解。这两种展示方式实际上指的是同一份数据。

差错报文

看完查询报文的内容，再来看一个比较常见的差错报文。图2-41展示的是Type=3，Code=3 目的端口不可达的报错。

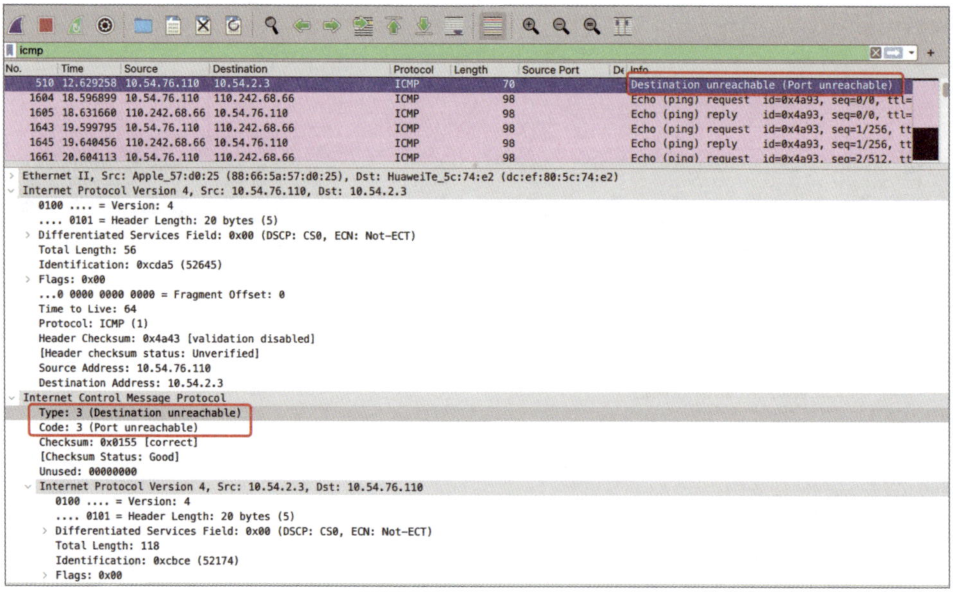

图2-41

当我们仔细查看报文内容的时候，可以发现ICMP响应报文除响应IP报头外，在body体里还带上了请求时的IP报头（如图2-42所示），正好印证了“ICMP和IP的关系”里提到的内容。

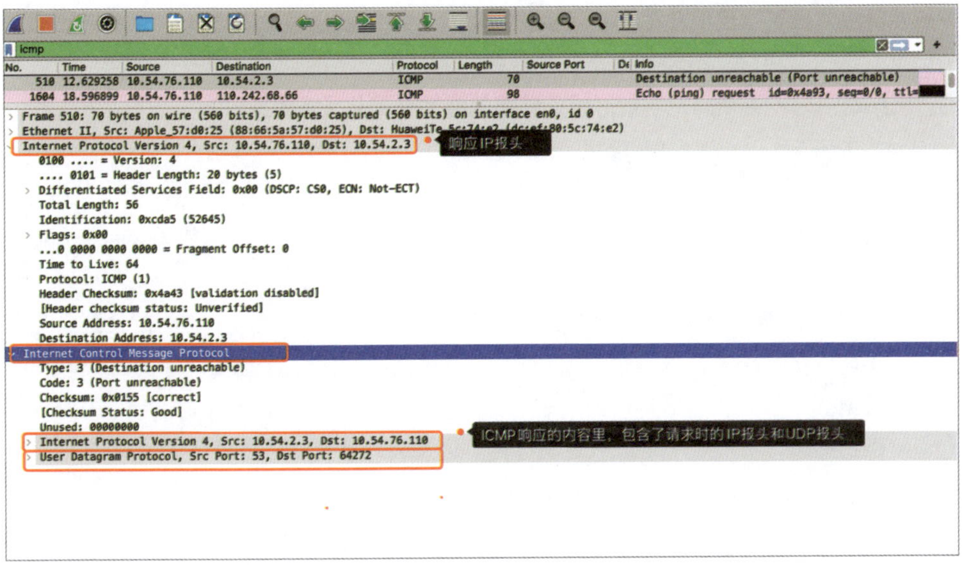

图2-42

有了ICMP，我们可以很方便地使用ping命令测试网络中任意节点的连通性，但这一点也很容易被“有心人士”利用。比如攻击者可以配置大量ICMP数据包发给多个网络节点，同时在ICMP包的来源IP那里填入小明的公网IP地址，此时多个网络节点会同时给小明响应ICMP报文，小明的网络带宽被瞬间打满，小明的网络就没办法继续响应其他正常流量了，这就是所谓的ICMP泛洪攻击，也是DDoS的一种，如图2-43所示。

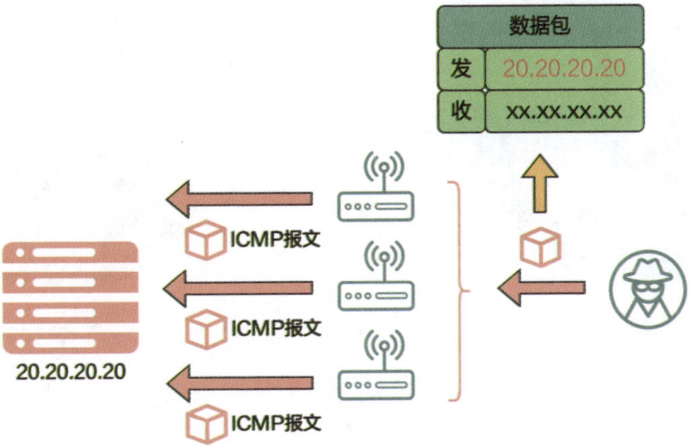

图2-43

在泛洪攻击中，这些网络节点全被攻击者当枪使了，那网络节点的维护人员当然不乐意。所以为了解决这种问题，有些网络节点会限制ICMP报文的请求速率，而有些网络节点的解决方案甚至更简单粗暴：直接关掉ICMP，不响应任何ICMP报文。这就导致了一个现象，这些节点ping不通，但是其他网络功能都是正常的。所以当有人问你“ping不通，网络就一定不可用吗？”的时候，你该知道怎么回答了吧?

2.3.5 小结

- 我们常使用 ping命令测试网络连通性，而 ping 本质是对ICMP的简单封装。
- ICMP虽然基于IP，但并不是传输层协议，而是网络层协议。
- ICMP报文根据报文内Type字段分为查询报文和差错报文两类。不同的类型会对应不同的报文格式，本节通过Wireshark抓包展示了内部的一些信息，方便大家加深理解。
- ping不通，不代表网络就一定不可用。这是因为某些网络节点可以关掉ICMP，但这并不影响其他网络协议的传输功能。

2.4 路由器、集线器、交换机有什么区别?

故事就从一个车轱辘说起吧。先来看一个车轱辘，如图2-44所示。辐条从车轱辘边缘，一直汇聚到中心的轴，这个轴在英文中叫**Hub**。而我们今天要讲到的**集线器**，英文也叫**Hub**。二者都叫**Hub**，多少有点关系，看看图2-45大概能明白，其实两者有点像。

图2-44

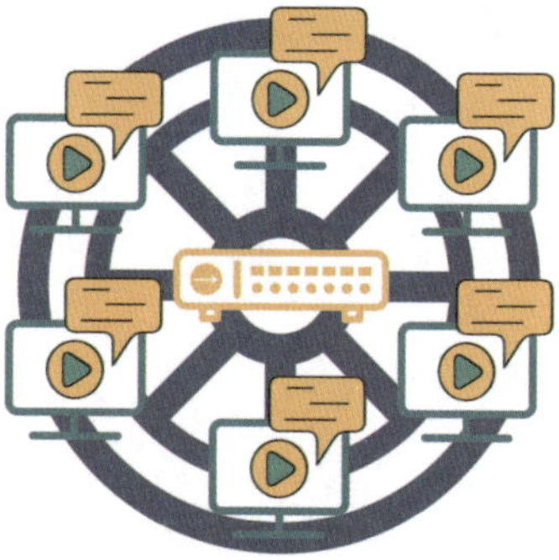

图2-45

Hub大概想表达的意思是，它是汇聚网线的中心，因此就叫**集线器**。所以可以理解，大家常逛的**GitHub**、**Docker Hub**等，都是为了表达它们是**某类资源的中心**了吧。

那么**集线器是什么**呢？这就要从**计算机是怎么互联的**这个话题说起。

我上小学的时候，有一种网吧，它其实是不能上外网的。也就是不能打开搜索引擎，不能搜索资料。

不能上网的网吧还能叫网吧？

能。虽然不能上外网，但网吧老板可以把很多台机器连起来，实现网吧内互联，形成一个**局域网**（Local Area Network，简称**LAN**）。

网吧内计算机互联之后，就可以放上各种游戏，比如 CS，实现网吧内对线。这种网吧有一种好处，**没有那么多“键盘侠”**。毕竟你不知道什么时候敲着敲着，对方就顺着网线**找过来了**。对战直接**从线上转移到线下**了。因此大家打游戏都很和谐，客气，场面十分感人。

那么网吧内的计算机是怎么互联的呢？

2.4.1　什么是集线器？

第1章中提到了两台计算机互联的场景。也就是说通过网线直接相连的方式，我们可以实现两台计算机互联打游戏。

但只有两个人打游戏，总会觉得无聊，而且每台计算机又只有一个网线口，想要邀请更多的人一起玩，怎么办？如图2-46所示。

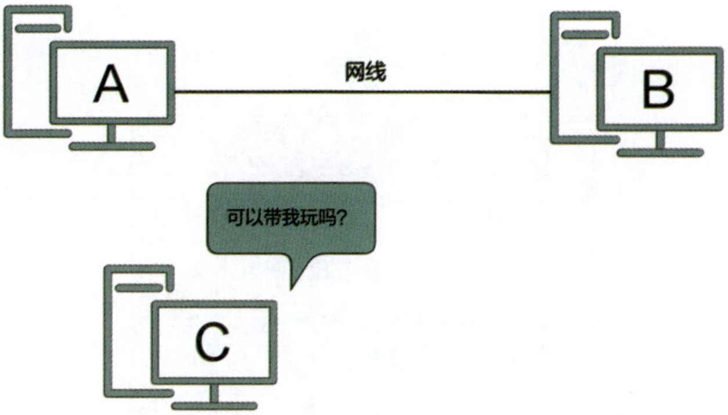

图2-46

那就要回到本节开头提到的**集线器**（Hub）了。这是一个工作在**物理层**的设备。有**多个网口**，很好地解决了计算机上只有一个网口的问题，可以做到多台计算机的网线都插入集线器。

工作原理也非常简单，会把某个端口收到的数据输入重复器。重复器的基本功能是将输入的信号广播到集线器的所有端口上。简单来说就是直接复制*N*份到其余*N*个端口上，如图2-47所示。数据复制到 *N* 个端口后，对应转发到 *N* 台机器里。

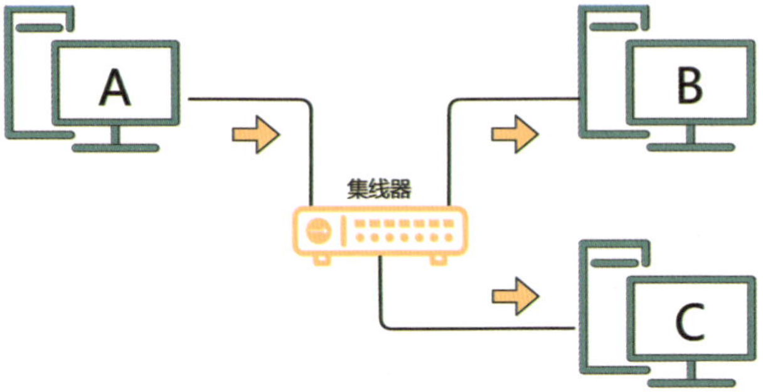

图2-47

集线器内部结构

讲到这里，大家已经对集线器有一个大概认识了。接下来，我们看看集线器的内部结构，如图2-48所示。

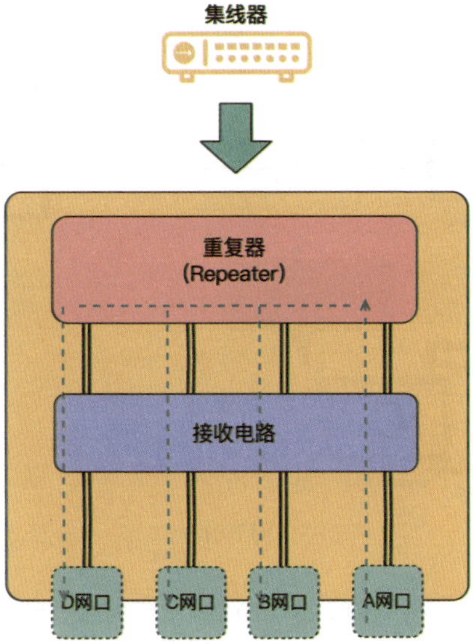

图2-48

从A网口进入集线器的消息，此时还是电信号。先经过一个接收电路模块。接收电路会在物理层经历信号整形、信号放大等操作，将电压转换成集线器可以处理的信号。

经过接收电路模块的处理后，消息以电信号的形式输入重复器（Repeater），被“无脑”广播，重复器将信号从B、C、D网口输出。这里面的电信号，是会受噪声干扰，导致信号形变出错的。但就算是错了，也还是会**原封不动**地广播出去，这就是上面提到“**无脑**”的精髓所在。因为“无脑”广播，C 也能收到A发给B的数据包。此时C会在接收到数据包后一层层地“剥开”。

正常情况下，在数据链路层，识别到目的MAC地址和C自己的MAC地址不一致时，也会把数据丢弃，如图2-49所示。

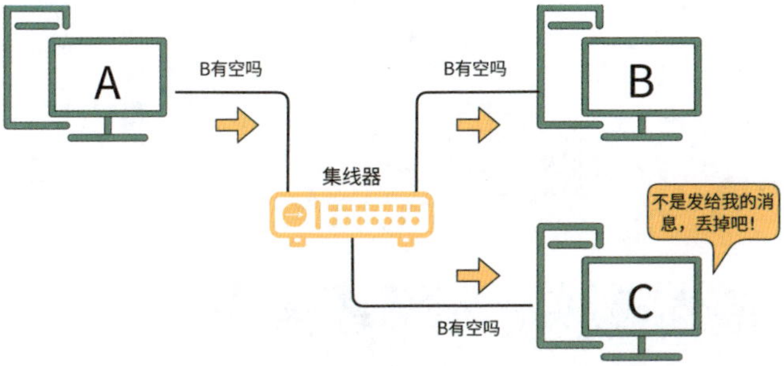

图2-49

2.4.2　什么是交换机？

目前只有A、B、C 三台机器，每次都广播发消息倒还好。如果机器越来越多，每台机器发一条消息都会被广播，就有点顶不住了。

举个例子：

假设有*N*台机器，其中两台机器A和B，A发到B和B发给A，共两条消息。

如果这 *N* 台机器，用的是集线器。还是A和B之间互发消息，每条消息都是广播的话，就是(*N*-1)+(*N*-1)条消息，差距有些大，对网络资源的浪费就有些严重了。

那么，有没有可能做到，A发给B的消息，就不要转发给 C 呢？

可以的，把集线器换成交换机。**交换机**，又叫**switch**，和集线器长得很像。但是功能更强一些，从网络分层上来说，属于**数据链路层**，比集线器所在的**物理层**还要高一层。

所有发到交换机的数据，都会先进入交换机的数据缓存层。接着消息再被**转发**到对应机器上。注意，这里用的是**转发**，而不是**集线器的广播**，交换机是怎样做到转发的呢？

MAC地址表

交换机内部维护了一张**MAC地址表**，它记录了端口号和MAC地址的对应关系。这个表的数据是交换机**不断学习**的结果。

当A发消息到交换机时，交换机发现消息是从1号端口进来的，则会在MAC地址表上记录A的MAC地址对应1号端口。如果A很长时间没发消息到这个1号端口，那这条记录就会**过期并被删除。**

那么，当时间足够长，A、B、C都给交换机发过消息后，地址表就会有完整的关系信息，如图2-50所示。

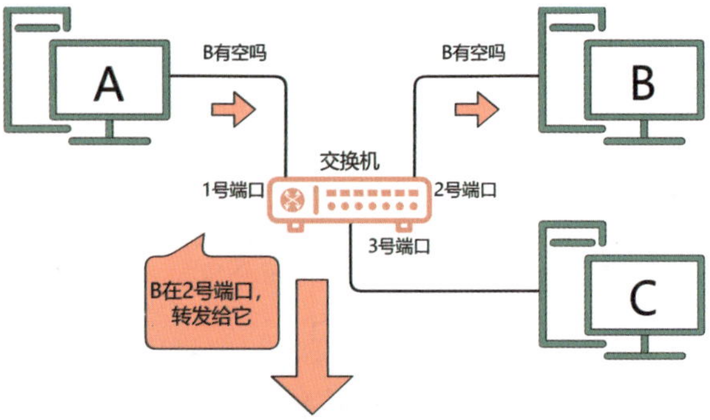

MAC地址	端口	控制信息
AA-AA-AA-AA-AA-AA	1	......
BB-BB-BB-BB-BB-BB	2	......
CC-CC-CC-CC-CC-CC	3	......
......	......	......

图2-50

- A准备发送消息给B，此时A会把B的MAC地址放入要发送的数据里。数据顺着网线发出。
- 交换机从端口收到数据，会把数据里的源和目的MAC地址提出来，跟MAC地址表进行对比。
- 发现**B的MAC地址正好在 2 号端口，**那么就把数据转发给 2 号端口。
- 此时B计算机从网线收到来自交换机 2 号端口的数据。

三种特殊情况

正常流程很清楚了，下面看三种**特殊情况**。

1. 信号如果出错了怎么办?

上面提到硬件电路是可能出现噪声干扰等故障导致信号出错的，集线器就算遇到这类情况也会“无脑”将数据广播出去，而交换机比集线器高一层，它会怎么处理呢?它在收到消息后会进行校验，还记得前面提到的数据链路层的MAC报头末尾有个FCS吗（如图2-51所示）?

图2-51

FCS里存放的就是发送方通过循环冗余校验（CRC）计算得到的值。交换机用收到的数据算一次CRC，与FCS里的值进行对比。

如果一致，证明数据没问题。如果出错，则**直接丢弃**。

2. 交换机查询地址表时，发现目的MAC地址的目标端口和这个包的源端口，是同一个端口，怎么办？

先说结论，**会直接丢弃这个包**。

我们看看，假设它不丢弃，会发生什么情况，如图2-52所示。

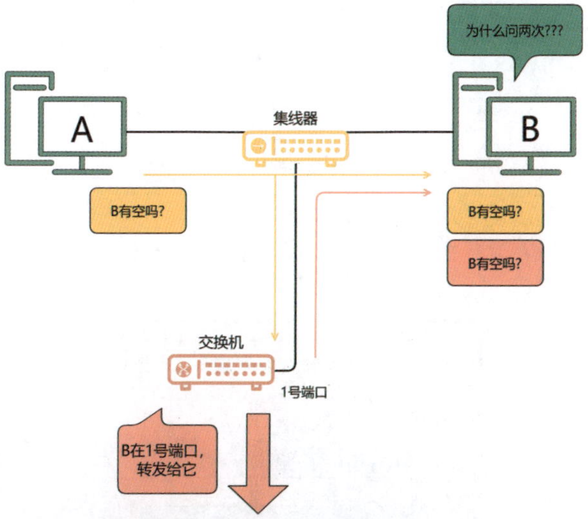

MAC地址	端口	控制信息
AA-AA-AA-AA-AA-AA	1	......
BB-BB-BB-BB-BB-BB	1	......
......	......	......

图2-52

- A发了一条消息给B，中间经过一个**集线器**，此时消息会被**广播**到B和交换机。
- 此时B收到**第一条**A发给它的消息。
- 交换机从1号端口收到A的消息后解包，获得目的MAC地址是BB-BB-BB-BB-BB-BB。查MAC地址表，发现要发到1号端口。此时，源和目的端口都是同一个，**如果交换机不丢弃这个消息**，B会收到**第二条**A发给它的消息。

A只发了**一次**消息，B却收到**两条**消息，明显不对。

因此，当交换机查询地址表时，发现目的端口和源端口是同一个端口时，会丢弃这个包。

3. MAC地址表里找不到对应的MAC地址，怎么办？

这可能是因为具有该地址的设备，还没有向交换机发送过包，或者这个设备一段时间没有工作，导致地址被从地址表中删除了。

在这种情况下，交换机无法判断应该把包转发到哪个端口，只能将包转发到除了源端口之外的所有端口上，无论该设备连接在哪个端口上，都能收到这个包。

此时，交换机就会和集线器一样进行**广播**。

发送了包之后目标设备会做出响应，只要返回了响应包，交换机就可以将它的地址写入地址表，下次也就不需要把包发到所有端口了。

交换机内部结构

再看看交换机内部结构，如图2-53所示。

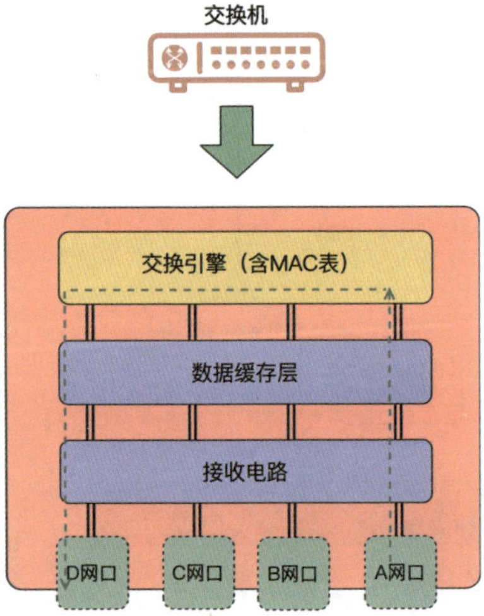

图2-53

其实通过对比可以发现，交换机和集线器内部结构很像。

消息以**电信号**的形式从网口进入，在接收电路中转换成交换机能处理的**数字**信号，并通过 MAC 数据帧末尾的**FCS 校验**这个包有没有问题，如果没问题，则把数据放到**数据缓存层**里，否则直接丢弃。

放入**数据缓存层**后，接着把MAC地址和端口号记录到交换引擎里的MAC地址表中。同时检查**目的MAC地址**在不在 MAC地址表中，在的话则会**转发**到对应端口，否则**广播**。

交换机与网桥的区别

网桥，本质上可以简单理解为**两个网线口的交换机**，正好可以把两台计算机连起来，也叫**桥接**。而交换机，则是**多网线口的网桥**，可以把多台计算机连（桥接）起来。其他功能方面，相差不多。

交换机和二层交换机、三层交换机有什么区别

这一部分提到的**交换机**，其实就是**二层交换机**，也就是工作在第二层（**数据链路**

层）的交换机，二者**无区别**。

而**三层交换机**，是工作在第三层（**网络层**）的交换机，其实就是接下来要提到的**路由器**。

2.4.3 什么是路由器？

有了交换机之后，小网吧里的计算机就都可以被连起来了。交换机网口不够？那就再接个交换机。

但世界上计算机这么多，交换机里的MAC地址表难道全都要记住吗？显然做不到。为了解决这个问题，于是就有了**路由器**，工作在**网络层**，比数据链路层更高一层。

网络层引入了IP的概念。我们在2.1节里详细介绍过IP和CIDR的概念。之前提到的**192.168.0.105/24**这种表示方法，它**用一个斜杠告诉用户这个IP地址的前24位都是网络号，其余的都是主机号**。前24位相同的IP地址都被认为是一个**网段**。**有了网段，就可以一次性表示一大批地址**。**就不需要像交换机那样苦哈哈地将MAC地址一条一条记录在表里**。

路由表

路由器的作用是可以帮助我们在互联网世界里转发消息到对应的IP地址。对比一下，交换机，是通过 MAC报头中接收方MAC地址来判断转发目标的。路由器，则是根据IP报头中的IP地址来判断的。

由于使用的地址不同，记录转发信息的表也会不同。类似交换机的MAC地址表，路由器也维护了一张**路由表**。而路由表，用于告诉路由器，什么样的消息该转发到什么端口。假设A要发消息到 D。也就是**192.168.0.105/24**要发消息到**192.168.1.11/24**，如图2-54所示。

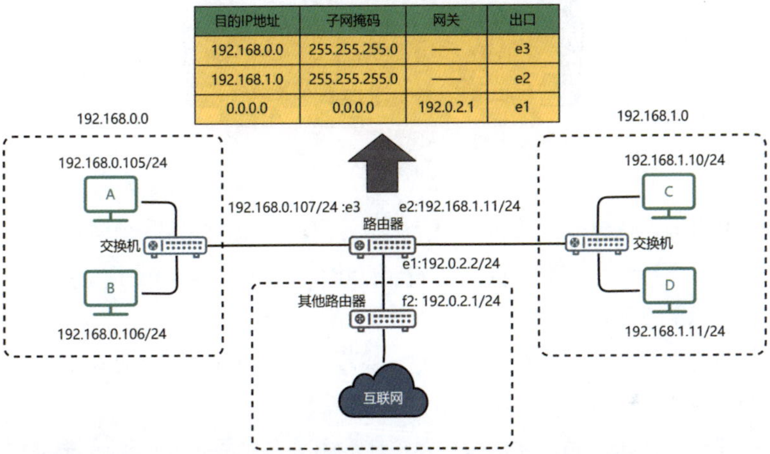

图2-54

那么A会把消息经过交换机发到路由器。路由器通过**192.168.0.105/24**获得其网络号是**192.168.0.0**，而目的地的网络号是**192.168.1.0**，二者网络号不同，处于不同局域网。

查**路由表**，发现**192.168.1.0**在e2端口，那么就会把消息从e2端口发出，到达交换机，交换机发现 MAC地址是它局域网下的D机器，就把消息打过去。

当然，如果路由表里找不到，那就打到默认**网关**吧，也就是从e1端口发出，发到**IP**地址**192.0.2.1**。**这个路由器的路由表不知道该去哪里，说不定其他路由器知道。**

路由器的内部结构

路由器内部，分为**软件层和硬件层**，对应**软件部分和硬件部分**，如图2-55所示。

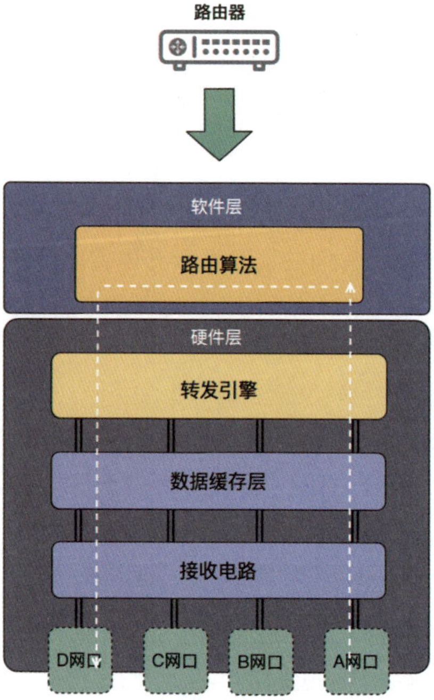

图2-55

硬件部分和交换机很像。数据从A**网口**进入，此时数据还是网线上的电信号，会被接收电路转为数字信号格式，通过 FCS 进行错误校验，同时**校验MAC地址是否是自己**，通过校验则进入**数据缓存层**，否则丢弃。

再进入**软件部分**，通过路由算法（软件逻辑），查询**路由表**判断转发目标和对应**转发口**，再经由**硬件部分**的**转发引擎**转发出去。

如果路由表中无法找到匹配记录，路由器会丢弃这个包，并通过ICMP消息告知发送方。

路由器和交换机的主要区别

MAC地址的区别

路由器和交换机的不同点在于，路由器的**每个网口下，都有一个 MAC地址和IP地址**。正因为路由器有MAC地址，因此它能够成为数据链路层的**发送方和接收方**。怎样理解这句话呢？

前面提到交换机，是不具备MAC地址的，而**MAC报头**是需要填上目的MAC地址的，因此交换机从来都不是数据的目的地，它只简单转发数据帧到**目的地**。但路由器，是有MAC地址的，因此MAC报头就可以写上，下一站就是××路由器。到了路由器后，路由器可以再次组装下一站的目的MAC地址是再下一个路由器，通过这一点，让数据在路由之间传输。

而同时因为交换机不具有MAC地址，因此也不会校验收到的数据帧的MAC地址是不是自己的，全部收下做转发。而路由器则会校验数据帧的MAC报头里的目的MAC地址是不是自己，是的话才会收入数据缓存层，否则丢弃。

找不到转发目的地时的处理方式有区别

如果在路由表中无法找到匹配的记录，并且也没有配置默认路由，路由器会丢弃这个包，并通过ICMP消息告知发送方。而交换机在**MAC地址表**里找不到转发端口时会选择广播。

两者在这里的处理方式是不同的，原因在于网络规模的大小。

交换机连接的网络最多也就是几千台设备的规模，这个规模并不大。如果只有几千台设备，遇到不知道应该转发到哪里的包，交换机可以将包发送到所有端口上，虽然这个方法很简单粗暴，但不会引发什么问题。

但路由器工作的网络环境是互联网，全世界那么多设备连接在互联网上，规模非常大，并且这个规模还在持续扩大中。如果此时它的操作和交换机一样，将不知道应该转发到哪里的包发送到整个网络上，就会产生大量的网络包，造成网络拥塞。因此，路由器遇到不知道该转发到哪里的包，会直接丢弃。

路由器和光猫的主要区别

前面提到不管是交换机还是路由器，网口输入的都是**电信号**。但现在流行的是**光纤传输**，传输的是**光信号**。

而**光猫**（modem），是一种调制解调器，其实就是用于**光电信号转换**的设备。接收数据时，可以将光纤里的**光信号转为电信号**，发给路由器，路由器内部再转为数字信号，并在此基础上做各种处理。相反，也会把路由器传来的**电信号转为光信号**，发到光纤，并进入互联网，如图2-56所示。

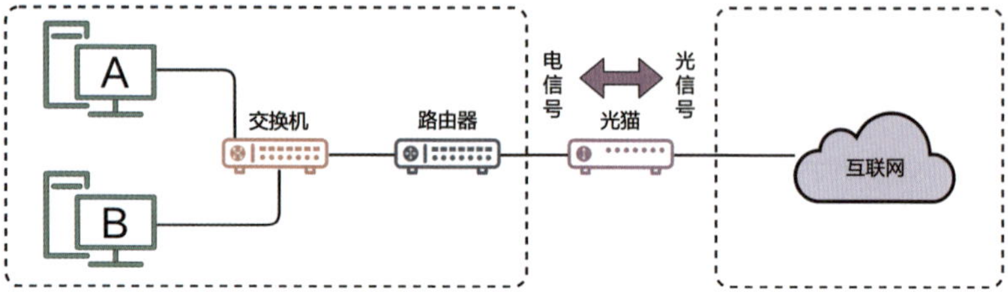

图2-56

2.4.4 小结

- 两台计算机可以通过一根网线直接连接，进行通信。机器一多，可以把网线都接到**集线器**（物理层）上，但是集线器会不管三七二十一进行**广播**。
- 不想广播，可以用（二层）**交换机**（数据链路层），又叫多端口网桥，它比较智能，会自我学习生成MAC地址表，知道消息发到哪里，那就**不需要广播**了。
- 互联网上计算机这么多，交换机MAC地址表总不能全放下。改用**路由器**（网络层），也叫三层交换机，通过网段的方式定位要把消息转发到哪里，就不需要像交换机那样记录一条条MAC地址了。
- 路由器和光猫是好搭档，**光猫**负责把光纤里的光信号转换成电信号传给路由器。
- 现在一般情况下，家里已经不用集线器和交换机了，大部分路由器也支持交换机的功能。所以可以看到，家里的台式机一般就连到一个路由器，再连一个光猫就能够快乐上网了。

第3章

传输层：数据流动内幕

本章深入探讨传输层协议的核心机制与应用，揭示TCP和UDP在数据传输中的关键区别。通过解析socket的工作原理，探讨数据发送的实际过程，以及TCP连接的建立与断开细节。本章还涉及TCP粘包问题及其解决方法，以及在不同层级进行数据分片与分段的原因。通过这些内容，读者将全面理解传输层在确保数据可靠传输中的重要作用。

3.1 socket到底是什么？

传输层作为四层网络中的一个关键组成部分，负责提供端到端的通信服务。在这一层，socket这一概念显得尤为重要，因为它为应用程序提供了一种实现网络通信的方式。在学习socket之初，很多人可能会对socket的概念模糊不清。为了解决这个问题，我们将从一个初学者的角度开始，逐步介绍我眼中的socket是什么，以及它在传输层的原理和内核实现。

socket的概念

故事要从一个插头说起，如图3-1所示。

图3-1

当我将**插头**插入**插座**，看起来就像是将两者连起来了，如图3-2所示。

图3-2

而插座的英文，又叫**socket**。

巧了，我们程序员搞网络编程时也会用到**socket**。其实两者非常相似。通过**socket**，我们可以与某台机器建立“**连接**”，建立“连接”的过程，就像将插头插入插槽一样，如图3-3所示。

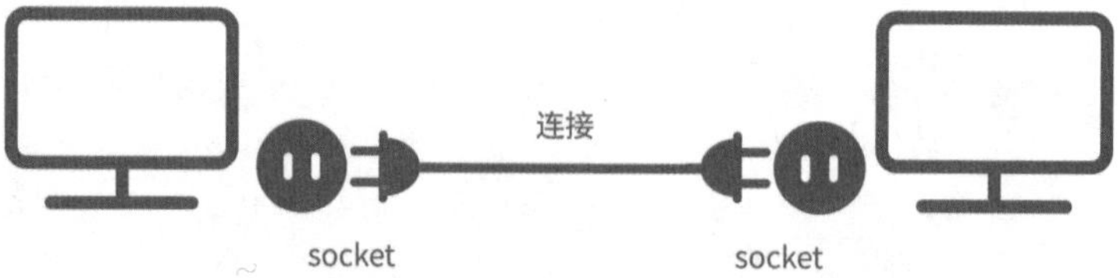

图3-3

大致概念讲解了，但我相信大家对**socket**的认识其实还很模糊。

我们从程序员新手最熟悉的**使用场景**开始认识socket。

socket的使用场景

我们想要将数据从A计算机的某个进程发到B计算机的某个进程。这时候我们需要选择将数据发过去的**方式**，如果需要确保数据能发给对方，那就选可靠的**TCP**，如果数据丢了也没关系，看天意，那就选择不可靠的**UDP**。

接下来，我们以常用的**TCP**为例展开话题，如图3-4所示。

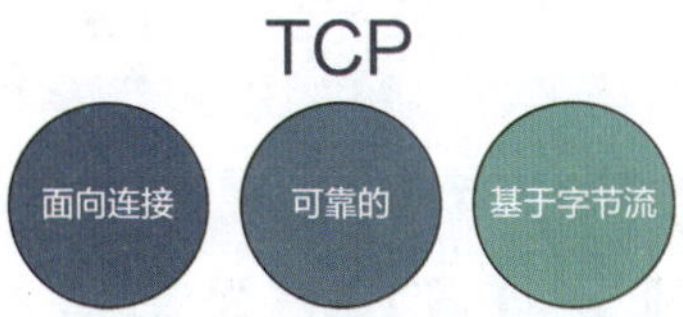

图3-4

我们可以通过socket提供的能力，使用TCP收发消息。

第一步是创建一个关于TCP的socket结构体，就像下面这样。

```
socket_fd = socket(AF_INET, SOCK_STREAM, IPPROTO_TCP);
```

其中**SOCK_STREAM**，是指使用**字节流**传输数据，**IPPROTO_TCP**用于指定**TCP**。

这个方法会返回**socket_fd**，它是socket文件的句柄，可以简单理解为这个socket的身份证号，不理解也没关系，下面还会讲到。

得到**socket_fd**之后，对于服务端，就可以依次执行**bind()→listen()→ accept()**方法，服务端开始等待客户端的连接请求。

对于客户端，得到**socket_fd**之后，你就可以执行**connect()**方法向服务端发起建立连接的请求，此时就会发生TCP三次握手，如图3-5所示。

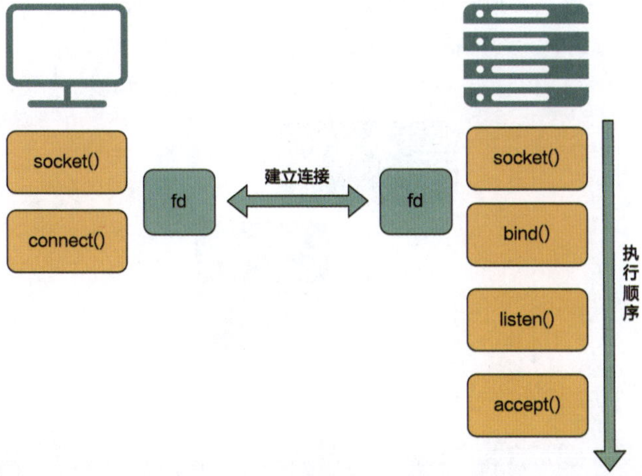

图3-5

连接建立完成后，**客户端**可以执行`send()`方法发送消息，**服务端**可以执行`recv()`方法接收消息，反过来，**服务端**也可以执行`send()`方法，**客户端**执行`recv()`方法。

到这里为止，就是我们大部分程序员最熟悉的使用场景。

socket的设计

现在，我们见过、也用过socket了，但对大部分程序员来说，它是个**黑盒子**。

那既然是黑盒子，索性假设我们忘了socket。重新设计一个内核网络传输功能。

我们想要将数据从A计算机的某个进程发到B计算机的某个进程。从操作上来看，无非就是发数据给远端和从远端接收数据，也就是对应着**写数据**和**读数据**，如图3-6所示。

图3-6

但显然，事情没那么简单。这里有两个问题。

第一个问题，接收端和发送端可能不止一个，因此我们需要一些信息做一下区分，这个可以用IP地址和端口来实现。IP地址用来定位是哪台计算机，端口用来定位是这台计算机上的哪个进程。

第二个问题，发送端和接收端的传输方式有很多区别，可以是可靠的TCP，也可以是不太可靠的UDP。

想要解释清楚上面这两个问题，我们就不得不提到一个内核数据结构——sock。

sock是什么

写过代码的人应该都知道，为了支持这些功能，我们需要定义一个**数据结构**去支持这些功能。这个数据结构，在内核里就被定义为**sock**。

例如解决上面的第一个问题，我们可以在sock里加入**IP地址和端口**字段，如图3-7所示。

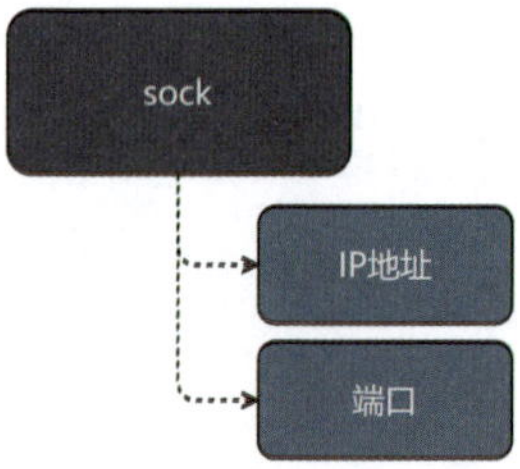

图3-7

而第二个问题，我们会发现这些协议虽然各不相同，但还是有一些功能相似的地方。按面向对象编程的思想，我们可以将不同的协议当成不同的**对象类（或结构体）**，将公共的部分提取出来，通过“**继承**”的方式，复用功能。

基于各种sock实现网络传输功能

于是，我们将功能**重新划分**，定义一些数据结构，如图3-8所示。

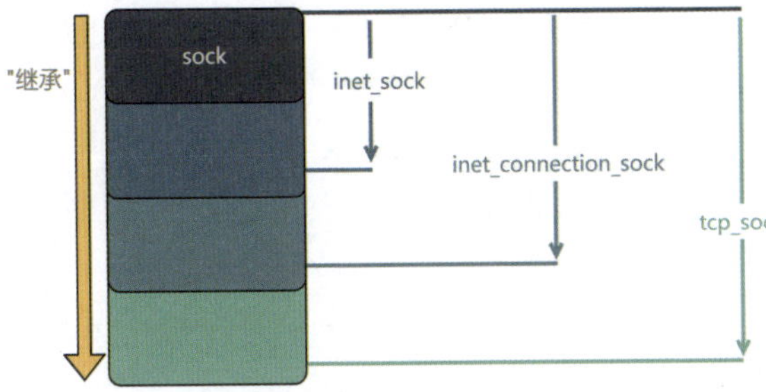

图3-8

sock是**最基础**的结构，维护一些任何协议都有可能用到的收发数据缓冲区。

inet_sock特指用了**网络传输**功能的**sock**，在**sock**的基础上还加入了**TTL**、端口、IP地址这些和网络传输相关的字段信息。说到这里大家就蒙了，难道还有不是用网络传输的？有，比如**unix domain socket**，用于本机进程之间的通信，直接读写文件，不需要经过网络协议栈。这是一个非常有用的东西，将会在5.3节中详细介绍。

inet_connection_sock是指**面向连接**的**sock**，在**inet_sock**的基础上加入面向连接的协议里的相关字段，比如：**accept**队列、数据包分片大小、握手失败重试次数等。这些概念会在3.2节和3.3节详细介绍。虽然我们现在提到面向连接的协议就是指TCP，但设计上Linux需要支持扩展其他面向连接的**新协议**。

tcp_sock 就是**TCP**专用的**sock**结构，在**inet_connection_sock**基础上还加入了TCP特有的**滑动窗口**、**拥塞控制**等功能。同样UDP也会有一个专用的数据结构，叫**udp_sock**。

好了，现在有了这套数据结构，我们将它和硬件网卡对接，就实现了网络传输的功能。

提供socket层

我们知道，专家们在开发Linux操作系统的时候，为了保证系统的安全运行，将系统分成了两块，一块是负责系统核心功能的**内核空间**，比如CPU和磁盘的硬件管理等。另外一块负责非核心功能的**用户空间**，在这里，用户可以自由操作，比如安装各种视频播放软件、音乐播放器等。

可以想象得到，上面提到的sock实现网络传输的代码肯定非常复杂，同时还操作了网卡硬件，需要较高的**操作系统权限**，再考虑到性能和安全，于是专家们决定将它放在**操作系统内核空间**。

既然网络传输功能做在内核里，那用户空间的应用程序想要使用这部分功能的话，该怎么办呢?

这个好说，本着不重复造轮子的原则，我们将这部分功能抽象成一个个**简单的接口**。以后别人只需要调用这些接口，就可以驱动我们写好的这一大堆复杂的数据结构去发送数据。

那么问题来了，**怎样将这部分功能暴露出去，让其他程序员更方便地使用呢？**

既然跟远端服务端进程收发数据可以抽象为“**读和写**”，操作文件也可以抽象为“**读和写**”，正好有句话叫“Linux里一切皆是文件”，那我们索性**将内核的sock封装成文件**就好了。创建**sock**的同时也创建一个**文件，文件有一个句柄fd**，通过它可以**唯一确定**是哪个**sock**。

将句柄暴露给用户，之后用户就可以像操作**文件句柄**那样去操作这个**sock句柄**。在用户空间操作这个句柄，文件系统就会将操作**指向**内核sock结构。

是的，操作这个特殊的**文件**就相当于操作内核里对应的**sock**，如图3-9所示。

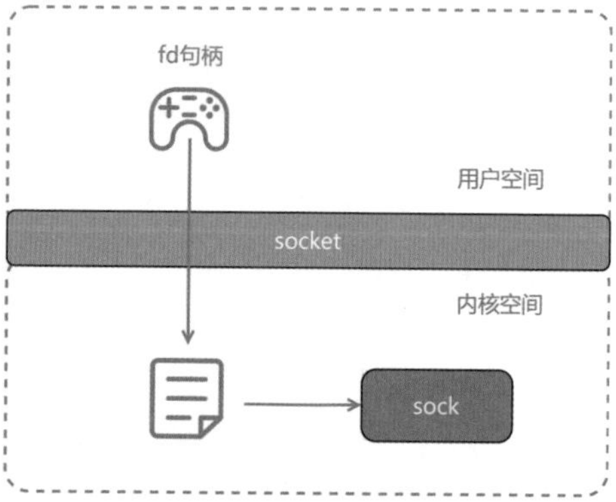

图3-9

有了**sock_fd**句柄之后，我们就需要提供一些接口，让用户更方便地实现特定的网络编程功能。需要的接口有**send()**、**recv()**、**bind()**、**listen()**、**connect()**。

现在是不是眼熟了，**它们就是socket提供出来的接口**。其实socket就是一个**代码库或者接口层**，它介于内核和应用程序之间，提供了一堆接口，让我们去使用内核功能，本质上就是一堆**高度封装**过的接口，如图3-10所示。

到这里，我们应该明白了，我们平时写的应用程序代码里虽然用socket实现了收发数据包的功能，但其实真正执行网络通信功能的，不是应用程序，而是**Linux内核**。相当于应用程序通过socket提供的接口，将网络传输这部分工作**外包**给了**Linux内核**。

这听起来像不像我们最熟悉的**前后端分离**的服务架构，虽然这么说不太严谨，但看上去Linux就像是被分成了**应用程序和内核两个服务**。内核就像是**后端**，暴露了好多个**API接口**，其中一类就是socket的**send()**和**recv()**这些方法。应用程序就像是**前端**，负责调用内核提供的接口来实现想要的功能，如图3-11所示。

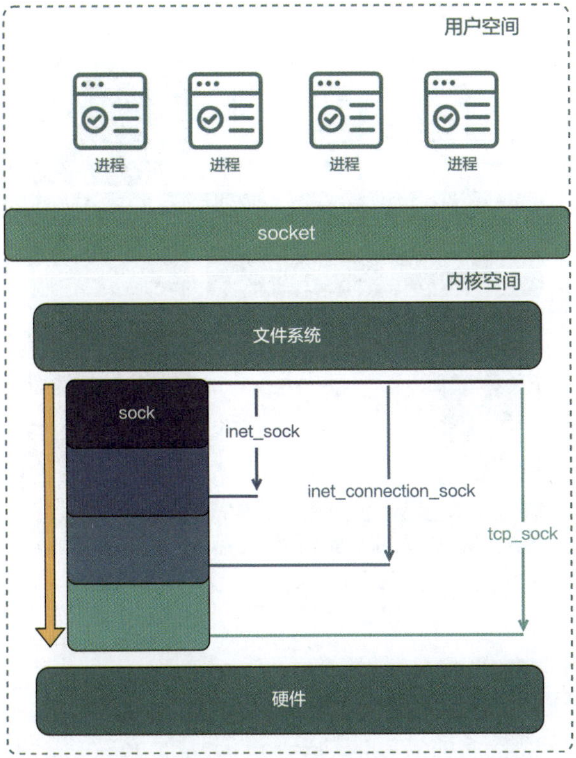

图3-10

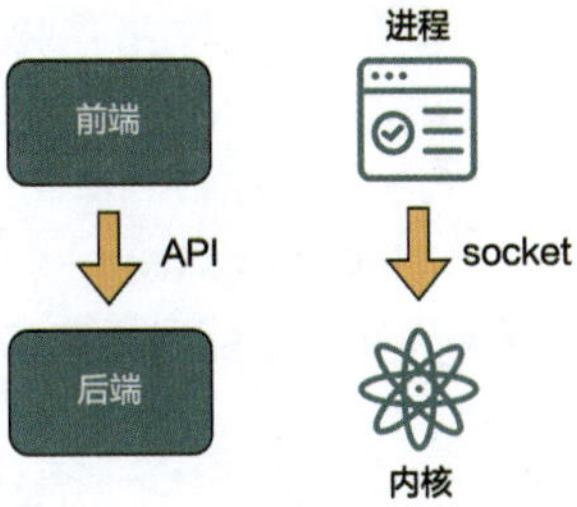

图3-11

到了这里，担心你会有点儿混乱，我们先来做一个小的总结：**在操作系统内核空间里，实现网络传输功能的结构是sock，基于不同的协议和应用场景，会被泛化为各种类型的xx_sock，它们结合硬件，共同实现了网络传输功能。为了将这部分功能暴露给用户空间的应用程序使用，于是引入了socket层，同时将sock嵌入文件系统的框架，sock就变成了一个特殊的文件，用户就可以在用户空间使用文件句柄，也就是socket_fd来操作内核sock的网络传输能力。**

这个socket_fd是一个**int类型的数字**。现在回去看socket的中文翻译，**套接字**，我们可以将它理解为一套用于连接的数字，这样是不是就觉得特别合理了，如图3-12所示。

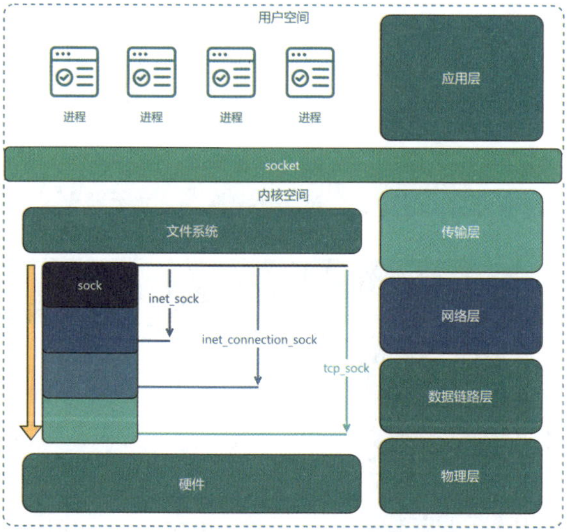

图3-12

3.1.1 socket如何实现网络通信？

上面关于怎样实现网络通信功能这块一笔带过了。其实，这套sock的结构非常复杂，我们以最常用的TCP为例，简单了解它是怎样实现网络传输功能的。我们将它分为三个阶段，分别是**建立连接、数据传输和释放连接**。

建立连接

对于TCP，要传数据，就要先在客户端和服务端之间**建立连接**。

在客户端，代码执行socket提供的`connect(sockfd,"ip:port")`方法时，会通过**sockfd句柄**找到对应的**文件**，再根据文件里的信息**指向**内核的**sock**结构。通过这个sock结构主动发起三次握手。

在服务端握手次数还没达到“三次”的连接，叫**半连接**，完成三次握手的连接，叫**全连接**。它们分别会用**半连接队列**和**全连接队列**来存放，这两个队列会在你执行`listen()`方法的时候创建好。当服务端执行`accept()`方法时，就会从全连接队列拿出一条全连接。

至此，连接就算准备好了，之后就可以**开始传输数据**。

> ★注意
> 虽然都叫队列，但半连接队列其实是一张哈希表，而全连接队列其实是一个链表。那么问题来了，为什么半连接队列要设计成哈希表而全连接队列是一个链表？这个问题将在3.5节“没有accept，能建立TCP连接吗？”详细展开讲解，在这里就不再重复讲解了。

数据传输

要收发数据，首先要**有一个地方**可以存放收发数据的内容，所以，sock结构体里带了**一个发送缓冲区和一个接收缓冲区**。说是**缓冲区**，其实就是一个**链表**，上面挂着一个个准备发送或接收的数据。

当应用执行**send()**方法**发送数据**时，同样也会通过sock_fd句柄找到对应的文件，根据文件指向的sock结构，找到这个sock结构里带的**发送缓冲区**，将数据放到发送缓冲区，然后结束流程，内核自主决定什么时候将这份数据发送出去。

接收数据流程也类似，当数据送到Linux内核后，数据不是立刻发给应用程序的，而是先放在接收缓冲区中，数据静静地等待**应用程序**什么时候执行**recv()**方法来拿数据，如图3-13所示。

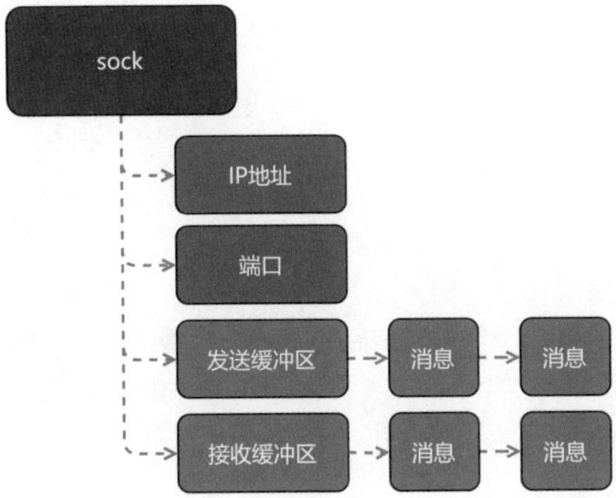

图3-13

那么问题来了，发送数据是应用程序主动发起的，这个大家都没问题。**那接收数据呢？数据从远端发过来了，怎么通知并发给应用程序呢？**这就需要用到**等待队列**。

当你的应用进程执行**recv()**方法尝试获取（阻塞场景下）接收缓冲区的数据时：

- 如果有数据，那正好，取走就好了。这点没什么疑问。
- 但如果没数据，就会将自己的进程信息注册到这个sock用的**等待队列**里，然后进程**休眠**。如果这时候有数据从远端发过来了，数据进入接收缓冲区时，内核就会取出sock的等待队列里的进程，**唤醒**进程来取数据，如图3-14所示。

上面提到的**等待队列**，它还有一个很别致的用法。

有时候，你会看到某些程序通过**fork**的方式“复制”了**多个进程**，多个进程监听（**listen**）了同一个**socket_fd**。在内核中它们都是同一个sock，多个进程执行listen()之后，都等待连接进来，所以都会将自身的进程信息注册到这个socket_fd对应的内核

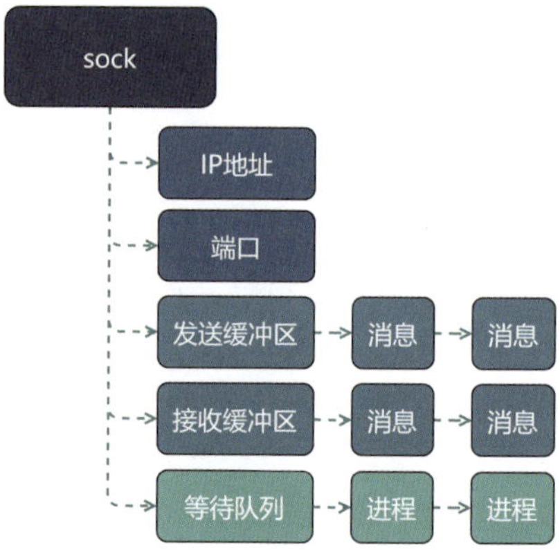

图3-14

sock的**等待队列**中。如果这时真来了一个连接，是该唤醒等待队列里的哪个进程来接收连接呢？这个问题的答案比较有趣。

- 在Linux 2.6以前，会唤醒等待队列里的所有进程。但最后其实只有一个进程会处理这个连接请求，其他进程又重新进入休眠，这些被唤醒了又无事可做重新回去休眠的进程都会消耗一定的资源。就好像你在广东的街头想问路，叫一声靓仔，几十个人同时回头，但你其实只需要其中一个靓仔告诉你路该怎么走。你这种一不小心**惊**动这**群**靓仔的场景，在计算机领域就叫**惊群效应**，如图3-15所示。
- 在Linux 2.6之后，只会唤醒等待队列里的一个进程。是的，socket监听的惊群效应问题被修复了。

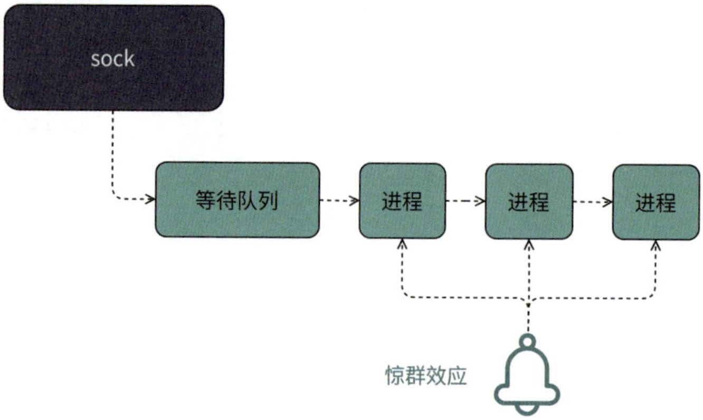

图3-15

看到这里，问题又来了。

服务端监听（执行listen方法）的时候，那么多数据到一个socket，是怎么区分多个客户端的？

以TCP为例，服务端执行listen方法后，会等待客户端发送数据过来。客户端发来的数据包上会有**源（发送方）IP地址和端口**，以及**目的（接收方）IP地址和端口**，这四个元素构成一个**四元组**，可以用于唯一标记一个客户端，如图3-16所示。

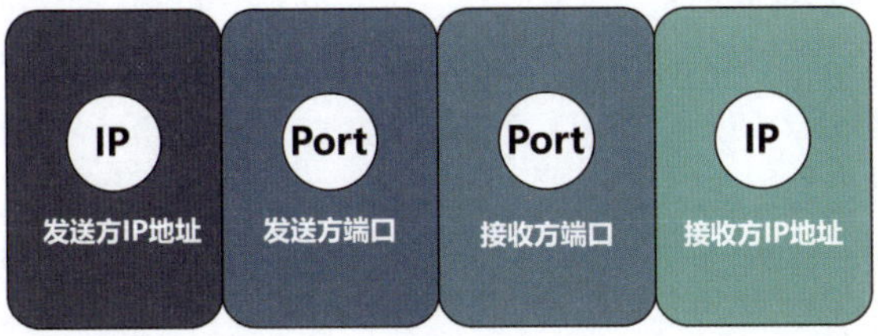

图3-16

服务端会创建一个新的内核sock，并用四元组生成一个**Hash Key**，将它放入一个哈希表中，如图3-17所示。

图3-17

下次再有消息进来的时候，通过消息自带的四元组生成**Hash Key**再到这个哈希表里取出**对应的sock**就好了，如图3-18所示。所以说**服务端是通过四元组来区分多个客户端的**。

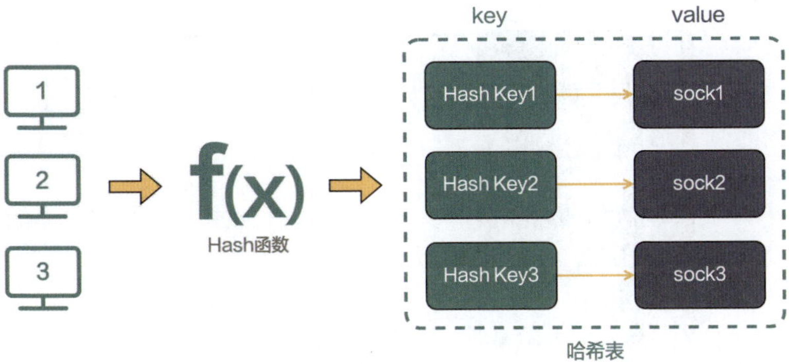

图3-18

释放连接

当程序不再需要传输数据时，就可以执行close(socket_fd)，释放连接，本质上就是释放内核分配的句柄资源、各类缓冲区。这些比较好理解，这里不再赘述。

3.1.2 sock如何实现“继承”？

大家都知道Linux内核是用C语言实现的，而**C语言没有类也没有继承的特性，是怎么做出“继承”的效果的呢？**

在C语言里，结构体里的内存是连续的，将要继承的“父类”，放到结构体的**第一位**，就像图3-19这样。

```
struct tcp_sock {
    /* inet_connection_sock has to be the first member of tcp_sock */
    struct inet_connection_sock inet_conn;
        // 其他字段
}
struct inet_connection_sock {
    /* inet_sock has to be the first member! */
    struct inet_sock      icsk_inet;
        // 其他字段
}
```

然后就可以通过结构体名的长度来强行截取内存，这样就能转换结构体，从而实现类似“继承”的效果。

```
// sock转为tcp_sock
static inline struct tcp_sock *tcp_sk(const struct sock *sk)
{
    return (struct tcp_sock *)sk;
}
```

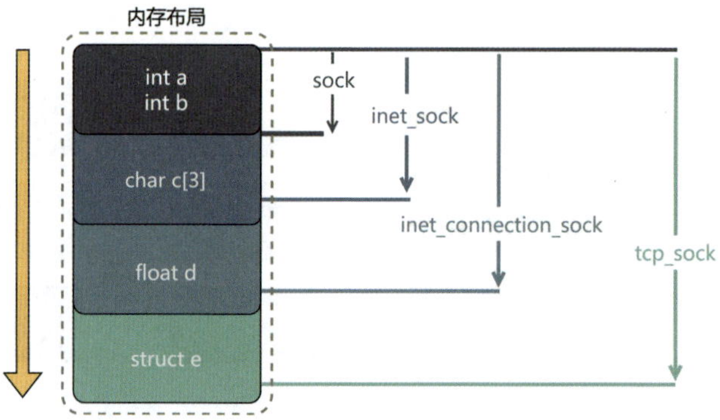

图3-19

3.1.3 小结

- socket中的套接字，可以被理解为一**套**用于连**接**的数**字**。
- sock在内核，socket_fd在用户空间，socket层介于内核和用户空间之间。

- 在操作系统内核空间里，实现网络传输功能的结构是sock，基于不同的协议和应用场景，会被泛化为各种类型的xx_sock，它们结合硬件，共同实现了网络传输功能。为了将这部分功能暴露给用户空间的应用程序使用，引入了socket层，同时将sock嵌入文件系统的框架，sock就变成了一个特殊的文件，用户就可以在用户空间使用文件句柄，也就是socket_fd来操作内核sock的网络传输能力。
- 服务端可以通过四元组来区分多个客户端。
- 内核通过C语言“结构体里的内存是连续的”这一特点实现了类似继承的效果。

3.2　TCP和UDP有什么区别？

在第1章中提到了传输层的两大协议：TCP和UDP。这一节，我们就来看看它们之间有什么区别。

3.2.1　使用socket进行数据传输

作为一个程序员，假设我们需要在A计算机的进程发一段数据到B计算机的进程，我们一般会在代码里使用socket进行编程。

我们知道，socket就像是**电话或者邮箱**（邮政的信箱）。当你想要发送消息的时候，拨通电话或者将信件塞到邮箱里，socket内核会自动完成将数据传给对方的这个过程。

基于socket我们可以选择使用TCP或UDP进行通信。

对于TCP这样的可靠性协议（如图3-20所示），每次消息发出后都能明确知道对方收没收到，就**像打电话一样**，只要“喂喂”两声就能知道对方有没有在听。

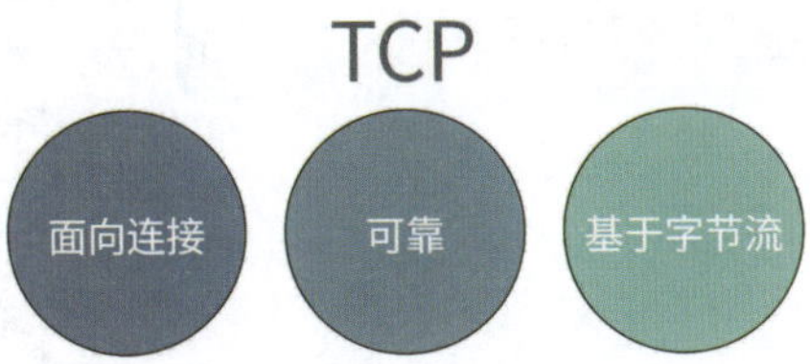

图3-20

而UDP就像是**给邮政的信箱寄信一样**，你寄出去的信，根本就不知道对方有没有正常收到，丢了也是有可能的。UDP的特点如图3-21所示。

> ★ 注意
>
> 这让我想起了大概17年前，当时还没有现在这么发达的网购，想买一本《掌机迷》杂志，还得往信封里塞钱寄出去，然后一等就是一个月，好几次我都怀疑信是不是丢了。我至今印象深刻，因为那是我和我哥攒了好久的钱……

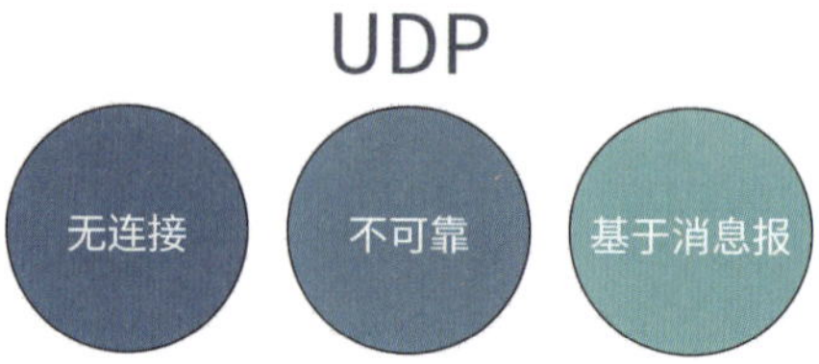

图3-21

回到socket编程的话题。不管是TCP还是UDP，都会创建socket，就像下面这样。

```
fd = socket(AF_INET, 具体协议,0);
```

注意上面的“**具体协议**”，如果传入的是SOCK_STREAM，是指使用**字节流**传输数据，说白了就是TCP。如果传入的是SOCK_DGRAM，是指使用**数据报**传输数据，也就是UDP。

如果想要通过这个socket发消息，执行send to(fd, msg, ...)，如图3-22所示。**如果一切顺利**，此时对方执行接收消息的操作，也就是recv from(fd, msg, ...)，就能拿到你发的消息。

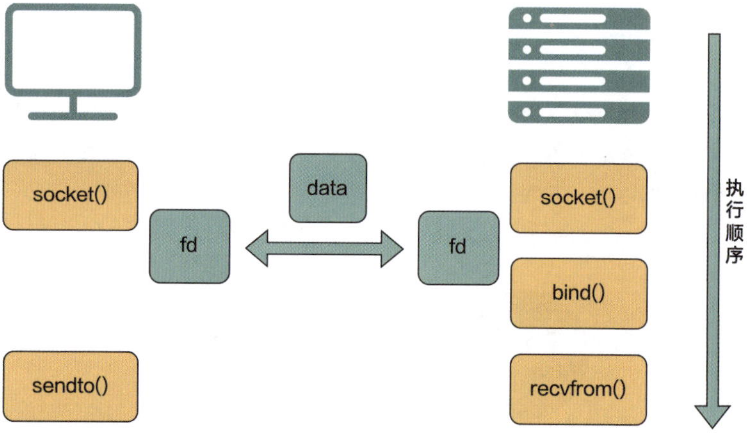

图3-22

3.2.2 对于异常情况的处理

但如果不顺利呢？比如消息发到一半，丢包了呢？

> ★ 注意
>
> 丢包的原因有很多，我们会在4.13节详细介绍，这里不再展开。

那UDP和TCP的态度就不太一样了。

UDP表示，“哦，是吗？然后呢？关我什么事！”

TCP的态度就截然相反了，“啊？那可不行，是不是我发太快了呢？是不是链路太堵被别人影响到了呢？不过你放心，我肯定给你补发。”

TCP无疑是“老实人”。我们来看看这个“老实人”在背后都默默做了哪些事情。

重传机制

TCP会给发出的消息打上一个**编号**（sequence），接收方收到后回一个**确认(ack)**。发送方可以通过ack的数值知道接收方收到了哪些sequence的包。

如果长时间等不到对方的确认，TCP就会重新发一次消息，这就是所谓的**重传机制**，如图3-23所示。

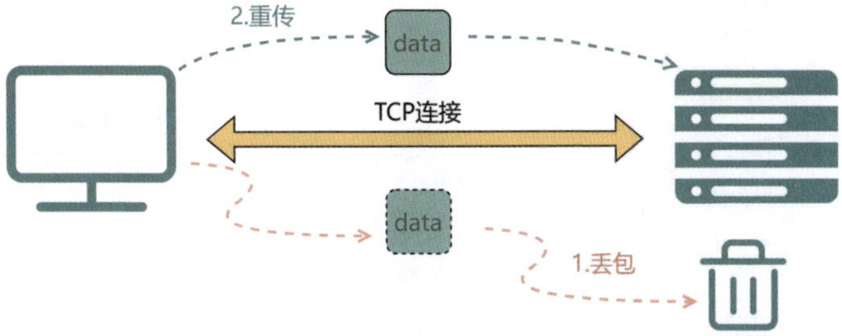

图3-23

流量控制机制

但重传这件事本身对性能的影响是比较严重的，所以是**下下策**。于是就需要思考TCP有没有办法可以尽量**避免重传**。

因为数据发送方和接收方处理数据的能力可能不同，因此如果可以根据双方的能力去调整发送的数据量就好了，于是就有了**发送和接收窗口**，基本上从名字就能看出它的作用，比如**接收窗口的大小**是指，接收方当前**能接收的数据量大小**，**发送窗口的大小**是指发送方当前能发的数据量大小。TCP根据窗口的大小去控制自己发送的数据量，这样就能大大降低丢包的概率，如图3-24所示。

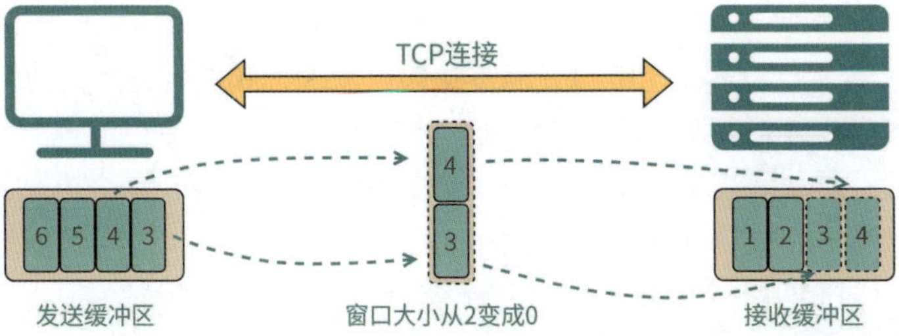

图3-24

滑动窗口机制

接收方接收到数据之后，会不断处理，**处理能力也不是一成不变的**，有时候处理得快些，那就可以多收点儿数据，有时候处理得慢些，那就希望对方能少发点儿数据。毕竟发多了就有可能处理不过来导致丢包，丢包会导致重传，这可是下下策。因此我们需要动态地去调节这个接收窗口的大小，于是就有了**滑动窗口机制**。

看到这里大家可能就有点乱了，**流量控制和滑动窗口机制貌似很像，它们之间是什么关系**？我总结一下。其实现在TCP是**通过滑动窗口机制来实现流量控制机制的**，如图3-25所示。

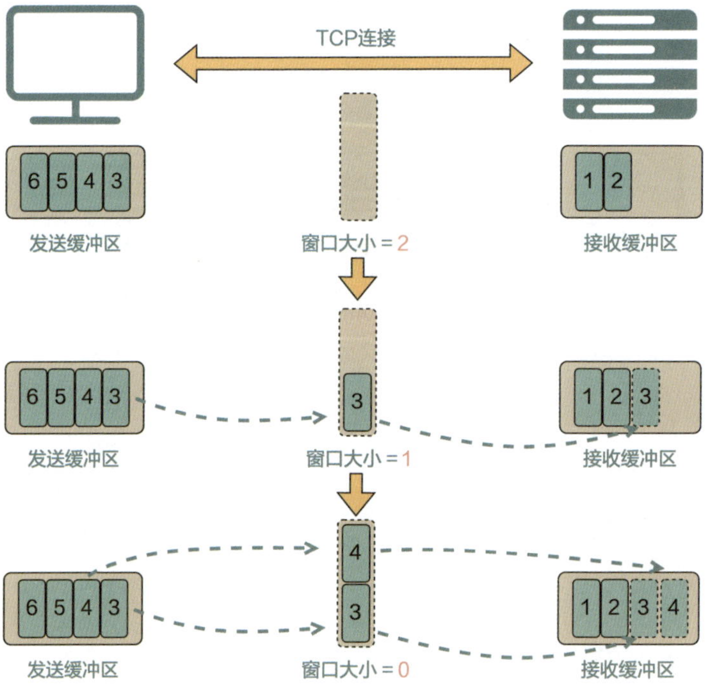

图3-25

拥塞控制机制

但这还不够，有时候发生丢包，**并不是因为发送方和接收方的处理能力问题导致的**，而是和**网络环境**有关。大家可以将网络想象为一条公路，马路上可能堵满了别人家的车，只留下一辆车的空间。就算你家有5辆车，目的地也正好有5个停车位，你也没办法全部一起上路。于是TCP希望能感知到外部的网络环境，根据网络环境及时调整自己的发包数量，比如马路只够跑两辆车，那我就只发两辆车。但外部环境这么复杂，TCP是怎么感知到的呢？

TCP会先慢慢试探地发数据，不断加大数据量，越发越多，先发1个，再发2个，4个……直到出现丢包，这样TCP就知道当前网络大概吃得消几个包了，这就是所谓的**拥塞控制机制**。

不少人会疑惑流量控制和拥塞控制的关系。这里简单总结一下。**流量控制**针对的是**单个连接**数据处理能力的控制，**拥塞控制**针对的是**整个网络环境**数据处理能力的控制，如图3-26所示。

图3-26

分段机制

但上面提到的都是怎样**降低**重传的概率，似乎重传这件事情就是无法避免的，**那如果确实发生了，有没有办法降低它带来的影响呢？**

有。当我们需要发送一个超大的数据包时，如果这个数据包丢了，那就要重传同样大的数据包。但如果我能将其分成一小段一小段，就算真丢了，也就只需重传那一小段，大大减轻了重传的压力，这就是TCP的**分段机制**。

乱序重排机制

既然数据包会被分段，链路又这么复杂，还会丢包，那数据包乱序也就显得不奇怪了。比如发数据包1,2,3。1号数据包走了单独的网络路径，2号和3号数据包先到，1号数据包后到，于是数据包顺序就成了2,3,1。这一点TCP也考虑到了，依靠数据包的sequence，接收方就能知道数据包的先后顺序。

后发的数据包先到是吧，那就先放到专门的**乱序队列**中，等数据都到齐后，重新整理好乱序队列的数据包顺序后再发给用户，这就是**乱序重排机制**，如图3-27所示。

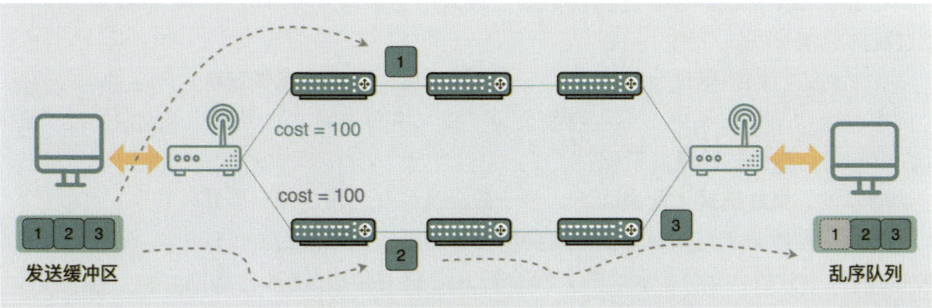

图3-27

连接机制

前面提到，UDP是无连接的，而TCP是面向连接的。

这里提到的**连接**到底是什么?

TCP通过上面提到的各种机制实现了数据的可靠性。这些机制背后是通过一个个数据结构来实现的逻辑。而为了实现这套逻辑，操作系统内核需要在两端代码里维护一套复杂的状态机（三次握手、四次挥手、RST、closing等异常处理机制），**这套状态机就是所谓的“连接”**。这其实就是TCP的**连接机制**，而UDP用不上这套状态机，因此它是“无连接”的。

网络环境链路很长，很复杂，数据丢包是很常见的。我们平时用TCP做各种数据传输，完全对这些事情无感知。**“哪有什么岁月静好，都是TCP替你负重前行。”**这就是TCP三大特性“面向连接、可靠、基于字节流”中“**可靠**”的含义。

3.2.3 用UDP就一定比用TCP快吗?

这时候UDP就不服了：“**正因为没有这些复杂的TCP可靠性机制，所以我很快啊！**”嗯，这也是大部分人认为UDP比TCP快的原因。**实际上大部分情况下也确实是这样的。这话没毛病。**

那么问题就来了。**有没有用了UDP但却比TCP慢的情况呢**？其实也有。

在回答这个问题前，我需要先说说**UDP的用途**。实际上，**大部分**人不会尝试**直接拿裸UDP**放到生产环境中去做项目。那UDP的价值在哪里？在我看来，UDP的存在，本质是内核提供的一个**最小网络传输功能**。

很多时候，大家虽然号称自己用了UDP，但实际上都很**忌惮**它的丢包问题，所以大部分情况下都会在UDP的基础上做各种不同程度的**应用层**可靠性保证。比如《王者荣耀》用的**KCP**，以及很火的**QUIC（HTTP 3.0）**，其实都**在UDP的基础上做了重传逻辑**，实现了一套**类似**TCP那样的可靠性机制。

教科书上最爱提UDP适用于**音视频传输**，因为这些场景允许丢包。但其实也不是什么包都能丢的，比如关键帧等，该重传还是要重传。除此之外，还有一些**乱序处理机制**。举个例子吧。

打音视频电话的时候，你可能遇到过丢失中间某部分信息的情况，但应该从来没遇到过乱序的情况吧。

比如对方打网络电话给你，说了：“**我好想给小白来个点赞在看！**”

这时候网络信号不好，你可能会听到“我....点赞在看。”但却从来没遇到过“在看小白好想赞”这样的**乱序**场景吧?

所以说，**虽然选择了使用UDP，但一般还是会在应用层做一些重传机制。**

于是问题就来了，**如果现在我需要传一个特别大的数据包**。在TCP里，它在内部会根据MSS的大小**分段**，进入IP层之后，每个包大小都不会超过MTU，因此IP层一般不会再进行分片。这时候发生丢包了，只需要**重传每个MSS分段**就够了，如图3-28所示。

> ★ 注意
> MTU和MSS都代表一个长度值，这里了解这点就足够了，更详细的内容会在3.8.2节中介绍。

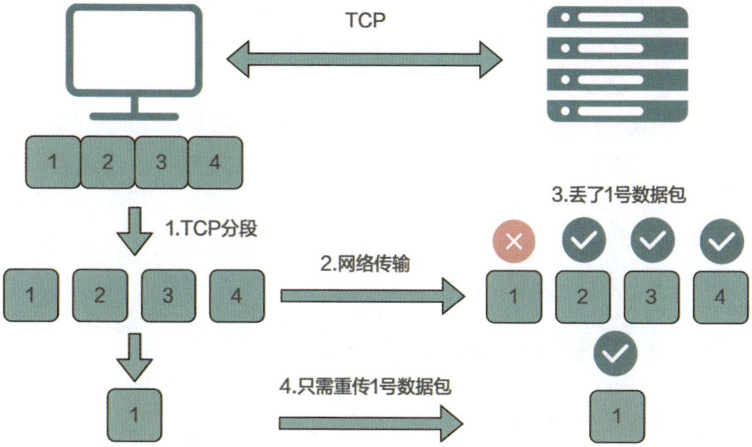

图3-28

但对于**UDP**，其本身并不会分段，如果数据过大，到了IP层，就会进行分片。此时发生丢包的话，再次重传，就会**重传整个大数据包**，如图3-29所示。

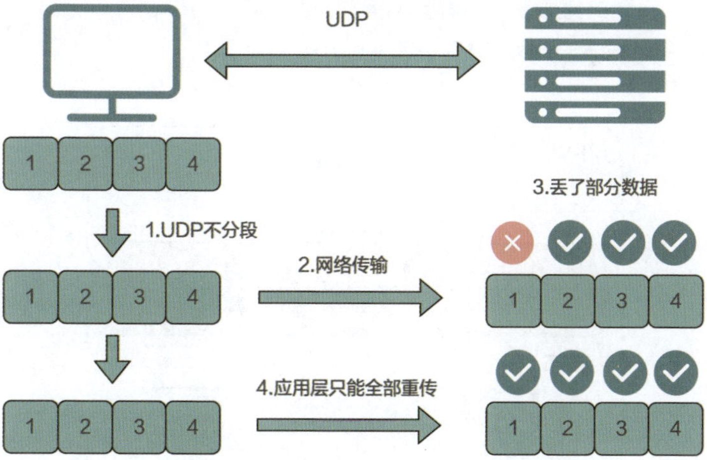

图3-29

对于上面这种情况，**使用UDP就比TCP慢**。

当然，解决起来也不复杂。这里的关键点在于是否实现了数据分段机制，**使用UDP的应用层如果也实现了分段机制，就不会出现上述问题了**。

3.2.4 小结

- TCP为了实现可靠性，引入了重传机制、流量控制、滑动窗口、拥塞控制、分段和乱序重排机制。而UDP则没有实现这些，因此一般来说UDP比TCP快。
- TCP是面向连接的协议，而UDP是无连接的协议。这里的"**连接**"其实是，操作系统内核在两端代码里维护的一套复杂状态机。
- 大部分项目，会在基于UDP的基础上，模仿TCP，实现不同程度的可靠性机制。比如《王者荣耀》用的KCP其实基于UDP在应用层实现了一套**重传**机制。
- 对于UDP+重传的场景，如果要传**超大数据包**，并且没有实现**分段机制**，那数据就会在IP层分片，一旦丢包，就需要重传整个超大数据包。而TCP则不需要考虑这个，内部会自动分段，丢包重传分段就行了。在这种场景下，其实TCP更快。

3.3 代码执行send成功后，数据就发出去了吗?

代码执行send成功后，数据就发出去了吗?

在回答这个问题之前，需要了解什么是**socket缓冲区**。

3.3.1 socket缓冲区

用户**发送**消息的时候写给 send buffer（发送缓冲区）。

用户**接收**消息的时候，从 recv buffer（接收缓冲区）中读取数据。

也就是说，**一个socket会带有两个缓冲区**，一个用于发送，一个用于接收，如图3-30所示。因为这是一个先进先出的结构，有时候也叫它们**发送、接收队列**。

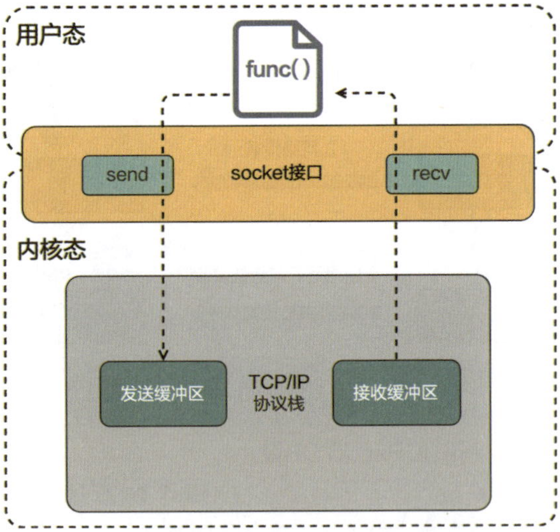

图3-30

怎样观察socket缓冲区

如果想要查看socket缓冲区，可以在Linux环境下执行**netstat -nt**命令。

```
# netstat -nt
Active Internet connections (w/o servers)
Proto Recv-Q Send-Q Local Address           Foreign Address         State
tcp        0     60 172.22.66.69:22         122.14.220.252:59889    ESTABLISHED
```

以上代码表明，这里有一个协议（Proto）类型为TCP的连接，同时还有本地（Local Address）和远端（Foreign Address）的IP地址信息，状态（State）是已连接。

Send-Q是发送缓冲区，下面的数字60是指，当前还有60字节在发送缓冲区中未发送。而**Recv-Q代表接收缓冲区**，此时是空的，数据都被应用进程接收干净了。

3.3.2　TCP部分

我们在使用TCP建立连接之后，一般会使用send发送数据。那么当send执行完返回时，消息就会被立刻发到对端机器吗？

执行send发送的字节，会立刻发送吗？

答案是不确定！执行send之后，数据只是复制到了socket缓冲区。至于什么时候会发数据，发多少数据，**全听操作系统安排**，如图3-31所示。

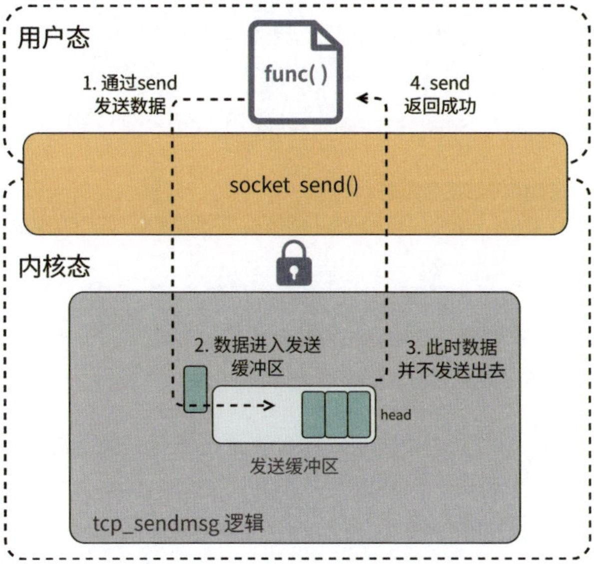

图3-31

在用户进程中，程序通过操作socket会从用户态进入内核态，而send方法会将数据一路传到传输层。在识别到是TCP后，会调用tcp_sendmsg方法。

```
// net/ipv4/tcp.c
// 以下省略了大量逻辑
int tcp_sendmsg()
{
  // 如果还有可以放数据的空间
  if (skb_availroom(skb) > 0) {
    // 尝试复制待发送数据到发送缓冲区
    err = skb_add_data_nocache(sk, skb, from, copy);
  }
  // 下面是尝试发送的逻辑代码,先省略
}
```

在 tcp_sendmsg 中，核心工作就是将待发送的数据按照先后顺序放入发送缓冲区，发送缓冲区在这里起到了存储待发送数据、整合数据包、支持数据的重发及流量控制等重要作用。然后，根据实际情况（比如拥塞窗口等）判断是否要发数据。如果不发送数据，那么tcp_sendmsg方法就直接返回了。

如果缓冲区满了会怎么办?

前面提到的情况是，发送缓冲区有足够的空间，可以用于复制待发送数据。

如果发送缓冲区空间不足，或者满了，执行发送，会怎样?

这里分两种情况。

socket在创建的时候，是可以设置**阻塞**或**非阻塞**的。

```
// 默认创建阻塞模式socket
int s = socket(AF_INET, SOCK_STREAM, IPPROTO_TCP);

// 传入SOCK_NONBLOCK 将创建非阻塞socket
int s = socket(AF_INET, SOCK_STREAM | SOCK_NONBLOCK, IPPROTO_TCP);
```

比如第二段代码，通过在创建socket的时候多传入一个SOCK_NONBLOCK参数，就可以将 socket 设置为**非阻塞**（SOCK_NONBLOCK）。

当发送缓冲区**满了**，如果还向socket执行send：

- 如果此时socket是阻塞的，那么程序会在那里**干等**，直到释放出新的缓存空间，就继续把数据复制进去，然后**返回**，如图3-32所示。
- 如果此时socket是非阻塞的，程序就会**立刻返回**一个EAGAIN错误信息，意思是 Try again，现在缓冲区满了，你也别等了，待会儿再试一次，如图3-33所示。

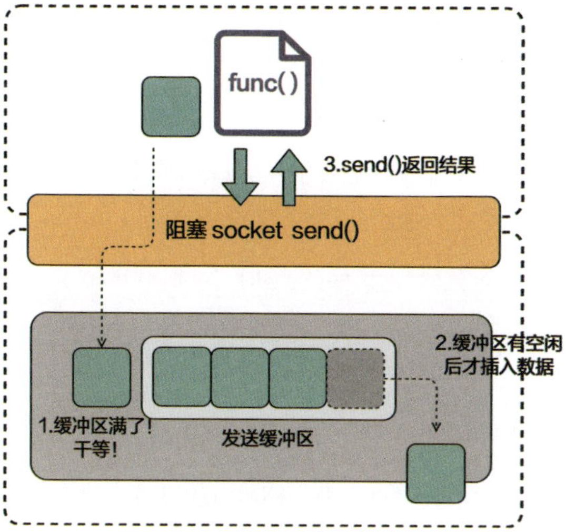

图3-32

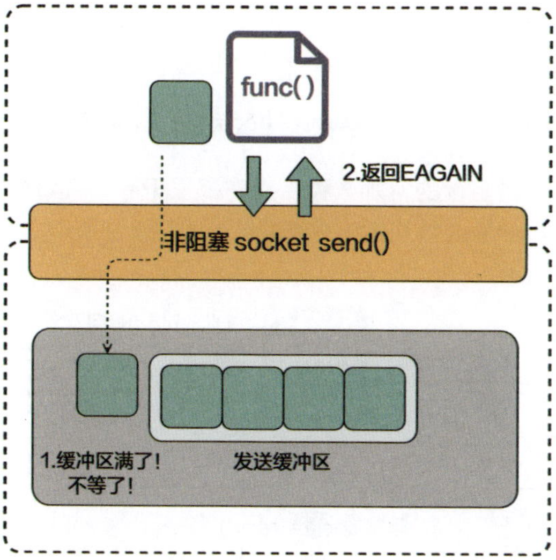

图3-33

我们可以简单看看源码是怎么实现的。还是回到刚才的tcp_sendmsg 发送方法中。

```
int tcp_sendmsg()
{
  if (skb_availroom(skb) > 0) {
    // ……如果有足够的缓冲区就执行……
  } else {
    // 如果发送缓冲区没空间了，就等到有空间，至于等的方式，分阻塞和非阻塞
```

```
    if ((err = sk_stream_wait_memory(sk, &timeo)) != 0)
        goto do_error;
  }
}
```

其中的sk_stream_wait_memory 会根据socket是否阻塞，来决定是**一直等**，还是**等一会儿就返回**。

```
int sk_stream_wait_memory(struct sock *sk, long *timeo_p)
{
    while (1) {
    // 非阻塞模式时，会等到超时返回EAGAIN
        if (等待超时))
            return -EAGAIN;
     // 阻塞等待时，会等到发送缓冲区有足够的空间了，才跳出
        if (sk_stream_memory_free(sk) && !vm_wait)
            break;
    }
    return err;
}
```

如果接收缓冲区为空，执行recv会怎样？

接收缓冲区也是类似的情况。当接收缓冲区**为空**，如果还向socket执行recv：

- 如果此时socket是阻塞的，那么程序会在那里**干等**，直到接收缓冲区有数据，就会把数据从接收缓冲区复制到用户缓冲区，如图3-34所示。

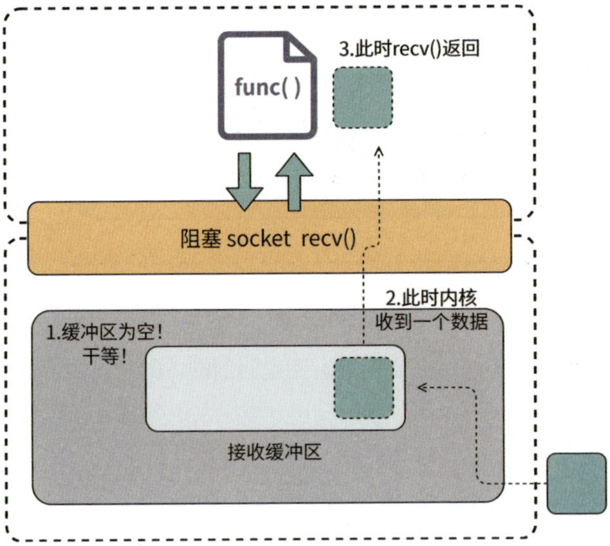

图3-34

- 如果此时socket是非阻塞的，程序就会**立刻返回**一个**EAGAIN**错误信息，如图3-35所示。

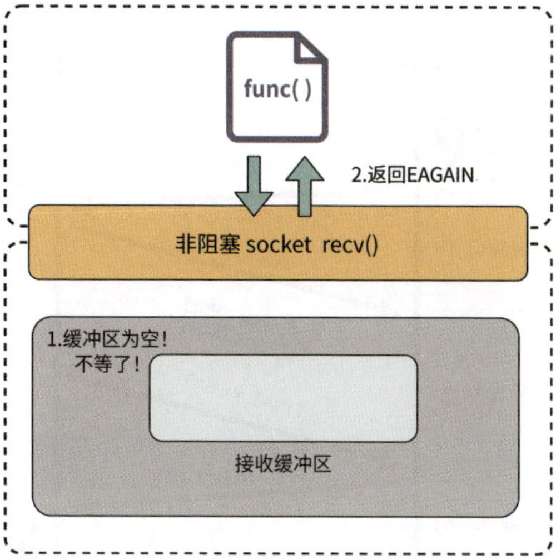

图3-35

下面用图3-36进行汇总，方便大家保存，留在面试的时候用。

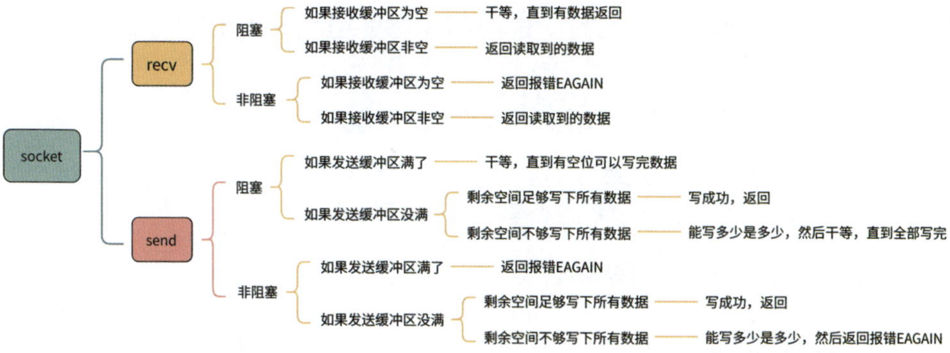

图3-36

如果socket缓冲区还有数据，执行close了，会怎样？

我们要知道，**一般正常情况下，发送缓冲区和接收缓冲区都应该是空的。**

如果发送、接收缓冲区长时间非空，说明有数据堆积。这往往是因为一些网络问题或用户应用层问题，导致数据没有被正常处理所造成的。

在正常情况下，如果**socket**缓冲区**为空**，执行**close**，就会触发四次挥手，如图3-37所示。

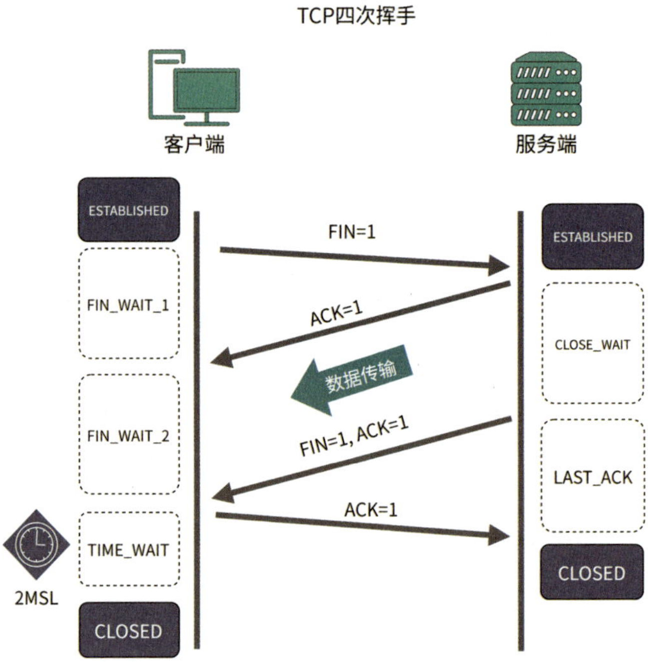

图3-37

这也是面试老“八股文”内容了，**这里我们只需要关注第一次挥手，发的是“FIN”就够了。**

如果接收缓冲区有数据时执行close了，会怎样？

socket执行close 时，主要的逻辑在 tcp_close() 里实现。

tcp_close()中针对关闭过程的处理逻辑，分两种情况：

- 如果接收缓冲区**还有数据未读**，会先把接收缓冲区的数据清空，然后给对端发一个RST。
- 如果接收缓冲区是**空的**，那么就调用 tcp_send_fin() 开始进行四次挥手过程的第一次挥手。

上面提到的“接收缓冲区有数据时执行close了”就属于第一种情况，如图3-38所示。

```
void tcp_close(struct sock *sk, long timeout)
{
  // 如果接收缓冲区有数据，那么清空数据
    while ((skb = __skb_dequeue(&sk->sk_receive_queue)) != NULL) {
        u32 len = TCP_SKB_CB(skb)->end_seq - TCP_SKB_CB(skb)->seq -
              tcp_hdr(skb)->fin;
```

```
            data_was_unread += len;
            __kfree_skb(skb);
        }
    if (data_was_unread) {
     // 如果接收缓冲区的数据被清空了，发RST
            tcp_send_active_reset(sk, sk->sk_allocation);
       } else if (tcp_close_state(sk)) {
     // 正常四次挥手，发FIN
            tcp_send_fin(sk);
        }
     // 等待关闭
     sk_stream_wait_close(sk, timeout);
}
```

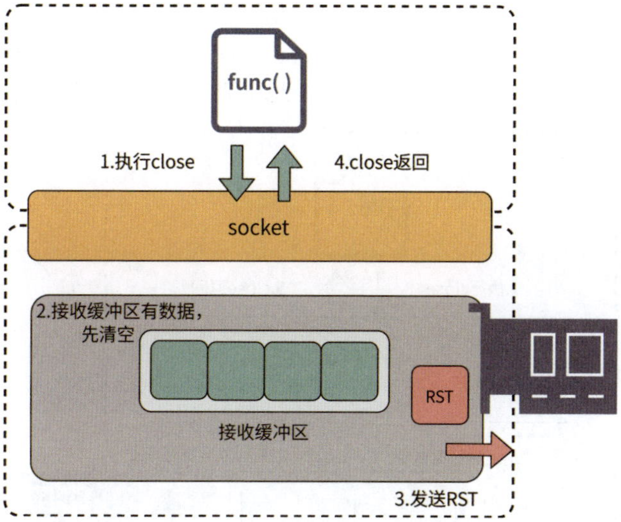

图3-38

如果发送缓冲区有数据时执行close了，会怎样？

我以前以为，在这种情况下，内核会把发送缓冲区数据清空，然后四次挥手。但是阅读源码后发现**并不是这样的**。我们可以从tcp_send_fin方法中找到答案。

```
void tcp_send_fin(struct sock *sk)
{
  // 获得发送缓冲区的最后一块数据
    struct sk_buff *skb, *tskb = tcp_write_queue_tail(sk);
    struct tcp_sock *tp = tcp_sk(sk);
  // 如果发送缓冲区还有数据
    if (tskb && (tcp_send_head(sk) || sk_under_memory_pressure(sk))) {
```

```
        TCP_SKB_CB(tskb)->tcp_flags |= TCPHDR_FIN; // 把最后一块数据置为FIN
        TCP_SKB_CB(tskb)->end_seq++;
        tp->write_seq++;
    }  else {
    // 发送缓冲区没有数据，就造一个FIN包
  }
  // 发送数据
    __tcp_push_pending_frames(sk, tcp_current_mss(sk), TCP_NAGLE_OFF);
}
```

从tcp_send_fin的逻辑可以看出，如果执行close的时候，发送缓冲区数据没发出去，内核会把发送缓冲区最后一个数据块拿出来，然后置为FIN。

socket缓冲区是一个**先进先出**的队列，这是指，内核会等待TCP层把发送缓冲区数据都**发完**，最后再执行四次挥手的第一次挥手（FIN包）。

也就是说，如果发送缓冲区有数据，执行close了，内核**不会**把发送缓冲区数据清空，然后四次挥手，而是会将数据都发完，再进入四次挥手，如图3-39所示。

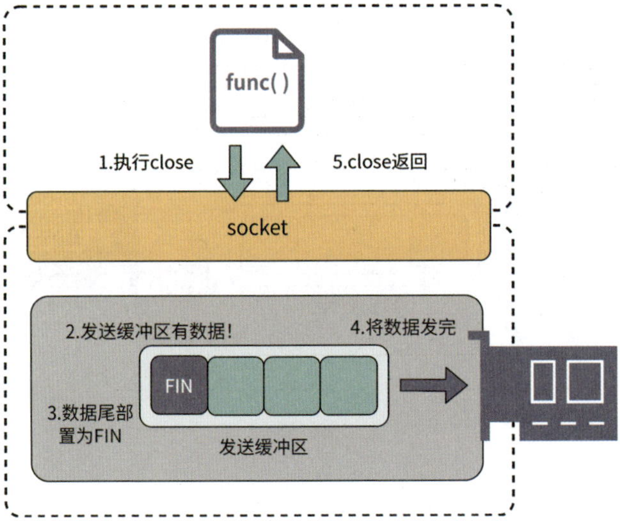

图3-39

有一点需要注意的是，只有在**接收缓冲区为空的前提下**，才有可能走到**tcp_send_fin**方法中。而只有在进入这个方法之后，我们才有可能考虑**发送缓冲区是否为空**的场景。

3.3.3 UDP部分

UDP也有缓冲区吗？

说完TCP了，再说说UDP，这对协议都是传输层的重要协议。既然前面提到TCP有发

送、接收缓冲区，那UDP有吗？

以前我以为：

“每个UDP socket都有一个接收缓冲区，没有发送缓冲区，从概念上来说就是只要有数据就发，不管对方是否可以正确接收，正因为不需要缓冲数据，所以也不需要发送缓冲区。”

后来我发现我错了。

UDP socket 也是socket，一个socket 就会有收和发两个缓冲区，**和用什么协议关系不大**。有没有是一回事，用不用又是一回事。

UDP不用发送缓冲区？

事实上，UDP不仅有发送缓冲区，也用发送缓冲区。一般正常情况下，会把数据复制到发送缓冲区后直接发送。还有一种情况，是在发送数据的时候，设置一个 `MSG_MORE` 的标记。

```
ssize_t send(int sock, const void *buf, size_t len, int flags); // flag设为MSG_MORE
```

大概的意思是告诉内核，待会儿还有其他**更多消息**要一起发，先别着急发出去。此时内核就会把这份数据先用**发送缓冲区**缓存起来，待会儿应用层表示OK了，再一起发。

下面来看源码。

```
int udp_sendmsg()
{
    // corkreq为true表示MSG_MORE的方式，仅仅组织报文，不发送；
    int corkreq = up->corkflag || msg->msg_flags&MSG_MORE;

    // 将要发送的数据，按照MTU大小分割，每个片段一个skb；并且这些skb
    // 会放入socket的发送缓冲区；该函数只是组织数据包，并不执行发送动作
    err = ip_append_data(sk, fl4, getfrag, msg->msg_iov, ulen,
                sizeof(struct udphdr), &ipc, &rt,
                corkreq ? msg->msg_flags|MSG_MORE : msg->msg_flags);
    // 没有启用MSG_MORE特性，那么直接将发送队列中的数据发给IP
    if (!corkreq)
        err = udp_push_pending_frames(sk);
}
```

因此，不管是不是`MSG_MORE`，IP都会先把数据放到发送队列中，然后根据实际情况再考虑是不是立刻发送。

而在大部分情况下，都不会用 `MSG_MORE`，也就是来一个数据包就直接发一个数据包。从这个行为上来说，**虽然UDP用上了发送缓冲区，但实际上并没有起到“缓冲”的作用**。

3.4 TCP两次挥手，你见过吗？那四次握手呢？

我们都知道，TCP是一个**面向连接的、可靠的、基于字节流的传输层**通信协议。

那这里提到的“**面向连接**”，意味着需要建立连接、使用连接、释放连接。**建立连接**是指我们熟知的**TCP三次握手**。而**使用连接**，则是通过一发送、一确认的形式，进行**数据传输**。还有就是**释放连接**，也就是我们常见的**TCP四次挥手**。**TCP四次挥手**大家应该比较了解了，但大家见过**三次挥手**吗？还有**两次挥手**呢？

都见过？那**四次握手**呢？先从四次挥手开始说起，搞点实用的知识点。

3.4.1 TCP四次挥手

简单回顾下TCP四次挥手，如图3-37所示。

正常情况下。只要数据传输完，**不管是客户端还是服务端，都可以主动发起四次挥手**，释放连接。

就和图3-37中一样，假设这四次挥手是由客户端主动发起的，那它就是**主动方**。服务端是被动接收客户端的挥手请求的，叫**被动方**。

客户端和服务端，一开始都处于`ESTABLISHED`状态。

第一次挥手：一般情况下，主动方执行`close()`或`shutdown()`方法，会发一个**FIN报文**出来，表示“**我不再发送数据了**”。

第二次挥手：在收到主动方的FIN报文后，被动方立刻回应一个ACK，意思是“我收到你的FIN了，也知道你不再发送数据了”。

主动方收到这个ACK包之后，它的状态变为`FIN_WAIT_2`。在这个状态下，**主动方**已经完成了它的数据发送任务，不再发送数据。但如果这时候，**被动方**还有数据要发，那就继续发。注意，虽然第二次和第三次挥手之间，被动方是能发数据到主动方的，但主动方能不能正常收就不一定了。

第三次挥手：在被动方感知到第二次挥手之后，会做一系列的收尾工作，最后也调用`close()`，这时候就会发出第三次挥手的`FIN-ACK`。

第四次挥手：主动方回一个ACK，意思是收到了。

其中第一次和第三次挥手，都是我们在应用程序中主动触发的（比如调用`close()`方法），也就是我们平时写代码需要关注的地方。

第二次和第四次挥手，都是内核协议栈自动帮我们完成的，我们写代码的时候碰不到这些，因此也不太需要关心。

另外，不管是主动还是被动，每方发出一个 FIN 和一个ACK，也收到一个 FIN 和一个ACK。**这一点需要关注下，后面还会提到。**

FIN一定要程序执行close()或shutdown()方法才能发出吗？

不一定。一般情况下，通过对socket执行close()或shutdown()方法会发出FIN。但实际上，只要应用程序退出，不管是**主动**退出，还是**被动**退出（因为一些莫名其妙的原因被kill了），**都会发出** FIN。

> ★注意 FIN是指"我不再发送数据"，因此shutdown()方法关闭读不会给对方发FIN，关闭写才会发FIN。

如果机器上FIN_WAIT_2状态特别多，是为什么？

根据图3-37的四次挥手图可以看出，**FIN_WAIT_2是主动方**那边的状态。

处于这个状态的程序，一直在等**第三次挥手**的FIN。而第三次挥手需要由被动方在代码里执行close() 发出。

因此当机器上FIN_WAIT_2状态特别多，一般来说，另外一台机器上会有大量的CLOSE_WAIT。需要检查有大量的CLOSE_WAIT的那台机器，为什么迟迟不愿调用close()关闭连接。

所以，如果机器上FIN_WAIT_2状态特别多，一般是因为对端一直不执行close()方法发出第三次挥手，如图3-40所示。

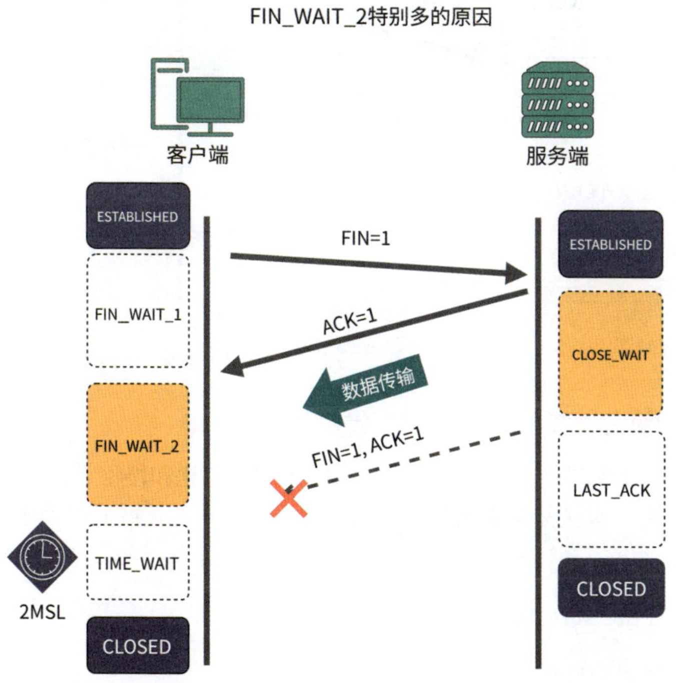

图3-40

主动方在执行close()之后收到的数据，会怎么处理？

3.3节从源码的角度提到了，**在一般情况下**，程序主动执行close()的时候：

- 如果当前连接对应的socket的**接收缓冲区**有数据，会发RST。
- 如果**发送缓冲区**有数据，那会等待发送完，再发第一次挥手的FIN。

众所周知，TCP是**全双工通信**，意思是发送数据的同时，还可以接收数据。close()的含义是，此时要同时**关闭发送和接收**消息的功能。也就是说，虽然**理论上**第二次和第三次挥手之间，被动方是可以传数据给主动方的，但如果主动方的四次挥手是通过close()触发的，那么主动方是不会去收这个消息的，而且还会回一个RST，直接结束这次连接，如图3-41所示。

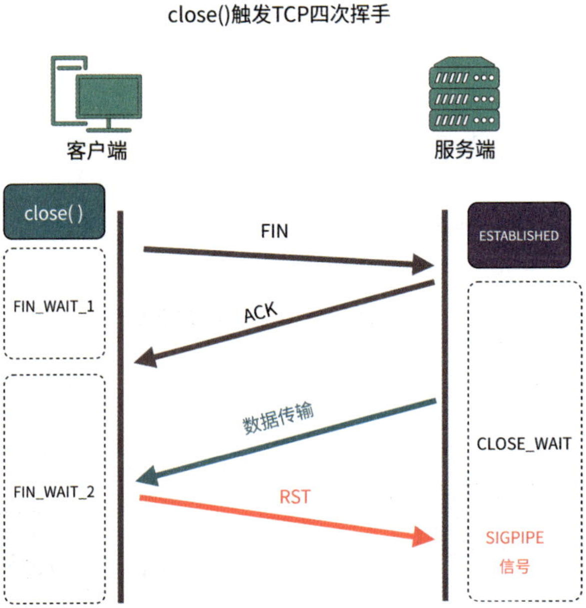

图3-41

第二次和第三次挥手之间，不能传输数据吗？

也不是。前面提到close()的含义是，要同时**关闭发送和接收**消息的功能。

那如果能做到**只关闭发送消息不关闭接收消息**的功能，就能继续收消息了。这种half-close的功能，通过调用shutdown()方法就能做到。

```
int shutdown(int sock, int howto);
```

其中 howto 为断开方式，有以下取值：

- SHUT_RD：关闭读。这时应用层不应该再尝试接收数据，内核协议栈中就算接收缓冲区收到数据也会被丢弃。
- SHUT_WR：关闭写。如果发送缓冲区中还有数据没发，会将数据传递到目标主机，如图3-42所示。

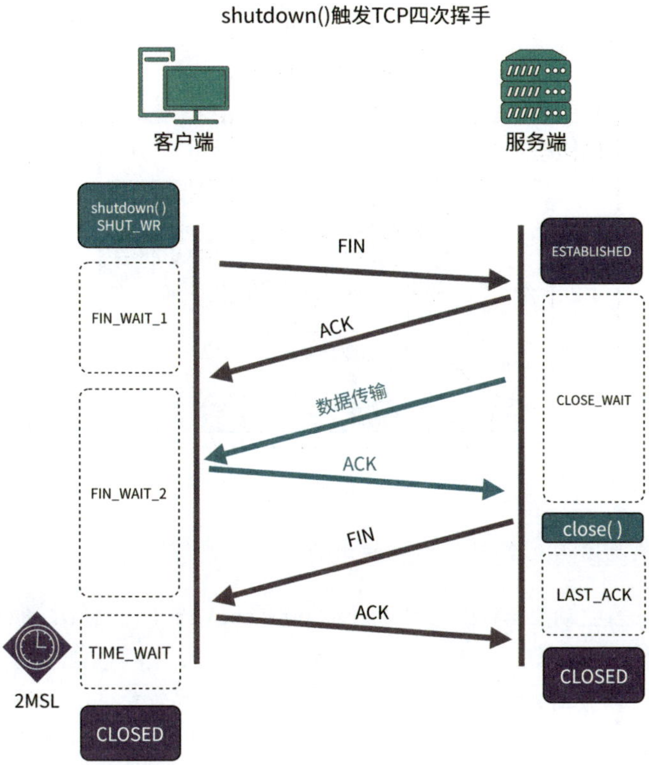

图3-42

- SHUT_RDWR：关闭读和写。相当于`close()`。

怎么知道对端socket执行了close()还是shutdown()?

不管**主动**关闭方调用的是`close()`还是`shutdown()`，对于被动方来说，收到的只有一个`FIN`。这时**被动**关闭方**就蒙了**，“我怎么知道对方让不让我继续发数据？”其实，大可不必纠结，该发就发。

第二次挥手和第三次挥手之间，如果**被动**关闭方想发数据，那么在代码层面，就是执行了`send()`。

```
int send( SOCKET s,const char* buf,int len,int flags);
```

`send()`会把数据复制到本机的**发送缓冲区**。如果发送缓冲区没出问题，都能复制进去，所以正常情况下，send()一般都会返回成功，如图3-43所示。

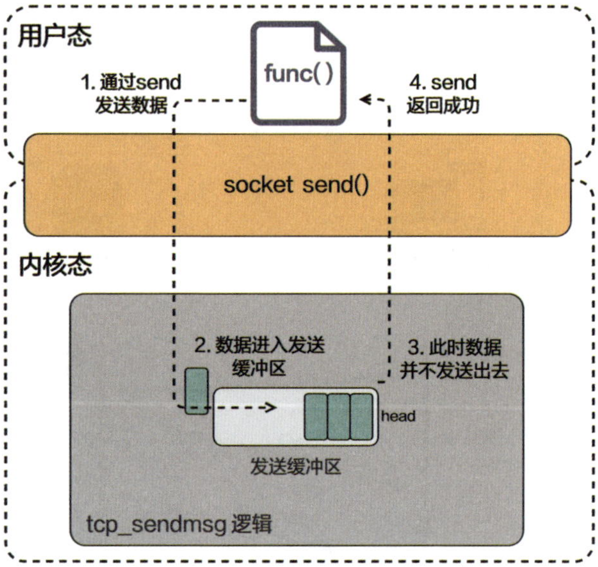

图3-43

然后**被动方**内核协议栈会把数据发给**主动**关闭方：

- 如果上一次**主动**关闭方调用的是shutdown(socket_fd, SHUT_WR)，那么此时，**主动关闭方**不再发送消息，但能接收**被动方**的消息，一切如常，皆大欢喜。
- 如果上一次**主动**关闭方调用的是close()，那么**主动方**在收到**被动方**的数据后会直接**丢弃**，然后回一个RST。

针对第二种情况，被动方**内核协议栈**收到了RST，会把连接关闭。但内核连接关闭了，应用层也不知道（除非被通知）。

此时被动方**应用层**接下来的操作，无非就是**读或写**：

- 如果是读，则会返回RST报错，也就是常见的Connection reset by peer。
- 如果是写，那么程序会产生SIGPIPE信号，应用层代码可以捕获并处理信号，如果不处理，则默认情况下进程会终止，异常退出。

总结一下，当被动关闭方recv()返回EOF，说明主动方通过close()或shutdown(fd, SHUT_WR)发起了第一次挥手。

如果此时被动方执行**两次send()**：

- 第一次执行send()，一般会成功返回。

- 第二次执行send()时，如果主动方是通过shutdown(fd, SHUT_WR)发起的第一次挥手，那此时send()还是会成功的。如果主动方通过close()发起的第一次挥手，此时会产生SIGPIPE信号，进程默认会终止，异常退出。不想异常退出的话，记得捕获处理这个信号。

如果被动方一直不发第三次挥手，会怎样？

第三次挥手，是由**被动方**主动触发的，比如调用close()。如果由于代码错误或者一些其他原因，被动方就是不执行第三次挥手，这时候，主动方会根据自身第一次挥手的时候用的是close()还是shutdown(fd, SHUT_WR)，有不同的行为表现：

- 如果是shutdown(fd, SHUT_WR)，说明主动方其实只关闭了写，但还可以读，此时会一直处于FIN_WAIT_2，死等被动方的第三次挥手，如图3-44所示。
- 如果是close()，说明主动方读写都关闭了，这时候会处于 FIN_WAIT_2一段时间，这个时间由 net.ipv4.tcp_fin_timeout 控制，一般是60s，这个值正好和2MSL一样。**超过这段时间后，状态不会变成TIME_WAIT，而是直接变成CLOSED。**

```
cat /proc/sys/net/ipv4/tcp_fin_timeout
60
```

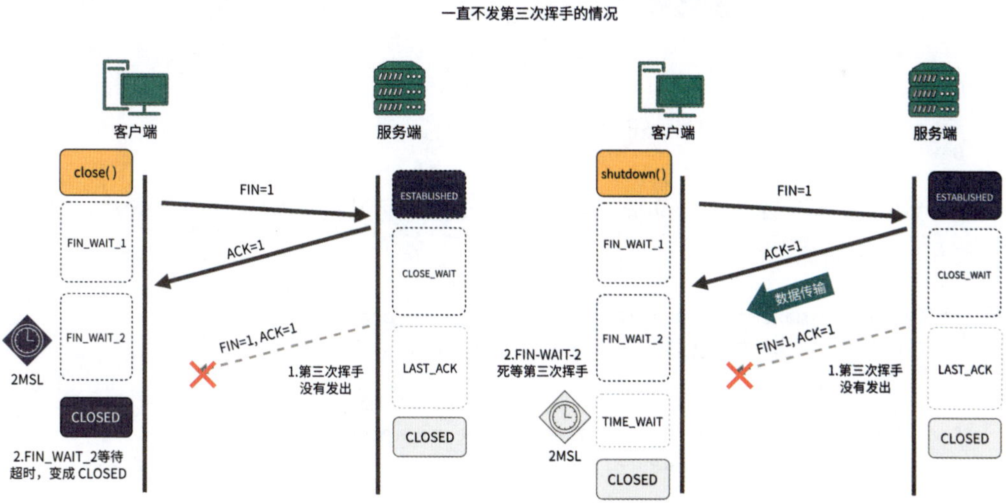

图3-44

如果服务端没收到第四次挥手请求，服务端会一直等待吗？

第四次挥手是第三次挥手触发的，如图3-45所示。如果服务端一直没收到第四次挥手，服务端会认为是不是自己的第三次挥手丢了，于是服务端不断重试发第三次挥手

（FIN）。重发次数由系统的tcp_orphan_retries参数控制。重试多次还没成功，服务端直接断开链接。**所以结论是服务端不会一直等待第四次挥手。**

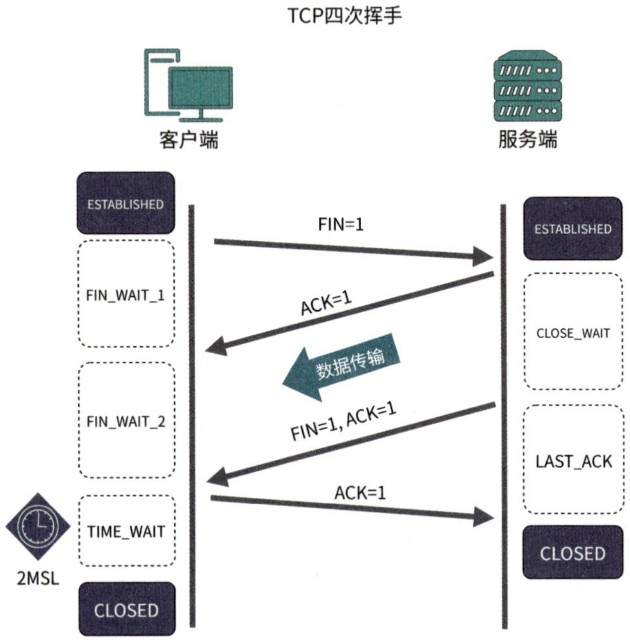

图3-45

```
# cat /proc/sys/net/ipv4/tcp_orphan_retries
0
```

另外，你会发现**tcp_orphan_retries**参数是0，但其实并不是不重试的意思，该参数为0时，默认值为8，也就是重试8次。

```
/* Calculate maximal number or retries on an orphaned socket. */
static int tcp_orphan_retries(struct sock *sk, int alive)
{
    int retries = sysctl_tcp_orphan_retries; /* May be zero. */
    /* We know from an ICMP that something is wrong. */
    if (sk->sk_err_soft && !alive)
        retries = 0;
    /* However, if socket sent something recently, select some safe
     * number of retries. 8 corresponds to >100 seconds with minimal
     * RTO of 200msec. */
    if (retries == 0 && alive)
        retries = 8;
    return retries;
}
```

当然，如果服务端重试发第三次挥手FIN的过程中，还是同样的端口和IP地址发给了一个新的客户端，这时候服务端重试的FIN被收到后，客户端就会认为是不正常的数据包，直接发一个RST给服务端，这时候两端连接也会断开。

3.4.2 TCP三次挥手

四次挥手聊完了，那有没有可能出现三次挥手?

是有可能的。

我们知道，TCP四次挥手里，第二次和第三次挥手之间，是有可能有数据传输的。第三次挥手的目的是告诉主动方，"被动方没有数据要发了"。

所以，在第一次挥手之后，如果被动方没有数据要发给主动方，第二次和第三次挥手是**有可能**合并传输的。这样就出现了三次挥手，如图3-46所示。

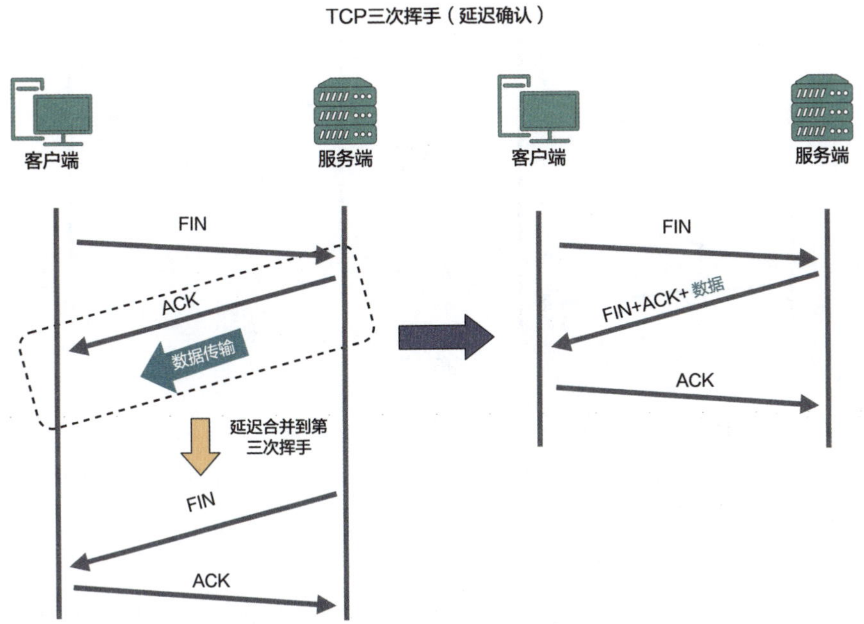

图3-46

> ★注意
>
> 上面用了"有可能"一词。当被动方没有数据要发送时，第二次和第三次挥手通常会合并传输。这并不是说它们总是合并，而是在大多数情况下会这样做，因为这样做效率更高，可以减少网络中的数据包数量。
>
> 然而，即使被动方没有数据要发送，也不是说合并挥手是一定会发生的，因为合并并不是由TCP强制规定的，它取决于操作系统对于TCP的实现细节。

3.4.3 TCP两次挥手

前面在四次挥手中提到，关闭的时候双方都**发出了一个FIN和收到了一个ACK。**

正常情况下TCP连接的两端，是不同**IP地址+端口**的进程。

但如果TCP连接的两端，**IP地址+端口**是一样的，那么在关闭连接的时候，也同样做到了**一端发出了一个FIN，也收到了一个 ACK**，只不过正好这两端其实是同一个socket，如图3-47所示。

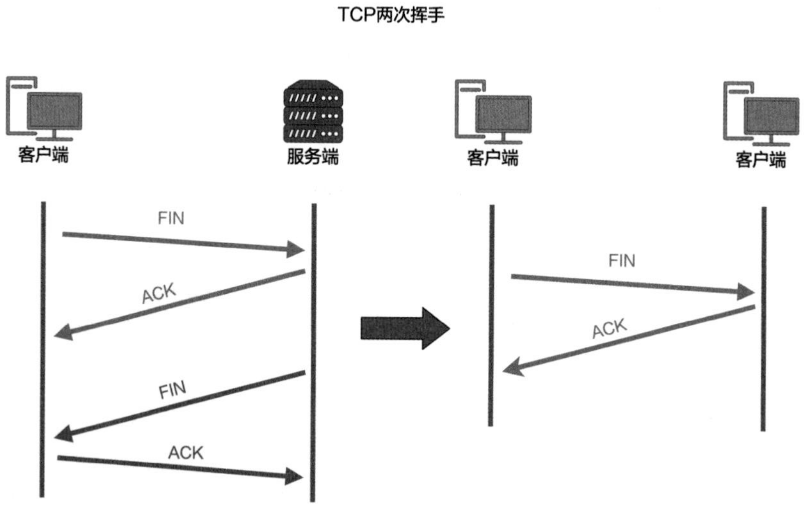

图3-47

而这种两端**IP地址+端口**都一样的连接，叫**TCP自连接。**

可能你读到这里，会疑惑TCP还能自连接？是的，你没看错，**同一个socket确实可以自己连自己，形成一个连接。**

一个socket能建立连接？

上面提到了，同一个客户端socket，自己对自己发起连接请求，是可以成功建立连接的。这样的连接，叫**TCP自连接。**

下面我们尝试进行复现。注意我是在以下系统进行的实验，在macOS上复现难度较大。

```
#  cat /etc/os-release
NAME="CentOS Linux"
VERSION="7 (Core)"
ID="centos"
ID_LIKE="rhel fedora"
VERSION_ID="7"
PRETTY_NAME="CentOS Linux 7 (Core)"
```

通过nc命令可以很简单地创建一个TCP自连接。

```
# nc -p 6666 127.0.0.1 6666
```

上面的-p 可以指定源端口号，也就是指定了一个端口号为6666的客户端去连接127.0.0.1:6666。

```
# netstat -nt | grep 6666
tcp        0      0 127.0.0.1:6666          127.0.0.1:6666          ESTABLISHED
```

整个过程中，都没有服务端参与。可以抓一个包看看，如图3-48所示。

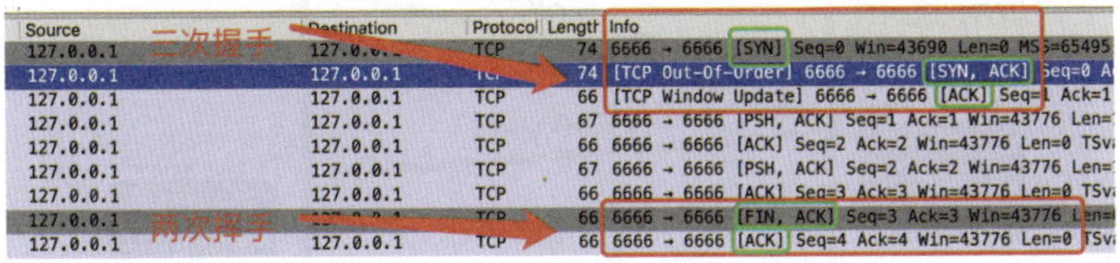

图3-48

可以看到，**相同的socket，自己连自己的时候，握手是三次，挥手是两次。**

在图3-49里，左右都是同一个客户端，把它画成两个是为了方便大家理解状态的迁移。

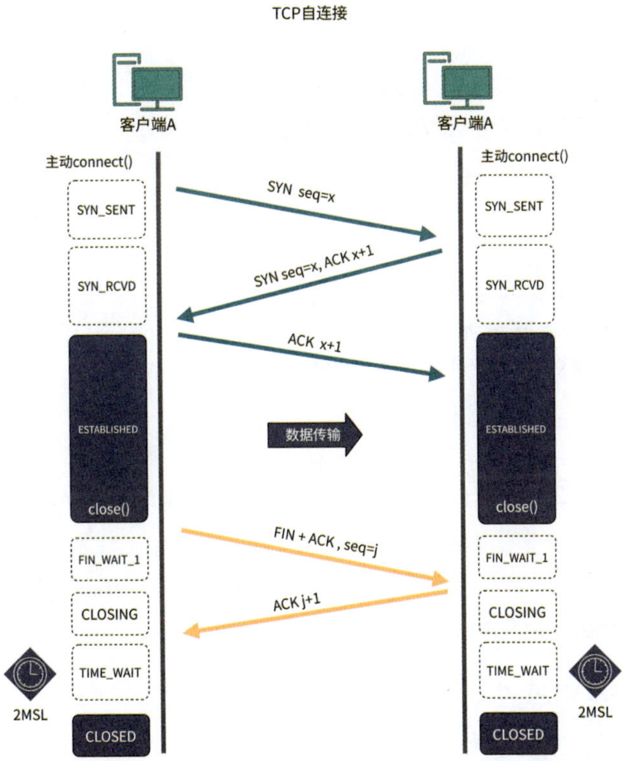

图3-49

我们可以拿自连接的握手状态**对比**正常情况下的TCP三次握手，如图3-50所示。

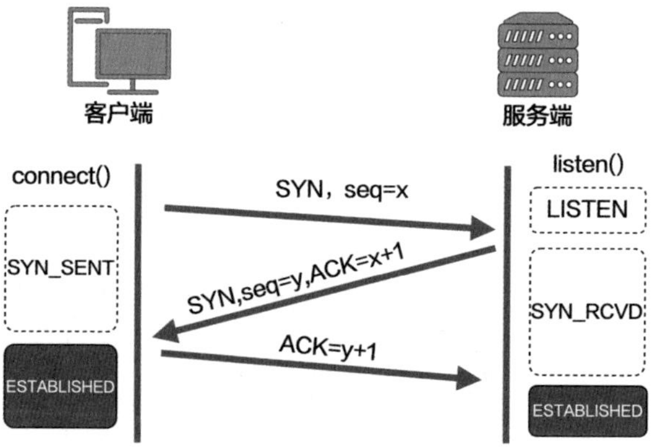

图3-50

看了自连接的状态图，再看看下面几个问题。

一端发出第一次握手后，如果又收到了第一次握手的SYN包，TCP连接状态会怎样变化?

第一次握手过后，连接状态就变成了SYN_SENT状态。如果此时又收到了第一次握手的SYN包，那么连接状态就会从SYN_SENT状态变成SYN_RCVD。

```
// net/ipv4/tcp_input.c
static int tcp_rcv_synsent_state_process()
{
    // SYN_SENT状态下，收到SYN包
    if (th->syn) {
        // 状态置为SYN_RCVD
        tcp_set_state(sk, TCP_SYN_REVD);
    }
}
```

一端发出第二次握手后，如果又收到第二次握手的SYN+ACK包，TCP连接状态会怎样变化?

第二次握手过后，连接状态就变为SYN_RCVD了，此时如果再收到第二次握手的SYN+ACK包，连接状态会变为ESTABLISHED。

```
// net/ipv4/tcp_input.c
int tcp_rcv_state_process()
{
    // 前面省略很多逻辑，能走到这里就认为肯定有ACK
```

```
    if (true) {
        // 判断这个ACK是否合法
        int acceptable = tcp_ack(sk, skb, FLAG_SLOWPATH | FLAG_UPDATE_TS_
RECENT) > 0;
        switch (sk->sk_state) {
        case TCP_SYN_RECV:
            if (acceptable) {
        // 状态从 SYN_RCVD 转为ESTABLISHED
                tcp_set_state(sk, TCP_ESTABLISHED);
            }
        }
    }
}
```

一端第一次挥手后，又收到第一次挥手的包，TCP连接状态会怎样变化？

第一次挥手过后，一端状态就会变成 FIN_WAIT_1。正常情况下，是要等待第二次挥手的ACK的。但实际上却等来了第一次挥手的FIN包，这时候连接状态就会变为CLOSING。

```
// net/
static void tcp_fin(struct sock *sk)
{
    switch (sk->sk_state) {
    case TCP_FIN_WAIT1:
        tcp_send_ack(sk);
    // FIN_WAIT_1状态下，收到了FIN包，转为CLOSING状态
        tcp_set_state(sk, TCP_CLOSING);
        break;
    }
}
```

这可以说是“**隐藏剧情**”了。

CLOSING 很少见，除了出现在**自连接关闭**，一般还会出现在TCP两端**同时关闭**连接的情况下。

处于CLOSING状态时，只要再收到一个ACK，就能进入 TIME_WAIT 状态，然后等2MSL，连接就彻底断开了。这和正常的四次挥手还是有些差别的。大家可以查阅前面的TCP四次挥手再对比一下。

代码复现自连接

可能大家会产生怀疑，这是不是nc这个软件本身的Bug。

那我们可以尝试用strace看看它的内部都做了什么。

```
# strace nc -p 6666 127.0.0.1 6666
// ...
socket(AF_INET, SOCK_STREAM, IPPROTO_TCP) = 3
```

```
fcntl(3, F_GETFL)                          = 0x2 (flags O_RDWR)
fcntl(3, F_SETFL, O_RDWR|O_NONBLOCK)       = 0
setsockopt(3, SOL_SOCKET, SO_REUSEADDR, [1], 4) = 0
bind(3, {sa_family=AF_INET, sin_port=htons(6666), sin_addr=inet_addr("0.0.0.0")},
16) = 0
connect(3, {sa_family=AF_INET, sin_port=htons(6666), sin_addr=inet_
addr("127.0.0.1")}, 16) = -1 EINPROGRESS (Operation now in progress)
// ...
```

无非就是创建了一个客户端socket句柄，然后对这个句柄执行bind（绑定），绑定它的端口号是6666，然后再向 127.0.0.1:6666发起connect方法。

我们可以尝试用C语言去复现一遍。

下面的代码，只用于复现问题。直接跳过也完全不影响对后续内容的理解。

```
#include <stdio.h>
#include <unistd.h>
#include <sys/socket.h>
#include <stdlib.h>
#include <arpa/inet.h>
#include <ctype.h>
#include <string.h>
#include <strings.h>

int main()
{
    int lfd, cfd;
    struct sockaddr_in serv_addr, clie_addr;
    socklen_t clie_addr_len;
    char buf[BUFSIZ];
    int n = 0, i = 0, ret = 0 ;
    printf("This is a client \n");
    /*Step 1: 创建客户端socket描述符cfd*/
    cfd = socket(AF_INET, SOCK_STREAM, 0);
    if(cfd == -1)
    {
        perror("socket error");
        exit(1);
    }
    int flag=1,len=sizeof(int);
    if( setsockopt(cfd, SOL_SOCKET, SO_REUSEADDR, &flag, len) == -1)
    {
        perror("setsockopt");
        exit(1);
    }

    bzero(&clie_addr, sizeof(clie_addr));
    clie_addr.sin_family = AF_INET;
    clie_addr.sin_port = htons(6666);
```

```
    inet_pton(AF_INET,"127.0.0.1", &clie_addr.sin_addr.s_addr);
    /*Step 2: 客户端使用bind绑定客户端的IP地址和端口*/
    ret = bind(cfd, (struct sockaddr* )&clie_addr, sizeof(clie_addr));
    if(ret != 0)
    {
        perror("bind error");
        exit(2);
    }
    /*Step 3: connect链接服务端的IP地址和端口*/
    bzero(&serv_addr, sizeof(serv_addr));
    serv_addr.sin_family = AF_INET;
    serv_addr.sin_port = htons(6666);
    inet_pton(AF_INET,"127.0.0.1", &serv_addr.sin_addr.s_addr);
    ret = connect(cfd,(struct sockaddr *)&serv_addr, sizeof(serv_addr));
    if(ret != 0)
    {
        perror("connect error");
        exit(3);
    }
    /*Step 4: 向服务端写数据*/
    while(1)
    {
        fgets(buf, sizeof(buf), stdin);
        write(cfd, buf, strlen(buf));
        n = read(cfd, buf, sizeof(buf));
        write(STDOUT_FILENO, buf, n);//写到屏幕上
    }
    /*Step 5: 关闭socket描述符*/
    close(cfd);
    return 0;
}
```

将以上代码保存为**client.c**文件，然后执行以下命令，会发现连接成功。

```
# gcc client.c -o client && ./client
This is a client
# netstat -nt | grep 6666
tcp        0      0 127.0.0.1:6666          127.0.0.1:6666          ESTABLISHED
```

说明这不是nc的bug。事实上，这也是内核允许的一种情况。

自连接的解决方案

自连接一般不太常见，且在大多数情况下都是异常情况。但遇到了也不难解决。解决方案比较简单，只要能保证客户端和服务端的端口不一致就行。

事实上，我们写代码的时候一般不会去指定客户端的端口，系统会随机给客户端分配某个范围内的端口。而这个范围，可以通过下面的命令进行查询。

```
# cat /proc/sys/net/ipv4/ip_local_port_range
32768   60999
```

只要我们的服务端端口不在32768～60999这个范围内，比如设置为8888，就可以规避掉这个问题。

另外一个解决方案是，可以参考Go语言标准网络库的实现，在连接建立完成之后判断二者的IP地址和端口是否一致，如果遇到自连接，则断开重试。

```
func dialTCP(net string, laddr, raddr *TCPAddr, deadline time.Time) (*TCPConn, error) {
    // 如果是自连接，这里会重试
    for i := 0; i < 2 && (laddr == nil || laddr.Port == 0) && (selfConnect(fd, err) || spuriousENOTAVAIL(err)); i++ {
        if err == nil {
            fd.Close()
        }
         fd, err = internetSocket(net, laddr, raddr, deadline, syscall.SOCK_STREAM, 0, "dial", sockaddrToTCP)
    }
    // ...
}
func selfConnect(fd *netFD, err error) bool {
    // 判断端口、IP地址是否一致
    return l.Port == r.Port && l.IP.Equal(r.IP)
}
```

3.4.4 TCP四次握手

前面提到的TCP自连接是一个客户端自己连自己的场景。那不同客户端之间是否可以互联?

答案是**可以**，有一种情况叫**TCP同时打开**，如图3-51所示。

大家可以对比下，**TCP同时打开**在握手时的状态变化，和TCP自连接是非常像的。

比如在SYN_SENT状态下，又收到了一个SYN，其实就相当于自连接里，在发出第一次握手后，又收到第一次握手的请求，结果都是变成 SYN_RCVD。

在SYN_RCVD 状态下收到了SYN+ACK，就相当于自连接里，在发出第二次握手后，又收到第二次握手的请求，结果都是变成ESTABLISHED状态。**它们的源码其实都是同一个逻辑**。

复现TCP同时打开

在**两个控制台**下，分别执行以下两行命令。

```
while true; do nc -p 2224 127.0.0.1 2223 -v;done
while true; do nc -p 2223 127.0.0.1 2224 -v;done
```

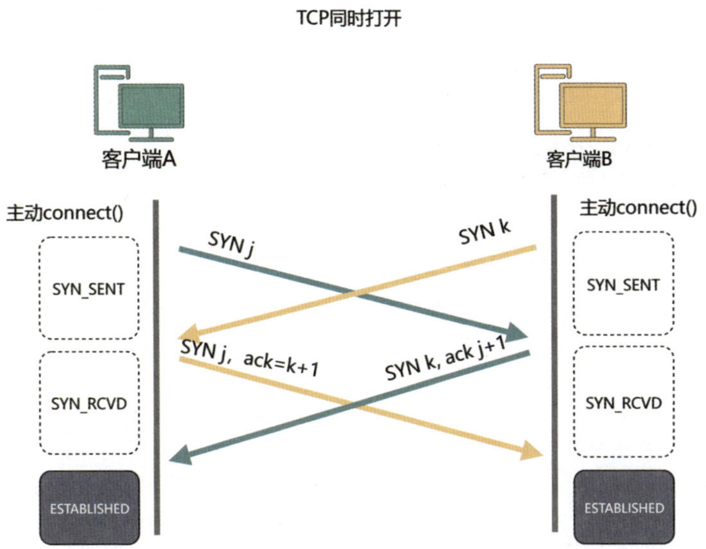

图3-51

上面两条命令的含义也比较简单，两个客户端互相请求连接对方的端口号，如果失败，则不停重试。

执行后看到的现象是，一开始会疯狂失败、重试。一段时间后，连接建立完成。

```
# netstat -an | grep  2223
Proto Recv-Q Send-Q Local Address           Foreign Address         State
tcp    0      0 127.0.0.1:2224          127.0.0.1:2223          ESTABLISHED
tcp    0      0 127.0.0.1:2223          127.0.0.1:2224          ESTABLISHED
```

其间抓包会得到如图3-52所示的结果。

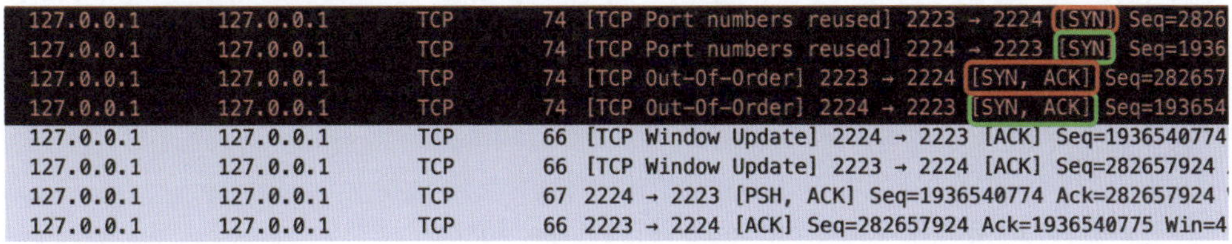

```
127.0.0.1   127.0.0.1   TCP   74 [TCP Port numbers reused] 2223 → 2224 [SYN] Seq=2826
127.0.0.1   127.0.0.1   TCP   74 [TCP Port numbers reused] 2224 → 2223 [SYN] Seq=1936
127.0.0.1   127.0.0.1   TCP   74 [TCP Out-Of-Order] 2223 → 2224 [SYN, ACK] Seq=282657
127.0.0.1   127.0.0.1   TCP   74 [TCP Out-Of-Order] 2224 → 2223 [SYN, ACK] Seq=193654
127.0.0.1   127.0.0.1   TCP   66 [TCP Window Update] 2224 → 2223 [ACK] Seq=1936540774
127.0.0.1   127.0.0.1   TCP   66 [TCP Window Update] 2223 → 2224 [ACK] Seq=282657924
127.0.0.1   127.0.0.1   TCP   67 2224 → 2223 [PSH, ACK] Seq=1936540774 Ack=282657924
127.0.0.1   127.0.0.1   TCP   66 2223 → 2224 [ACK] Seq=282657924 Ack=1936540775 Win=4
```

图3-52

可以看到，这里建立连接用了四次交互。因此可以说这是通过**“四次握手”**建立的连接。而且更重要的是，这里只涉及两个客户端，**没有服务端**。

看到这里，不知道大家有没有感到被刷新了认知，对socket有了新的认识。在以前的观念里，建立连接，必须要有一个客户端和一个服务端，并且服务端还要执行一个listen()和一个accept()。而实际上，这些都不是必需的。

那么下次，面试官问你“**没有listen()，TCP能建立连接吗？**”，我想大家应该知道怎么回答了。

但问题又来了，只有两个客户端，没有listen()，为什么能建立TCP连接?

3.4.5 小结

- **在四次挥手**中，不管是程序主动执行close()，还是进程被杀，都有可能发出第一次挥手FIN包。如果机器上FIN_WAIT_2状态特别多，一般是因为对端一直不执行close()方法发出第三次挥手。
- close()会**同时关闭**发送和接收消息的功能。shutdown() 能**单独关闭**发送或接收消息的功能。
- 第二次和第三次挥手，是有可能合在一起的。于是四次挥手就变成**三次挥手**了。
- 同一个socket自己连自己，会产生**TCP自连接**，自连接的挥手是**两次挥手**。
- 没有listen()，两个客户端之间也能建立连接。这种情况叫**TCP同时打开**，它由**四次握手**产生。

本节提到的，不管是**两次挥手**，还是**自连接**，或是**TCP同时打开**，乍一看，可能对日常工作没什么用，实际上也确实没什么用，并且在面试上大概率也不会被问到。**毕竟一般面试官也不在意“茴”字有几种写法。**

写作本节的目的，主要是想从另外一个角度让大家重新认识socket。原来TCP是可以自己连自己的，甚至两个客户端之间，不用服务端也能连起来。这实在是太出乎意料了。

3.5 没有accept，能建立TCP连接吗?

图3-53是平时客户端和服务端建立连接时的代码流程。

对应的是下面一段简化过的服务端伪代码。

```
int main()
{
    /*Step 1: 创建服务端监听socket描述符listen_fd*/
    listen_fd = socket(AF_INET, SOCK_STREAM, 0);
    /*Step 2: bind绑定服务端的IP地址和端口，所有客户端都向这个IP地址和端口发送和请求
数据*/
    bind(listen_fd, xxx);
    /*Step 3: 服务端开启监听*/
    listen(listen_fd, 128);
    /*Step 4: 服务端等待客户端的链接，返回值cfd为客户端的socket描述符*/
    cfd = accept(listen_fd, xxx);
```

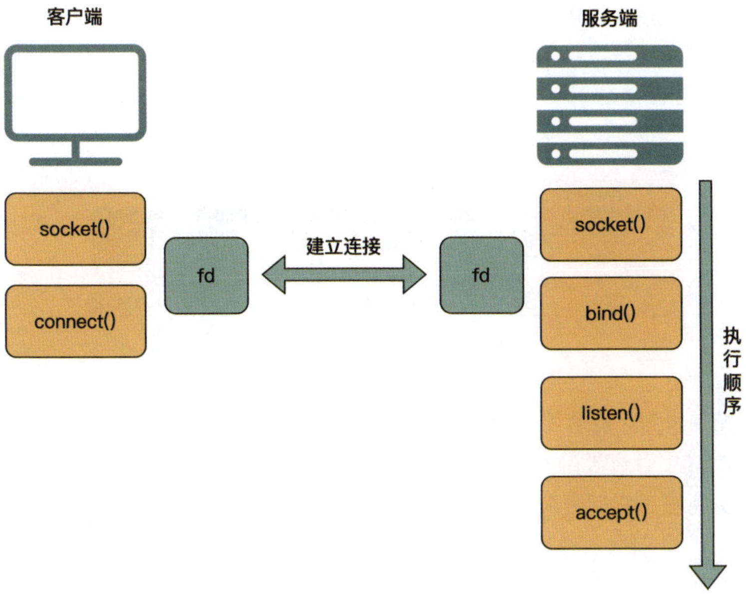

图3-53

```
    /*Step 5: 读取客户端发来的数据*/
    n = read(cfd, buf, sizeof(buf));
}
```

估计大家非常熟悉这段伪代码了。需要注意的是，在执行listen方法之后还会执行一个accept方法。**一般情况**下，如果启动服务端，会发现最后程序会**阻塞在accept**方法里。

此时服务端就算Ok了，也会等客户端的。

那么，再看看简化过的客户端伪代码。

```
int main()
{
    /*Step 1: 创建客户端socket描述符cfd*/
    cfd = socket(AF_INET, SOCK_STREAM, 0);

    /*Step 2: connect方法,对服务端的IP地址和端口号发起连接*/
    ret = connect(cfd, xxxx);
    /*Step 3: 向服务端写数据*/
    write(cfd, buf, strlen(buf));
}
```

客户端比较简单，创建好socket之后，直接发起connect方法。

此时回到服务端，会发现**之前一直阻塞的accept方法，返回结果了**。这就算两端成功建立了一条连接。之后就可以愉快地进行读写操作了。

那么，现在的问题是，**如果没有这个accept方法，TCP连接还能建立起来吗？**

其实只要在执行`accept()`之前执行一个`sleep(20)`，然后立刻执行客户端相关的方法，同时抓包，就能得出结论，如图3-54所示。

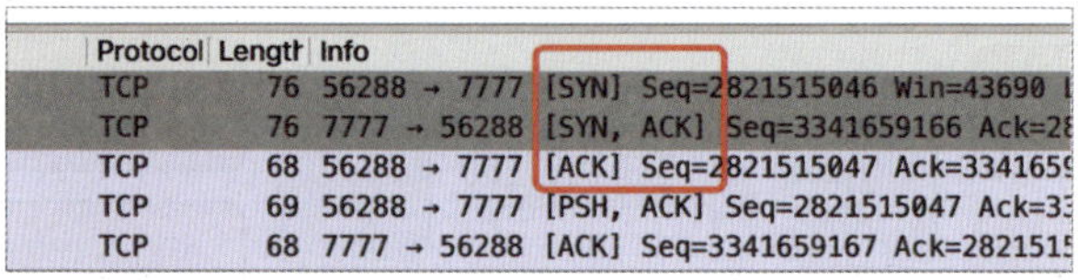

Protocol	Length	Info
TCP	76	56288 → 7777 [SYN] Seq=2821515046 Win=43690
TCP	76	7777 → 56288 [SYN, ACK] Seq=3341659166 Ack=28
TCP	68	56288 → 7777 [ACK] Seq=2821515047 Ack=334165
TCP	69	56288 → 7777 [PSH, ACK] Seq=2821515047 Ack=33
TCP	68	7777 → 56288 [ACK] Seq=3341659167 Ack=282151

图3-54

从抓包结果来看，**就算不执行accept()，三次握手照常进行，并顺利建立连接。**

不仅如此，更有意思的是，**在服务端执行accept()前，如果客户端发送消息给服务端，服务端是能够正常回复ACK确认包的。**并且，`sleep(20)`结束后，服务端正常执行`accept()`，客户端前面发送的消息，还是能正常收到的。

通过这个现象，我们可以多想想为什么，顺便好好理解三次握手的细节。

3.5.1 三次握手的细节分析

我们先看面试八股文的“老股”，三次握手，如图3-55所示。

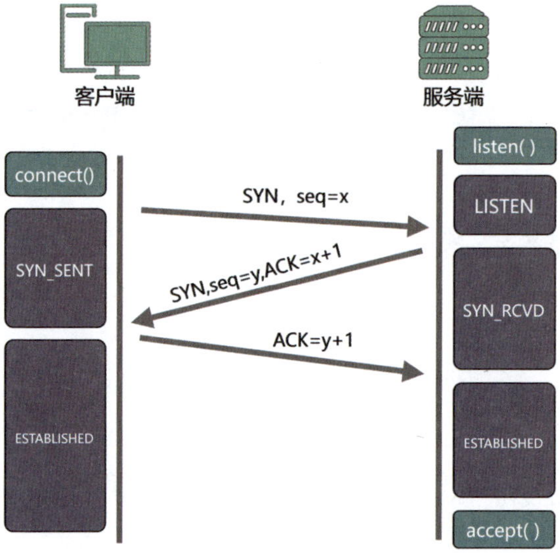

图3-55

服务端代码，对socket执行bind方法可以绑定监听端口，然后执行`listen`方法后，就会进入监听（`LISTEN`）状态。内核会为每一个处于`LISTEN`状态的`socket` 分配两个队列，分别叫**半连接队列和全连接队列**，如图3-56所示。

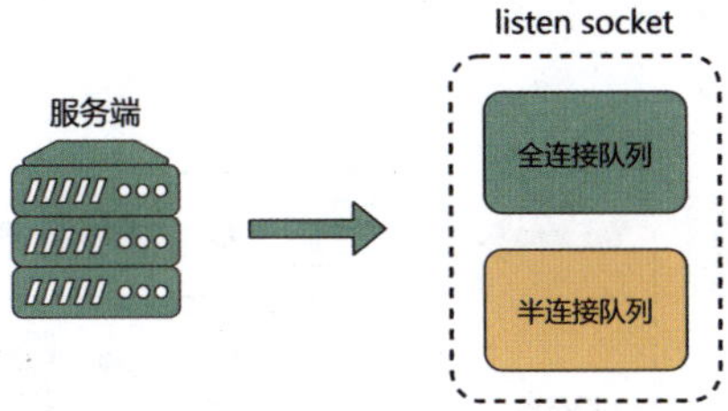

图3-56

半连接队列、全连接队列是什么?

半连接队列和全连接队列如图3-57所示。

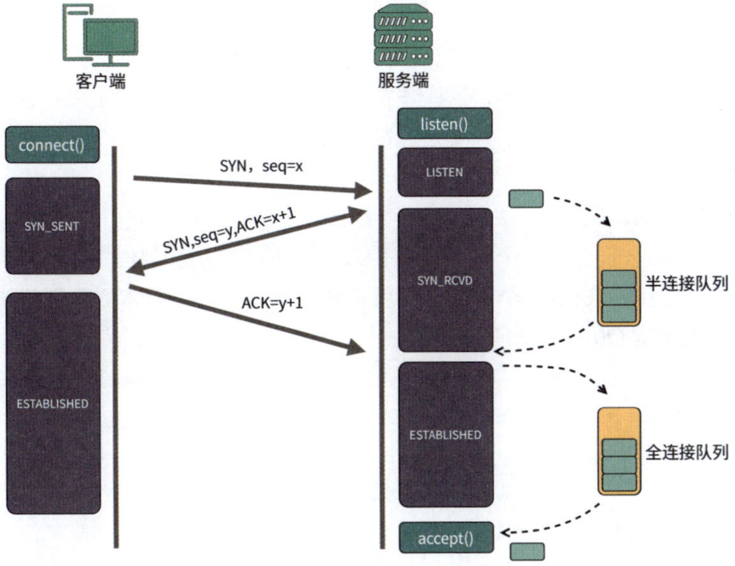

图3-57

- **半连接队列**（SYN队列）：服务端收到**第一次握手**后，会将sock加入这个队列，队列内的sock都处于SYN_RCVD 状态。
- **全连接队列**（ACCEPT队列）：在服务端收到**第三次握手**后，会将半连接队列的sock取出，放到全连接队列中。队列里的sock都处于 ESTABLISHED状态。这里面的连接，**就等着服务端执行accept()后被取出了**。

看到这里，本节开头的问题就有了答案，在建立连接的过程中根本不需要accept()参与，**执行accept()只是为了从全连接队列里取出一条连接**。

我们把话题重新回到这两个队列上。

虽然都叫**队列**，但其实**全连接队列**（icsk_accept_queue）**是一个链表**，而**半连接队列**（syn_table）**是一张哈希表**，如图3-58所示。

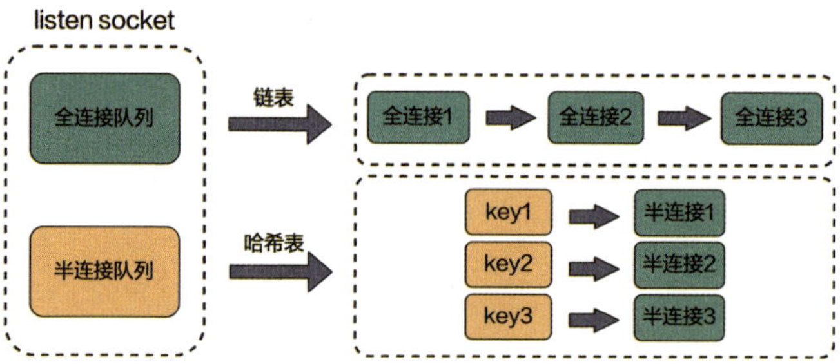

图3-58

为什么半连接队列要设计成哈希表？

全连接队列，它本质是一个链表，因为也是线性结构，说它是队列也没毛病。它里面放的都是已经建立完成的连接，这些连接正等待被取走。而服务端在取走连接的过程中，并不关心具体是哪个连接，只要是连接就行，所以直接从队列头取走就行了。这个过程的算法复杂度为$O(1)$。

而**半连接队列**却不太一样，因为队列里的都是不完整的连接，迫切地等待着第三次握手的到来。那么现在有一个第三次握手来了，则需要从队列里把相应IP端口的连接取出，**如果半连接队列还是一个链表，那就需要依次遍历，才能拿到我们想要的那个连接，算法复杂度就是$O(n)$**。

而如果将半连接队列设计成哈希表，那么查找半连接的算法复杂度就回到$O(1)$了。

因此出于效率考虑，全连接队列被设计为链表，而半连接队列被设计为哈希表。

怎样观察两个队列的大小？

查看全连接队列

```
# ss -lnt
State      Recv-Q Send-Q      Local Address:Port          Peer Address:Port
LISTEN     0      128         127.0.0.1:46269             *:*
```

通过`ss -lnt`命令，可以看到全连接队列的大小，其中`Send-Q`列是指全连接队列的最大值，可以看到，这里的最大值是`128`；`Recv-Q`列是指当前的全连接队列的使用值，这里用了`0`个，也就是全连接队列为空，连接都被取出来了。

当`Send-Q`和`Recv-Q`数值很接近的时候，全连接队列就是接近满的状态了。可以通过下面的命令查看是否发生过队列**溢出**。

```
# netstat -s | grep overflowed
    4343 times the listen queue of a socket overflowed
```

以上结果说明发生过4343次全连接队列溢出的情况。这里查到的是**历史发生过的次数**。

如果配合使用watch -d 命令，可以自动每2s执行相同命令，还能高亮显示变化的数字部分，如果溢出的数字不断变多，说明**正在发生**溢出的行为。

```
# watch -d 'netstat -s | grep overflowed'
Every 2.0s: netstat -s | grep overflowed              Fri Sep 17 09:00:45 2021
    4343 times the listen queue of a socket overflowed
```

查看半连接队列

没有命令可以直接查看半连接队列，但因为半连接队列里放的都是SYN_RCVD状态的连接，所以可以通过统计处于这个状态的连接的数量，间接获得半连接队列的长度。

```
# netstat -nt | grep -i '127.0.0.1:8080' | grep -i 'SYN_RCVD' | wc -l
0
```

注意，此命令中用的是127.0.0.1:8080，那是我的本地服务当前监听的IP地址和端口，大家可以替换为自己的服务端监听的**IP地址和端口**。

可以看到我的机器上的半连接队列长度为0，这很正常，因为半连接在升级为全连接后，就会从半连接队列中移除。

当队列里的半连接不断增多后，最终也会发生溢出，可以通过下面的命令查看。

```
# netstat -s | grep -i "SYNs to LISTEN sockets dropped"
    26395 SYNs to LISTEN sockets dropped
```

可以看到，我的机器上一共发生了26395次半连接队列溢出。同样建议配合使用watch -d 命令。

```
# watch -d 'netstat -s | grep -i "SYNs to LISTEN sockets dropped"'
Every 2.0s: netstat -s | grep -i "SYNs to LISTEN sockets dropped"
      Fri Sep 17 08:36:38 2021
    26395 SYNs to LISTEN sockets dropped
```

不管是全连接还是半连接队列，都是内存中的结构，都有长度容量限制，在接受压测或攻击时，队列都有可能会满，接下来分别看看它们被打满后会发生什么事情。

全连接队列满了会怎样？

如果全连接队列满了，服务端还收到客户端的第三次握手ACK包，默认当然会丢弃它。但除了丢弃，还有一些附带行为，具体会受tcp_abort_on_overflow参数的影响。

```
# cat /proc/sys/net/ipv4/tcp_abort_on_overflow
0
```

- `tcp_abort_on_overflow`设置为0，全连接队列满了之后，会丢弃这个第三次握手ACK包，并且开启定时器，重传第二次握手的SYN+ACK，如果重传超过一定限制次数，还会把对应的**半连接队列里的连接**删掉，如图3-59所示。

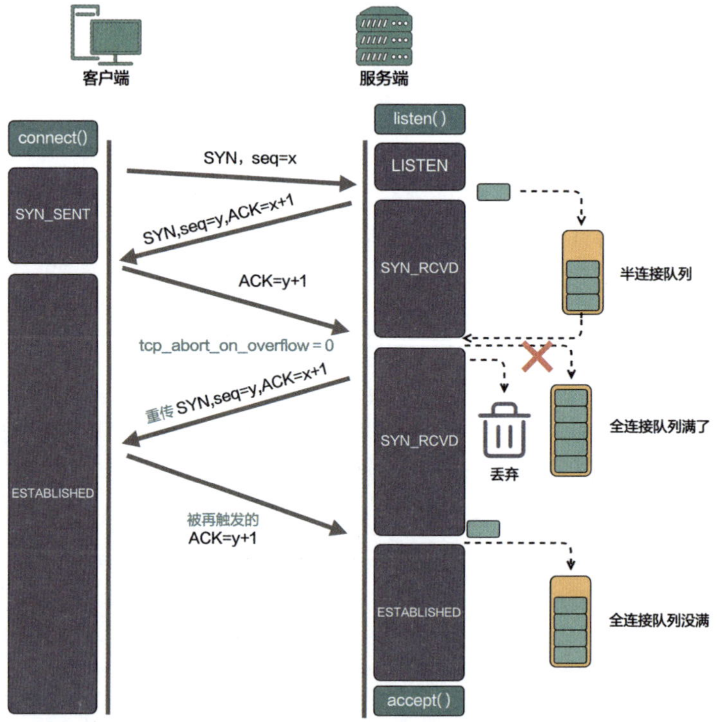

图3-59

- `tcp_abort_on_overflow`设置为1，全连接队列满了之后，直接给客户端发RST，效果上看就是连接断了。

这个现象是不是很熟悉，服务端**端口未监听**时，客户端尝试去连接，服务端也会回一个RST。这两种情况一样，所以客户端收到RST之后，其实无法区分到底是**端口未监听**，还是**全连接队列满了**，如图3-60所示。

半连接队列满了会怎样?

一般是丢弃，但这个行为可以通过`tcp_syncookies` 参数去控制。比起这个，更重要的是先了解半连接队列为什么会被打满。

我们先要明白，一般情况下，半连接的“生存”时间其实很短，只有在第一次和第三次握手间，如果半连接都满了，说明服务端疯狂收到第一次握手请求，如果是线上游戏应用，能有这么多请求进来，说明你的服务可能很受用户欢迎。但现实往往比较“骨感”，你可能遇到了**SYN Flood攻击**。

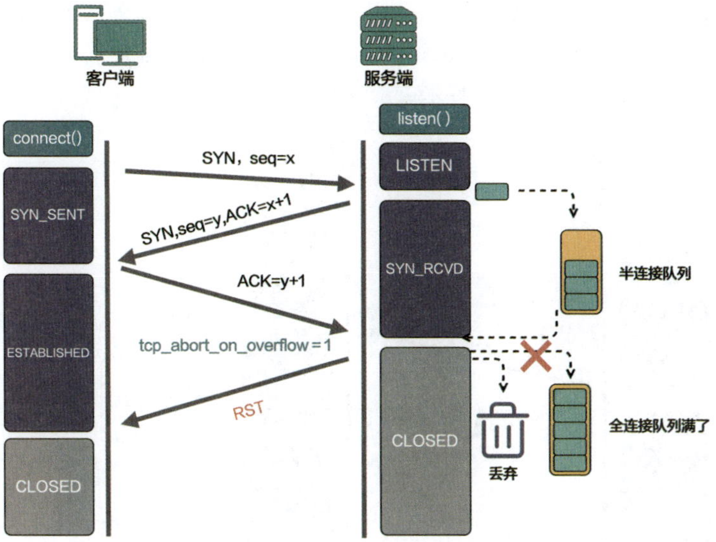

图3-60

所谓**SYN Flood攻击**，可以简单理解为，攻击方模拟客户端疯狂发第一次握手请求过来，在服务端“憨憨地”回复第二次握手过去之后，客户端死活不发第三次握手过来，这样做，可以把服务端半连接队列打满，从而导致正常连接不能正常进来，如图3-61所示。

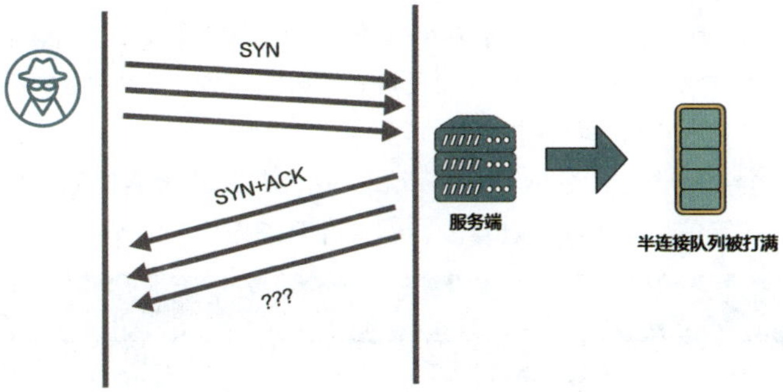

图3-61

怎么处理这种情况呢？有没有一种方法可以**绕过半连接队列**？

有，上面提到的`tcp_syncookies`派上用场了。

```
# cat /proc/sys/net/ipv4/tcp_syncookies
1
```

当它被设置为1的时候，客户端发来**第一次握手**SYN时，服务端**不会将其放入半连接队列**，而是直接生成一个`cookies`，你可以将`cookies`简单理解为一串数字验证码，这个cookies会跟着**第二次握手**，发回客户端。客户端在发**第三次握手**的时候带上这个cookies，服务端验证到它就是当初发出去的那个，就会建立连接并放入全连接队列，如图3-62所示。可以看出，整个过程不再需要半连接队列的参与。

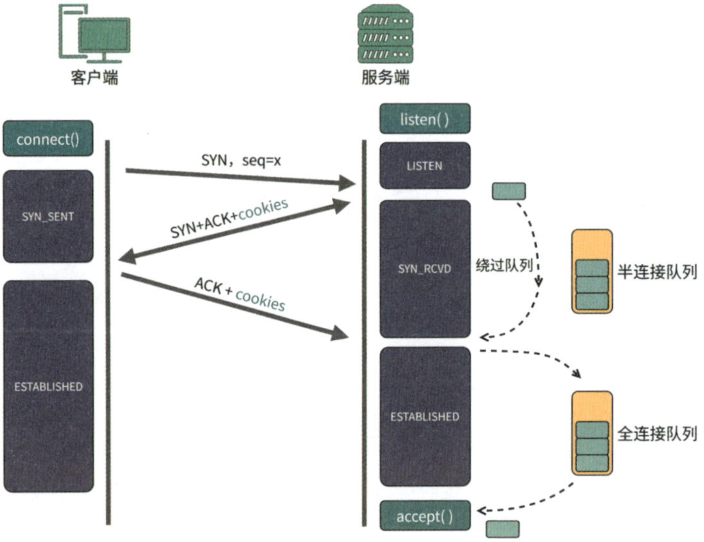

图3-62

会有一个cookies队列吗？

生成的cookies保存在哪儿呢？**是不是会有一个队列保存这些cookies**？

我们可以反过来想一下，如果有cookies队列，那它会和半连接队列一样，到头来，还是会被**SYN Flood 攻击**打满。

实际上并不会有一个专门的队列保存cookies，它是通过**通信双方的IP地址和端口号、时间戳、MSS**等信息进行**实时计算**的，保存在**TCP报头**的Seq里，如图3-63所示。

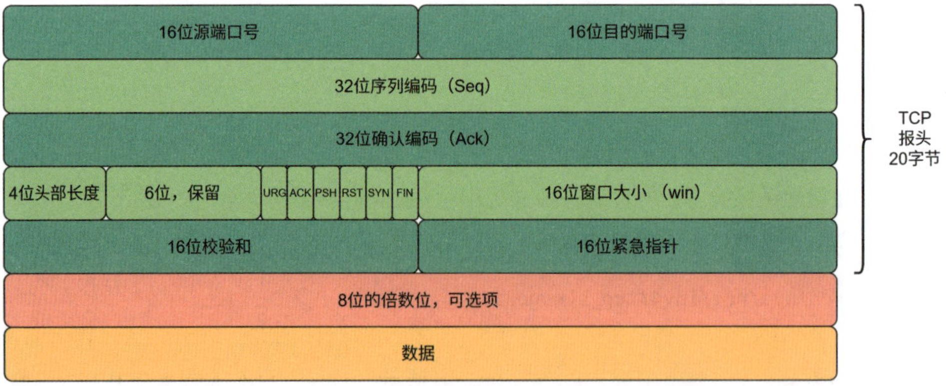

图3-63

当服务端收到客户端发来的第三次握手包时，会通过Seq还原出**通信双方的IP地址和端口号、时间戳、MSS**，验证通过则建立连接。

cookies方案为什么不直接取代半连接队列？

目前看下来cookies方案省下了半连接队列所需的队列内存，还能解决 **SYN Flood攻击**，那为什么不直接取代半连接队列？

凡事皆有利弊，cookies方案虽然能防**SYN Flood攻击**，但是也有一些问题。因为服务端并不会保存连接信息，所以如果传输过程中数据包丢了，也不会重发第二次握手的信息。

另外，编码解码cookies，都是比较**耗CPU**的，利用这一点，如果此时攻击者构造大量的**第三次握手包**（ACK包），同时带上各种瞎编的cookies信息，服务端收到ACK包后**以为是正经cookies**，“憨憨地”跑去解码（**耗CPU**），最后发现不是正经数据包后才丢弃，如图3-64所示。

这种通过构造大量ACK包去消耗服务端资源的攻击，叫**ACK攻击**，受到攻击的服务器可能会因为**CPU资源耗尽**导致没能响应正常请求。

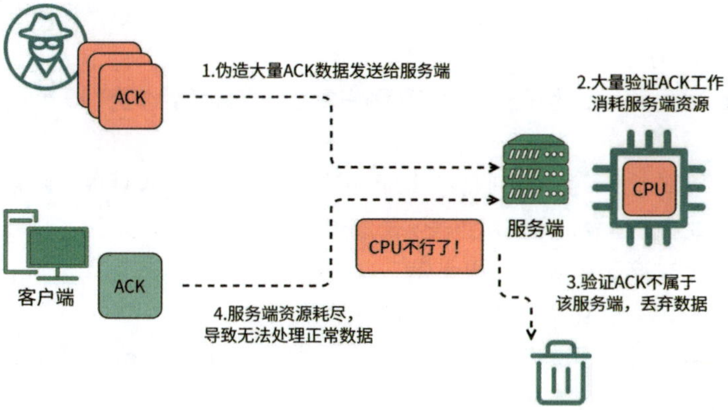

图3-64

没有listen，为什么还能建立连接？

那既然没有执行accept方法能建立连接，是不是没有执行listen方法，也能建立连接？是的，前面提到过客户端是可以自己连自己形成连接（**TCP自连接**），也可以两个客户端同时向对方发出请求建立连接（**TCP同时打开**），这两种情况都有一个共同点，就是**没有服务端参与，也就是没有listen，就能建立连接**。

我们知道执行listen方法时，会创建半连接队列和全连接队列。三次握手的过程中会在这两个队列中暂存连接信息。所以形成连接，前提是你要**有一个地方存放信息**，方便握手的时候能根据IP地址和端口等信息找到socket信息。

那么客户端会有半连接队列吗？

显然没有，因为客户端没有执行`listen`方法，而半连接队列和全连接队列都是在执行`listen`方法时，内核自动创建的。

但内核还有一个**全局哈希表**，可以用于存放`sock`连接的信息。这个全局哈希表其实还细分为`ehash`、`bhash`和`listen_hash`等，但因为过于细节，大家理解成有一个**全局哈希表**就够了。

在TCP自连接的情况下，客户端在执行`connect`方法时，最后会将自己的连接信息放入这个**全局哈希表**中，然后将信息发出，消息在经过回环地址重新回到TCP传输层的时候，就会根据IP地址和端口信息，再一次从这个**全局哈希表**中取出信息。于是握手包一来一回，最后成功建立连接。

TCP同时打开的情况也类似，只不过从一个客户端变成了两个客户端而已。

3.5.2 小结

- **每一个服务端的`socket`**执行`listen`方法时，内核都会自动创建一个半连接队列和一个全连接队列。
- 在第三次握手前，TCP连接会放在半连接队列中，直到第三次握手到来，才会被放到全连接队列中。
- `accept`方法只是为了从全连接队列中拿出一条连接，本身跟三次握手几乎**毫无关系**。
- 出于效率考虑，虽然都叫队列，但半连接队列其实被设计成了**哈希表**，而全连接队列本质是链表，只需从链表头部取走一个全连接就可以了。
- 如果全连接队列满了，再来第三次握手也会丢弃，此时如果`tcp_abort_on_overflow=1`，还会直接给客户端发`RST`。
- 如果半连接队列满了，可能是因为受到了`SYN Flood`攻击，可以设置`tcp_syncookies`，绕开半连接队列。
- 客户端没有半连接队列和全连接队列，但有一个**全局哈希表**，可以通过它实现自连接或TCP同时打开。也就是说，没有listen也能建立连接。

3.6 收到RST就一定会断开TCP连接吗?

我们都知道TCP正常情况下断开连接是用的四次挥手，那是**正常时候**的优雅做法。

但**异常情况**下，收发双方都不一定正常，连挥手这件事本身都可能做不到，所以就需要一个机制去强行关闭连接。

RST就用于这种情况，一般用来**异常地**关闭一个连接。它是一个TCP报头中的**标志位**，如图3-65所示。

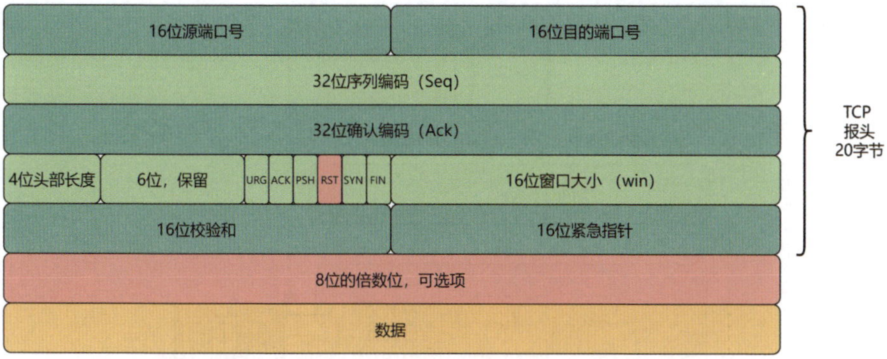

图3-65

在正常情况下，不管是**发出**还是**收到**置了这个标志位的数据包，相应的内存、端口等连接资源都会被释放。从效果上来看就是TCP连接被关闭了。

而接收到RST的一方，一般会看到一个 `connection reset`或`connection refused`的报错。

怎么知道收到RST了？

我们知道**内核**和**应用层**是分开的两层，网络通信功能在内核，我们的客户端或服务端属于应用层。应用层**只能**通过`send/recv`与内核交互，才能感知到内核是不是收到了**RST**。

当客户端收到服务端发来的**RST**后，**内核**认为此连接已经关闭。

此时如果客户端**应用层**尝试去执行**读数据**操作，比如`recv`，应用层就会收到Connection reset by peer的报错，意思是**服务端已经关闭连接**，如图3-66所示。

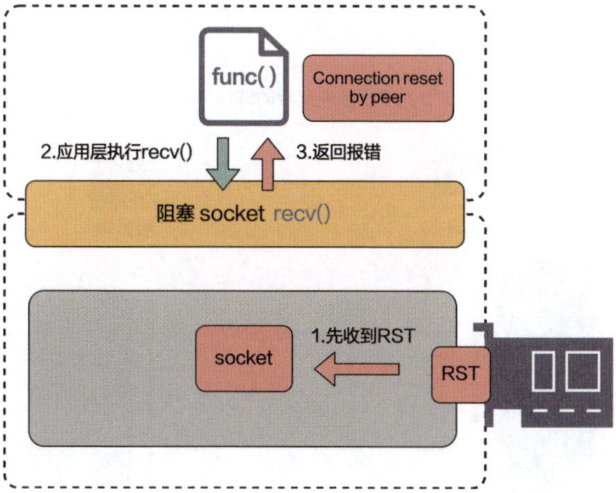

图3-66

如果客户端**应用层**尝试去执行**写数据**操作，比如`send`，那么应用层就会收到Broken pipe的报错，意思是发送通道已经坏了，如图3-67所示。

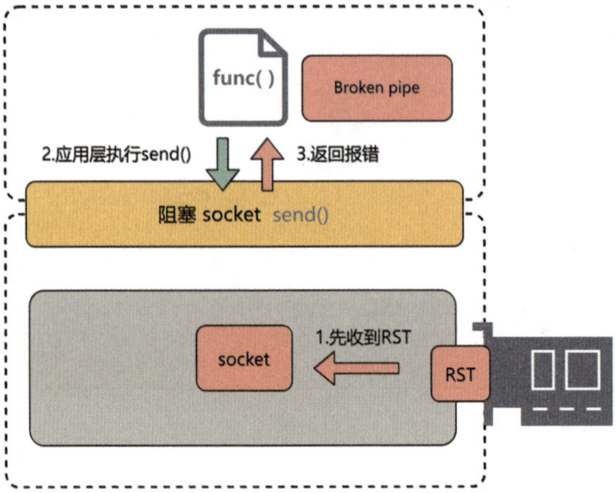

图3-67

这两个是开发过程中经常遇到的报错，记住它们，下次遇到了可以打开这一节内容复习一下。

3.6.1 出现RST的场景有哪些?

RST一般出现于异常情况，归类为**对端的端口不可用**和**socket提前关闭**。

服务端端口不可用

服务端端口不可用分为两种情况。要么是这个端口从来就没有“可用”过，比如根本就没监听（listen）过（如图3-68所示）；要么就是曾经“可用”，但现在“不可用”了，比如服务**突然崩**了。

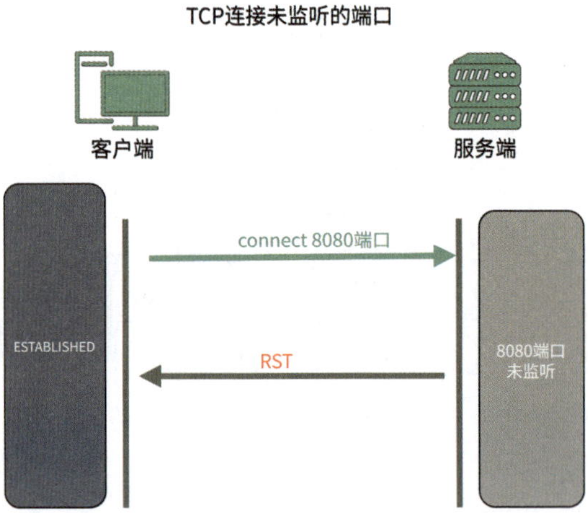

图3-68

端口未监听

服务端listen方法会创建一个sock放入全局哈希表中。

此时客户端向服务端发起一个connect请求。服务端在收到数据包之后，第一时间会根据IP地址和端口从哈希表里获取sock，如图3-69所示。

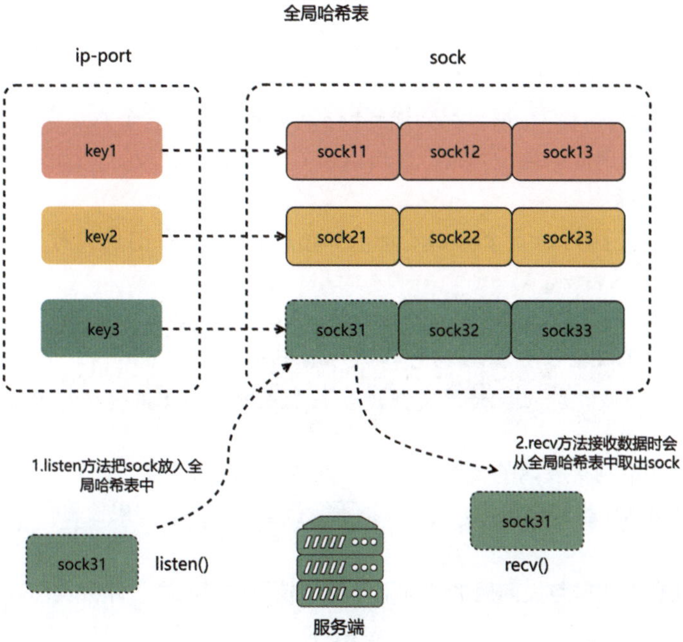

图3-69

如果服务端执行过listen方法，就能从全局哈希表里拿到sock。

但如果服务端没有执行过listen方法，哈希表里也就不会有对应的sock，结果当然是拿不到。此时，**正常情况下**服务端会给客户端发RST。

端口未监听就一定会发RST吗？

不一定。上面提到，发RST的前提是在**正常情况下**。我们看看源码。

```
// net/ipv4/tcp_ipv4.c
// 代码经过删减
int tcp_v4_rcv(struct sk_buff *skb)
{
    // 根据IP地址、端口等信息获取sock
    sk = __inet_lookup_skb(&tcp_hashinfo, skb, th->source, th->dest);
    if (!sk)
        goto no_tcp_socket;
no_tcp_socket:
    // 检查数据包有没有出错
    if (skb->len < (th->doff << 2) || tcp_checksum_complete(skb)) {
```

```
        // 错误记录
    } else {
        // 发送RST
        tcp_v4_send_reset(NULL, skb);
    }
}
```

内核在收到数据后会从物理层、数据链路层、网络层、传输层、应用层，一层一层往上传递。到传输层的时候，根据当前数据包的协议是**TCP还是UDP**，执行不一样的方法。可以简单认为，**TCP**数据包都会走到`tcp_v4_rcv()`。这个方法会从全局哈希表里获取`sock`，如果此时服务端没有执行过`listen()`，那肯定获取不了`sock`，会跳转到`no_tcp_socket`的逻辑。

注意这里会先执行`tcp_checksum_complete()`，目的是看看数据包的**校验和**（Checksum）是否合法。

> ★ **注意**
>
> **校验和可以验证数据从端到端的传输中是否出现异常。由发送端计算，然后由接收端验证。计算范围覆盖数据包里的TCP报头和TCP数据。**

如果在发送端到接收端的传输过程中，数据发生**任何改动**，比如被第三方篡改，那么接收方能检测到校验和有差错，此时TCP段会被直接丢弃。如果校验和没问题，那才会发RST。

所以，**只有在数据包没问题的情况下，比如校验和没问题，才会发RST给对端。**

为什么数据包异常的情况下，不发RST？

一个数据包连校验都不能通过，那么这个包**多半有问题**。

有可能是在发送的过程中被篡改了，又或者可能只是一个**胡乱伪造**的数据包。

四层网络，不管是哪一层，只要遇到了这种数据，**推荐的做法都是默默扔掉，而不是**去回复一个消息告诉对方数据有问题。

如果对方用的是TCP，是可靠传输协议，发现很久没有**ACK**响应，自己就会重传。如果对方用的是UDP，说明发送端已经接受了“不可靠会丢包”的事实，那么丢了就丢了。

因此，在数据包异常的情况下，默默扔掉，不发**RST**，非常合理。

如果对此还是不能理解，那我**再举个例子**。

正常人“喷”你，他说话**条理清晰，主谓宾分明**。此时你“喷”回去，那你是个充满热情、正直、富有判断力的好人。

而此时一个“憨憨”也想“喷”你，但他**思维混乱，连话都说不清楚，一直“阿巴阿巴”**的，你虽然听不懂，但大受震撼，此时你会——

- A：跟他激情互“喷”。
- B：不跟他一般见识，就当没听过。

一般来说**最优选择是B**，毕竟你理他，他反而来劲儿。

这下大家应该就懂了。

程序启动了但是崩了

在端口不可用的场景里，除了端口未监听，还有可能是从前监听了，但服务端机器上做监听操作的**应用程序突然崩了**，此时客户端还像往常一样正常发送消息，服务器内核协议栈收到消息后，则会**回一个RST**。在开发过程中，**这种情况是最常见的**。

比如你的服务端应用程序里，有一个**空指针**，或者**数组越界**什么的，程序立刻就崩了，如图3-70所示。

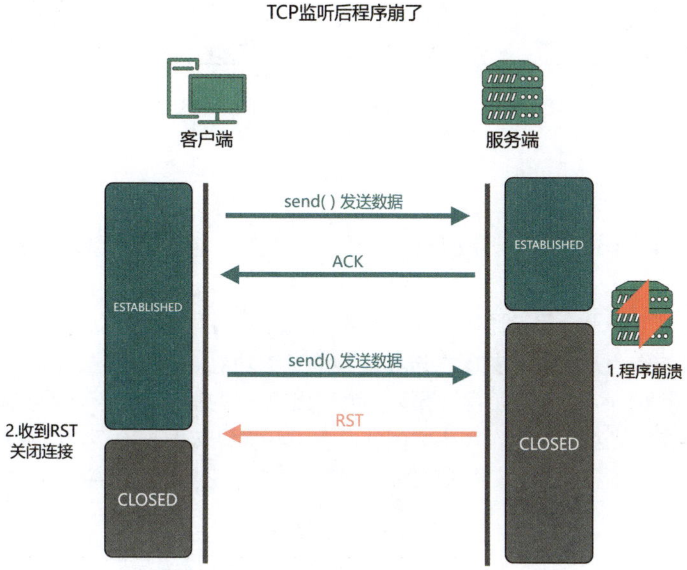

图3-70

这种情况和**端口未监听**本质上类似，在服务端的应用程序**崩溃后**，原来监听的端口资源就被释放了，从效果上来看，类似于处在CLOSED状态。

此时服务端又收到客户端发来的消息，内核协议栈会根据**IP地址和端口**，从全局哈希表里查找sock，结果当然是拿不到对应的sock数据，于是走了和"**端口未监听**"时一样的逻辑，回一个RST。客户端在收到RST后也**释放了sock资源**，从效果上来看，就是**连接断了**。

socket提前关闭

这种情况分为**客户端**提前关闭和**服务端**提前关闭。

客户端提前关闭

如果客户端socket接收缓冲区**还有数据未读**，此时**提前执行close()关闭socket**，那么客户端会先把接收缓冲区的数据清空，然后给服务端发一个RST，如图3-71所示。

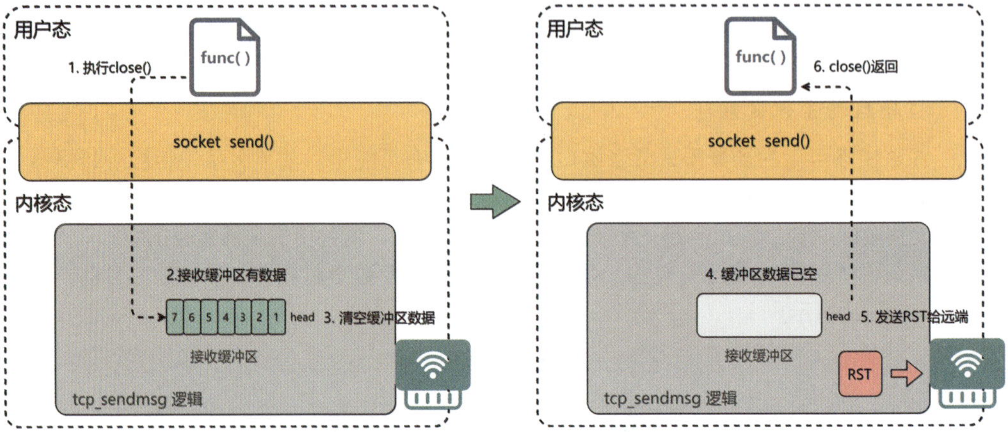

图3-71

服务端提前关闭

服务端已经在socket执行了close()，此时客户端还尝试发数据给服务端，那么服务端就会回一个RST。

大家知道，TCP是**全双工通信**，意思是发送数据的同时，还可以接收数据。

close()的作用是，同时**关闭发送和接收**消息的功能。

客户端执行close()，在正常情况下，会发出**第一次**挥手FIN，然后服务端回**第二次**挥手ACK。如果在**第二次和第三次挥手之间**，服务方还尝试传数据给客户端，那么客户端不仅不收这个消息，还会发一个RST消息到服务端，直接结束掉这次连接，如图3-72所示。

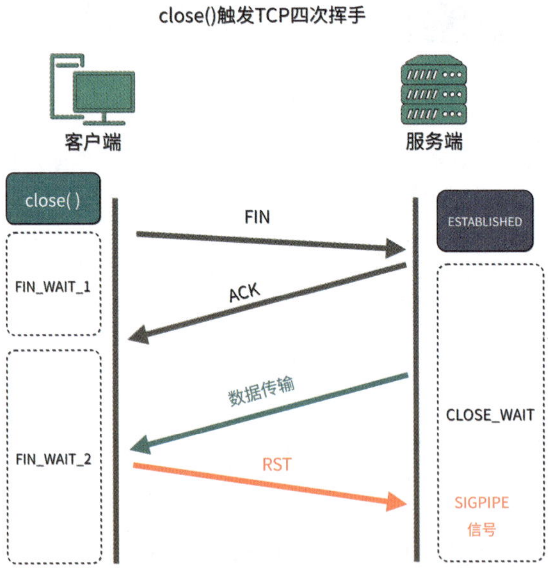

图3-72

对方没收到RST，会怎样？

我们知道TCP是可靠传输，意味着客户端发一个数据，服务端在收到这个数据后就会回一个**ACK**，意思是“我收到这个包了”。

而发出的RST，不需要ACK确认。

因为**RST**原本就是设计用来处理异常情况的，既然已经在异常情况下了，还指望对方能正常回你一个**ACK**吗？**可以幻想，但不要妄想。**

但**问题又来了**，网络环境这么复杂，丢包也是时有发生的事情，如图3-73所示，既然发出的RST不需要ACK来确认，那万一对方就是没收到RST，会怎样？

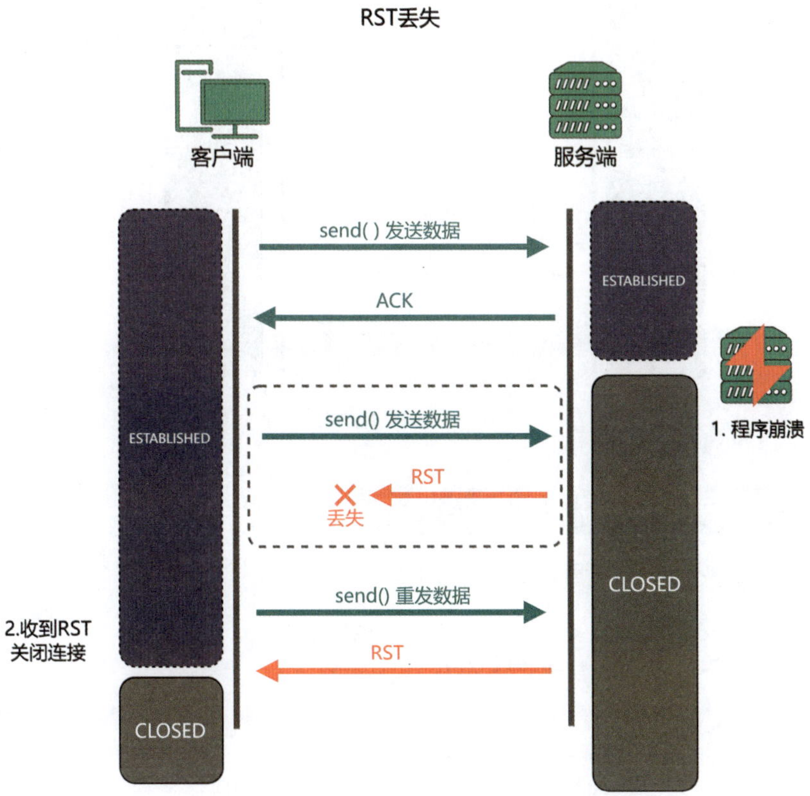

图3-73

RST丢了，问题不大。比如图3-73的服务端，发了RST之后，服务端就认为连接不可用了。

如果客户端之前**发送了数据**，一直没等到这个数据的确认ACK，就会重发，重发的时候，自然就会触发一个新的RST。

而如果客户端之前**没有发数据**，但服务端的RST丢了，TCP有个keepalive机制，会定期发送探活包，这种数据包到了服务端，也会重新触发一个RST，如图3-74所示。

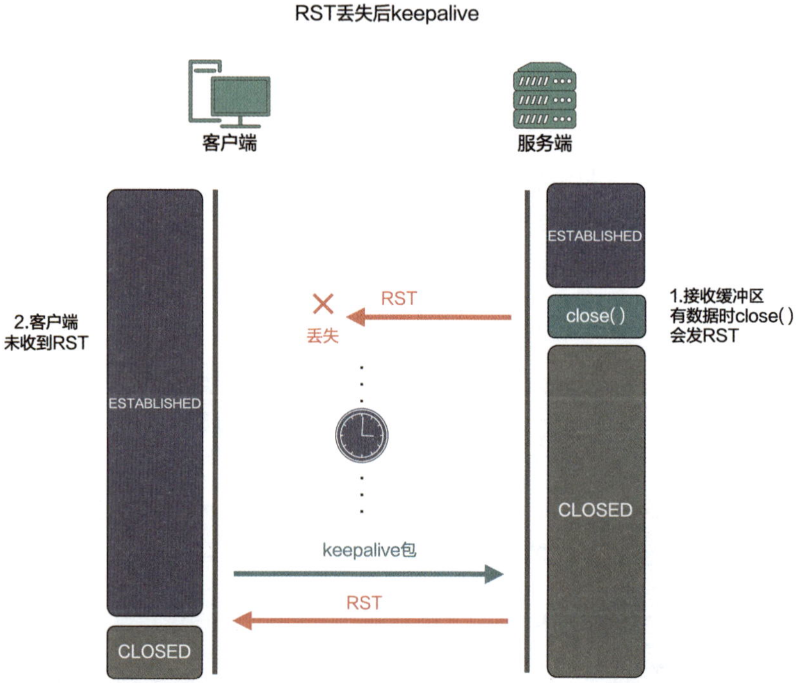

图3-74

3.6.2 收到RST就一定会断开连接吗？

先说结论，**不一定会断开连接**。我们看看源码。

```
// net/ipv4/tcp_input.c
static bool tcp_validate_incoming()
{
    // 获取sock
    struct tcp_sock *tp = tcp_sk(sk);
    // step 1：先判断seq是否合法（是否在合法接收窗口范围内）
    if (!tcp_sequence(tp, TCP_SKB_CB(skb)->seq, TCP_SKB_CB(skb)->end_seq)) {
        goto discard;
    }
    // step 2：执行收到RST后该干的事情
    if (th->rst) {
        if (TCP_SKB_CB(skb)->seq == tp->rcv_nxt)
            tcp_reset(sk);
        else
            tcp_send_challenge_ack(sk);
```

```
        goto discard;
    }
}
```

收到RST包后，第一步会通过`tcp_sequence`看看这个seq是否合法，其实主要是看这个seq是否在合法**接收窗口**范围内。**如果不在范围内，这个RST包就会被丢弃。**

3.2节里简单提到过TCP接收窗口，我们看看图3-75。

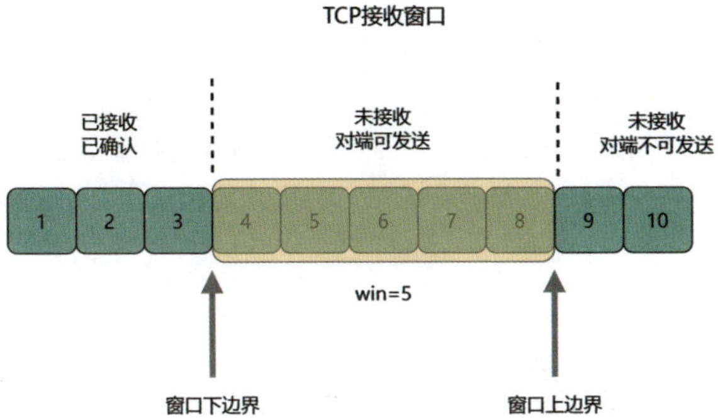

图3-75

这里**黄色的部分**，就是指接收窗口，只要RST包的seq不在这个窗口范围内，就会被丢弃。

为什么要校验是否在窗口范围内?

正常情况下客户端、服务端双方可以通过RST来断开连接。假设不做seq校验，这时候有不怀好意的第三方介入，构造了一个RST包，且在TCP和IP等报头都填上客户端的信息发到服务端，那么服务端就会断开这个连接。同理也可以伪造服务端的包发给客户端。这就叫**RST攻击，如图3-76所示。**

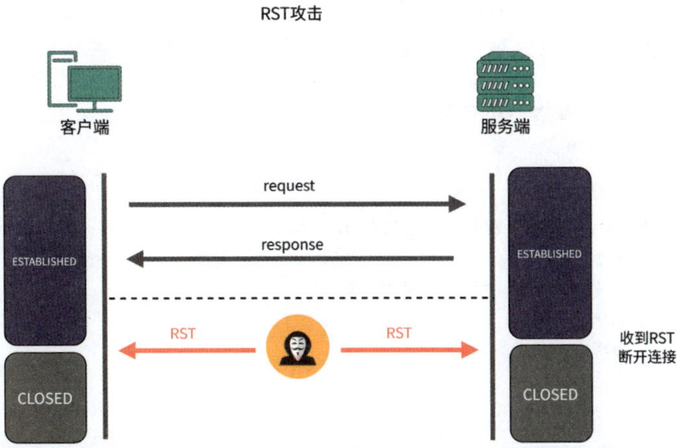

图3-76

受到RST攻击时，从现象上看，客户端总感觉服务端崩了，这非常影响用户体验。如果这是一个游戏，我相信多崩几次，第二天大家就不来玩了。

在实际消息发送过程中，接收窗口是不断移动的，seq也是在飞快地变动中，此时第三方是**比较难**构造出合法seq的RST包的，那么通过这个seq校验，就可以拦下很多不合法的消息。

加了窗口校验就不能用RST攻击了吗？

不是，只是增加了攻击的成本。但如果想搞，还是可以搞的。希望大家**了解原理**后严加防范。

从上面的内容可以知道，不是每一个RST包都会导致连接重置的，要求是这个RST包的seq要在窗口范围内，所以，问题就变成了，**怎样才能构造出合法的seq**。

盲猜seq

窗口数值seq本质上是u32类型。

```
struct tcp_skb_cb {
    __u32       seq;        /* Starting sequence number */
}
```

如果在这个范围内疯狂猜测seq数值，并构造对应的包，发到目的机器，虽然概率低，但是总能被试出来，从而实现**RST攻击**。这种“乱棍打死老师傅”的方式，就是所谓的**合法窗口盲打**（blind in-window attacks）。

你觉得这种方式比较**笨**？那有没有聪明点儿的方式？还真有，但是在这之前需要先看下面这个问题。

已连接状态下收到第一次握手包会怎样？

我们需要了解一个问题，比如服务端在已连接（ESTABLISHED）状态下，如果收到客户端发来的第一次握手包（SYN），会怎样？

以前我以为**服务端会认为客户端直接进行RST连接。但实际上并不是。**

```
static bool tcp_validate_incoming()
{
    struct tcp_sock *tp = tcp_sk(sk);
    /* 判断seq是否在合法窗口内 */
    if (!tcp_sequence(tp, TCP_SKB_CB(skb)->seq, TCP_SKB_CB(skb)->end_seq)) {
        if (!th->rst) {
            // 收到一个不在合法窗口内的SYN包
            if (th->syn)
                goto syn_challenge;
        }
    }
    /*
     * RFC 5691 4.2 : 发送 challenge ack
```

```
        */
       if (th->syn) {
    syn_challenge:
            tcp_send_challenge_ack(sk);
       }
    }
```

当客户端发出一个不在合法窗口内的SYN包的时候，服务端会发一个带有正确的seq数据的ACK包出来，这个ACK包叫**challenge ack**。

图3-77是抓包的结果，用**scapy**随便伪造一个**Seq=5**的包发到服务端（端口**9090**），服务端回复一个带有正确Seq值的**challenge ack**包给客户端（端口**8888**）。

Info
[TCP Port numbers reused] 8888 → 9090 [SYN] Seq=5 Win=8192 Len=0
9090 → 8888 [ACK] Seq=3038400166 Ack=4223683249 Win=227 Len=0 TSval=1570990590 TSecr=157

图3-77

利用challenge ack获取seq

上面提到的**这个challenge ack，仿佛为盲猜seq的家伙打开了一个新世界**。

在获得这个**challenge ack**后，攻击程序就可以以ack值为基础，在一定范围内设置seq，这就造成RST攻击的概率大大增加了，如图3-78所示。

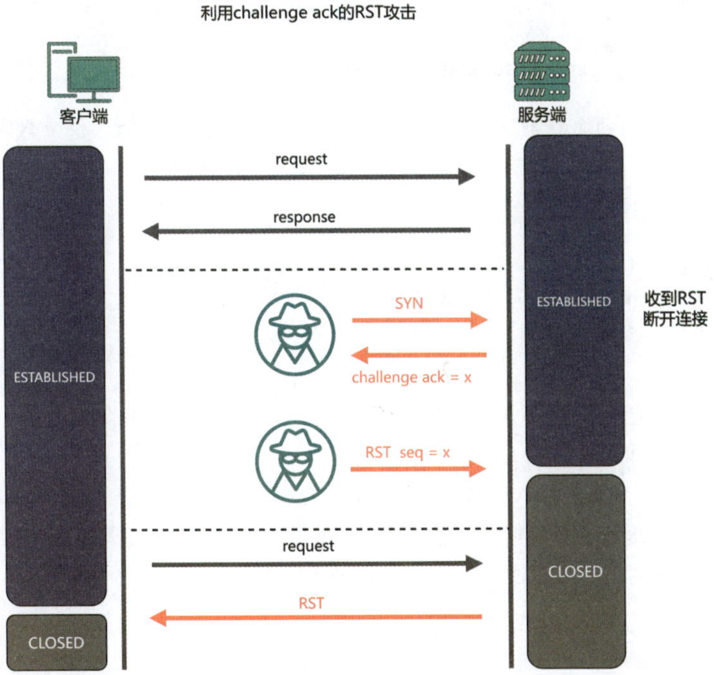

图3-78

3.6.3 小结

- RST其实是TCP报头里的一个标志位，目的是在**异常情况**下关闭连接。
- 内核收到RST后，应用层只能通过调用读/写操作来感知，此时会对应获得Connection reset by peer 和Broken pipe 报错。
- 发出RST后不需要得到对方的ACK确认包，因此RST丢失后对方不能立刻感知，但是通过下一次**重传**数据或keepalive**心跳包**可以导致RST重传。
- **收到RST包，不一定会断开连接，seq不在合法窗口范围内的数据包会被默默丢弃**。构造合法窗口范围内的seq，会造成RST攻击，**这一点大家千万别学！**

3.7 服务端没执行bind，却执行了listen，会怎样？

在3.5节里，我们可以看到TCP服务端启动的伪代码。

大家回去看一眼，里面有一个**bind()**。**如果服务端没执行bind，却执行了listen，会怎样？**

我们先来聊聊bind的作用。

3.7.1 bind的作用

bind方法长这样。

```
int bind(int sock, struct sockaddr *addr, socklen_t addrlen);
```

只需要关注前面两个参数字段：第一个sock表示socket的**句柄**，是个数字，说白了就是**socket的身份证编号**；第二个addr其实就是**IP地址和端口号**。

使用方式就像下面这样。

```
struct sockaddr_in addr;
addr.sin_port = htons(6666); //设置端口号
addr.sin_addr.s_addr = inet_addr("127.0.0.1"); //设置IP地址
ret = bind(socket_fd, (struct sockaddr*)&addr, sizeof(addr));
```

回想一下，这段代码是不是一般在客户端的代码里看不到，服务端的代码中必有。我们来聊聊它的执行逻辑。

执行**bind()**时，如果传入的**端口号大于0**，就意味着你指定了端口，后续就会使用你指定的端口进行通信。如果传入的**端口号等于0**，内核就会**随机分配一个端口号**。这个端口号所在的**随机的范围**可以通过下面的命令进行查看。

```
cat /proc/sys/net/ipv4/ip_local_port_range
32768   60999
```

比如我的机器，就会在32768到60999之间，随机给我一个端口号。

有没有发现，**数字比较大**。再回想一下，客户端是不执行bind方法的，因此会使用**随机端口**，所以我们会发现客户端的端口总是很大的一个值。所以有时候你**仅看端口号的大小就能大概判断出哪个是客户端，哪个是服务端**，就像下面这样。

```
% netstat -nat
Active Internet connections (servers and established)
Proto Recv-Q Send-Q Local Address           Foreign Address         State
tcp    0       0 172.21.67.59:22         210.21.124.163:49416    ESTABLISHED
tcp    0       0 172.21.67.59:39508      100.100.30.25:80        ESTABLISHED
tcp    0      36 172.21.67.59:22         101.93.159.37:54529     ESTABLISHED
```

22和80端口毫无疑问就是**服务端**，端口号非常大的就是**客户端**。

Linux内核里会维护一张**哈希表**，用来记录各种用过的端口号，当随机出来一个端口号之后，会看看它在不在这张**哈希表**中。如果不在，那当然最好，如果在，还会看看端口是否冲突，比如端口**是否能复用**等。

> ★注意
>
> 在网络通信中，创建和销毁连接涉及分配和释放端口。如果每次连接都需要使用新的端口，系统可能会在短时间内耗尽可用的端口。通过允许端口复用，系统可以在短时间内重新使用之前的端口，有效地提高了端口资源的利用率。

一切顺利的话，你就可以开始用这个端口进行通信了。

这部分逻辑在内核文件 net/ipv4/inet_connection_sock.c的inet_csk_get_port方法中。感兴趣的读者可以到那里去看一下，**不感兴趣也没关系**，并不影响理解本节的内容。但你需要记住这个**方法的名字**，后面还会提到。

那么问题来了，**不执行bind会怎样**？

3.7.2 不执行bind会怎样

这就要分两种情况，**客户端不执行bind和服务端不执行bind**。

客户端没有执行bind

对于客户端，那很正常，不执行bind，相当于**没有指定端口**，在connect方法中，会执行一次inet_csk_get_port方法，这个方法在前面提到过。此时就会**随机分配**一个端口号。

这完全符合预期，属于**正常操作**。

接下来，把焦点转向服务端。

服务端没有执行bind

我原本以为，没有执行bind，服务端在执行listen的时候会报错，结果却相反，服务器竟然**正常启动**了。

看**listen()**的源码，会发现里面竟然也执行了**inet_csk_get_port**方法。

也就是说，服务端如果执行过**bind()**就会自动绑定固定端口，如果没有执行**bind()**，**listen()**就会发现其没有绑定端口从而**随机**给服务分配一个新端口。

我们可以通过下面的命令查看进程的id。

```
% ps -ef | grep server
502 22346 16016   0  7:38下午 ttys024    0:00.00 ./server
```

可以发现它的**进程id**是**22346**。然后再拿着这个进程id执行**lsof**命令去查看它使用了**哪些句柄**，可以发现其中有个状态为**LISTEN**的信息，它其实就是用来**监听请求的**socket，可以发现它用了**50070**端口。

```
% lsof -p 22346
COMMAND   PID           USER    FD   TYPE   DEVICE SIZE/OFF   NODE   NAME
server  19030  xiaobaidebug   3u   IPv4   0xba11 0t0          TCP    *:50070
(LISTEN)
```

也就是说，如果我们本来预期服务器的地址是**127.0.0.1:6666**，但现在你忘了执行**bind()**，服务器**也能正常启动**，只不过端口号是随机的。如果这时候你的客户端在不知情的情况下，还去连**127.0.0.1:6666**，那肯定是连不上的，会直接响应**RST**报文，然后报错断开连接，如图3-79所示。

图3-79

我们回到下面这个问题。

如果服务端不执行这个bind( )，客户端能与服务端建立连接吗？

虽然客户端连**127.0.0.1:6666**是连不上的，但注意，这个问题，问的是**客户端能不能与服务端建立连接。**

答案**是能**，只要知道服务端这时候**随机**到的端口号就行。

从上面的操作我们知道，服务端这时候的端口号是**50070**。我们去跟它建立连接。这时候抓个包，会发现一切正常，稳稳当当的TCP三次握手，如图3-80所示。

所以，这个问题的答案是**客户端能与服务端建立连接**，只不过要先知道服务端的随机端口是多少。

但实际上，**不会这么做，谁会这么无聊呢。**

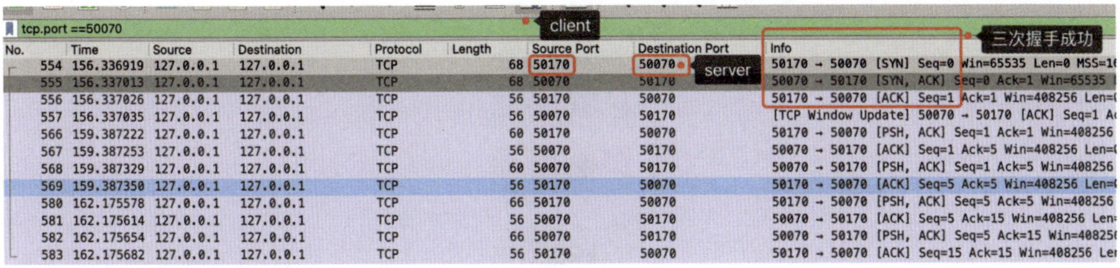

图3-80

3.7.3　小结

- 利用socket建立TCP连接的过程中一般都会使用到**bind**方法，它的作用是为**socket**绑定一个**IP**地址和端口号（**port**）。
- **bind**方法的逻辑比较简单，如果传入的port大于0，也就是**端口号大于0**，那就意味着你指定了端口，后续就会使用你指定的端口进行通信。如果你传入的**端口号等于0**，内核就会在某个范围内给你**随机分配一个端口号**。这个**随机的范围**可以通过参数去设置。
- 客户端不使用**bind**方法是正常操作，这时候内核会**随机**给客户端分配端口。服务端必定都会执行**bind**方法，但如果你不执行，服务端也能正常起来，只不过此时内核也会随机为你分配一个端口号。如果客户端能知道服务端的这个新端口号，是能建立连接的。能是能，但如果服务端不能主动告诉客户端自己用的是哪个端口号，客户端又怎么能知道呢。所以，一般情况下不会有人这么干。

3.8　TCP粘包是什么?数据包：我只是犯了每个数据包都会犯的错

故事从一个健身教练说起吧。李东，自称亚健康终结者，尝试使用“互联网+”的模式拓展自己的业务。在某款新开发的聊天软件**探探**上发布广告，疯狂发送“李东”，按回车键发送！“亚健康终结者”，再按回车键发送！

还记得**四层网络模型**长什么样子吗？它如图3-81所示。

四层网络模型的每层各司其职，消息在进入每一层时都会多加一个**报头**，每多一个报头可以理解为**数据报多戴一顶帽子**。这个报头上面记录着消息从哪儿来，到哪儿去，以及消息多长等信息。比如，**MAC报头记录的是硬件的唯一地址，IP报头记录的是从哪儿来和到哪儿去，传输层报头记录的是到达目的主机后具体去哪个进程。**

图3-81

在消息发到网络的时候给消息加上报头，消息在纷繁复杂的网络中通过路由器流转，最后到达目的机器，接收者再通过这些报头，一步一步还原出发送者最原始要发送的消息，如图3-82所示。

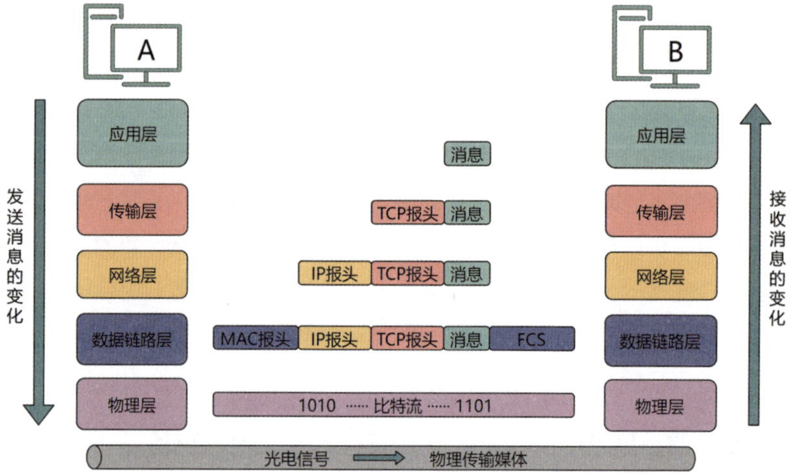

图3-82

而这么复杂的过程，在第一步就面临一个问题——假设发送的数据过大怎么办？那必然是分段。

3.8.1 数据分段

软件**琛琛**是属于**应用层**上的。

而“李东”“亚健康终结者”这两条消息在进入传输层时使用的是**传输层上的TCP**。消息在进入**传输层**（TCP）时会被分段为一个个数据包。数据包的长度是MSS。

可以把网络比作水管，是有一定**粗细（或者说宽度）**的，这个“粗细”的具体值，由**网络接口层（数据链路层）**提供给**网络层**，一般认为是**MTU**（1500），直接传入整个消息，会超过水管的最大承受范围，那么就需要进行分段，成为一个个数据包，这样消息才能正常通过“水管”，如图3-83所示。

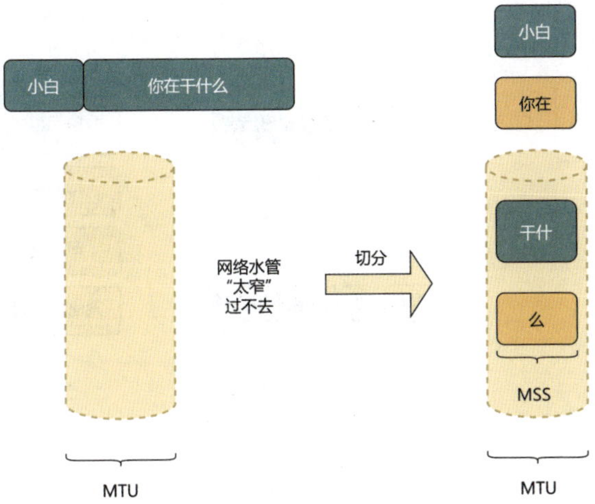

图3-83 数据分段

3.8.2 MTU和MSS有什么区别？

MTU和MSS的区别如图3-84所示。

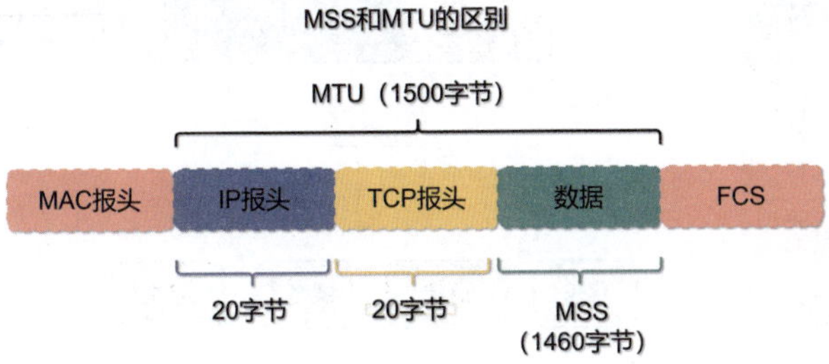

图3-84

- **MTU：Maximum Transmit Unit**，最大传输单元。由**数据链路层**提供给**网络层**一次传输数据的最大大小；一般MTU=**1500字节**。假设IP层有小于等于1500字节的数据需要发送，那么只需要一个IP包就可以完成发送任务；假设IP层有大于1500字节的数据需要发送，需要分片才能完成发送，分片后的IP Header ID相同。
- **MSS：Maximum Segment Size**。TCP 提交给IP层的最大分段大小，不包含TCP Header和TCP Option，只包含TCP Payload，MSS是TCP用来限制应用层最大的发送字节数的。假设MTU=1500字节，那么 **MSS = 1500-20（IP报头）-20（TCP报头）= 1460字节**，如果应用层有**2000字节**要发送，那么需要两个分段才可以完成发送，第一个TCP分段=1460，第二个TCP分段=540。

3.8.3 什么是粘包？

那么当李东在手机上键入“李东”“亚健康终结者”的时候，在TCP中把消息分成MSS大小后，消息顺着网线顺利发出，如图3-85所示。

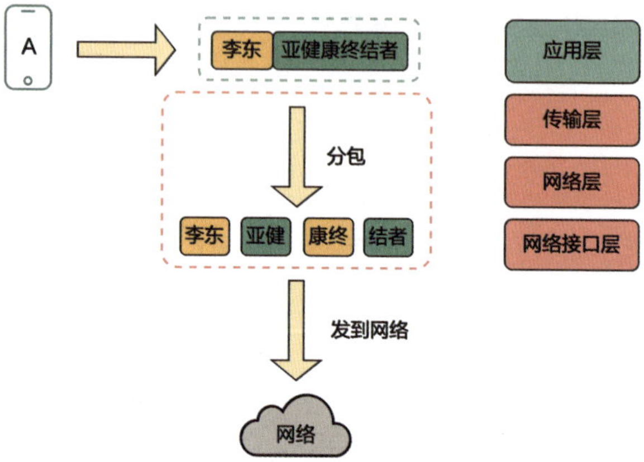

图3-85

网络稳得很，将消息分片传到了对端手机B上，如图3-86所示。经过TCP层消息重组，变成“李东亚健康终结者”这样的**字节流**（**stream**）。

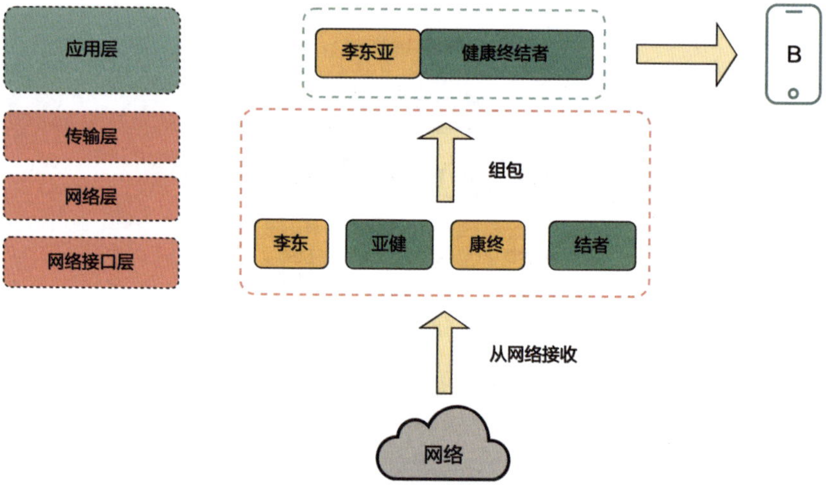

图3-86

但由于聊天软件**琛琛**是新开发的，而且开发者叫**小白**，完了，是个**臭名昭著的造bug工程师**，经过他的代码，在处理**字节流**的时候消息从“李东”“亚健康终结者”变成了“李东亚”“健康终结者”，如图3-87所示。“李东”作为上一个包的内容与下一个包里的“亚”粘在了一起，被错误地当成了一个数据包解析出来。这就是所谓的**粘包**。

图3-87

一个号称**健康终结者**的健身教练，大概运气也不会很差吧，就祝他客源滚滚吧。

3.8.4　为什么会出现粘包？

TCP是一种面向连接的、可靠的、基于**字节流**的传输层通信协议。其中和**粘包**关系最大的就是**基于字节流**这个特点。

字节流可以理解为一个双向的通道里流淌的数据，这个**数据**其实就是我们常说的二进制数据，简单来说就是一大堆01串，如图3-88所示。这些01串之间**没有任何边界。**

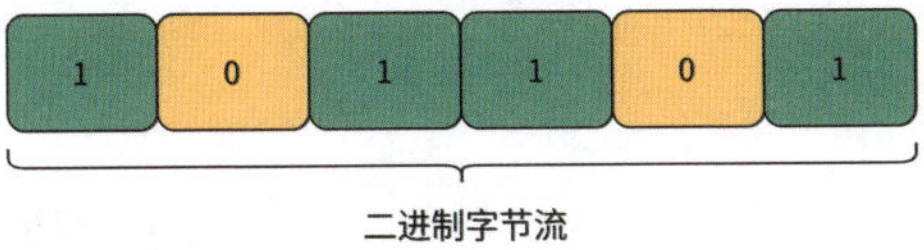

图3-88

应用层传到TCP层的数据，不是以**消息报为单位**向目的主机发送，而是以**字节流**的方式发送到下游，这些数据可能被**切割和组装**成各种数据包，接收端收到这些数据包后没有正确还原原来的消息，因此出现粘包现象。

3.8.5　为什么要组装发送的数据？

上面提到TCP**切割**数据包是为了能顺利通过网络这根“水管”。相反，还有一个**组装**的情况。如果前后两次TCP发的数据都远小于MSS，比如就几个字节，每次都单独发送这几个字节，就比较**浪费**网络I/O，如图3-89所示。

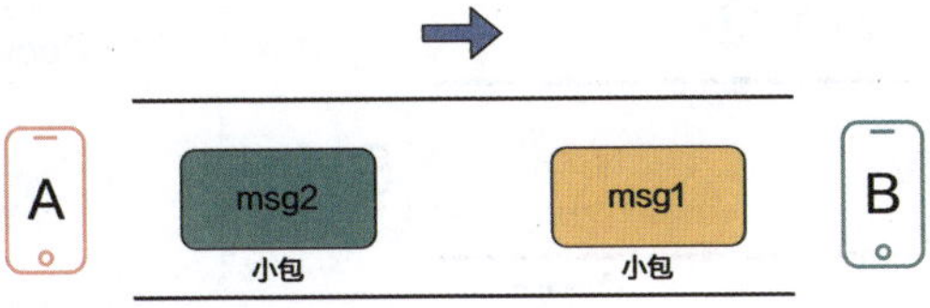

图3-89

比如，小白爸让小白出门买一瓶酱油，小白出去买酱油回来了。小白妈又让小白出门买一瓶醋。小白前后跑了两趟，影响了打游戏的时间。

优化的方法也比较简单。当小白爸让小白去买酱油的时候，小白先**等待**，继续打会儿游戏，这时候如果小白妈让小白买瓶醋回来，小白可以一次性带着两个需求出门，再把东西带回来。

那么，解决I/O浪费的问题采用同样的思想。上面说的其实就是**TCP**的**Nagle算法**优化。Nagle算法诞生于1984年，是TCP中的一种流量控制算法，通过延迟发送小数据包，将多个小数据包合并成一个大的数据包，以减少网络传输中的额外开销和拥塞现象，提高传输效率，目的是避免发送小的数据包。

在Nagle算法开启的状态下，数据包在以下两种情况下会被发送：

- 如果包长度达到**MSS**（或含有**Fin**包），立刻发送，否则**等待**下一个包到来；如果下一个包到来后两个包的总长度超过**MSS**，就会进行拆分发送。
- 等待超时（一般为**200ms**），第一个包没到**MSS**长度，但是又迟迟等不到第二个包的到来，则立即发送。

由于启动了Nagle算法，msg1小于MSS，等待200ms内来了一个 msg2，（msg1+msg2）>MSS，因此把msg2分为msg2(1)和msg2(2)，msg1+msg2(1)包的大小为MSS。此时发送出去，如图3-90所示。

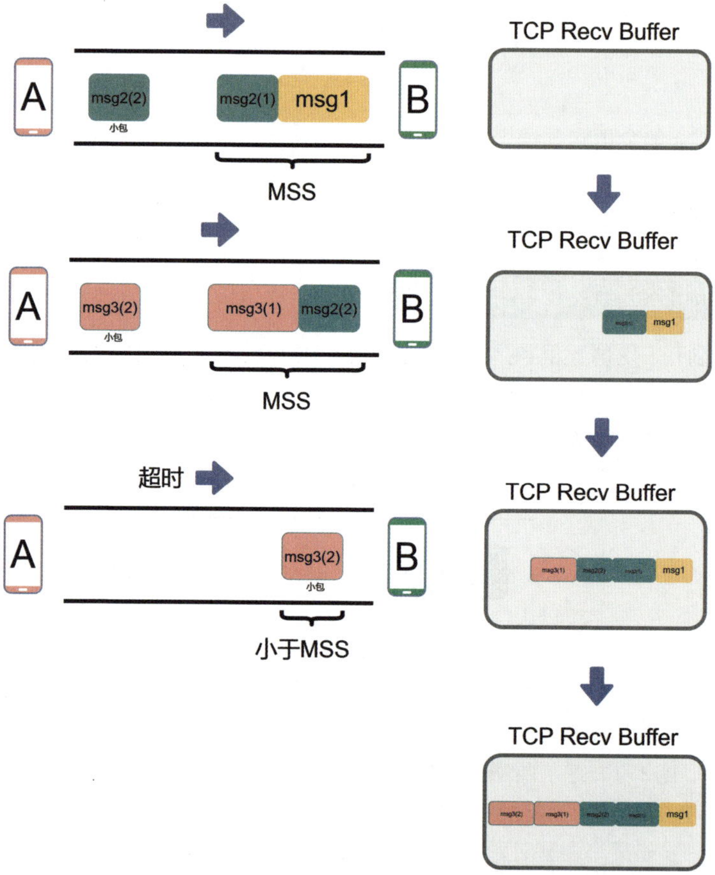

图3-90

剩余的msg2(2)也等到了msg3，同样msg2(2)+msg3>MSS，因此把msg3分为msg3(1)和msg3(2)，msg2(2)+msg3(1) 作为一个包发送。

剩余的msg3(2)长度不足MSS，同时在200ms内没有等到下一个包，等待超时，直接发送。

此时三个包虽然在图里颜色不同，但在实际场景中，它们都是一整个01串，如果开发者把第一个收到的msg1 + msg2(1)就当作一个完整消息进行处理，看上去就像是两个包粘在一起，就会导致粘包问题。

3.8.6 关掉Nagle算法就不会粘包了吗?

在Nagle算法诞生之初，网络环境比较差，对于应用程序一次发送一字节数据的场景，如果没有Nagle算法的优化，这样的包立刻发出去，会导致网络由于太多的包而过载。

但是今天的网络环境比以前好太多，Nagle算法的优化帮助就没那么大了。而且它的延迟发送，有时候还可能导致调用延时变大，比如打游戏的时候，你操作如此丝滑，但却因为Nagle算法延迟发送导致慢了一拍，就问你难受不难受。

所以现在**一般会把它关掉**。将TCP_NODELAY设置为1，就可以将Nagle算法关掉。就像下面这样。

```
int sockfd = socket(AF_INET, SOCK_STREAM, 0);

// 禁用Nagle算法
int flag = 1;
setsockopt(sockfd, IPPROTO_TCP, TCP_NODELAY, (char *)&flag, sizeof(int));
```

看起来，Nagle算法的优化作用貌似不大，还会导致**粘包问题**。那么是不是关掉这个算法就可以解决这个**粘包问题**?

我们不妨通过分析以下几种情况来讨论关闭Nagle算法后的粘包问题：

- 接收端应用层在收到**msg1**时立刻就取走了，那此时**msg1**没有粘包问题。
- **msg2**到了以后，应用层在忙，没来得及取走，就待在**TCP Recv Buffer**中。
- **msg3**此时也到了，跟**msg2**一起放在**TCP Recv Buffer**中。
- 这时候应用层忙完了，来取数据，图3-91里是用两个颜色做区分的，但实际场景中**都是01串**，此时一起取走，发现还是粘包。

因此，就算关闭 Nagle算法，如果接收数据端的应用层没有及时读取 TCP Recv Buffer中的数据，还是会发生粘包。

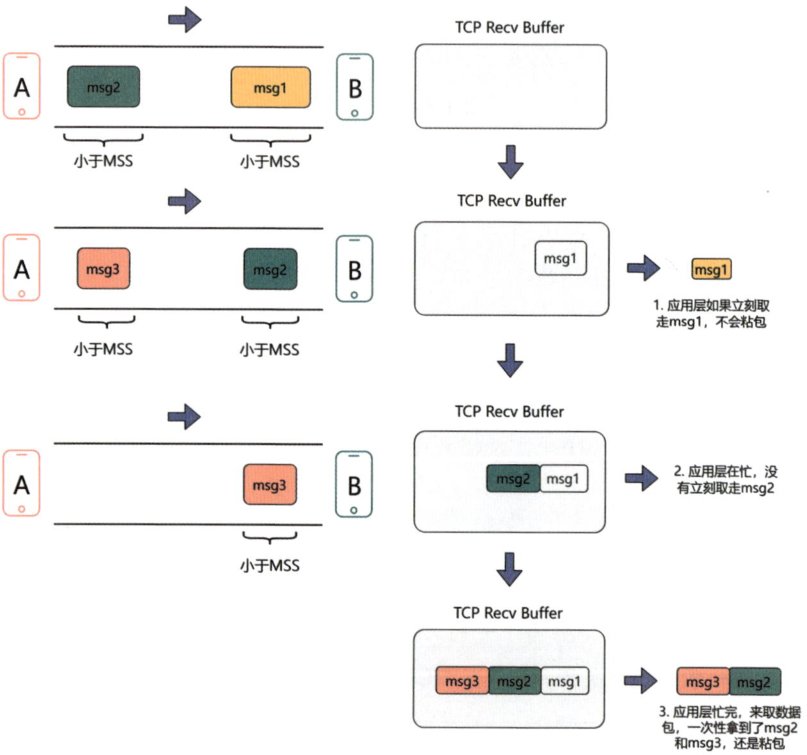

图3-91

3.8.7 怎样处理粘包？

粘包出现的根本原因是不确定**消息的边界**。接收端在面对**“无边无际”的二进制流**的时候，根本不知道收了多少01才算**一个消息**。一不小心拿多了就算是**粘包**。其实粘包根本不是TCP的问题，是使用者对于TCP的理解有误导致的一个问题。

只要在发送端每次发送消息的时候给消息**带上识别消息边界的信息**，接收端就可以根据这些信息识别出消息的边界，从而区分出每个消息。常见的方法有：

- 加入特殊标志

可以通过特殊的标志作为头尾，比如当收到了`0xfffffe`或者回车符，则认为收到了新消息的头，此时继续取数据，直到收到下一个头标志`0xfffffe`或者尾标志，才认为是一个完整消息，如图3-92所示。类似的像HTTP里当使用**chunked编码**传输时，使用若干个chunk组成消息，最后由一个标明长度为0的chunk结束。

图3-92

• 加入消息长度信息

一般会配合上面的特殊标志一起使用，在收到头标志时，里面还可以带上消息长度，以此表明在这之后多少字节都是属于这个消息的，如图3-93所示。如果在这之后正好有符合长度的字节，则取走，作为一个完整消息给应用层使用。在实际场景中，HTTP的**Content-Length**就起到了类似的作用，当接收端收到的消息长度小于Content-Length时，说明还有一些消息没收到。接收端会一直等，直到拿够了消息或超时。

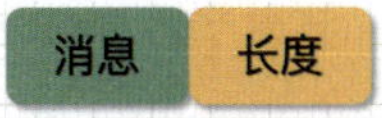

图3-93

这时候可能有读者会问，采用**0xfffffe**标志位，用来标志一个数据包的开头，你就不怕你发的某个数据里正好有这个内容吗?

是的，**这是很可能出现的问题**。所以一般除了这个标志位，发送端在发送时还会加入各种校验字段（校验和或者对整段完整数据进行**CRC**之后获得的数据）放在标志位后面，在接收端拿到整段数据后进行校验，确保它就是发送端发来的完整数据，如图3-94所示。

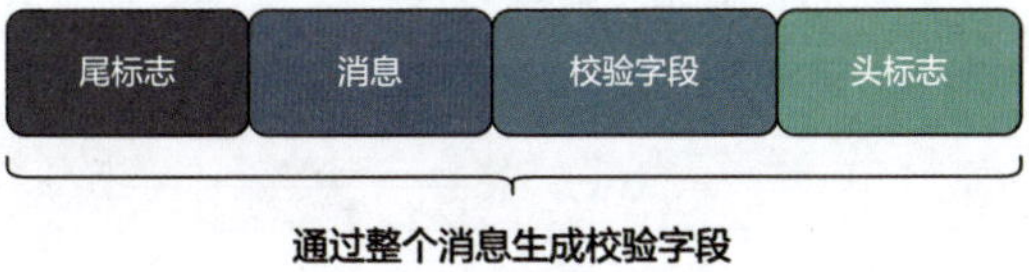

图3-94

看到这里，信息量已经比较大了，我举个例子将这些内容简单帮大家梳理一下。

假设我们需要在应用层，发送一段长度为4000字节的消息，它就是图3-94中的“**消息**”部分。那么为了防止粘包问题，需要为消息加入头尾标志和校验字段等内容，其中头标志内会带上“消息长度只有4000字节”的信息，假设标志各占4字节，那就是4000+4（头标志）+4（校验字段）+4（尾标志）=4012字节。消息在经历传输层TCP层分段后会按MSS（1460字节）进行分段。数据就会被分为三段（1460+1460+1092），这三段信息都会被TCP打上序号（Sequence），然后通过网络发送出去，接收端TCP层收到消息后，根据序号大小重新组装这三段消息，变回4012字节，再发给接收端的应用层。此时应用层的程序会先读取到4012字节数据里的头标志，解析后发现，除了头尾标志、校验字段固定的12字节之外，还有4000字节，那么按顺序继续将它们读取出来，就能将消息还原。

3.8.8　UDP 会粘包吗?

和TCP同为传输层的另一个协议，**UDP（User Datagram Protocol）**，用户数据报协议，是面向无连接、不可靠的、基于**数据报**的传输层通信协议。

基于**数据报**是指无论应用层交给 UDP 多长的报文，UDP 都照样发送，即一次发送一个报文。至于如果数据包太长，需要分片，那也是IP层的事情，大不了效率低一些。UDP 对应用层交下来的报文，既不合并，也不拆分，而是保留这些报文的边界。而接收方在接收数据报的时候，也不会像面对TCP无穷无尽的二进制流那样不清楚什么时候能结束，正因为**基于数据报**和**基于字节流**的差异，**TCP发送端发10次字节流数据，而接收端可以分100次去取数据，每次取数据的长度可以根据处理能力做调整；但 UDP 发送端发了10次数据报，接收端就要在10次收完，且发了多少，就取多少，确保每次都是一个完整的数据报**。

我们先看看**IP报头**，如图3-95所示。注意这里有一个16位总长度，意味着IP报头里记录了整个IP包的总长度。接着再看看**UDP的报头**，如图3-96所示。

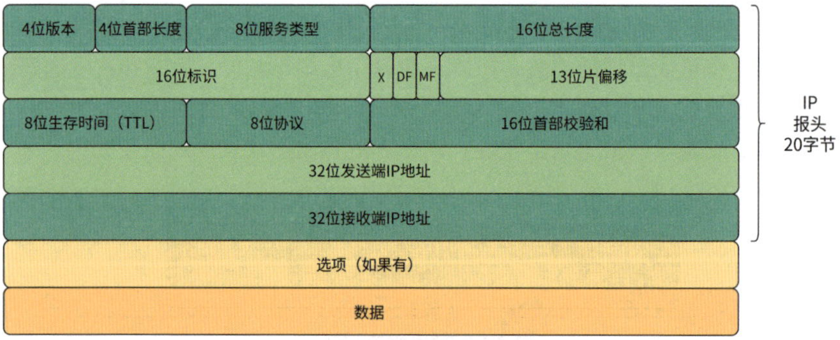

图3-95

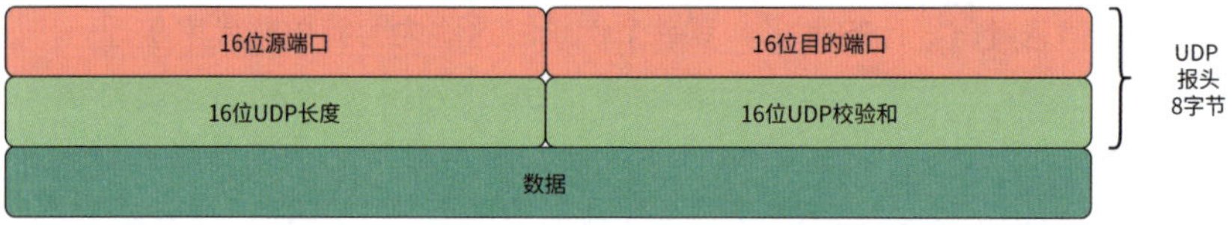

图3-96

在报头中有**16**位用于指示 **UDP 数据的长度**，假设这个长度是n，以此作为**数据边界**。因此在接收端的应用层能清晰地将不同的数据报文区分开，从报头开始取 n位，就是一个**完整的**数据报，从而避免粘包和拆包的问题。

当然，就算没有这**16位（UDP长度）**，因为IP的报头已经包含了数据的**总长度**信息，此时如果IP包（网络层）里放的数据使用的协议是UDP（传输层），那么这个**总长度**其实就包含了UDP的报头和 UDP的数据。

因为UDP的报头长度固定为8字节（1字节=8位，8字节=64位，除了数据和选项以外的部分），那么就很容易算出UDP数据的长度了。因此说UDP数据的长度信息其实是冗余的，如图3-97所示。

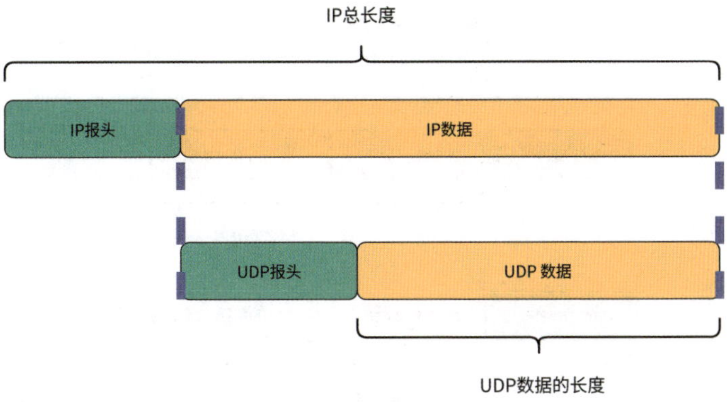

图3-97

```
UDP数据的长度 = IP总长度 - IP报头长度 - UDP报头长度
```

TCP报头里是没有长度这个信息的，和UDP类似，同样可以通过下面的公式获得当前包的TCP数据的长度，如图3-98所示。

```
TCP数据的长度 = IP总长度 - IP报头长度 - TCP报头长度
```

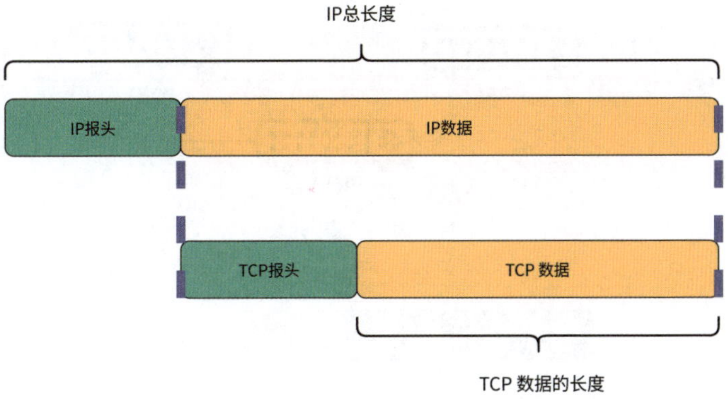

图3-98

与UDP的不同在于，TCP 发送端在发的时候就**不保证发的是一个完整的数据报**，仅仅是一连串无结构的字节流，这串字节流在接收端收到时哪怕知道长度也没用，因为它很可能只是某个完整消息的一部分。

3.8.9　IP层有粘包问题吗？

IP层会对大包进行分片，是不是也有粘包问题？

先说结论，不会。前文提到了，粘包其实是使用者无法正确区分消息边界导致的一个问题。

先看看IP层的分片是怎么回事，如图3-99所示。

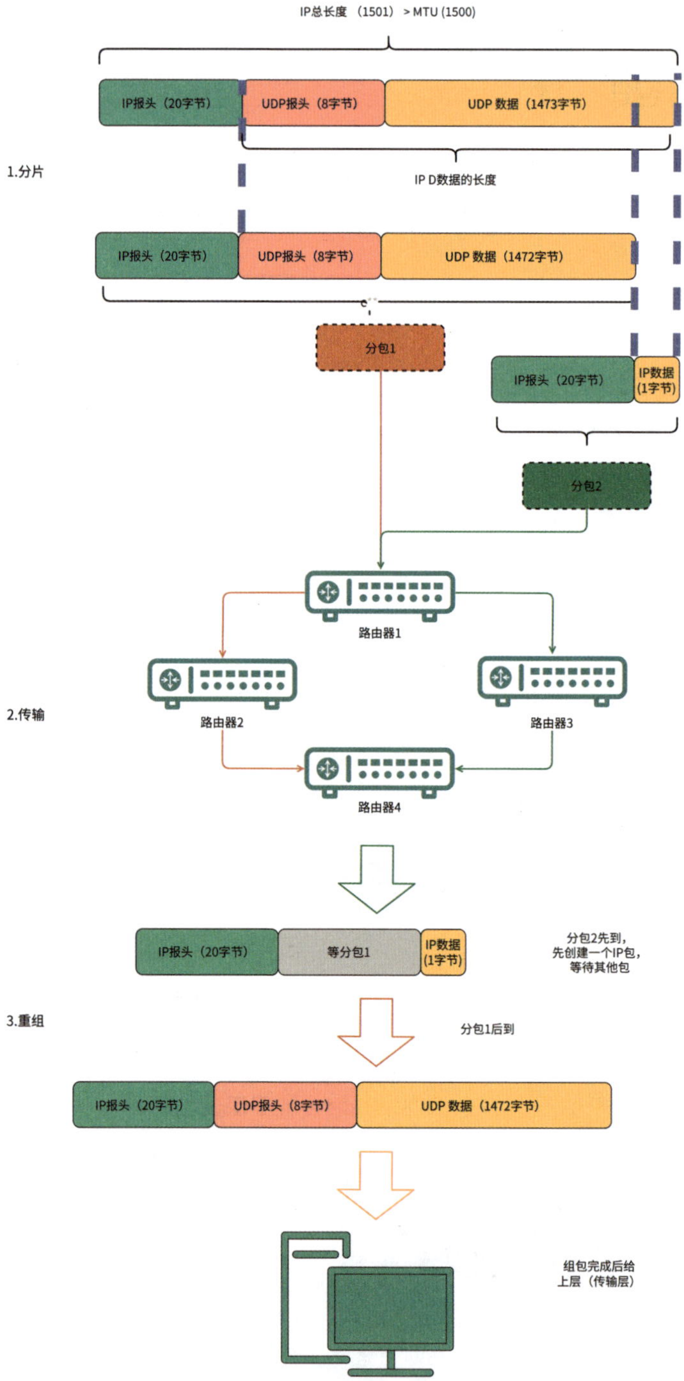

图3-99

- 如果消息过长，IP层会按**MTU长度**把消息分成***N*个分片**，如图3-100所示。同时，为了分片后能在接收端把切片组装起来，还需要在分片后的IP包里加上各种信息。每个分片带有自身在**包里的位置**（offset）和**同样的IP报头信息**。

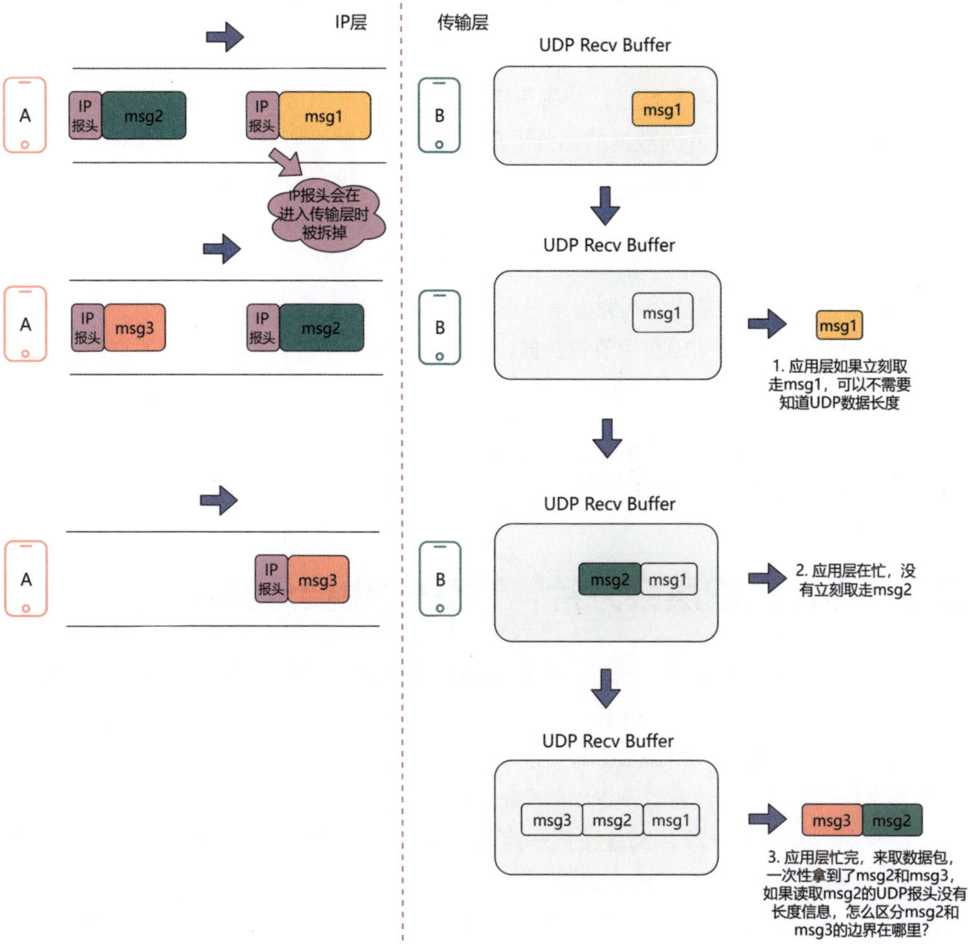

图3-100

- 各个分片在网络中进行传输。每个数据包分片可以在不同的路由中流转，然后**在最后的终点汇合后再组装**。
- 在接收端收到第一个分片时会申请一块新内存，创建IP包的数据结构，等待其他分片数据到位。
- 等消息全部到位后就把整个消息包发给上层（传输层）进行处理。

可以看出，IP层从按长度分片到把分片组装成一个数据包的过程中，只管运输，不需要在意消息的边界和内容，都不在意消息的内容了，那就不会有粘包一说了。

IP层表示：我只管把发送端给我的数据传到接收端，我也不了解里头放了什么。

3.8.10 小结

粘包这个问题的根本原因是由于开发人员没有正确理解TCP面向字节流的数据传输方式，本身并不是TCP的问题，是开发者的问题：

- TCP不管发送端要发什么，都基于字节流把数据发到接收端。这个字节流里可能包含上一次想要发的数据的部分信息。接收端根据需要在消息里加上识别消息边界的信息。不加就可能出现粘包问题。
- TCP粘包和Nagle算法有关系，但关闭Nagle算法并不解决粘包问题。
- UDP是基于数据报的传输协议，不会有粘包问题。
- IP层也分片，但是因为不关心消息里有什么，因此也不会有粘包问题。
- TCP发送端可以发10次字节流数据，接收端可以分100次去取；UDP发送端发了10次数据报，接收端就要10次收完。

数据包也只是按照TCP的方式进行组装和拆分，**如果数据包有错，那数据包也只是犯了每个数据包都会犯的错而已。**

3.9 为什么IP层会分片，TCP层也要分段?

上一节提到，网络就像一根有一定粗细的管子。数据包有大有小，为了顺利传输，会将大数据块切小，如图3-83所示。

这个行为在**传输层和网络层**都有可能发生。在传输层（**TCP**层），叫**分段**。在网络层（**IP**层），叫**分片**。（注意以下提到的IP在没有特殊说明的情况下，都是指**IPv4**。）

不管是分片还是分段，都是**按照一定的长度**进行切分的。在传输层，这个长度是**MSS**。在网络层，这个长度是**MTU**（MTU是数据链路层提供给网络层的）。

在上一节中，我们简单介绍了**MSS和MTU是什么以及它们的关系**，这一节将继续展开这个话题。

3.9.1 如何查看MSS?

我们都知道TCP三次握手，而**MSS**会在三次握手的过程中传递给对方，用于通知对端本地最大可以接收的TCP报文数据大小（不包含TCP和IP报头），如图3-101所示。

图3-101

比如在图3-101中，B将自己的MSS发送给A，建议A在发数据给B的时候，采用**MSS=1420**进行分段。而B在发数据给A的时候，同样会带上**MSS=1372**。两者在对比后，会采用**小的**那个值（1372）作为通信的**MSS**值，这个过程叫**MSS**协商。

> ★ **注意**
> **另外，一般情况下MSS+20（TCP报头）+20（IP报头）= MTU，图3-101所示的抓包图里对应的MTU分别是1372+40和1420+40。同一个路径上，MTU不一定是对称的，也就是说A到B和B到A，两条路径上的MTU可以是不同的，对应的MSS也一样。**

三次握手中协商了MSS就不会改变了吗？

当然不是，每次执行TCP发送消息的函数时，会重新计算一次MSS，再进行分段操作。

对端不传MSS会怎样？

我们再看TCP报头，如图3-65所示。其实MSS是作为可选项引入的，只不过一般情况下都会传MSS，但是万一遇到了哪台机器的实现上比较“调皮”，**不传MSS**这个可选项，对端该怎么办？

如果没有接收到对端TCP的MSS，本端TCP默认采用MSS=536字节。为什么会是**536**？

```
536（数据） + 20（TCP报头）+20（IP报头）= 576字节
```

前面提到了IP会切片，会切片，也就会重组，而这个576字节正好是IP最小重组缓冲区的大小。

3.9.2 如何查看MTU？

在**macOS**控制台输入 **ifconfig**命令，可以看到MTU的值为多大。

```
$ ipconfig
lo0: flags=8049<UP,LOOPBACK,RUNNING,MULTICAST> mtu 16384
    ...
en0: flags=8863<UP,BROADCAST,SMART,RUNNING,SIMPLEX,MULTICAST> mtu 1500
    ...
p2p0: flags=8843<UP,BROADCAST,RUNNING,SIMPLEX,MULTICAST> mtu 2304
    ...
```

可以看到这里有几个**MTU**，简单理解为每个网卡的处理能力不同，所以对应的MTU也不同。当然这个值是可以修改的，但不在本节的讨论范畴，所以不再展开。

从一台机器的应用层到这台机器的网卡**这条链路上**，基本上可以保证**MSS<MTU**，如

图3-102所示。

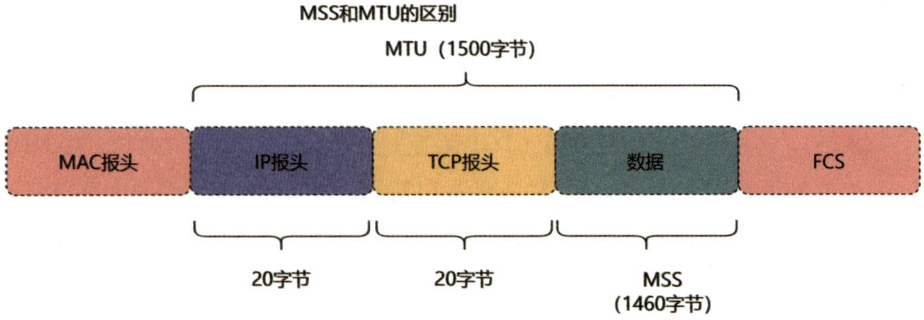

图3-102

3.9.3 为什么MTU一般是1500?

这其实是由传输效率决定的。虽然我们平时使用网络感觉挺稳定的，但其实这是因为TCP在背地里做了各种重传等保证了传输的可靠，实际上线路上动不动就发生丢包，而越大的包，发生丢包的概率就越大。

那是不是包越小就越好？也不是。但是如果选择一个比较小的长度，假设选择MTU为300字节，TCP payload=300-IP报头-TCP报头=300-20-20=260字节。那有效传输效率=260/300=86%。

而如果MTU长度为1500字节，那有效传输效率=1460/1500=96%，显然比86%高多了。所以，包越小越不容易丢包，包越大，传输效率又越高，因此权衡之下，选了1500。

回到本节的问题，为什么IP层会分片，TCP层还要分段?

由于本身IP层就会做分片这件事情。**就算TCP不分段**，到了IP层，数据包也会被分片，数据也能**正常传输**。

既然网络层就会分片了，那么TCP层为什么还要分段？是不是有些多此一举?

假设有一份数据，较大，且在TCP层不分段，如果这份数据在发送的过程中出现**丢包**现象，TCP层会发生重传，那么重传的就是这一大份数据（虽然IP层会把数据切分为MTU长度的*N*个小包，但是TCP重传的单位却是那一大份数据），如图3-103所示。

如果TCP层把这份数据，分段为*N*个小于等于MSS长度的数据包，到了IP层后加上IP报头和TCP报头，还是小于MTU，那么IP层也不会再进行分包。此时如果在传输路线上发生丢包，那么TCP层重传的时候也只是重传那一小部分的MSS段，如图3-104所示，效率会比TCP不分段时更高。

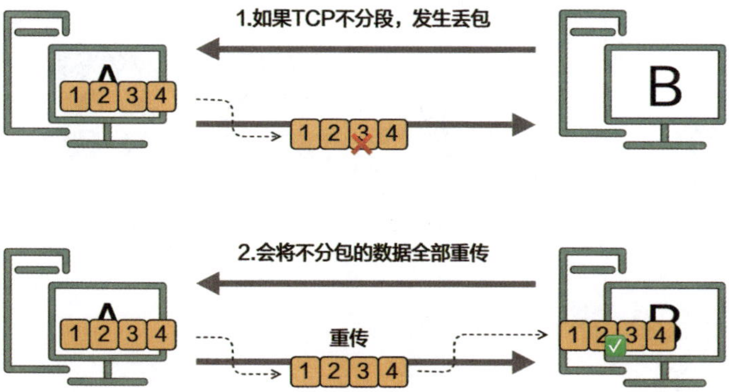

图3-103

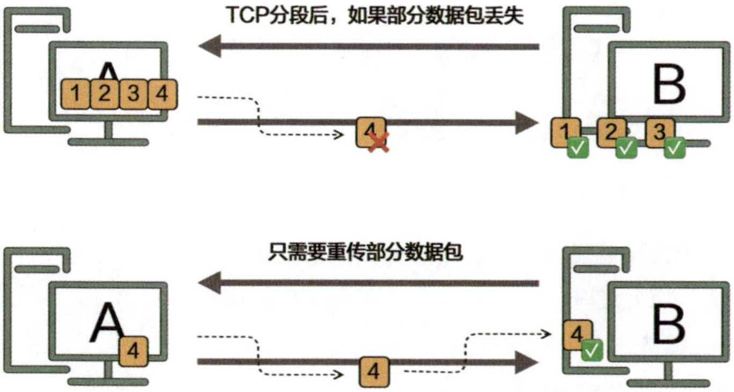

图3-104

类似地，传输层除了TCP外，还有UDP，但UDP本身不会分段，所以当数据量较大时，只能交给IP层去分片，然后传到底层进行发送。

也就是说，正常情况下，在一台机器的传输层到网络层**这条链路上**，如果传输层对数据做了分段，那么IP层就不会再分片。如果传输层没分段，那么IP层就可能进行分片。

说白了，**数据在TCP层分段，就是为了在IP层不需要分片，同时发生重传的时候只重传分段后的小份数据。**

3.9.4　TCP层分段了，IP层就一定不会分片了吗？

上面提到，在发送端TCP层分段后，IP层就不会再分片了。

但是在整个传输链路中，可能还会途经其他网络层设备，而这些设备的MTU可能小于发送端的MTU。此时虽然数据包在发送端已经**分过段**了，但是途经设备的IP层的MTU更小，因此还会再分片一次。

如果链路上还有设备有**更小的MTU**，那么还会再分片，最后所有的分片都会在**接收**

端进行组装，如图3-105所示。

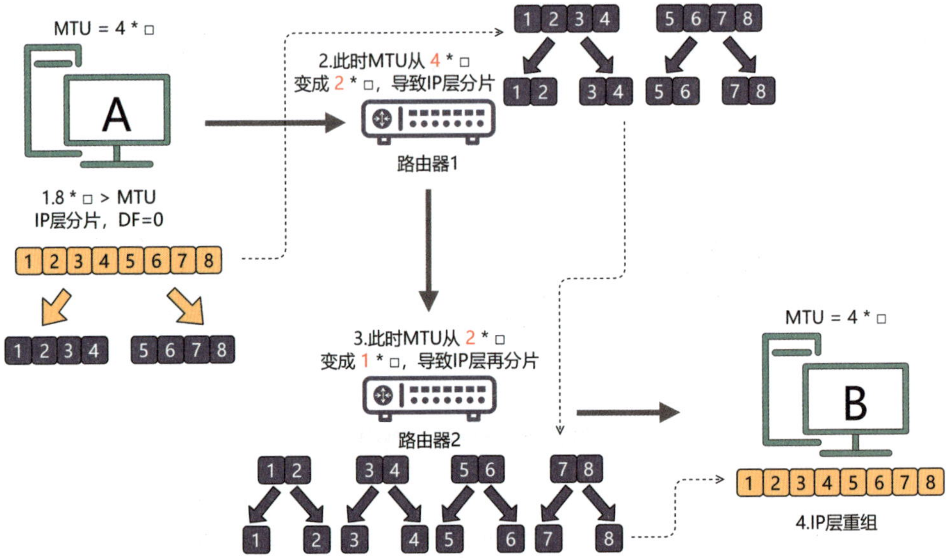

图3-105

因此，就算TCP层分过段，在链路上的其他节点的IP层也是有可能再分片的，而且哪怕数据被第一层IP层分过片了，也是有可能被其他机器的IP层进行二次、三次、四次……分片的。

3.9.5 IP层怎样做到不分片？

上面提到的IP层在传输过程中**因为各个节点间MTU**可能不同，导致数据是可能被多次分片的。而且每次分片都要加上各种信息便于在接收端进行分片重组。那么IP层是否可以做到不分片？

如果有办法知道整个链路上，最小的MTU是多少，并且以最小MTU长度发送数据，那么不管数据传到哪个节点，都不会发生分片。整个链路上，**最小的MTU，就叫PMTU**（path MTU）。有一个**获得PMTU的方法，叫 Path MTU Discovery，简称PMTU发现。**

```
$cat /proc/sys/net/ipv4/ip_no_pmtu_disc
0
```

PMTU默认为`0`，意思是开启PMTU发现的功能，现在一般机器上都是开启的状态。

原理比较简单，我们先去看看IP的数据报头，如图3-106所示。

这里有个标红的标志位**DF**（Don't Fragment），当它置为1，意味着这个IP报文不分片。当链路上某个路由器收到了这个报文，且IP报文长度大于路由器的MTU时，路由器会看一下这个IP报文的**DF**：

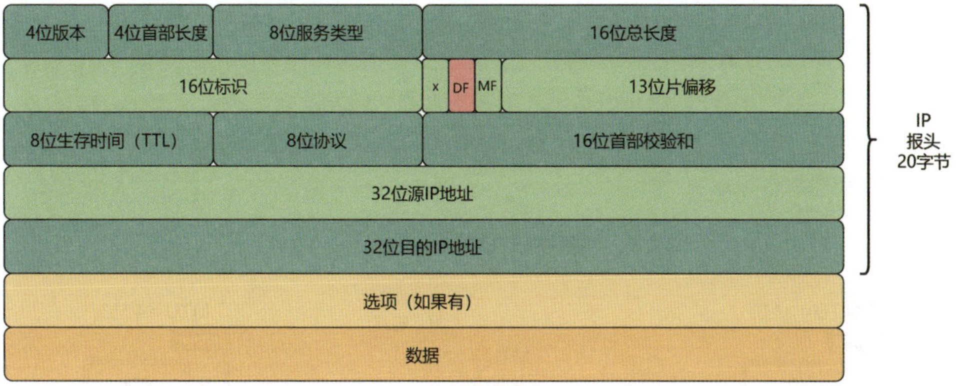

图3-106

- 如果为`0`（允许分片），就会分片并把分片后的数据传到下一个路由器。
- 如果为**1**，就会把数据丢弃，同时返回一个ICMP包给发送端，并告诉它数据不可达，需要分片，同时带上当前机器的MTU。

理解上面的原理后，再看看PMTU发现是怎样实现的：

- 应用通过TCP正常发送消息，传输层**TCP分段**后，到**网络层**加上IP报头，**DF置为1**，消息再到更底层执行发送。
- 此时链路上有台**路由器**由于各种原因**MTU变小了**，IP消息到这台路由器了，路由器发现消息长度大于自己的MTU，且消息自带DF不让分片，就把消息丢弃，同时返回一个**ICMP**错误给发送端，并带上自己的**MTU**，如图3-107所示。

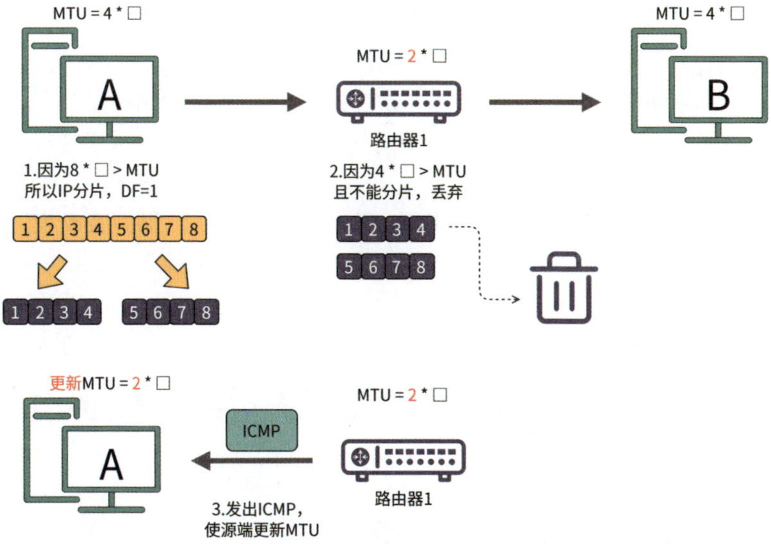

图3-107

- 发送端收到这个ICMP消息，会更新自己的MTU，同时记录到一个**PMTU表**中。
- 因为TCP的可靠性，会尝试重传这个消息，同时以这个新MTU值计算出MSS进行分段，此时新的IP包就可以被刚才的路由器顺利转发。
- 如果路径上还有更小的MTU的路由器，那上面发生的事情还会再发生一次，如图3-108所示。

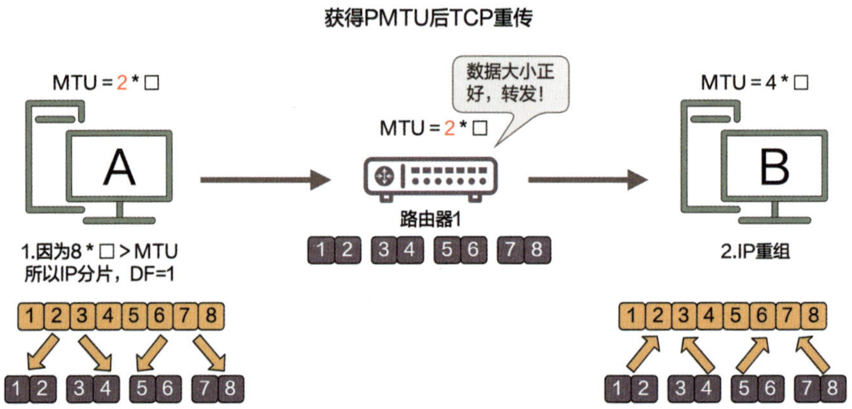

图3-108

3.9.6 小结

- 数据在TCP层分段，在IP层就不需要分片，同时发生重传的时候只重传分段后的小份数据。
- TCP分段时使用MSS，IP分片时使用MTU。
- MSS通过MTU计算得到，在三次握手和发送消息时都有可能产生变化。
- IP分片是**不得已**的行为，尽量不在IP层分片，尤其是链路上中间设备的IP分片。因此，在IPv6中已经禁止中间节点设备对IP报文进行分片，分片只能在链路的开头和末尾两端进行。
- 建立连接后，路径上节点的MTU值改变时，可以通过PMTU发现更新发送端MTU的值。在这种情况下，PMTU发现通过浪费*N*次发送机会来换取PMTU，TCP因为有重传可以保证可靠性，在UDP层就相当于消息直接丢了。

3.10 连接一个IP地址不存在的主机时，握手过程是怎样的？

以前看了一篇很棒的技术文，里面提到两个问题：

连接一个**IP地址不存在**的主机时，握手过程是怎样的？

连接一个**IP地址存在但端口号不存在**的主机时，握手过程又是怎样的?

这让我回想起曾经也被面试官问过类似的问题，意识到应该有很多朋友会对这个问题感兴趣。这两个问题可以延伸出非常多有趣的点。

3.10.1 正常情况下的握手过程是怎样的?

上面提到的问题，其实是指**TCP的三次握手流程**。这绝对是面试“八股文”里的老文了。我们**简单回顾**一下基础知识点，如图3-109。

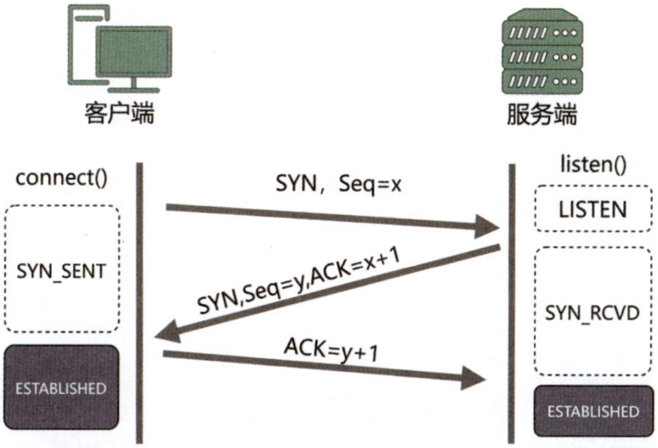

图3-109

在**服务端**启动好后会调用 `listen()`方法，进入`LISTEN` 状态，然后静静等待**客户端**的连接请求到来。

而此时客户端主动调用 `connect(IP地址)`方法，就会向某个IP地址发起**第一次握手**，发送SYN 到目的服务端。

服务端在收到第一次握手后就会响应客户端，这是**第二次握手**。

客户端在收到第二次握手的消息后，响应服务端一个ACK，这算**第三次**握手，此时客户端就会进入 `ESTABLISHED`状态，可被认为连接已经建立完成。

通过抓包可以直观看出三次握手的流程，如图3-110所示。

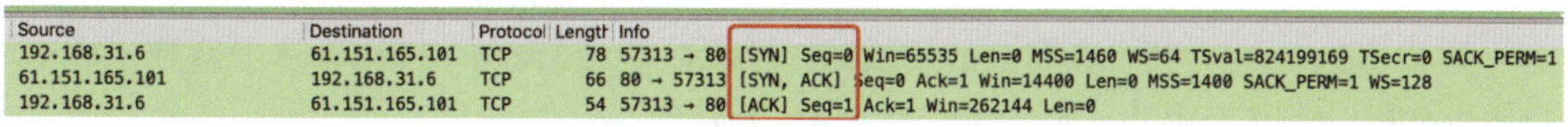

Source	Destination	Protocol	Length	Info
192.168.31.6	61.151.165.101	TCP	78	57313 → 80 [SYN] Seq=0 Win=65535 Len=0 MSS=1460 WS=64 TSval=824199169 TSecr=0 SACK_PERM=1
61.151.165.101	192.168.31.6	TCP	66	80 → 57313 [SYN, ACK] Seq=0 Ack=1 Win=14400 Len=0 MSS=1400 SACK_PERM=1 WS=128
192.168.31.6	61.151.165.101	TCP	54	57313 → 80 [ACK] Seq=1 Ack=1 Win=262144 Len=0

图3-110

下面来看本节的问题，连接一个IP地址不存在的主机时，握手过程是怎样的?

不存在的IP地址，分两种，**局域网内和局域网外**的，如图3-111所示。

目的IP地址	子网掩码	网关	出口
192.168.31.0	255.255.255.0	—	e2
0.0.0.0	0.0.0.0	192.0.2.1	e1

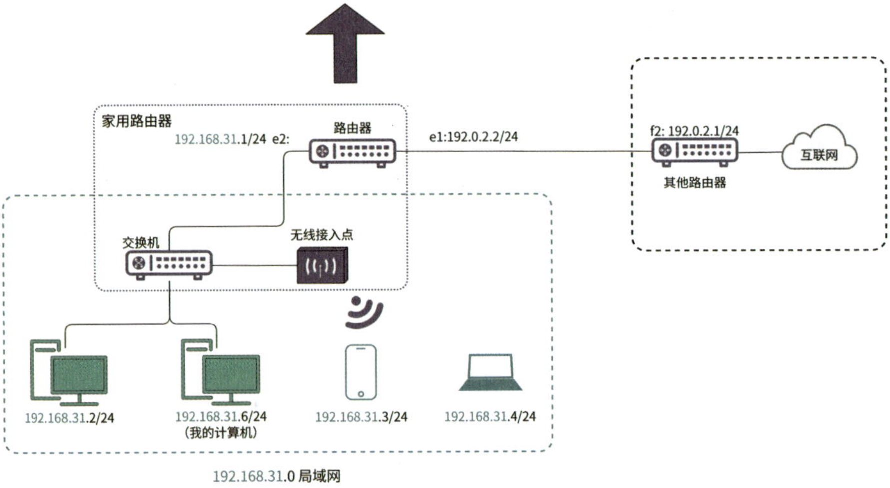

图3-111

以我家里的情况举例。家里有一台**家用路由器**。本质上它的功能已经集成了我们常说的**路由器、交换机和无线接入点**的功能了。

其中**路由器和交换机**在2.4节里已经详细介绍过了，不再赘述。**无线接入点**基本可以被认为是一个放出Wi-Fi信号的组件。

家用路由器连着我的*N*台设备，包括手机和计算机，它们的IP地址都有一个**共同点**，都是**192.168.31.xx**形式。其中，我的计算机的IP地址是**192.168.31.6**，这可以通过**ifconfig**查到。

符合这个形式的这些设备，本质上就是通过各种设备（Wi-Fi或交换机等）接入图3-111所示的**路由器的e2端口**，它们共同构成一个**局域网**。

因此我们可以粗暴地认为，在我家，只要是**192.168.31.xx** 形式的IP地址，就是**局域网内的IP地址**，否则就是**局域网外的IP地址**，比如**192.0.2.2**。

目的IP地址在局域网内

因为通过ifconfig可以查到我的局域网内IP地址是**192.168.31.6**，这里**盲猜**末尾+1是不存在的IP地址。试了一下，**192.168.31.7** 还真不存在。

```
$ ping 192.168.31.7
PING 192.168.31.7 (192.168.31.7): 56 data bytes
Request timeout for icmp_seq 0
Request timeout for icmp_seq 1
Request timeout for icmp_seq 2
```

```
Request timeout for icmp_seq 3
^C
--- 192.168.31.7 ping statistics ---
5 packets transmitted, 0 packets received, 100.0% packet loss
```

于是写个程序尝试连这个IP地址。下面的代码是用Go语言写的，**大家不看代码也没关系，放在这里只是方便大家复现的时候用。**

```
// TCP客户端
package main
import (
    "fmt"
    "io"
    "net"
    "os"
)
func main() {
    client, err := net.Dial("tcp", "192.168.31.7:8081")
    if err != nil {
        fmt.Println("err:", err)
        return
    }
    defer client.Close()
    go func() {
        input := make([]byte, 1024)
        for {
            n, err := os.Stdin.Read(input)
            if err != nil {
                fmt.Println("input err:", err)
                continue
            }
            client.Write([]byte(input[:n]))
        }
    }()
    buf := make([]byte, 1024)
    for {
        n, err := client.Read(buf)
        if err != nil {
            if err == io.EOF {
                return
            }
            fmt.Println("read err:", err)
            continue
        }
        fmt.Println(string(buf[:n]))
    }
}
```

然后尝试抓包，结果如图3-112所示。

No.	Time	Source	Destination	Protocol	Length	Info
2	0.000032	Apple_62:7d:21	BeijingX_59:d…	ARP	42	192.168.31.6 is at 38:f9:d3:62:7d:21
65	4.456790	Apple_62:7d:21	Broadcast	ARP	42	Who has 192.168.31.7? Tell 192.168.31.6
68	5.460319	Apple_62:7d:21	Broadcast	ARP	42	Who has 192.168.31.7? Tell 192.168.31.6
94	6.463173	Apple_62:7d:21	Broadcast	ARP	42	Who has 192.168.31.7? Tell 192.168.31.6
96	7.464991	Apple_62:7d:21	Broadcast	ARP	42	Who has 192.168.31.7? Tell 192.168.31.6
136	8.469279	Apple_62:7d:21	Broadcast	ARP	42	Who has 192.168.31.7? Tell 192.168.31.6
418	27.237685	Apple_62:7d:21	BeijingX_59:d…	ARP	42	192.168.31.6 is at 38:f9:d3:62:7d:21
794	39.592364	Apple_62:7d:21	Broadcast	ARP	42	Who has 192.168.31.7? Tell 192.168.31.6
996	64.411584	Apple_62:7d:21	BeijingX_59:d…	ARP	42	192.168.31.6 is at 38:f9:d3:62:7d:21
1155	71.711349	Apple_62:7d:21	Broadcast	ARP	42	Who has 192.168.31.7? Tell 192.168.31.6

图3-112

可以发现，根本没有三次握手的包，只有一些ARP包，在询问“谁是192.168.31.7，告诉192.168.31.6”。

这里有三个问题：

- 为什么会发ARP请求？
- 为什么没有TCP握手包？
- ARP本身是没有重试机制的，为什么ARP请求会发那么多遍？

先看看正常情况下执行connect，也就是第一次握手的流程，如图3-113所示。

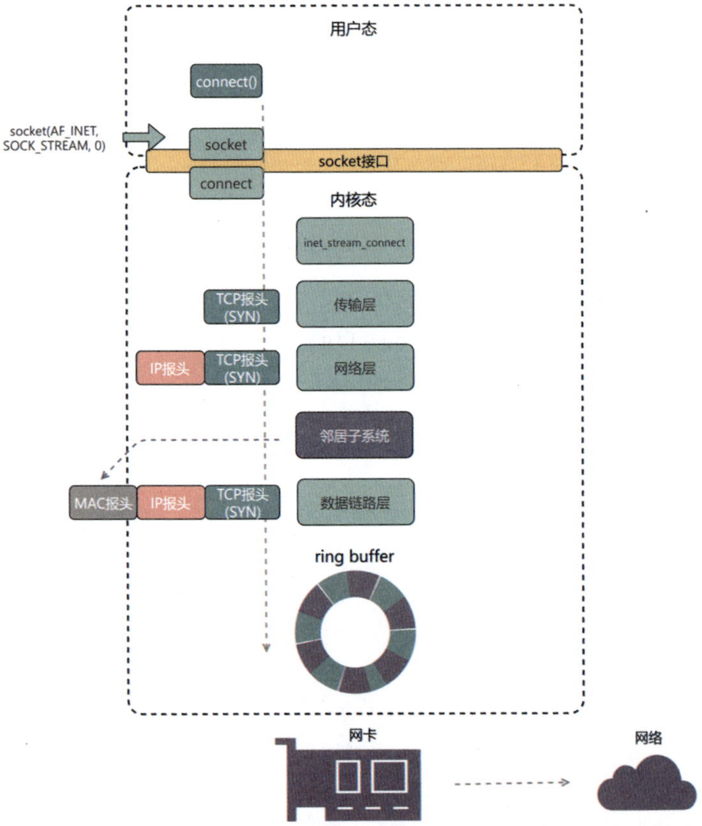

图3-113

应用层执行connect后，会通过socket层、操作系统接口，进程从**用户态进入内核态**，此时进入**传输层**，因为是**TCP第一次握手**，会加入**TCP报头**，且置**SYN**标志，如图3-114所示。

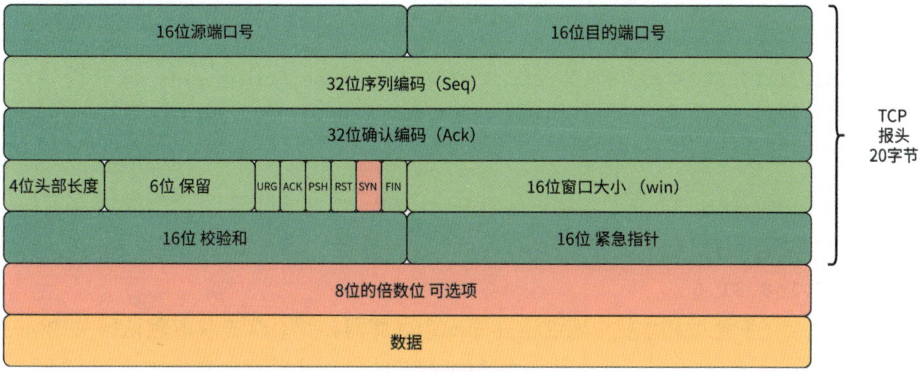

图3-114

然后进入**网络层**，我想要连的是**192.168.31.7**，虽然它是我瞎编的，但**IP报头**还是要老老实实地加进去。

此时需要重点介绍的是**邻居子系统**，它在**网络层和数据链路层之间**。可以通过**ARP将目的IP地址转为对应的MAC地址**，然后**数据链路层**就可以用这个MAC地址组装**帧头**。

ARP的流程，如图3-115所示。

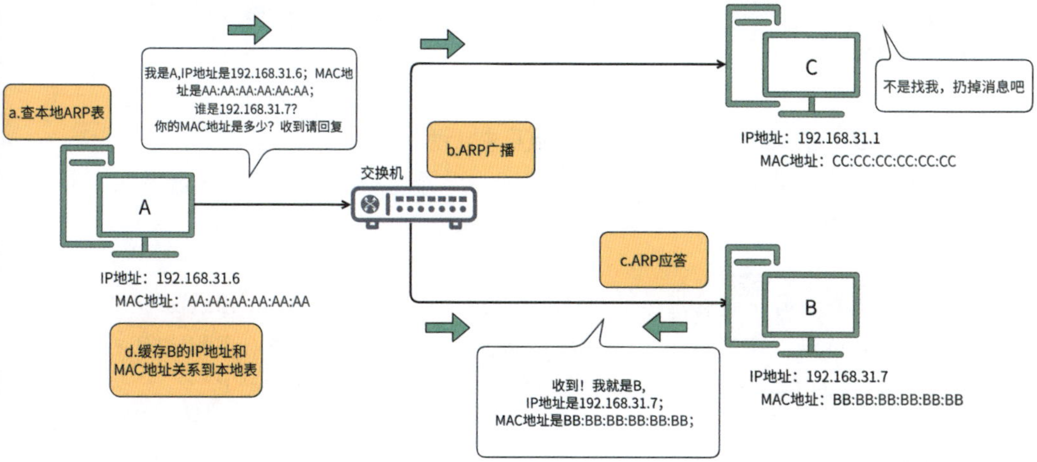

图3-115

1. 先到本地ARP表查有没有**192.168.31.7** 对应的**MAC地址**，有的话就返回，这里显然是不可能有的。

> ★ 注意
>
> 可以通过arp -a命令查看本机的ARP表都记录了哪些信息。

```
$ arp -a
? (192.168.31.1) at 88:c1:97:59:d1:c3 on en0 ifscope [ethernet]
? (224.0.0.251) at 1:0:4e:0:1:fb on en0 ifscope permanent [ethernet]
? (239.255.255.250) at 1:0:3e:7f:ff:fb on en0 ifscope permanent [ethernet]
```

2. 看看`192.168.31.7`和本机IP地址`192.168.31.6`在不在同一个局域网。如果在，就在局域网内发一个ARP广播，内容就是“谁是`192.168.31.7`，告诉`192.168.31.6`”。
3. 如果目的IP地址和本机IP地址不在同一个局域网，那么会去获取**默认网关的MAC地址**，这里就是指获取**家用路由器的MAC地址**。然后把消息发给家用路由器，让路由器发到互联网，找到下一跳路由器，一跳一跳地发送数据，**直到把消息发到目的IP地址，又或找不到目的地最终把消息丢弃**。
4. 第2和第3点都是本地没有查到ARP缓存记录的情况，这时候会**把SYN报文放进一个队列（叫unresolved_queue）里暂存起来**，然后发起ARP请求；等ARP层收到ARP回应报文之后，会再从缓存中取出 SYN 报文，组装MAC帧头，完成刚刚没完成的发送流程。

如果经过ARP流程能正常返回MAC地址，那么皆大欢喜，直接给**数据链路层**，经过`ring buffer`后传到网卡，发出去。

但因为现在这个IP地址是瞎编的，因此不可能得到目的MAC地址，所以消息也一直没发到数据链路层。**整个流程卡在了ARP流程中**。

而**抓包是在数据链路层之后进行的**，因此TCP第一次握手的包一直没能抓到，只能抓到为了获得 `192.168.31.7`的MAC地址的ARP请求。

> ★ 注意
>
> 发送数据时，是在经过数据链路层之后的dev_queue_xmit_nit方法执行抓包操作的，这是属于网卡驱动层的方法了。顺带提一下，接收端抓包是在__netif_receive_skb_core方法里执行的，也属于网卡驱动层。

此时因为TCP是可靠的协议，对于TCP层来说，第一次握手的消息，已经发出去了，但是一直没有收到ACK，也不知道消息发出去后遇到什么事了。为了保证可靠性，它会不断重发。

而每一次重发，都会因为同样的原因（没有目的MAC地址）而卡在了ARP那个流程里。因此，才看到好几次重复的ARP消息。

回到以下三个问题：

- 为什么会发ARP请求？
  本地ARP表没有目的机器的MAC地址，因此发出ARP消息。
- 为什么没有TCP握手包？
  因为协议栈的数据到了网络层后，在数据链路层前，就因为没有目的MAC地址，无法发出。因此抓包软件抓不到相关数据。
- 为什么 ARP 请求会发那么多遍？
  因为TCP的可靠性，会重发第一次握手的消息，但每一次都因为没有目的MAC地址而失败，每次都会发出ARP请求。

连一个IP地址不存在的主机时，如果**目的IP地址在局域网内**，则第一次握手会失败，接着不断尝试重发握手的请求。同时，本机会不断发出ARP请求，企图获得目的机器的MAC地址。并且，因为没能获得目的MAC地址，这些TCP握手请求最终都发不出去。

目的IP地址在局域网外

上面提到的是，目的IP地址在**局域网内**的情况，下面讨论目的IP地址在**局域网外**的情况。

编一个不是**192.168.31.xx** 形式的IP地址作为这次要用的局域网外IP地址，比如**10.225.31.11**。先抓包看一下，如图3-116所示。

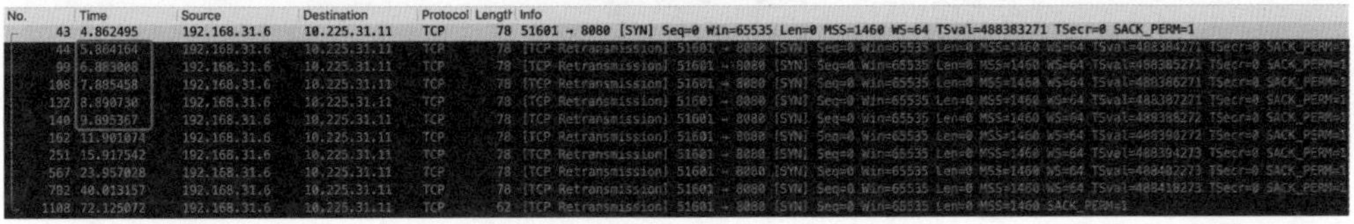

图3-116

这次的现象是能发出TCP第一次握手的**SYN**包。

这里有两个问题：

- 为什么连局域网外的IP地址的现象和连局域网内的不一致？
- TCP 第一次握手的重试规律好像不太对？

为什么连局域网外的IP地址的现象和连局域网内的不一致？

这个问题的答案其实在上面 **ARP的流程**里已经提到过了，如果目的IP地址和本机IP地址不在同一个局域网，那么会去获取**默认网关的MAC地址**，这里就是指获取**家用路由器的MAC地址**。

此时ARP流程成功返回**家用路由器的MAC地址**，数据链路层加入帧头，消息通过网卡发到**家用路由器上。**

消息会通过互联网一直传递到某个局域网为**10.225.31.xx**的路由器上，那个路由器发出ARP请求，询问它们局域网内的机器有没有叫**10.225.31.11**的（当然没有）。

最终没能发送成功，发送端也就迟迟收不到目的机的第二次握手响应。

因此触发TCP重传。

TCP第一次握手的重试规律好像不太对？

在Linux中，第一次握手的**SYN**重传次数，是通过**tcp_syn_retries**参数控制的。可以通过下面的方式查看。

```
$cat /proc/sys/net/ipv4/tcp_syn_retries
6
```

这里的含义是指**SYN**重传发生6次。

而每次重试都会间隔一定的时间（如图3-117所示），这里的间隔一般是1s，2s，4s，8s，16s，32s。

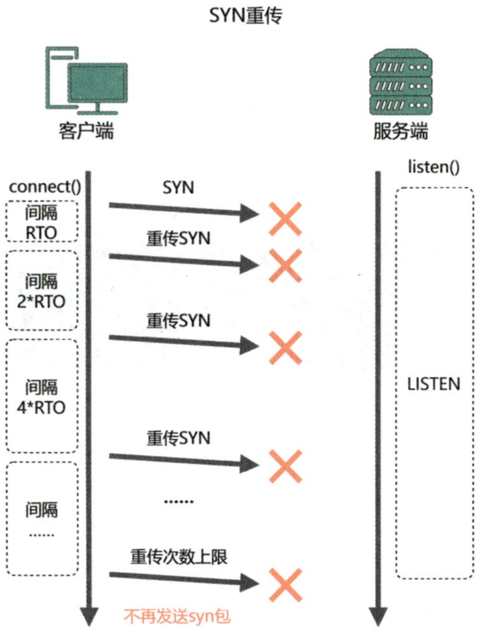

图3-117

而事实上，看图3-116所示的截图，是先重试4次，每次都是1s，之后才是1s，2s，4s，8s，16s，32s地重试。

这跟我们知道的不太一样。

这是因为**我是在macOS系统中抓的包，macOS和Linux就不是一个系统**，各自的TCP协议栈在SYN重传方面的实现都可能会有一定的差异。

3.10.2　连IP地址存在但端口号不存在的主机的握手过程

前面提到的是IP地址根本就不存在的情况。假如**IP地址存在但端口号不存在**呢？

目的IP地址是回环地址

现象也比较简单，IP地址是存在的，也就是在互联网中这个机器是存在的，如图3-118所示。那么我们可以正常发消息到目的IP地址，因为对应的MAC地址和IP地址都是正确的，所以，数据从数据链路层到网络层都很正常。

No.	Time	Source	Destination	Protocol	Length	Info
179	12.988502	127.0.0.1	127.0.0.1	TCP	68	57303 → 8081 [SYN] Seq=0 Win=65535 Len=0 MSS=16344 WS=64 TSval=850614330 TSecr=0 SACK_PERM=1
180	12.988523	127.0.0.1	127.0.0.1	TCP	44	8081 → 57303 [RST, ACK] Seq=1 Ack=1 Win=0 Len=0

图3-118

直到传输层，TCP在识别到这个端口号对应的进程根本不存在时，就会把数据丢弃，响应一个RST消息给发送端，如图3-119所示。

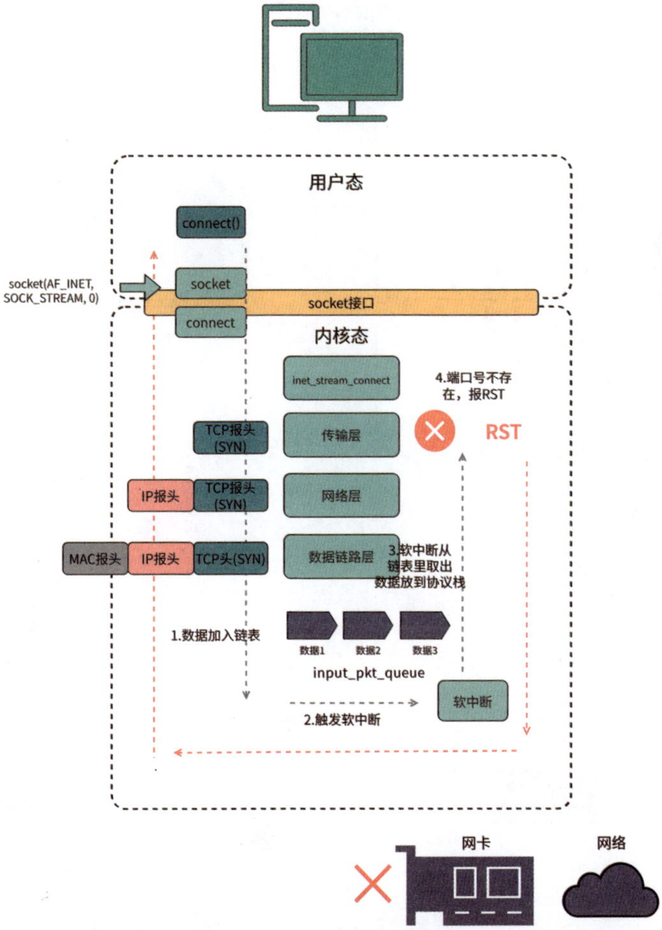

图3-119

在3.6节介绍过，RST一般用来异常地关闭一个连接。它在TCP报头中，在收到置了这个标志位的数据包后，连接就会被关闭，此时接收到RST的一方，一般会看到一个`connection reset`或`connection refused`的报错。

目的IP地址在局域网内

前面提到我的本机IP地址是**192.168.31.6**，局域网内有一台设备的IP地址是**192.168.31.1**，如图3-120所示。同样尝试连一个不存在的端口。

No.	Time	Source	Destination	Protocol	Length	Info
140	6.297912	192.168.31.6	192.168.31.1	TCP	78	52400 → 8099 [SYN] Seq=0 Win=65535 Len=0 MSS=1460 WS=64 TSval=489793593 TSecr=0 SACK_PERM=1
141	6.301207	192.168.31.1	192.168.31.6	TCP	54	8099 → 52400 [RST, ACK] Seq=1 Ack=1 Win=0 Len=0

图3-120

此时现象和前面一致。

唯一不同的是，前面是回环地址，RST数据是从本机的传输层返回的。而这次的情况是，RST数据是从目的机器的传输层返回的，如图3-121所示。

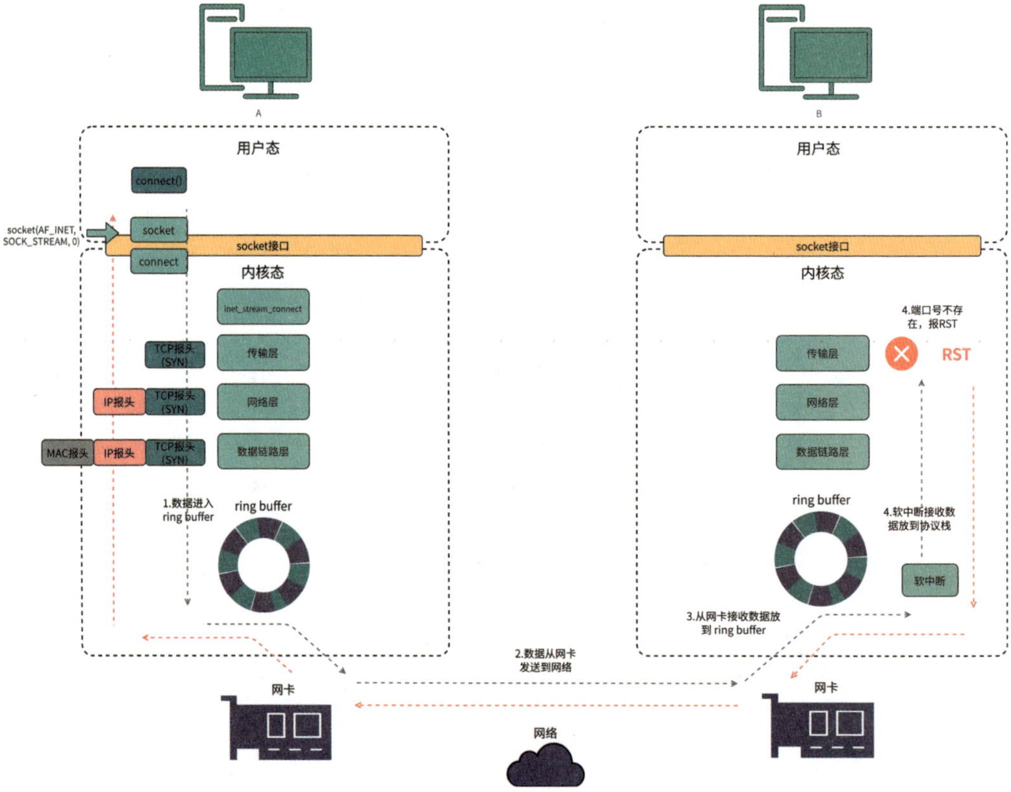

图3-121

目的IP地址在局域网外

找一个存在的外网IP地址，这里我用的是**云服务器**地址**47.102.221.141**，如图3-122所示。

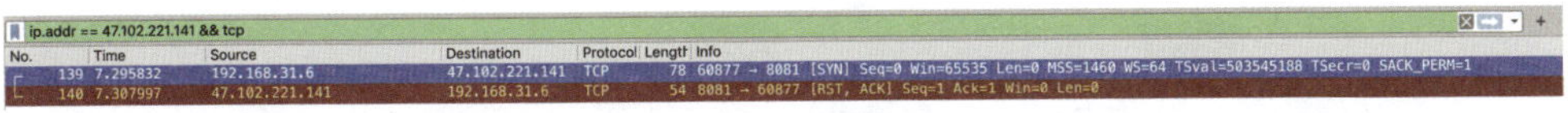

图3-122

与云服务器进行连接，发现与前面两种情况是一致的，目的机器在收到我的请求后，立刻就通过**RST标志位**断开这次连接。

这一点跟前面两种情况一致。

熟悉我的朋友都知道，每次做测试，都会用**baidu.com**。

这次也不例外，ping 一下 **baidu.com**，获得它的**IP**地址：**220.181.38.148**。

```
$ ping baidu.com
PING baidu.com (220.181.38.148): 56 data bytes
64 bytes from 220.181.38.148: icmp_seq=0 ttl=48 time=35.728 ms
64 bytes from 220.181.38.148: icmp_seq=1 ttl=48 time=38.052 ms
64 bytes from 220.181.38.148: icmp_seq=2 ttl=48 time=37.845 ms
64 bytes from 220.181.38.148: icmp_seq=3 ttl=48 time=37.210 ms
64 bytes from 220.181.38.148: icmp_seq=4 ttl=48 time=38.402 ms
64 bytes from 220.181.38.148: icmp_seq=5 ttl=48 time=37.692 ms
^C
--- baidu.com ping statistics ---
6 packets transmitted, 6 packets received, 0.0% packet loss
round-trip min/avg/max/stddev = 35.728/37.488/38.402/0.866 ms
```

发消息到百度域名背后的IP地址，且随机指定一个端口**8080**，抓包，如图3-123所示。

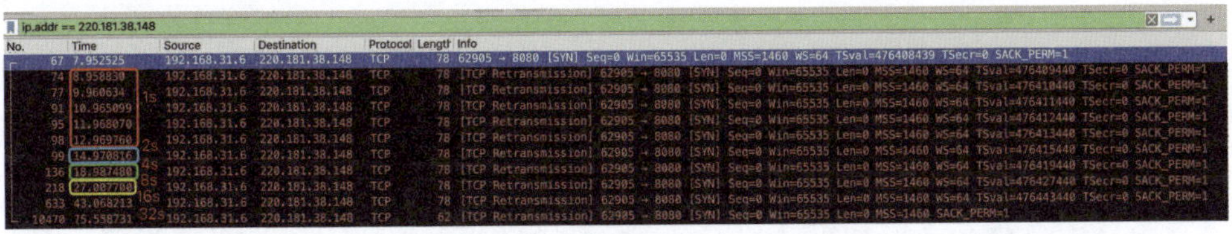

图3-123

结果却不一致。没有**RST**，而且触发了第一次握手的重试消息。这是为什么？

这是因为baidu的机器，作为线上生产的机器，会设置一系列安全策略，比如只对外暴露某些端口，除此之外的端口，都一律拒绝。

所以很多发到8080端口的消息都**在防火墙这一层就被拒绝了**，根本到不了目的主机，而**RST是在目的主机的TCP/IP协议栈里发出**的，都还没到这一层，就更不可能发

RST了，如图3-124所示。因此发送端发现消息没有回应（因为被防火墙丢了），就会重传。所以才会出现上述抓包里的现象。

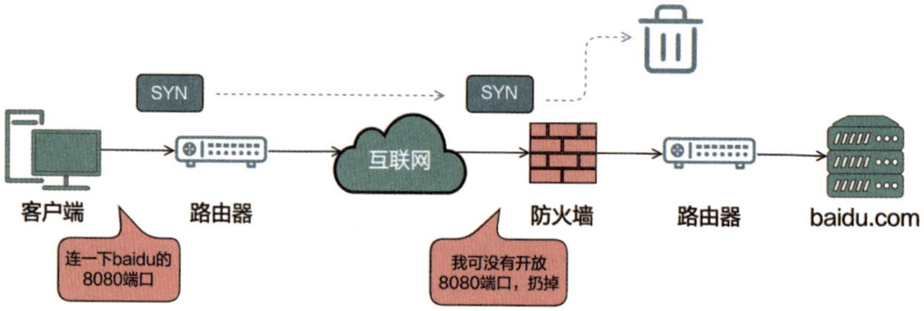

图3-124

3.10.3 小结

连一个IP地址不存在的主机时：

- 如果IP地址在局域网内，会发送*N*次ARP请求获得目的主机的MAC地址，同时不能发出TCP握手消息。
- 如果IP地址在局域网外，会将消息通过路由器发出，但因为最终找不到目的地，触发TCP重试流程。

连IP地址存在但端口号不存在的主机时：

- 不管目的IP地址是回环地址还是局域网内外的IP地址，目的主机的传输层都会在收到握手消息后，发现端口号不正确，发出RST消息断开连接。
- 当然，如果目的机器设置了防火墙策略，限制他人将消息发到不对外暴露的端口，那么这种情况，发送端就会不断重试第一次握手。

最后留一个问题，连一个**不存在的局域网外IP地址**的主机时，我们可以看到TCP的重发规律是：开始时，每隔1s重发5次**TCP SYN**消息，接着2s，4s，8s，16s，32s都重发一次。

对比连一个**不存在的局域网内IP地址**的主机时，却是每隔1s重发了4次**ARP**请求，接着过了32s后才再发一次ARP请求。已知ARP请求是没有重传机制的，它的重试就是TCP重试触发的，但两者规律不一致，这是为什么？

第4章

应用层：网络应用交互的奇妙旅程

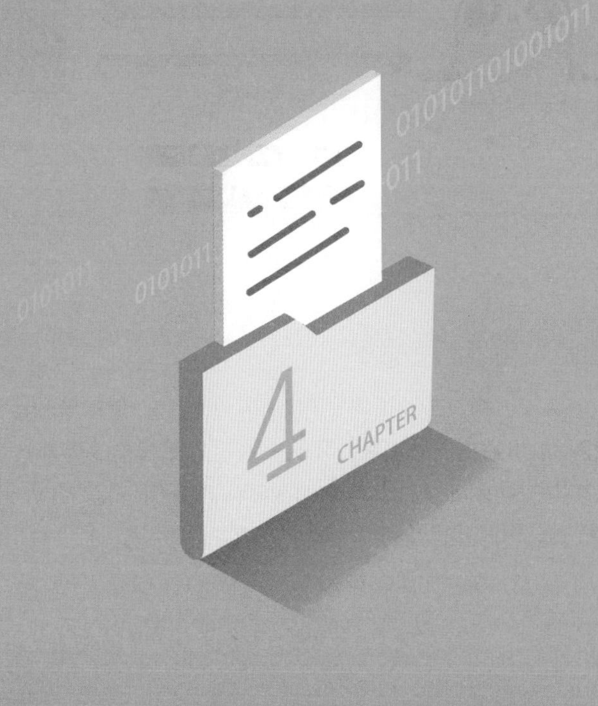

本章探索应用层协议在网络交互中的关键角色，涵盖HTTP和HTTPS的基础知识及安全机制。通过讨论502错误的排查、RPC和WebSocket的独特用途，揭示不同协议在网络应用中的重要性。深入解析DNS的设计与根服务器的科学性，以及 SSH在服务器登录中的作用。此外，还会串联过往提到的知识点，深入探讨网络基础设施的核心问题，如网络连通和丢包等问题。通过这些内容，读者将理解应用层如何实现复杂的网络交互。

4.1 HTTP是什么？

HTTP的全称为HyperText Transfer Protocol，也就是**超文本传输协议**，是我们平时刷网页时常用到的网络协议。超文本（HyperText）是一种文本呈现方式，它可以通过链接将不同的文本、图片、音视频等媒体元素连接起来，让我们可以通过点击链接来访问相关的信息。

HTTP只是定义了一套传输超文本的规则，只要符合这套规则，不管你是用iPhone，还是用老年机，都可以实现数据的传输，见图4-1。

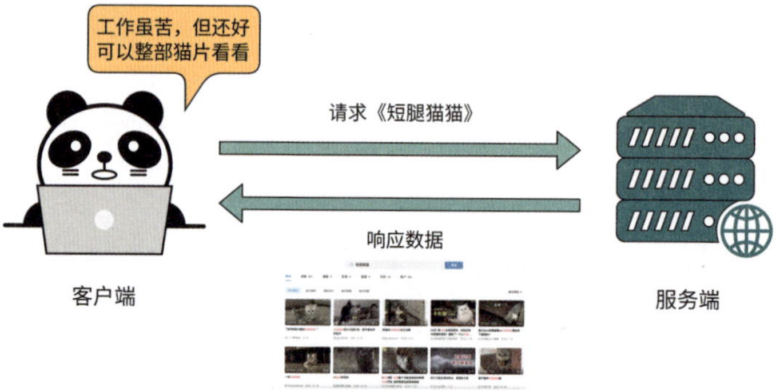

图4-1

4.1.1 HTTP报文格式

HTTP和其他协议一样，传输消息时会有一定的格式，发送端和接收端可以通过特定的数据格式来组织和解析数据。接下来，我们来看看HTTP报文的内容格式，如图4-2所示。

不必深究其中的具体细节，以常刷的视频网站为例，我们用Wireshark抓包看一下请求报文和响应报文，再对照报文格式来看看报文内容。

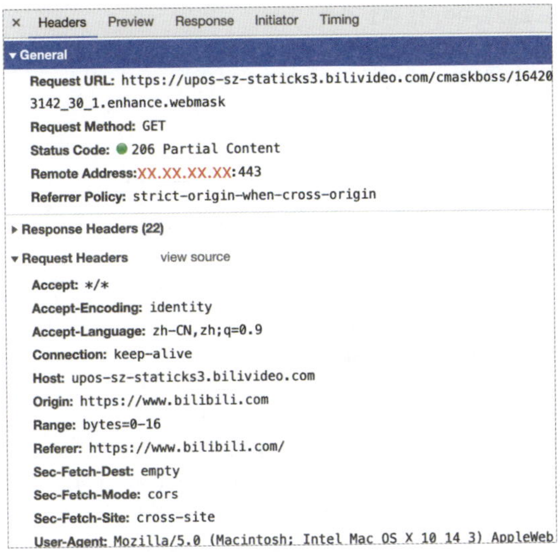

请求数据

图4-2

请求报文

```
GET /cmaskboss/164203142_30_1.enhance.webmask HTTP/1.1
Host: upos-sz-staticks3.bilivideo.com
Connection: keep-alive
User-Agent: Mozilla/5.0 (Macintosh; Intel Mac OS X 10_14_3) AppleWebKit/537.36
(KHTML, like Gecko) Chrome/88.0.4324.150 Safari/537.36
Accept: */*
Origin: https://www.bilibili.com
Sec-Fetch-Site: cross-site
Sec-Fetch-Mode: cors
Sec-Fetch-Dest: empty
Referer: https://www.bilibili.com/
Accept-Encoding: identity
Accept-Language: zh-CN,zh;q=0.9
Range: bytes=0-16
```

第一行的GET就是**请求方法**，/cmaskboss/164203142_30_1.enhance.webmask是URL，而HTTP/1.1是**协议版本**。接下来从Host开始到最后一行Range，都是消息头。

响应报文

```
HTTP/1.1 206 Partial Content
Content-Type: application/octet-stream
Content-Length: 17
Connection: keep-alive
Server: Tengine
ETag: "92086de1e6d1d4791fb950a0ac7e30ba"
```

```
Date: Sat, 30 Jan 2021 09:31:31 GMT
Last-Modified: Sun, 04 Oct 2020 01:54:28 GMT
Expires: Mon, 01 Mar 2021 09:31:31 GMT
Age: 1018695
Content-Range: bytes 0-16/353225
Accept-Ranges: bytes
X-Application-Context: application
x-kss-request-id: 75bcbfa8ab194e3c825e89c81a912692
x-kss-BucketOwner: MjAwMDAyMDEwNw==
X-Info-StorageClass: -
Content-MD5: kght4ebR1HkfuVCgrH4wug==
X-Cache-Status: HIT from KS-CLOUD-JH-MP-01-03
X-Cache-Status: HIT from KS-CLOUD-TJ-UN-14-13
X-Cache-Status: HIT from KS-CLOUD-LF-UN-11-25
Access-Control-Allow-Origin: https://www.bilibili.com
Access-Control-Allow-Headers: Origin,X-Requested-With,Content-Type,Accept,range
X-Cdn-Request-ID: 7e2c783ca7d392624118593ec1dc66bc
```

类似于请求报文，**HTTP/1.1是协议版本**，**206是状态码**，**Partial Content** 则**是状态描述符**。接下来从Content-Type开始到最后一行X-Cdn-Request-ID都是消息头。

4.1.2 报文信息解读

可以看到Wireshark的抓包信息能完整还原报文格式，但可读性稍差。想要有更好的阅读体验，可以在浏览器中按F12键进入控制台，再去打开网页，也能看到对应的HTTP响应数据，就像图4-3展示的这样，可读性更强了。

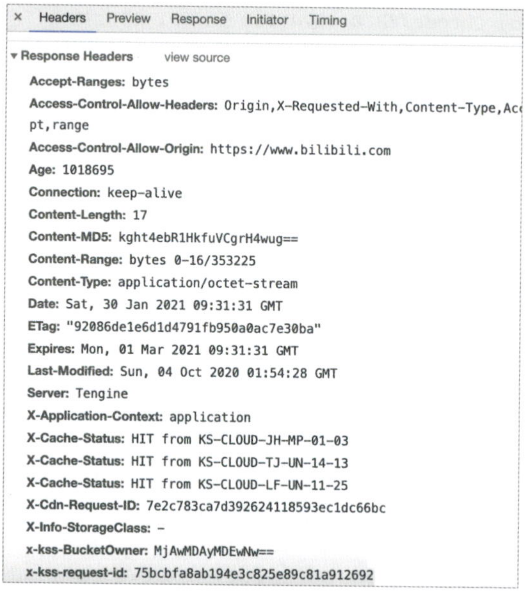

响应数据

图4-3

1. Request URL

URL是什么

URL代表的是统一资源定位符（Uniform Resource Locator）。作用是告诉使用者某个资源在Web上的地址。这个资源可以是一个HTML页面、一个CSS文档、一幅图像等。前面请求视频的URL就是`https://upos-sz-staticks3.bilivideo.com/cmaskboss/164203142_30_1.enhance.w**mask`，该URL可以细分为以下几部分。

- 协议部分
  表明该URL的协议部分为HTTP还是HTTPS，会用//作为分隔符。上面的URL表示网页用的协议是HTTPS。
- 域名部分
  域名是`upos-sz-staticks3.bilivideo.com`，通过解析域名可以获得目的IP地址。
- 端口部分
  域名后面有些时候会带有端口，和域名之间用:分隔，端口不是一个URL的必需部分。当网址以**http://**开头时，默认端口为**80**。当网址以**https://**开头时，默认端口为**443**，以上两种都可以省略端口号。上面的URL 其实**省略了443端口号**。
- 虚拟目录
  从域名的第一个/开始到最后一个/为止，是虚拟目录的部分。虚拟目录也不是URL 的必需部分，本例中的虚拟目录是`/cmaskboss/`。
- 文件名部分
  从域名最后一个/开始到?为止，是文件名部分。如果没有?，则从域名最后一个/开始到#为止，是文件名部分；如果没有?和#，则从域名的最后一个/开始到结束，都是文件名部分。本例中的文件名是`164203142_30_1.enhance.w**mask`，文件名也不是一个URL的必需部分。

URL和URI的区别

- **URL**：Uniform Resource Locator，**统一资源定位符。**
- **URI**：Uniform Resource Identifier，**统一资源标识符。**

很多人一直有个误解，以为URI是URL的子集，其实应该反过来——URL是URI的子集才对。简单解释一下。假设“手机”（URI）是一种资源，而“饭桌边上”表明了一个位置。如果你想要找到（locate）手机，那么你可以到“饭桌边上”找到手机，而“饭桌边上/手机”才是我们常说的URL。“饭桌边上/手机”（URL）显然是“手机”（URI）的子集，毕竟，“手机”还可能是“沙发边上/手机”（其他URL），如图4-4所示。

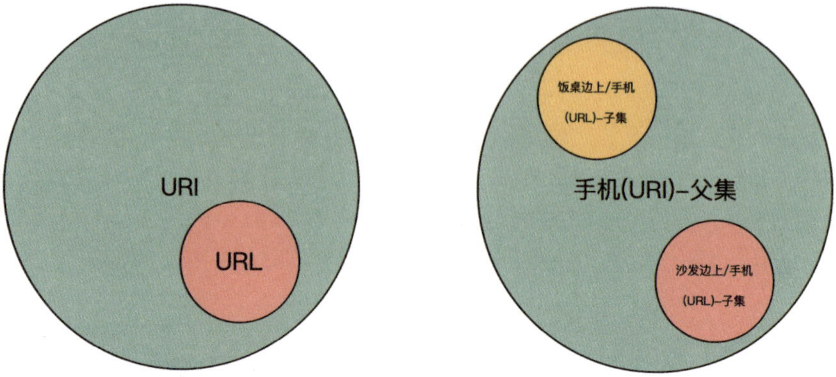

图4-4

2. Request Method

HTTP 定义了一组**请求方法**，以表明要对给定资源执行的操作，指示针对给定资源要执行的期望动作。每一个请求方法都实现了不同的语义。

常见的各个请求方法的具体功能如下。

GET

意味着获取，常用于请求指定的页面信息，并返回消息体（body）+消息头（header）。

HEAD

HEAD和GET本质是一样的，区别在于HEAD只返回消息头（header），不返回消息体（body）。大家不要以为它没用，它和GET、POST一样，在HTTP/1.0的时候就存在了，实属三元老之一，主要用途如下：

- 如果想要判断某个资源是否存在，那么使用HEAD能省下拿body的消耗，返回状态码200就是有这个资源，返回状态码404就是没有这个资源。
- 如果请求的是一个比较大的资源，比如一个超大视频和文件，而你只想知道它到底有多大，并不需要将其整个下载下来，这时候使用HEAD请求，返回的消息头中会带有文件的大小（`Content-Lenght`）。

POST

向服务器提交数据。这个方法用途广泛，和“读操作”的GET相对应，POST常用于实现“写操作”。POST和GET最常用，但最大的区别在于，每次调用POST都可能修改服务端资源的数据，是非幂等的，而GET类似于只读，是幂等的。

PUT

这个方法比较少见。在HTTP规范中POST是非幂等的，多次调用会产生不同的结果。

比如：创建一个用户，如果由于网络原因或者其他原因多创建了几次，那么将会有多个用户被创建。而PUT id/xiaobai则会创建一个id为xiaobai的用户，多次调用产生的结果是一样的，所以PUT是幂等的。但是一般为了避免造成心智负担，实战中也会使用POST替代PUT。

DELETE

删除某个资源。基本上这个方法也很少见，一般实战中如果用到删除操作，也是使用POST来替代。

3. Status Code

状态码是什么

HTTP Status Code是常说的HTTP状态码。当用户访问一个网页时，浏览器会向网页所在服务器发出请求。服务器则会根据请求做出响应，而状态码则是响应的一部分，代表着本次请求的结果。所有状态码的第一个数字代表了响应的大概含义，组合第二个、第三个数字则可以表示更具体的原因。如果请求失败了，则通过这个状态码可以大概初步判断这次请求失败的原因。图4-5是五类状态码的含义。

状态码	含义
1xx	指示信息——表示请求已接收，继续处理
2xx	成功——表示请求已被成功接收、理解、接受
3xx	重定向——要完成请求必须进行更进一步的操作
4xx	客户端错误——请求有语法错误或请求无法实现
5xx	服务端错误——服务器未能实现合法的请求

图4-5

常见状态码介绍

- 200（OK）

  这是最常见的状态码。代表请求已成功，数据也正常返回。而请求猫片虽然响应成功了，但却没有返回200，而是返回206，这是为什么呢？继续看下去。

- 206（Partial Content）

  这个状态码表示服务器已成功处理了GET请求的一部分。这种响应类型常被用于视频流或HTTP下载工具（如迅雷）中，以支持断点续传功能或同时下载一个大文件的多个部分。

- 307（Temporary Redirect）

  内部重定向。重定向的意思是，当你输入一个网址的时候，浏览器会自动帮你跳转到另外一个网址上。比如，当你在浏览器输入框输入`http://www.baidu.com/`

时，由于使用HTTP并不安全，百度会自动帮你跳转到它对应的HTTPS网页上。而此时，需要重定向的地址，会通过Response Headers的Location返回，如图4-6所示。

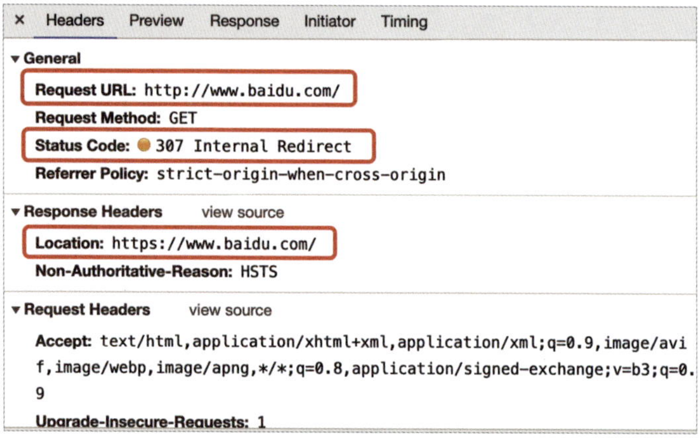

图4-6

- 404（Not Found）

  请求失败，未在服务端发现请求所希望得到的资源。出现这个错误最有可能的原因是服务端没有这个页面，或者是Request Method与注册URL的Method不一致，比如我有一个URL在服务端注册的Request Method为**POST**，但调用的时候却错用了**GET**，此时也会出现404错误。

- 499（Client has closed connection）

  在网络请求过程中，由于服务端处理时间过长，导致客户端超时。一般常见于，后端服务器处理时间过长，而客户端也设置了一个超时等待时间，客户端等得“不耐烦”了，主动关掉连接并报错，如图4-7所示。

- 502（Bad Gateway）

  服务器方面无法给予正常的响应。一般常见于服务器崩溃后，Nginx无法正常收到服务端的响应，于是给客户端返回502状态码，如图4-8所示。关于该错误的排查方法，在4.2节中会有详细介绍。

- 504（Gateway Timeout）

  在网络请求过程中，由于服务端处理时间过长，导致网关超时。一般常见于，后端服务器逻辑处理时间过长，甚至长于Nginx设置的最长等待时间，于是报错。它和499状态码非常像，区别在于499表示的是客户端超时，504表示的是网关超时。如果是499超时，则可以考虑修改客户端的代码调整超时时间，如果是504超时，则考虑调整Nginx的超时配置，如图4-9所示。

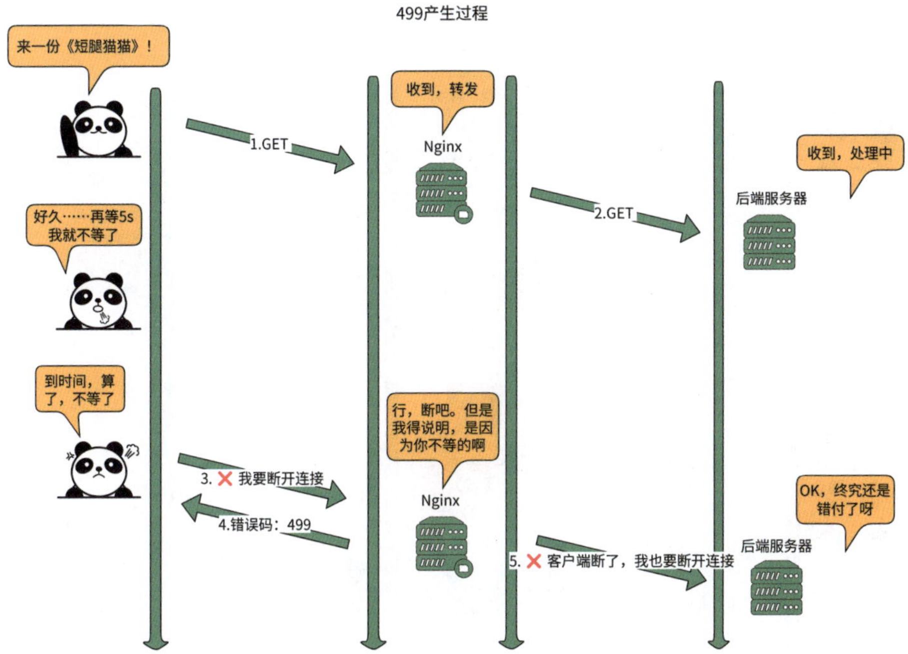
499产生过程
来一份《短腿猫猫》！
收到，转发
Nginx
1.GET
2.GET
收到，处理中
后端服务器
好久……再等5s
我就不等了
到时间，算了，不等了
行，断吧。但是我得说明，是因为你不等的啊
3. 我要断开连接
4.错误码：499
Nginx
5. 客户端断了，我也要断开连接
OK，终究还是错付了呀
后端服务器

图4-7

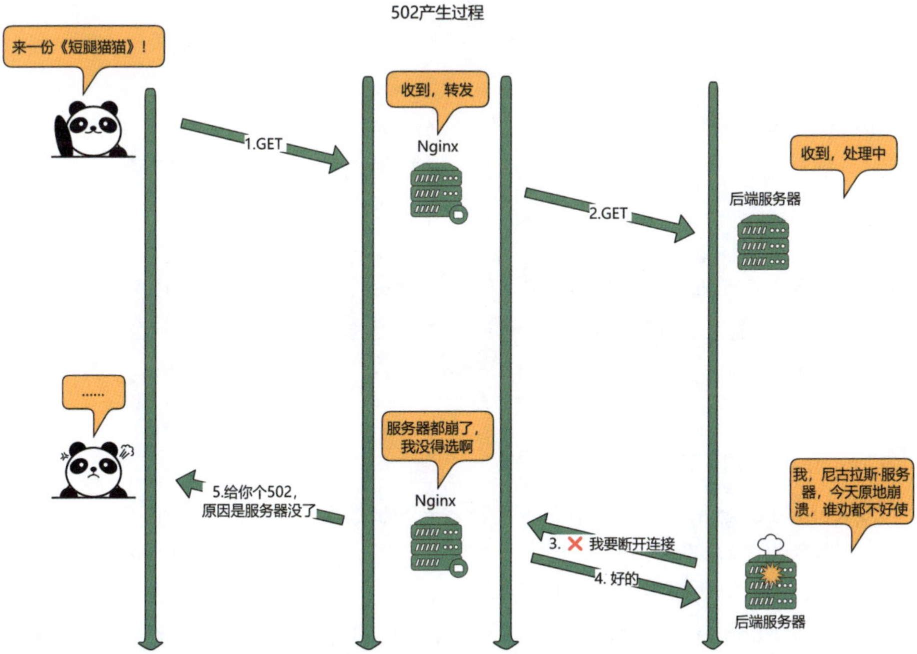
502产生过程
来一份《短腿猫猫》！
收到，转发
Nginx
1.GET
2.GET
收到，处理中
后端服务器
……
服务器都崩了，我没得选啊
5.给你个502，原因是服务器没了
Nginx
3. 我要断开连接
4. 好的
我，尼古拉斯·服务器，今天原地崩溃，谁劝都不好使
后端服务器

图4-8

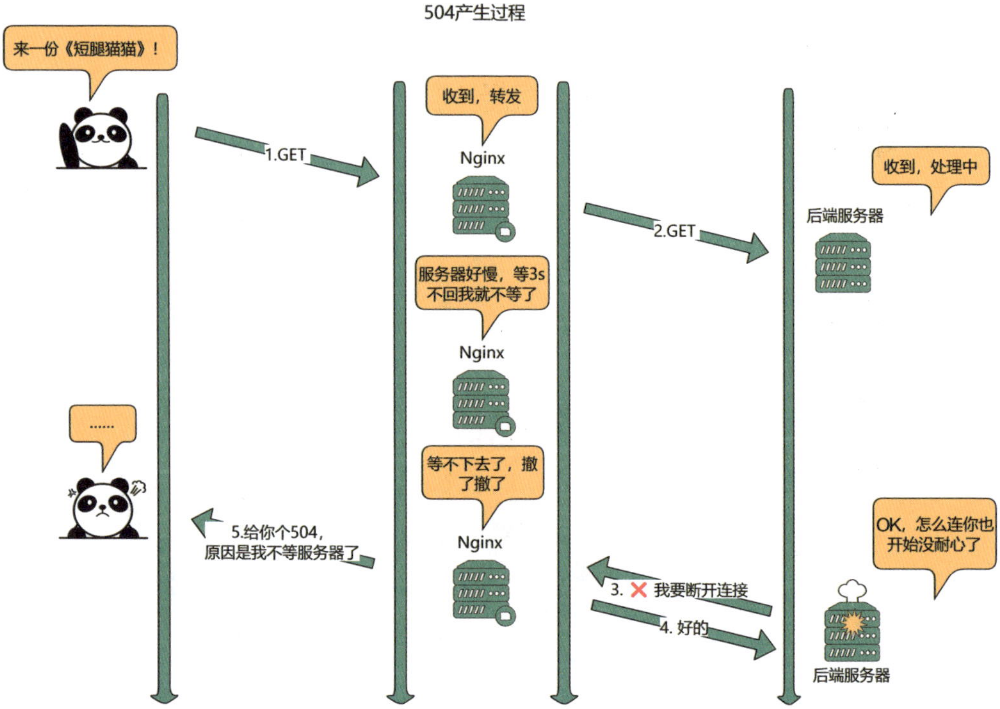

图4-9

4. Header

Header（头）是HTTP 请求和响应的一部分，它一般以Key-Value的形式携带一些附加信息，通过它我们可以在收发两端实现一些扩展功能。下面介绍几个重要且常见的Header。

> **注意** 注意，本节出现的“Header”和“Headers”是同一概念，只是单数和复数的区别。无论是请求还是响应，都会包含一个或多个头部信息，这些信息被统称为“Headers”。

Content-Length

`Content-Length`是HTTP的消息长度，用**十进制数字**表示。`Content-Length`首部指出报文中消息的当前实际字节。如果消息文本进行了gzip 压缩，那么`Content-Length`指的就是压缩后的大小，而不是原始大小。

正常情况下`Content-Length`是不需要手动设置的，大部分语言的网络库都会自动封装好，但是在一些特殊情况下，如果`Content-Length`与实际要发送的消息大小不一致，就会出现一些问题。

- 如果Content-Length < 实际长度

下面启动一个HTTP服务器，所有语言都一样，示例里使用的是Go语言。

```
package main
import (
    "fmt"
    "io/ioutil"
    "log"
    "net/http"
)
// w表示response对象，返回给客户端的内容都在对象里处理
// r表示客户端请求对象，包含了请求头、请求参数等
func index(w http.ResponseWriter, r *http.Request) {
    b, _ := ioutil.ReadAll(r.Body)
    fmt.Printf("request body=%#v, content_length=%v \nheaders=%v",string(b),
r.ContentLength, r.Header)
    // 往w里写入内容，就会在浏览器里输出
    fmt.Fprintf(w, string(b))
}
func main() {
    // 设置路由，如果访问/，则调用index方法
    http.HandleFunc("/", index)
    // 启动Web服务，监听9999端口
    err := http.ListenAndServe(":9999", nil)
    if err != nil {
        log.Fatal("ListenAndServe: ", err)
    }
}
```

在控制台输入

```
$ $ curl -L -X POST 'http://127.0.0.1:9999' -H 'Content-Type: application/
json' -H 'Content-Length: 5' -d '1234567' |  jq
  % Total    % Received % Xferd  Average Speed   Time    Time     Time  Current
                                 Dload  Upload   Total   Spent    Left  Speed
100    12  100     5  100     7   828   1160 --:--:-- --:--:-- --:--:--  1400
12345
```

输入的body是**1234567**，共**7个数字**，但是输入的Content-Length为5。到了服务器那里，收到了**12345**，共**5个数字**，数量上和输入的Content-Length一致。由此可见，当Content-Length < 实际长度时，消息会被截断。

- 如果Content-Length > 实际长度

还是上面的服务端代码，但是在控制台输入以下命令：

```
$ curl -L -X POST 'http://127.0.0.1:9999' -H 'Content-Type: application/json'
-H 'Content-Length: 100' -d '1234567' | jq
  % Total    % Received % Xferd  Average Speed   Time    Time     Time  Current
                                 Dload  Upload   Total   Spent    Left  Speed
100     7    0     0    0     7    0      0 --:--:--  0:01:19 --:--:--     0
```

这次情况不太一样，会发现请求一直阻塞没有返回。这是因为输入的body是**1234567**，共**7个数字**，但是输入的**Content-Length**为100。也就是说，服务端一直认为这次的body**长度为100**，但是目前只收到了**部分消息（长度为7）**，剩余的长度为93的消息由于各种原因**还在路上**，因此选择**等待剩下的消息**，就造成了上面提到的阻塞。

Connection

用于表示接下来的HTTP请求是希望保持长连接还是短连接。

- Connection: close

  表示请求响应完成之后立即关闭连接，这是HTTP/1.0请求的默认值。每次请求都经过“创建TCP连接，请求资源，响应资源，释放连接”这样的过程。

- Connection: keep-alive

  表示连接不立即关闭，可以继续响应下一个请求。HTTP/1.1的请求默认使用一个持久连接。可以做到只建立一次连接，多次资源请求都复用该连接，完成后关闭。

在HTTP1.1中，Request Header和Response Header中都有可能出现一个Connection: keep-alive 头信息。Request Header里的Connection: keep-alive头信息是为了告诉服务端，客户端想要以长连接形式的进行通信。而Response Header里的Connection: keep-alive头信息是服务端告诉客户端，我的服务器支持以长连接的形式进行通信。如果不能使用长连接，则会**返回Connection: close，相当于告诉客户端“我不支持长连接，用短连接吧”**。

HTTP为什么要使用长连接

我们知道HTTP建立在TCP传输层协议之上，而TCP的建立需要三次握手，关闭需要四次挥手，这些步骤都需要时间，带给HTTP的就是请求响应时延，如图4-10所示。如果使用短连接，那么每次数据传输都需要经历一次上面提到的步骤，如果能只连接一次，保持这次连接不断开，那么其间通信就可以省下建立连接和断开连接的过程，对于提升HTTP性能有很大的帮助。

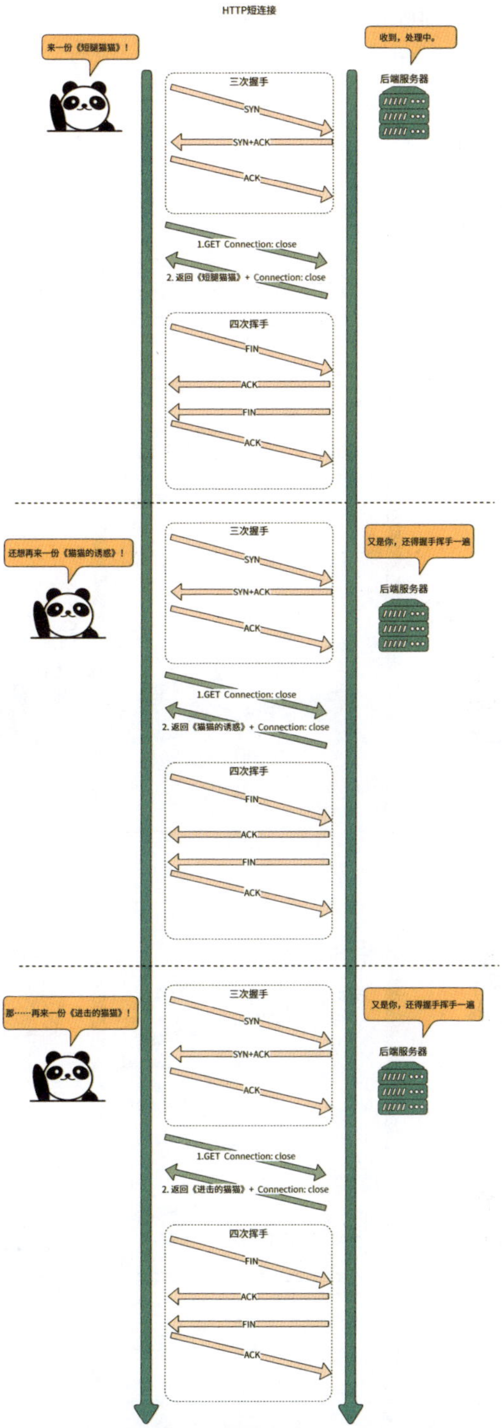
HTTP短连接
来一份《短腿猫猫》！
收到，处理中。
后端服务器
三次握手
SYN
SYN+ACK
ACK
1.GET Connection: close
2. 返回《短腿猫猫》+ Connection: close
四次挥手
FIN
ACK
FIN
ACK
还想再来一份《猫猫的诱惑》！
又是你，还得握手挥手一遍
后端服务器
三次握手
SYN
SYN+ACK
ACK
1.GET Connection: close
2. 返回《猫猫的诱惑》+ Connection: close
四次挥手
FIN
ACK
FIN
ACK
那……再来一份《进击的猫猫》！
又是你，还得握手挥手一遍
后端服务器
三次握手
SYN
SYN+ACK
ACK
1.GET Connection: close
2. 返回《进击的猫猫》+ Connection: close
四次挥手
FIN
ACK
FIN
ACK

图4-10

- 可以看到，在使用Connection: close通信时，每次都需要重新经历一次握手挥手。可以通过Connection: keep-alive省下这部分的资源消耗，如图4-11所示。

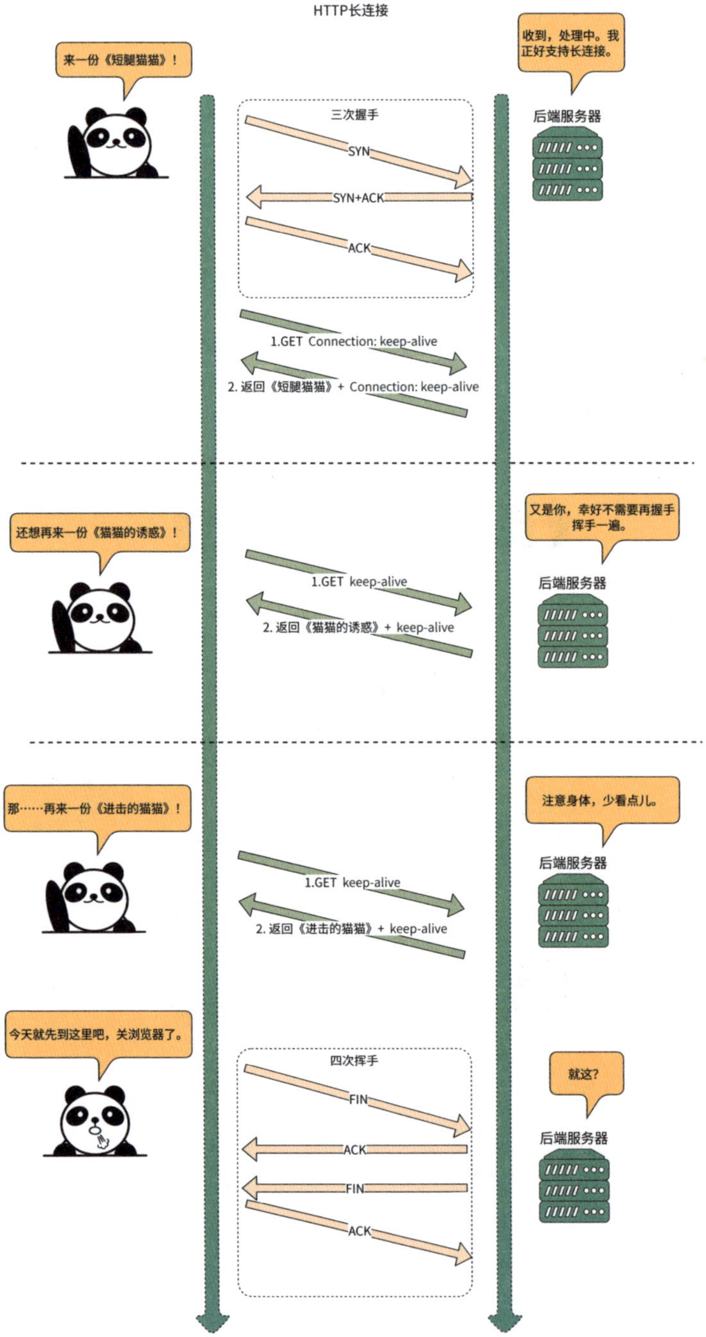

图4-11

- **长连接**可以**省去重复的TCP建立和关闭操作，减少浪费，节约时间**。对于频繁请求资源的客户来说，较适用长连接。但是在长连接的应用场景下，需要有一方主动关闭连接。如果客户端和服务端之间的连接一直不关闭，则连接数会越来越多，严重的时候会造成资源占用过高。
- 解决方案也比较简单。如果这些连接长时间内并没有进行任何数据传输，那其实属于空闲连接，这时候可以在服务端设置空闲连接的存活时间，超过一定时间后由服务端主动关闭连接，从而保证无用连接得到及时释放。

Cookie

Cookie是什么

1. Cookie是浏览器访问服务器后，服务器传给浏览器的一段数据。里面一般带有该浏览器的身份信息。
2. 浏览器需要保存这段数据，不得轻易删除。
3. 此后每次浏览器访问该服务器，都必须带上这段数据。服务器使用这段数据确认浏览器的身份信息。

Cookie的作用

Cookie一般有两个作用。

1. 识别用户身份。

- 举个例子。用户A用浏览器访问了“猫猫网”，“猫猫网”的服务器就会立刻给A返回一段Cookie数据，内含“uid=a”。
- 当A再次访问“猫猫网”下的其他页面时，比如跳转到“猫猫交友评论”页面，就会附带上“uid=a”这段数据。
- 同理，当用户B用浏览器访问“猫猫网”时，会给B分配一段 Cookie 数据，内含“uid=b”。B之后访问“猫猫网”的时候，就会一直带上“uid=b”这段数据。
- 因此“猫猫网”的服务器通过Cookie数据就能区分A和B这两个用户了。

2. 持久化用户信息。

- 因为Cookie数据会被用户浏览器保存到本地，因此可以利用这一特点保持一些简单的用户数据。
- 比如一些博客网站，可以通过Cookie记录下用户的性别、年龄等信息，以此进行一些个性化展示。
- 当然，上面提到的都是一些比较概括的场景，是为了方便大家理解Cookie的功能。实际使用Cookie时需非常谨慎。

cache-control

什么是cache-control

cache-control，用于控制浏览器缓存。简而言之，当某人访问网站时，其浏览器将在本地保存某些资源，例如图像和网站数据。当该用户重新访问同一网站时，缓存控制设置的规则会确定该用户是否从本地缓存中加载了这些资源，或者浏览器是否必须向服务器发送新资源的请求。

什么是浏览器缓存

浏览器缓存是指浏览器本地保存网站资源，以便不必再次通过网络从服务器获取它们。例如，网站用到的背景图像可以保存到本地缓存中，这样在用户第二次访问该页面时，该图像将从用户的本地文件加载，省下网络获取资源的时间，页面加载速度就会更快。

但是浏览器也不会永远把这些网站资源放在本地，否则本地磁盘就会爆满，所以会限定保存资源的时间，即生存时间（TTL）。如果TTL过期后用户请求缓存的资源，则浏览器必须再次通过网络与服务器建立连接并重新下载这个资源。

常见的缓存控制策略

- cache-control：private，具有“private”指令的响应只能由客户端缓存，不能由中间代理（例如 CDN或代理）缓存。这些资源通常是包含私密数据的资源，例如显示用户个人信息的网站。
- cache-control：public，相反，“public”指令表示资源可以由任何缓存存储。
- cache-control：no-store，带有“no-store”指令的响应无法缓存到任何位置，也永不缓存。也就是说，用户每次请求此数据时，都必须将请求发送到源站服务器以获取新副本。此指令通常保留给包含极其敏感数据的资源，例如银行账户信息。
- cache-control：max-age，此指令指定了生存时间，也就是资源在下载后可以缓存多少秒。例如，如果将最大期限设置为1800，则首次从服务器请求资源后的1800秒（30 分钟）内，后续请求都会向用户提供该资源的缓存版本。如果 30 分钟后用户再次请求资源，则客户端需要向服务器重新请求该资源。
- cache-control：no-cache，它表示只有先检查资源没有更新版本后，才可使用所请求资源的缓存版本。

4.1.3 小结

- 本节简单介绍了HTTP协议是什么，以及内部的数据格式。
- 详细介绍了一些常见的Method、Header和Status Code的含义。

4.2 502问题怎么排查?

刚工作那会儿，有一次，上游调用我服务的老哥说："你的服务报502错误了，快去看看是为什么吧。"

当时那个服务里正好有一份**调用日志**，平时会记录各种200、4xx状态码的信息。于是我到服务日志里去搜索了502这个数字，结果毫无发现。我跟老哥说："**服务日志里并没有502的记录**，你是不是搞错啦？"

现在想来，多少有些不好意思。不知道有多少人跟当时的我一样。接下来讲讲502错误是什么。我们从状态码是什么开始讲起。

4.2.1 HTTP状态码

我们平时在浏览器里访问的购物网站和搜索网站，其实都是一个个前端网页。

一般来说，前端并不存储太多数据，大部分时候都需要从后端服务器获取数据。

于是前后端之间需要通过TCP去建立连接，然后在TCP的基础上传输数据。而TCP是基于数据流的协议，传输数据时，并不会为每个消息加入数据边界，直接使用裸的TCP进行数据传输会有"粘包"问题。

因此需要用特定的协议格式去对数据进行解析，于是在此基础上设计了HTTP。详细内容可以看4.3节"**既然有HTTP，为什么还要有RPC？**"

比如，我们想要看某个商品的具体信息，其实就是在前端发的**HTTP请求**中传入**商品ID**，在后端的**HTTP响应**中返回商品价格、商店名、发货地址等**商品详情**，如图4-12所示。

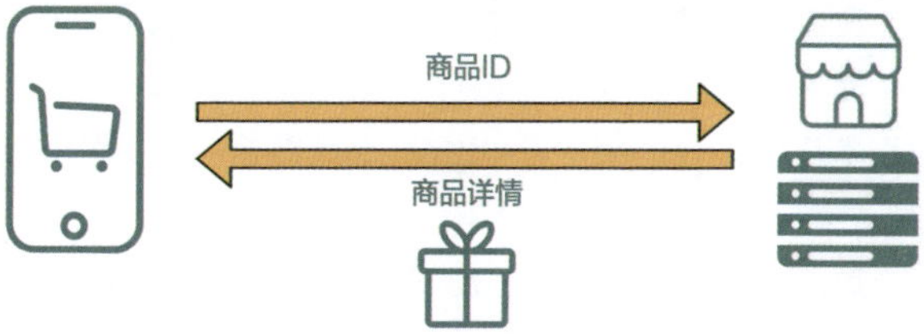

图4-12

这样，表面上我们是在刷着各种网页，实际上背后正在进行多次HTTP交互，如图4-13所示。

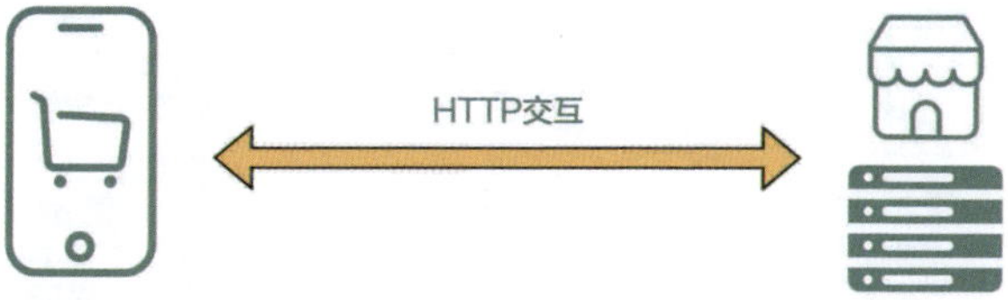

图4-13

但问题来了，上面提到的都是正常情况，如果有异常情况呢？比如前端发的数据根本就不是一个商品ID，而是一张图片，这对于后端服务器来说是不可能给出正常响应的，于是就需要设计一套**HTTP状态码**，用来标识这次HTTP请求响应的流程是否正常。

比如说**一切正常**，服务端返回一个**200**状态码，则客户端收到后，可以放心使用响应的数据。但如果服务端发现客户端发的东西异常，就响应一个**4xx**状态码，意思是这是**客户端的错误**，4xx里头的xx可以根据错误的类型，再细分成各种码，比如**401**是客户端没权限，**404**是客户端请求了一个根本不存在的网页。反过来，如果是**服务端有问题**，就返回**5xx**状态码，如图4-14所示。

图4-14

但问题又来了，如果服务端遇到大问题了，比如**服务器直接崩溃了，那它还怎么返回状态码？**

是的，在这种情况下，**服务端是不可能给客户端返回状态码的**。所以说，一般情况下5xx状态码并不一定是服务器返回给客户端的。它们是由网关返回的，如常见的网关**Nginx**。

4.2.2 网关的作用

回到前后端交互数据的话题上，如果客户端用户少，那服务端处理起请求会游刃有余。但随着用户越来越多，服务端受**资源限制**，CPU或者内存都会严重不足，这时候解决方案也很简单，多搞几台一样的服务器，这样就能将这些客户端请求均摊给几台服务器，从而提升处理能力。

但要实现这样的效果，客户端就得知道服务端具体有哪些服务器，并一一和它们建立TCP连接，如图4-15所示。

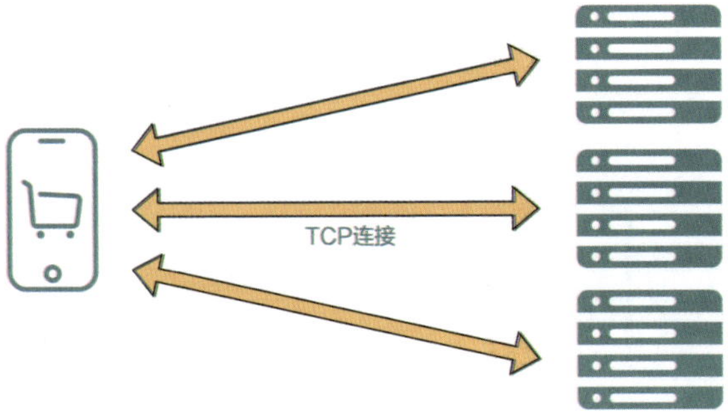

图4-15

这也不是不行，但就是麻烦。

但这时候如果能有个**中间层挡在它们中间**就好了，这样客户端只需要跟中间层连接，中间层再和服务端建立连接。于是，这个中间层就成了这群服务器的**代理人**，客户端有啥事都找代理人，只管发出自己的请求，再由代理人去找某台服务器完成响应。整个过程下来，客户端只知道自己的请求被代理人帮忙搞定了，但代理人具体找了哪台服务器去完成，客户端并不知道，也不需要知道。

像这种**代理对象为服务器的代理方式就是所谓的反向代理**，如图4-16所示。它能屏蔽掉背后具体有哪些服务器。

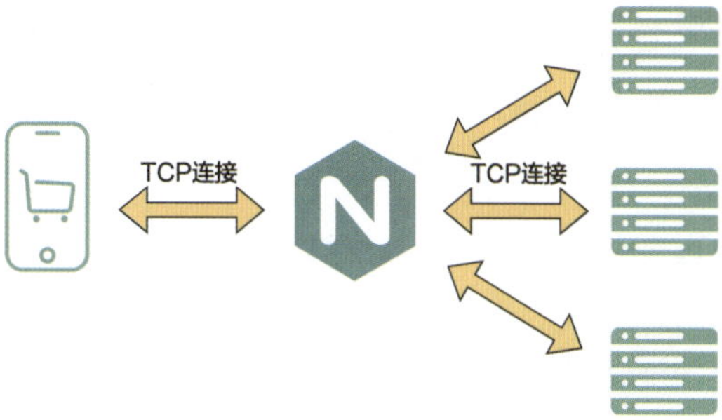

图4-16

> ★ 注意
>
> 反过来，代理对象为客户端的代理方式就是正向代理，它能屏蔽掉具体有哪些客户端。

而这个中间层的角色，一般由**Nginx**这类网关来充当。

另外，由于背后的服务器可能**性能配置各不相同**，有些是4核、8GB，有些是2核、4GB，因此Nginx能为它们加上**不同的访问权重**，权重高的多转发点请求，通过这个方式实现不同的**负载均衡**策略。

4.2.3　Nginx返回5xx状态码

有了Nginx这一中间层后，客户端从直连服务端，变成**客户端直连Nginx**，**再由Nginx直连服务端**。从一个TCP连接变成两个TCP连接。

于是，当服务器发生异常时，Nginx发送给服务端的那条TCP连接就不能正常响应，Nginx在得到这一信息后就会返回5xx错误码给客户端，也就是说，5xx的报错其实是由Nginx识别出来，并返回给客户端的，**服务端本身，并不会有5xx的日志信息**。所以才会出现本节开头的一幕，上游收到了我的服务的502报错，但我在自己的服务日志里却搜不到这一信息。

4.2.4 产生502的常见原因

在rfc7231中有关于502错误码的官方解释：

```
502 Bad Gateway
The 502 (Bad Gateway) status code indicates that the server, while acting as
a gateway or proxy, received an invalid response from an inbound server it
accessed while attempting to fulfill the request.
```

> **注意** 翻译一下就是，502（Bad Gateway）状态码表示服务器充当网关或代理，在尝试满足请求时从它访问的入站服务器接收到无效响应。

这对于大部分编程小白来说，不仅没解释问题，反而会冒出更多的问号。比如，上面提到的**无效响应**到底指的是什么？我来解释一下，它其实是说，502是由网关代理（Nginx）发出的，是因为网关代理把客户端的请求转发给了服务端，但服务端却发出了无效响应，而这里的无效响应，**一般**是指TCP的**RST**报文或四次挥手的**FIN**报文。四次挥手大家都很熟了，**RST**报文也在3.6节中有过详细介绍，它被用于**异常**关闭一个连接，这里不再赘述。

在3.6节中我们详细介绍了RST报文的产生场景有哪些，现在，我们结合RST来阐述出现502的原因，**主要有两个**。

服务端过早断开连接

Nginx与服务端之间有一条TCP连接，在Nginx将客户端请求转发给服务端时，它们之间按道理会一直保持连接，直到服务端将结果正常返回，再断开连接。

但如果服务端**过早断开连接**，而**Nginx**却还继续发消息过去，Nginx就会收到服务端内核返回的**RST**报文或四次挥手的**FIN**报文，迫使Nginx那边的连接也断开。

过早断开连接的常见原因有**两个**。

第一个原因，**服务端设置的超时时间过短**。不管使用的哪种编程语言，一般都有现成的**HTTP**库，服务端一般都会有几个**timeout**参数，比如Go语言的HTTP服务框架里有一个写超时（**WriteTimeout**），假设设置为**2s**，那它的含义就是，服务端在收到请求后需要在**2s**内处理完并将结果写到响应中，如果等不到，就会将连接断开。

比如你的接口处理时间是**5s**，而你的**WriteTimeout**却只有**2s**，在没等到响应写完之前，HTTP框架就会主动将连接断开。Nginx此时就有可能收到四次挥手的**FIN**报文（有些框架也可能发**RST**报文），然后断开连接，于是客户端就会收到一个502报错。

遇到这种问题，将**WriteTimeout**设置得大一些就好了，如图4-17所示。

第二个原因，也是造成502状态码**最常见的原因**，就是**服务端的应用进程崩了**（crash）。

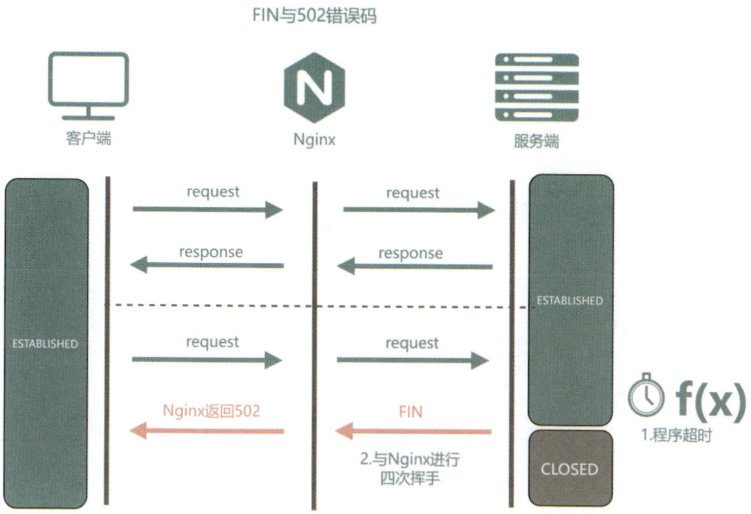

图4-17

服务端崩了，说明当前没有一个进程在监听服务端端口，而此时你却尝试**向一个不存在的端口发送数据**，服务端的Linux内核协议栈就会响应一个RST数据包。同样，这时候Nginx也会给客户端发一个502错误码，如图4-18所示。

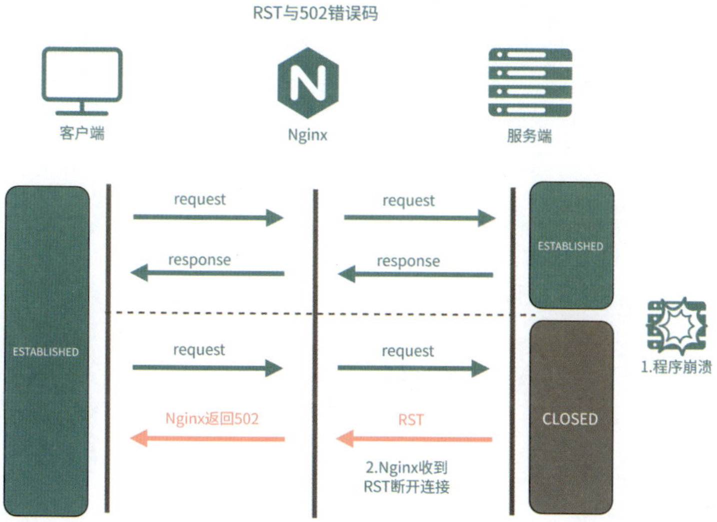

图4-18

在开发过程中，**这种情况是最常见的。**

现在大部分的服务器都会将挂掉的服务重启，因此我们需要**判断服务是否曾经崩溃过。**

如果你对服务端的CPU或者内存做过监控，那么可以看看CPU或内存的监控图中是否出现过**断崖式下跌**，如图4-19所示。如果有，那么十有八九是你的服务端应用程序曾经崩溃过。

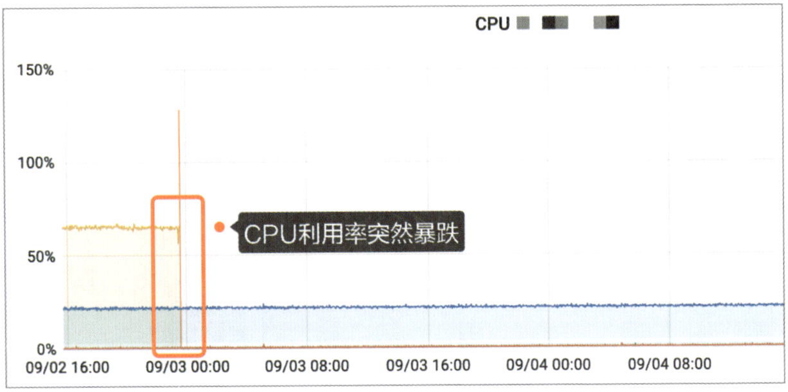

图4-19

除此之外，还可以通过下面的命令，看看**进程上次启动**是什么时候。

```
ps -o lstart {pid}
```

比如要看的进程ID是13515，命令就要像下面这样。

```
# ps -o lstart 13515
                 STARTED
Wed Aug 31 14:28:53 2022
```

可以看到它上次的启动时间是8月31日，这个时间如果和你印象中的操作时间有差距，说明进程可能是崩了之后被重新拉起了。

遇到这种问题，**最重要的是找出崩溃的原因。**崩溃的原因就多种多样了，比如，**对未初始化的内存地址进行写操作**，或者**内存访问越界**（数组arr长度明明只有2，代码却读arr[3]）。

这种情况几乎都是因为程序代码有逻辑问题，崩溃一般也会留下**代码堆栈**，可以根据堆栈报错去排查问题，修复之后就好了。比如图4-20是Go的报错堆栈信息，其他语言的也类似。

不打印堆栈的情况

但在一些情况下，根本**不留下堆栈。**

比如内存泄漏导致进程占用内存越来越多，最后导致超过服务器的最大内存限制，触发OOM（out of memory），进程直接就被操作系统kill（杀掉）。

还有更隐蔽的，代码逻辑里隐藏了**主动退出进程**的操作。比如Go的日志打印里有一个方法叫**log.Fatalln()**，打印完日志还会顺便执行**os.Exit()**直接退出进程，对源码不了解的新手很容易犯这个错，如图4-21所示。

```
2022/09/04 20:15:44 http: panic serving 127.0.0.1:50172: runtime error: invalid memory
address or nil pointer dereference
goroutine 6 [running]:
net/http.(*conn).serve.func1(0xc00006e960)
        /usr/local/go/src/net/http/server.go:1824 +0x153
panic(0x65a160, 0x83ca90)
        /usr/local/go/src/runtime/panic.go:971 +0x499
net/http.(*timeoutHandler).ServeHTTP(0xc000058200, 0x6f37d0, 0xc0000c40e0, 0xc0000de000)
        /usr/local/go/src/net/http/server.go:3321 +0x949
net/http.serverHandler.ServeHTTP(0xc0000c4000, 0x6f37d0, 0xc0000c40e0, 0xc0000de000)
        /usr/local/go/src/net/http/server.go:2887 +0xa3
net/http.(*conn).serve(0xc00006e960, 0x6f3c00, 0xc000058280)
        /usr/local/go/src/net/http/server.go:1952 +0x8cd
created by net/http.(*Server).Serve
        /usr/local/go/src/net/http/server.go:3013 +0x39b
```

图4-20

```
// Fatalln is equivalent to Println() followed by a call to os.Exit(1).
func Fatalln(v ...interface{}) {
    std.Output(2, fmt.Sprintln(v...))
    os.Exit(1)
}
```

图4-21

如果你很明确，你的服务没有崩溃过，那继续往下看。

网关将请求打到了一个不存在的IP地址上

Nginx是通过配置的形式来代理多个服务器的。这个配置一般放在**/etc/nginx/nginx.conf**中。打开它，你可能会看到类似下面这样的信息。

```
upstream xiaobaidebug.top {
    server 10.14.12.19:9235 weight=2;
    server 10.14.16.13:8145 weight=5;
    server 10.14.12.133:9702 weight=8;
    server 10.14.11.15:7035 weight=10;
}
```

这段**配置**的含义是，如果客户端访问**xiaobaidebug.top**域名，Nginx就会将客户端的请求转发到下面的4个服务器IP地址上，IP地址边上还有个weight权重，权重越高，被转发到的次数就越多。

可以看出，Nginx具有相当丰富的配置能力。但要注意的是，这些个文件是需要你自己**手动配置**的。对于服务器少，且不怎么变化的情况，这当然没问题。

但现在已经是云原生时代了，很多公司内部都有自己的云产品，服务自然也会上云。一般来说，每次更新服务都可能将服务部署到一台新的机器上。而这个IP地址也会随之改变，难道每发布一次服务，都需要手动去Nginx上改配置吗？这显然不现实。

如果能在服务器启动时，让服务器主动将自己的IP地址告诉Nginx，然后Nginx自己生成这样一个配置并重新加载，那么事情就简单多了。

为了实现这样一个**服务注册的功能**，不少公司都会基于Nginx进行二次开发。

但如果这个服务注册功能有问题，比如服务启动后，新服务没注册上，但老服务已经被销毁了。这时候Nginx还将请求打到老服务的IP地址上，由于老服务所在的机器已经没有这个服务了，所以服务器内核就会响应RST，**Nginx收到RST后回复502给客户端**，如图4-22所示。

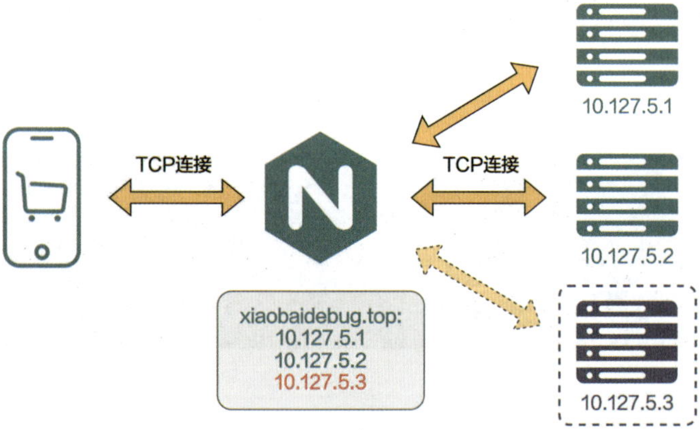

图4-22

要排查这种问题也不难。这个时候，你可以看看Nginx侧是否有打印相关的日志，转发的端口是否符合预期。如果不符合预期，则可以去找做这个基础组件的同事，进行一次**友好的交流**。

4.2.5 小结

- HTTP状态码用来表示响应结果的状态，其中200是正常响应，4xx是客户端错误，5xx是服务端错误。
- 在客户端和服务端之间加入Nginx，可以起到**反向代理和负载均衡**的作用，客户端只管向Nginx请求数据，并不关心这个请求具体由哪个服务端来处理。
- 后端服务器应用如果发生崩溃，Nginx在访问服务端时会收到服务端返回的RST报文，然后给客户端返回502错误码。502并不是服务端应用发出的，而是Nginx发出的。因此发生502错误时，后端服务器很可能没有相关的502日志，需要在Nginx侧才能看到这条502日志。

- 如果发现502错误，优先通过监控排查服务端应用是否发生过崩溃重启，如果是，再看看是否留下过崩溃堆栈日志，如果没有日志，看看是否可能是oom或者是其他原因导致进程主动退出。如果进程也没崩溃过，去排查Nginx的日志，看看是否将请求打到了某个不知名IP端口上。

4.3 既然有HTTP，为什么还要有RPC？

我刚工作的时候，第一次接触RPC协议，当时就很蒙，**HTTP我用得好好的，为什么还要用RPC协议？**

于是我就去网上搜。不少解释显得非常官方，解释了又好像没解释，都在**用一个我们不认识的概念去解释另外一个我们不认识的概念**，懂的人不需要看，不懂的人看了还是不懂。

这种云里雾里看了又好像没看的感觉，很难受，**我懂**。

为了避免大家有强烈的**“审丑”疲劳**，下面我们来尝试换个方式讲一讲。

4.3.1 从TCP聊起

通过3.1和3.5节的介绍我们知道，如果想要将数据从A计算机的进程发到B计算机的进程，可以通过socket编程建立TCP连接，再执行send方法。

仅这样一个纯裸的TCP连接，就可以做到收发数据了，那是不是就够了？不行，这么做会有问题。

4.3.2 使用纯裸TCP会有什么问题？

我们知道TCP有三个特点，**面向连接、可靠、基于字节流**。

其中需要关注的是**基于字节流**这一点，它会造成3.8节里提到的**粘包问题**。因此，纯裸TCP是不能直接拿来用的，需要在这个基础上加入一些**自定义的规则**，用于区分**消息边界**。

于是我们会把每条要发送的数据都包装一下，比如加入**消息头**，**消息头里写清楚一个完整的包长度是多少**，根据这个长度可以继续接收数据，截取出来后它们就是我们真正要传输的**消息体**，如图4-23所示。

图4-23

而这里提到的**消息头**，还可以放各种信息，比如消息体是否被压缩过和消息体格式之类的，只要上下游都约定好，互相都认可就可以了，这个约定就是所谓的**协议**。

每个使用TCP的项目都可能会定义一套类似这样的协议解析标准，它们可能**有区别，但原理都类似。于是基于TCP，就衍生了非常多的协议，比如HTTP和RPC**。

4.3.3 HTTP和RPC

我们回过头来看网络的分层图，如图4-24所示。

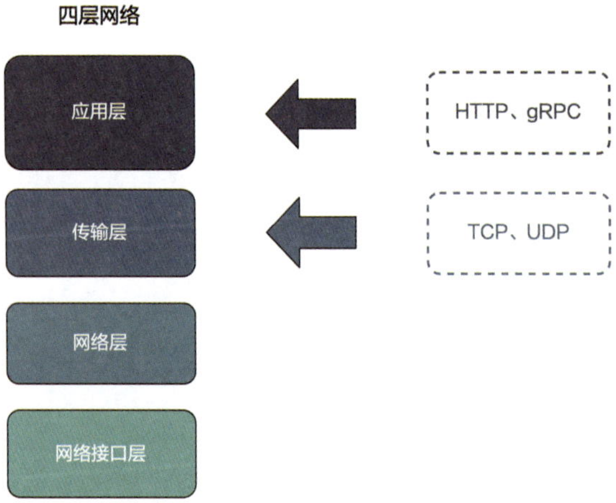

图4-24

TCP是传输层的协议，而基于TCP衍生出来的HTTP和**各类**RPC协议，它们都只是定义了不同消息格式的**应用层协议**而已。

HTTP，也就是4.1节中提到的**超文本传输协议**，我们用得比较多，平时上网在浏览器上输入网址就能访问网页，用到的就是HTTP，如图4-25所示。

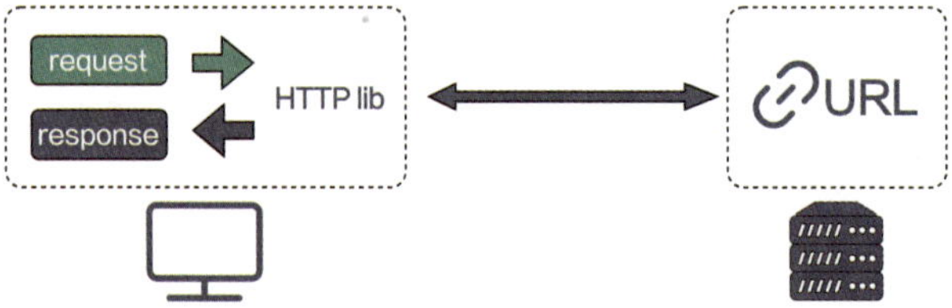

图4-25

而RPC（Remote Procedure Call），又叫作**远程过程调用**。它本身并不是一个具体的协议，而是一种**调用方式**。

举个例子，我们平时调用一个**本地方法**就像下面这样。

```
res = localFunc(req)
```

假设这不是一个本地方法，而是一个**远端服务器**暴露出来的方法**remoteFunc**（见图4-26），如果我们还能像调用本地方法那样去调用它，就可以**屏蔽掉一些网络细节**，用起来更方便，岂不美哉？

```
res = remoteFunc(req)
```

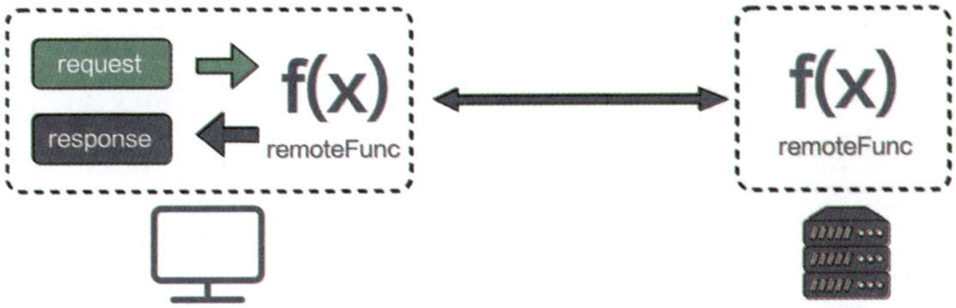

图4-26

基于这个思路，专家们造出了非常多种RPC协议，比如比较有名的**gRPC**、**thrift**。值得注意的是，虽然大部分RPC协议底层使用的是TCP，但实际上**它们不一定非得使用TCP，改用UDP或者HTTP，其实也可以实现类似的功能**，如图4-27所示。

图4-27

到这里，我们不禁要问：**既然有HTTP，为什么还要有RPC**？

其实，**TCP**是20世纪**70年代**被提出的协议，而**HTTP**是20世纪**90年代**才开始流行的。直接使用裸TCP会有问题，可想而知，中间这么多年有多少自定义的协议，而这里面就有20世纪**80年代**被提出的**RPC**。

所以我们该问的不是**既然有HTTP为什么要有RPC**，而是要问**为什么有RPC还要有HTTP**。

那既然有RPC了，为什么还要有HTTP呢？

现在计算机上装的各种**联网**软件，比如计算机管家、安全卫士，它们都作为**客户端**（**Client**）需要跟**服务端**（**Server**）建立连接收发消息，此时都会用到应用层协议，在这种**Client/Server**（**C/S**）架构下，它们可以使用自家造的RPC协议，因为它只管连接自己公司的服务器就可以了。

但有一个软件不同，**浏览器**（**Browser**），不管是Chrome还是IE，它们不仅要能访问自家公司的**服务器**（**Server**），还需要访问其他公司的网站服务器，因此它们需要有一个统一的标准，不然大家没法交流。于是，HTTP就是那个时代用于统一**Browser/Server**（**B/S**）的协议。

也就是说，在多年以前**HTTP主要用于B/S架构，而RPC更多用于C/S架构。但现在其实已经没分那么清了，B/S和C/S在慢慢融合**。很多软件同时支持多端，比如百度云盘，既要支持**网页版**，还要支持**手机端和计算机端**，如果通信协议都用HTTP，服务器只用同一套就够了。而RPC就开始退居幕后，一般用于公司内部集群里各个微服务之间的通信。

这么说的话，**都用HTTP得了，还用什么RPC**？

仿佛又回到了本节开头的状态，那这就要从它们之间的区别开始说起。

HTTP和RPC有什么区别?

我们来看看RPC和HTTP比较明显的几个区别。

服务发现

要向某个服务器发起请求，就要先建立连接，而建立连接的前提是，你要知道**IP地址和端口**。这个找到服务对应的IP地址和端口的过程，其实就是**服务发现**。

在**HTTP**中，你知道服务的域名，就可以通过**DNS服务**去解析得到它背后的IP地址，默认80端口。

而**RPC**就有些区别，一般会有专门的**中间服务**去保存服务名和IP地址信息，比如**consul或者etcd，甚至是Redis**。想要访问某个服务，就去这些中间服务获取IP地址和端口信息。由于DNS也是服务发现的一种，所以也有基于DNS去做服务发现的组件，比如**CoreDNS**。

可以看出，在服务发现这一块，两者是有些区别的，但不太能分高下。

底层连接形式

以主流的**HTTP 1.1**协议为例，其默认在建立底层TCP连接之后会一直保持这个连接（**keep alive**），之后的请求和响应都会复用这条连接。

而**RPC**协议，也和HTTP类似，是通过建立TCP长连接进行数据交互的，但不同之处在于，RPC协议一般还会再建一个**连接池**，在请求量大的时候，建立多条连接放在池内，要发数据的时候就从池里取一条连接出来，**用完放回去，下次再复用**，大大减少了重复创建连接的开销，如图4-28所示。

由于连接池有利于提升网络请求性能，因此不少编程语言的网络库里都会给HTTP加一个连接池，比如**Go语言**就是这么干的。

可以看出这一块两者没有太大区别，所以也不是关键。

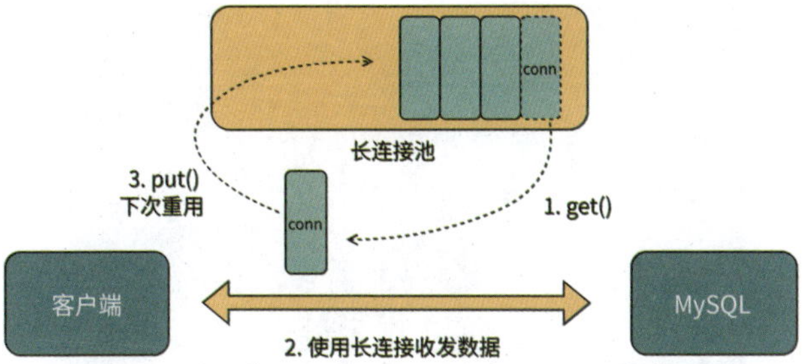

图4-28

传输的内容

基于TCP传输的消息，说到底，无非都是**消息头（header）和消息体（body）**。

header用于标记一些特殊信息，其中最重要的是**消息体长度**。

body则是放我们真正需要传输的内容，而这些内容只能是二进制01串，毕竟计算机只认识它们。所以TCP传字符串和数字都问题不大，因为字符串可以转成编码再变成01串，而数字本身也能直接转为二进制。但对于结构体呢，我们要想个办法将它也转为二进制01串，这样的方案现在也有很多现成的，比如**JSON**，**Protobuf**。

将结构体转为二进制数据的过程叫**序列化**，反过来将二进制数据复原成结构体的过程叫**反序列化**，如图4-29所示。

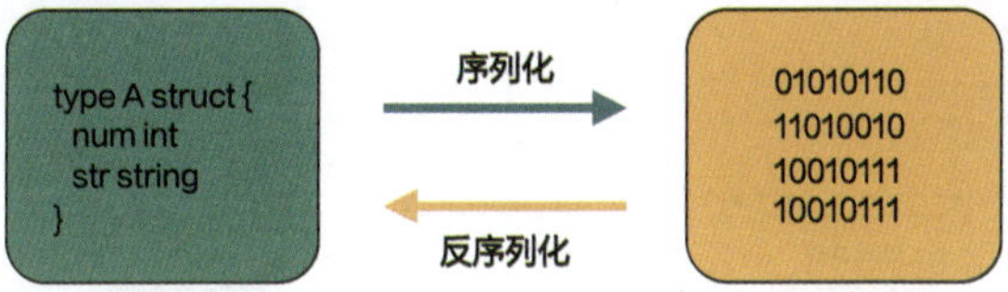

图4-29

对于主流的HTTP 1.1，虽然它现在叫**超文本**传输协议，支持音频视频，但HTTP设计之初是用于网页**文本**展示的，所以它传的内容以字符串为主。header和body都是如此。在body这块，它使用**JSON**来**序列化**结构体数据。

我们可以随便截个图直观看看，如图4-30所示。可以看到这里面的内容有非常多的**冗余**，显得**非常啰唆**。最明显的，像**header**里的那些信息，其实如果我们约定好头部的第几位是Content-Type，就**不需要每次都真的把"Content-Type"这个字段传过来**，类似的情况其实在**body**的JSON结构里也特别明显，如图4-31所示。

而RPC，因为它定制化程度更高，可以采用体积更小的Protobuf或其他序列化协议去保存结构体数据（参见图4-32），同时也不需要像HTTP那样考虑各种浏览器行为，比如302重定向跳转等，**因此性能也会更好一些，这也是在公司内部微服务中抛弃HTTP，选择使用RPC的最主要原因**。

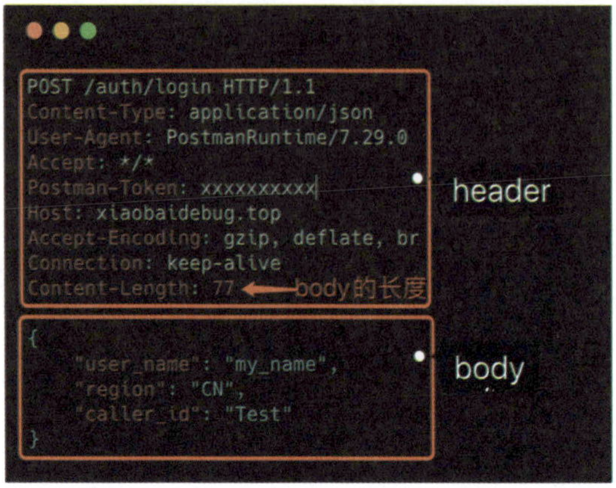

图4-30

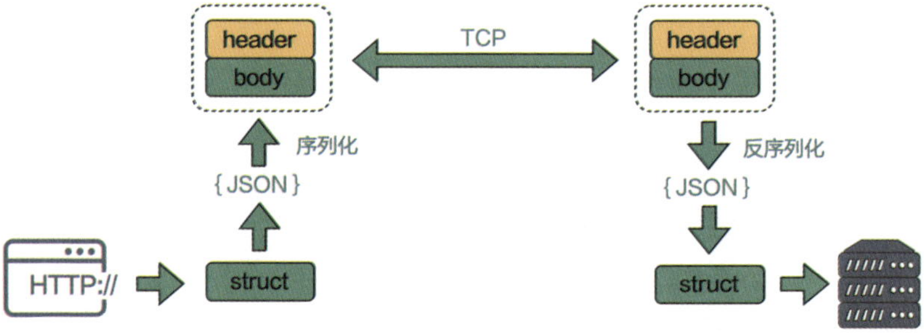

图4-31

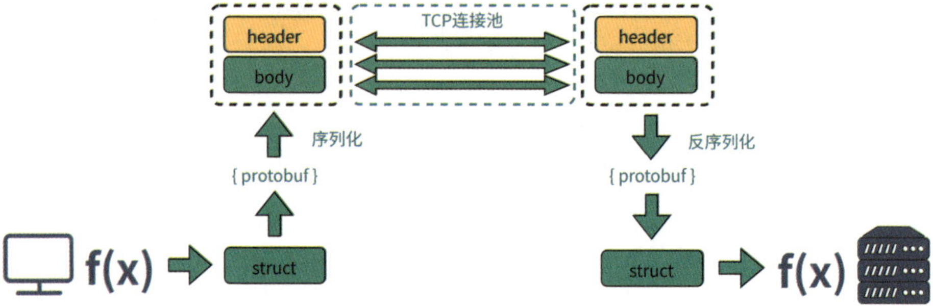

图4-32

当然上面说的HTTP，其实**特指现在主流使用的HTTP 1.1**，HTTP 2.0在前者的基础上做了很多改进，所以**性能可能比很多RPC协议还要好**，甚至连gRPC底层都直接用的是HTTP 2.0。

那么问题又来了。

为什么既然有了HTTP 2.0，还要用RPC协议？

这是由于HTTP 2.0是2015年出现的。那时候很多公司内部的RPC协议都已经跑了好多年，基于历史原因，一般也没必要去换了。

4.3.4　小结

- 纯裸TCP是能收发数据，但它是一个**无边界**的数据流，上层需要定义**消息格式**用于定义**消息边界**，于是就有了各种协议，HTTP和各类RPC协议就是在TCP之上定义的应用层协议。
- **RPC本质上不算是协议，而是一种调用方式**，而像gRPC和thrift这样的具体实现才是协议，它们是实现了RPC调用的协议。目的是希望程序员能像调用本地方法那样去调用远端的服务方法。同时RPC有很多种实现方式，**不一定非得基于TCP。**
- 从发展历史来说，**HTTP主要用于B/S架构，而RPC更多用于C/S架构。但现在其实已经没分那么清了，B/S和C/S在慢慢融合**。很多软件同时支持多端，所以对外一般用HTTP，而内部集群的微服务之间则采用RPC协议进行通信。
- RPC其实比HTTP出现得要早，且比目前主流的HTTP 1.1**性能**更好，所以大部分公司内部还在使用RPC。
- **HTTP 2.0**在**HTTP 1.1**的基础上做了优化，性能可能比很多RPC协议都要好，但由于是近些年才发布的，所以也不太可能取代RPC。

最后留一个问题，大家有没有发现，不管HTTP还是RPC，它们都有一个特点，那就是消息都是客户端请求，服务端响应。**客户端没问，服务端肯定就不答**，这就有点僵了，但现实中肯定有需要**服务端主动发送消息给客户端**的场景，比如打网页游戏，站在那儿啥也不操作，怪兽也会主动攻击我，这种情况该怎么办呢？

4.4　为什么有了HTTP，还要有websocket协议？

平时我们打开网页，比如购物网站，点一下**列表商品**，跳转一下，网页就到了**商品详情页。**

从HTTP的角度来看，就是点一下网页上的某个按钮，**前端发一次HTTP请求，网站返回一次HTTP响应。**

这种由客户端主动请求、服务端响应的方式满足大部分网页的功能场景。但有没有发现，在这种情况下，服务端从来就不会**主动**给客户端发一次消息。

但如果现在，你在刷网页的时候**右下角**突然弹出一个**小广告**，提示你：“**一个人在家才能偷偷玩哦。**”

你点开后发现，影帝某辉老师跟你说“系兄弟就来看我”。来都来了，你就选了一个角色进到了游戏界面里。这时候，上来就是一个小怪物，从远处走来，然后疯狂拿木棒子抽你。

你全程没点任何一次鼠标。服务端就自动将怪物的移动数据和攻击数据源源不断发给你了。

这……太暖心了。

感动之余，问题就来了。

像这种**看起来服务端主动发消息给客户端的场景**，是怎么做到的?

在真正回答这个问题之前，先来讲一些相关的背景知识。

4.4.1 使用HTTP不断轮询

其实问题的痛点在于，**怎样才能在用户不做任何操作的情况下，网页能收到消息并发生变更**。

最常见的解决方案是，**网页的前端代码里不断定时发HTTP请求到服务端，服务端收到请求后给客户端响应消息**。这其实是一种**伪**服务端推的形式。

它其实并不是服务端主动发消息到客户端，而是客户端自己不断偷偷请求服务端，只是用户无感知而已。

用这种方式的场景也有很多，最常见的就是**扫码登录**。

比如微信公众号平台，在登录页面二维码出现之后，**前端**网页根本不知道用户扫没扫，于是不断去向**后端**服务器询问，看有没有人扫过这个码。而且是以大概1到2s的间隔不断发出请求，这样可以保证用户在扫码后能在1到2s内得到及时反馈，不至于**等太久**，如图4-33所示。

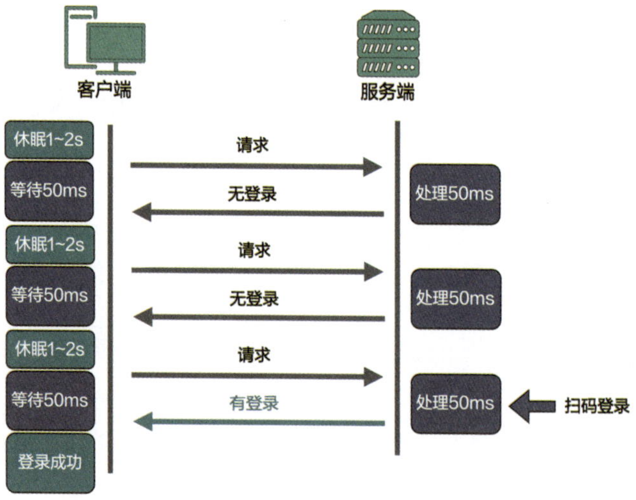

图4-33

但这样，会有两个比较明显的问题：

- 当你按F12键打开页面时，会发现满屏的HTTP请求。虽然每个请求很小，但这其实也消耗带宽，同时也会增加下游服务器的负担。
- 最坏情况下，用户在扫码后，需要等1～2s才触发下一次HTTP请求，然后才跳转页面，用户会感到**明显的卡顿**。

使用起来的体验就是，二维码出现后（如图4-34所示），你用手机扫一扫，然后在手机上点一个确认，这时候**卡顿等上1~2s**，页面才跳转。

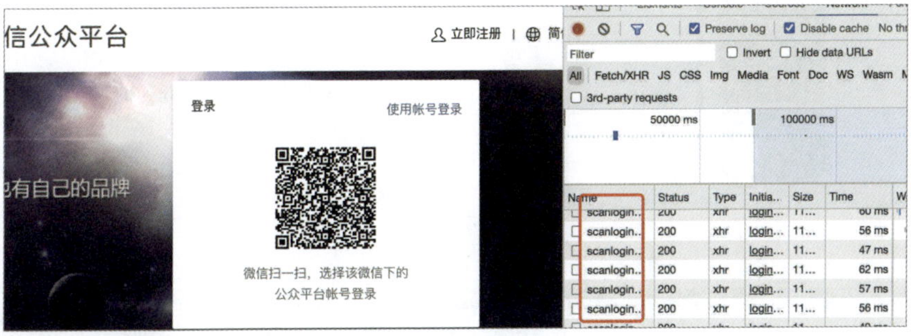

图4-34

那么问题又来了，**有没有更好的解决方案**？

有，而且实现起来成本还非常低。

4.4.2　长轮询

我们知道，HTTP请求发出后，一般会给服务端留一定的时间做响应，比如3s，规定时间内没响应，就认为超时。

如果我们的HTTP请求**将超时设置得很大**，比如30s，**在这30s内只要服务端收到了扫码请求，就立刻返回给客户端网页。如果超时，就立刻发起下一次请求。**

这样就减少了HTTP请求的个数，并且由于大部分情况下，用户都会在某个30s的区间内做扫码操作，所以响应也是及时的，如图4-35所示。

比如，百度网盘就是这么做的。所以你会发现一扫码，在手机上点一个确认，计算机端网页就**秒跳转**，体验很好，如图4-36所示。真是一举两得。

像这种发起一个请求，在较长时间内等待服务端响应的机制，就是所谓的**长轮询机制**。我们常用的消息队列RocketMQ中，消费者去取数据时，也用到了这种方式，如图4-37所示。

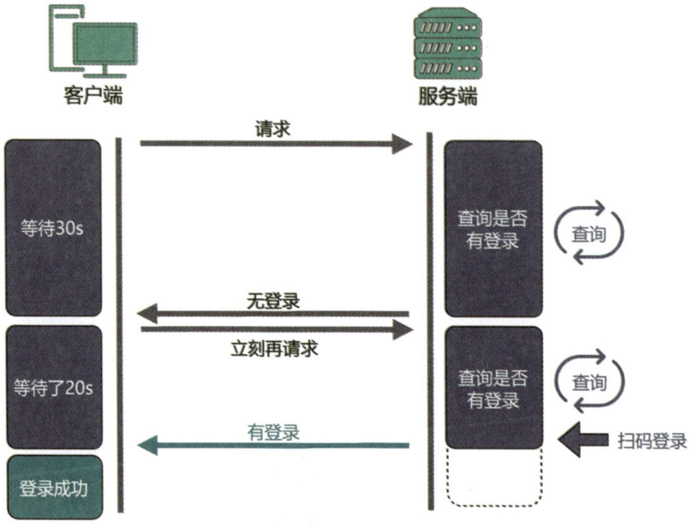

图4-35

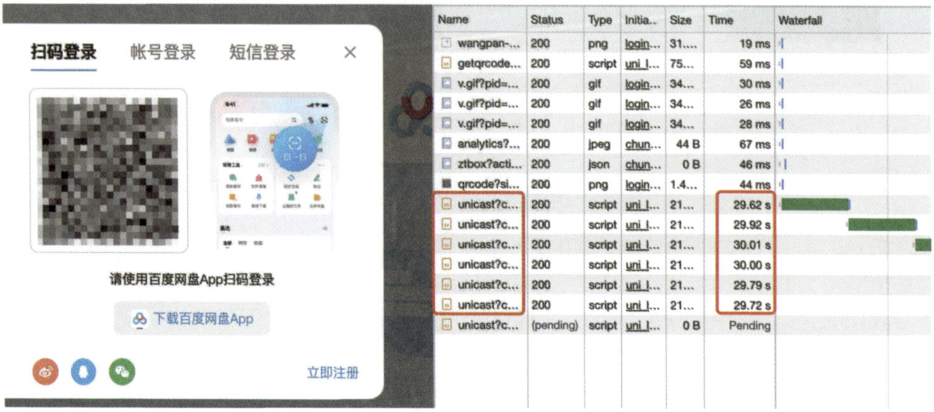

图4-36

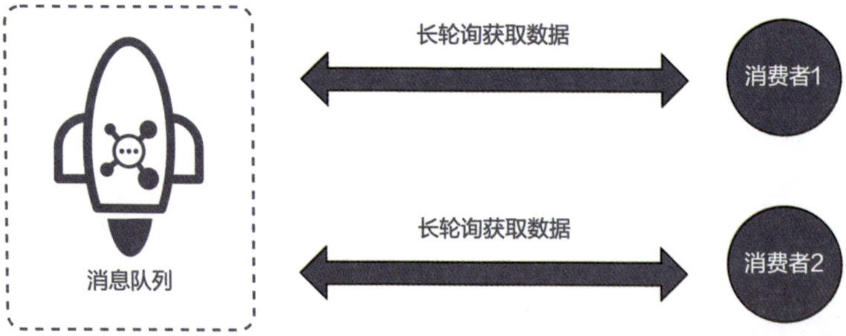

图4-37

像这种在用户未感知的情况下，服务端将数据推送给浏览器的技术，就是所谓的**服务端推送**技术，它还有一个毫不沾边的英文名，comet技术，大家听过就好。

上面提到的两种解决方案，本质上，其实还是客户端主动去取数据。

对于像扫码登录这样的**简单场景**还能用用，但如果是网页游戏呢，游戏一般会有大量的数据需要从服务端主动推送到客户端。这就要说说websocket了。

4.4.3　websocket是什么？

我们知道TCP连接的两端，**同一时间里**，**双方**都可以**主动**向对方发送数据。这就是所谓的**全双工**。

而现在使用最广泛的**HTTP 1.1**，也是基于TCP的，**同一时间里**，客户端和服务端**只能有一方主动**发数据，这就是所谓的**半双工**。

也就是说，好好的全双工TCP，被HTTP用成了半双工。

这是为什么呢？这是由于HTTP设计之初，考虑的是网页文本的场景，能做到**客户端发起请求再由服务器响应**就够了，根本就没考虑网页游戏这种客户端和服务端之间都要互相主动发大量数据的场景。

所以为了更好地支持这样的场景，我们需要另外一个**基于TCP的新协议**。

于是新的应用层协议websocket就被设计出来了，如图4-38所示。

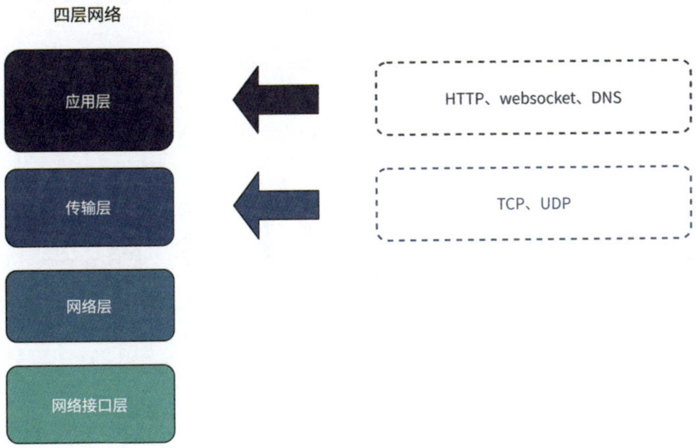

图4-38

大家别被这个名字带偏了。虽然名字带了socket，但其实socket和websocket之间，就像雷峰和雷峰塔一样，二者接近**毫无关系**。

4.4.4　怎样建立websocket连接？

我们平时刷网页，一般都是在浏览器上刷的，一会儿刷刷图文，这时候用的是HTTP，一会儿打开网页游戏，这时候就要切换成新介绍的websocket协议。

为了兼容这些使用场景，浏览器在**TCP三次握手**建立连接之后，都**统一使用HTTP**先进行一次通信：

- 如果此时是**普通的HTTP请求**，那后续双方就还是老样子继续用普通HTTP来交互，这点没什么疑问。
- 如果这时候是**想建立websocket连接**，就会在HTTP请求里带上一些**特殊的**header。

```
Connection: Upgrade
Upgrade: websocket
Sec-WebSocket-Key: T2a6wZlAwhgQNqruZ2YUyg==\r\n
```

这些header的意思是，浏览器想**升级协议**（Connection: Upgrade），并且**想升级成websocket协议**（Upgrade: websocket）。

同时带上一段**随机生成的base64码**（Sec-WebSocket-Key），发给服务端。

如果服务端正好支持升级成websocket协议，就会走websocket握手流程，同时根据客户端生成的base64码，用某**公开**算法变成另一段字符串（如图4-39所示），放在HTTP响应的`Sec-WebSocket-Accept`头里，同时带上`101`状态码，发回浏览器。

```
HTTP/1.1 101 Switching Protocols\r\n
Sec-WebSocket-Accept: iBJKv/ALIW2DobfoA4dmr3JHBCY=\r\n
Upgrade: websocket\r\n
Connection: Upgrade\r\n
```

图4-39

> ★注意
> HTTP状态码=200（正常响应）的情况，大家见得多了，=101确实不常见，这个状态码其实是**指协议切换**。

之后，浏览器也用同样的**公开算法**将**base64**码转成另一段字符串，如果这段字符串和服务器传回来的**字符串一致**，那么验证通过，如图4-40所示。

这样经历了一来一回两次HTTP握手，websocket就建立完成了，后续双方就可以使用webscoket的数据格式进行通信，如图4-41所示。

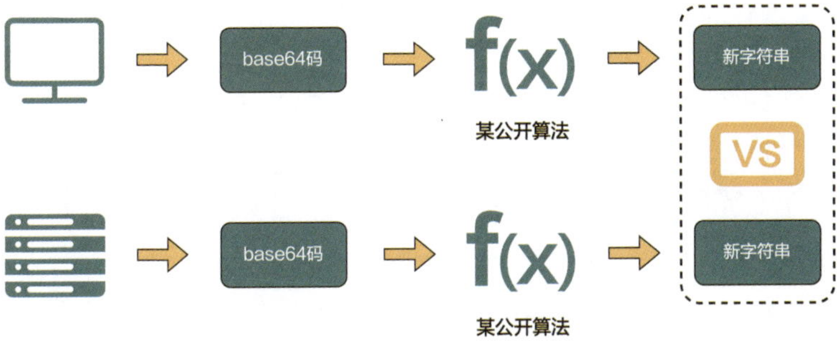

图4-40

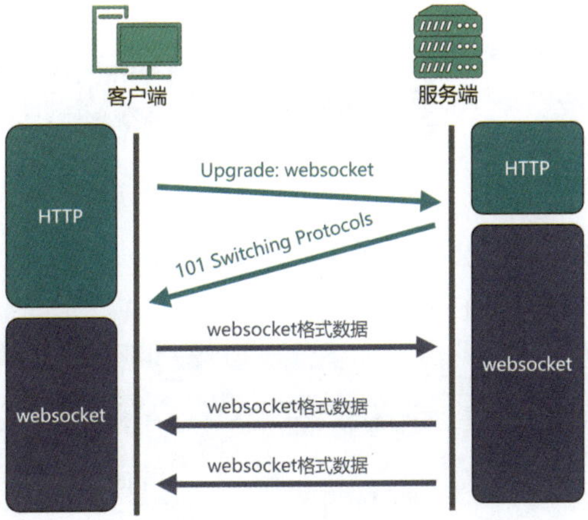

图4-41

4.4.5 websocket抓包

我们可以用Wireshark抓个包，实际看看数据包的情况。

注意图4-42中的第**2445**行报文，是websocket的**第一次握手**，意思是发起了一次带有特殊**Header**的HTTP请求。

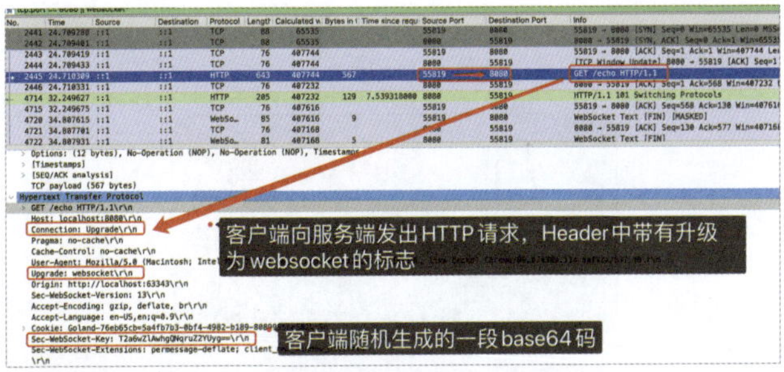

图4-42

图4-43里的**4714**行报文，就是服务端在得到第一次握手后，响应的**第二次握手**，可以看到这也是HTTP类型的报文，返回的状态码是101。同时可以看到返回的报文header中也带有各种websocket相关的信息，比如Sec-WebSocket-Accept。

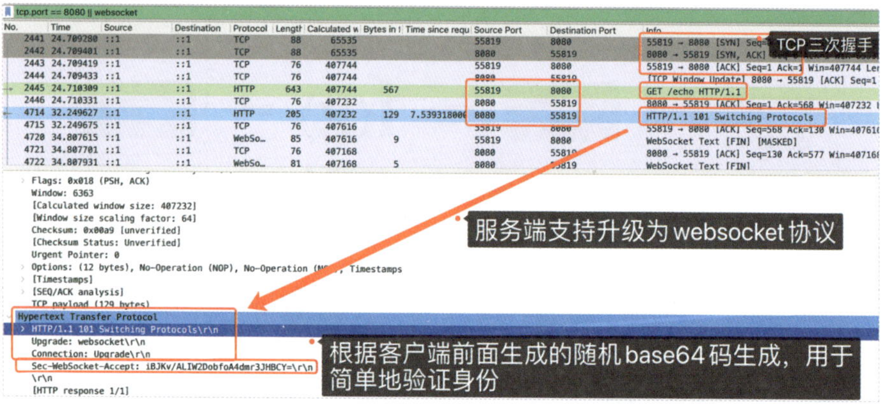

图4-43

从图4-44截图上的注释可以看出，websocket和HTTP一样都是基于TCP的协议。经历了三次TCP握手之后，利用HTTP升级为websocket协议。

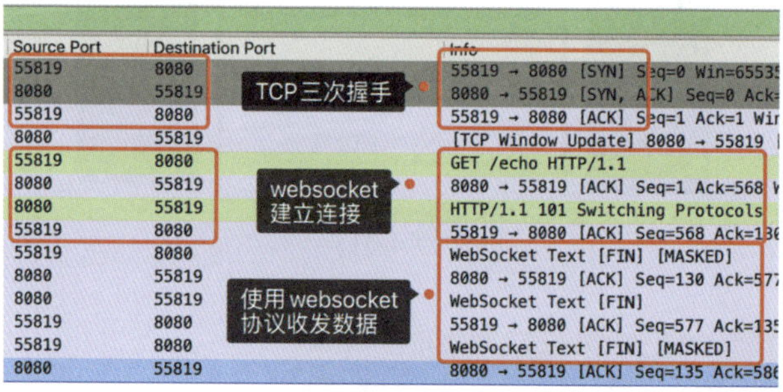

图4-44

你可能在网上会看到一种说法："websocket是基于HTTP的新协议"，**其实这并不对，**因为websocket只有在建立连接时才用到HTTP，**升级完成之后就跟HTTP没有任何关系了。**

这就有点"**借壳生蛋**"的意思，如图4-45所示。

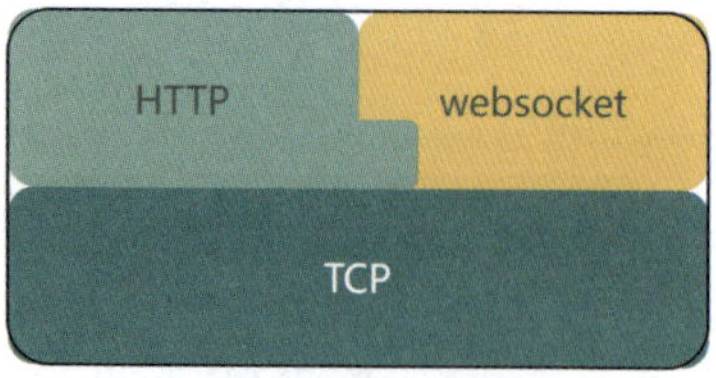

图4-45

4.4.6　websocket的消息格式

上面提到在完成协议升级之后，两端就会用webscoket的数据格式进行通信。数据包在websocket中被叫作**帧**。我们来看看它的数据格式如图4-46所示。

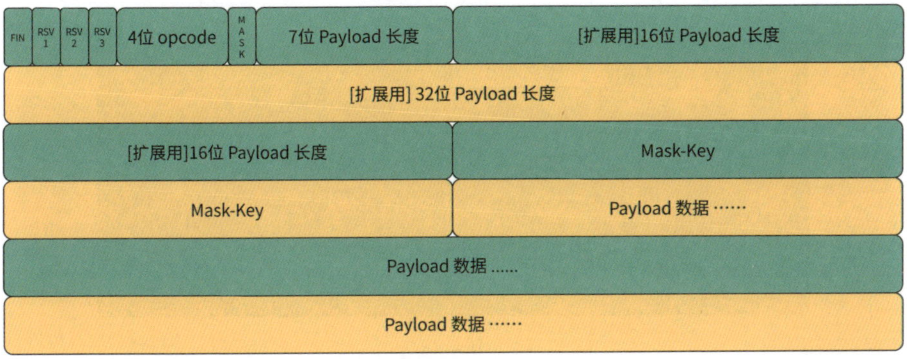

图4-46

这里面字段很多，但我们只需要关注下面这几个。

opcode字段：用来标识这是**什么类型**的数据帧。比如：

- 等于1是指text类型（`string`）的数据包。
- 等于2是指二进制数据类型（`[]byte`）的数据包。
- 等于8是关闭连接的信号。

Payload字段：存放的是我们**真正想要传输的数据的长度**，单位是**字节**。比如你要发送的数据是字符串"111"，那它的长度就是**3**，如图**4-47**所示。

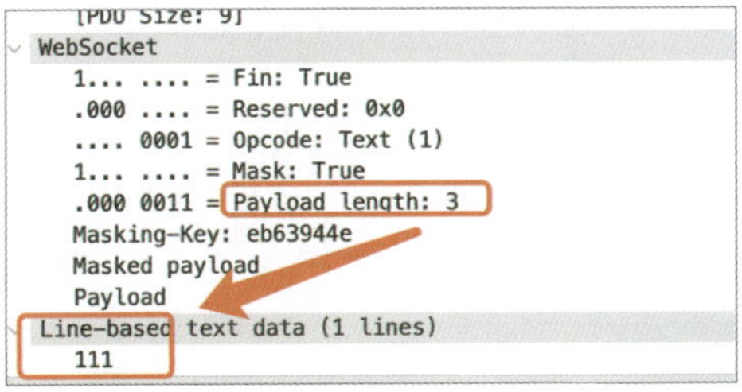

图4-47

另外，可以看到，存放**Payload长度的字段有好几个**，我们既可以用最前面的**7**位，也可以用7位加后面的**16**位或**64**位。

那么问题就来了。

我们知道，在数据层面都是01组成的二进制流。我怎么知道**什么情况下应该读7位，什么情况下应该读7+16位呢？**

websocket会用最开始的7位作为标志位。不管接下来的数据有多大，都**先读开头的7位**，根据它的取值决定还要不要再读16位或64位。

- 如果开头的**7位**的值是0～125，那么它就表示**Payload全部长度**，只读开始的**7**位就完事了，如图4-48所示。

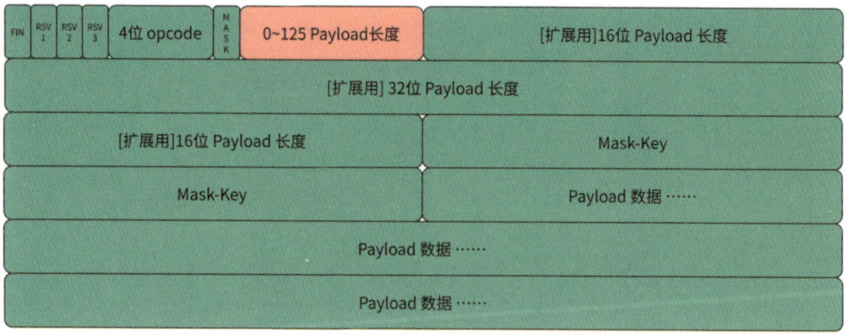

图4-48

- 如果是**126（0x7E）**，它表示Payload的长度范围在**126~65535** 之间，接下来还需要**再读16位**。这16位会包含Payload的真实长度。

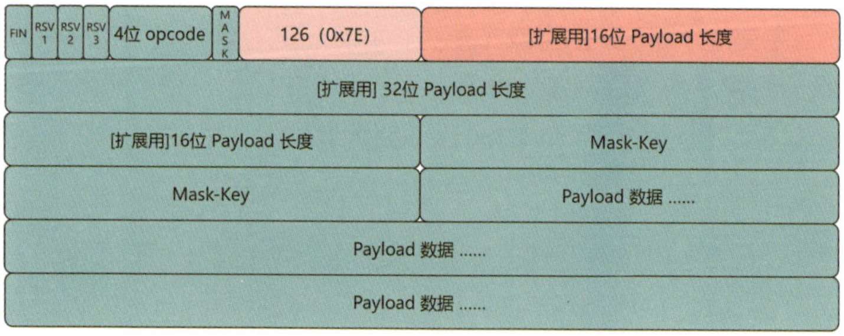

图4-49

- 如果是**127（0x7F）**，它表示Payload的长度范围**>=65536**，接下来还需要**再读64位**。这64位会包含Payload的长度。这能放2^{64}字节的数据，换算一下有好多TB，肯定够用了，如图4-50所示。

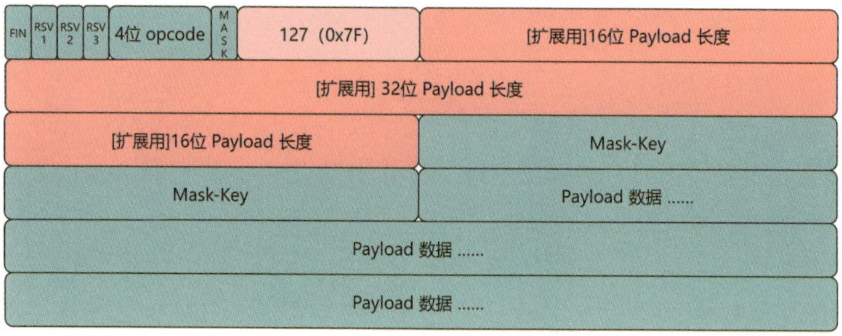

图4-50

Payload数据字段：这里存放的就是真正要传输的数据，在知道了上面的Payload长度后，就可以根据这个值去截取对应的数据。

大家有没有发现一个小细节，websocket的数据格式也是**数据头（内含Payload长度）+ Payload数据**的形式。

在4.3节“既然有HTTP，为什么还要有RPC？”中提到过，TCP本身就是全双工的，但直接使用**纯裸TCP**去传输数据，会有**粘包**的问题。为了解决这个问题，上层协议一般会用**消息头+消息体**的格式去重新包装要发的数据。而**消息头**里一般含有**消息体的长度**，通过这个长度可以去截取真正的消息体。

HTTP和大部分RPC协议，以及本节介绍的websocket协议，都是这样设计的，如图4-51所示。

图4-51

4.4.7 websocket的使用场景

websocket完美继承了TCP的**全双工**能力，并且还贴心地提供了解决粘包的方案。它适用于**需要服务和客户端（浏览器）频繁交互**的大部分场景。比如网页/小程序游戏、网页聊天室，以及一些类似飞书这样的网页协同办公软件。

回到本节开头的问题，在使用websocket协议的网页游戏里，怪物的移动以及攻击玩家的行为是**服务端逻辑**产生的，对玩家产生的伤害等数据，都需要由**服务端主动发送给客户端**，客户端获得数据后展示对应的效果，如图4-52所示。

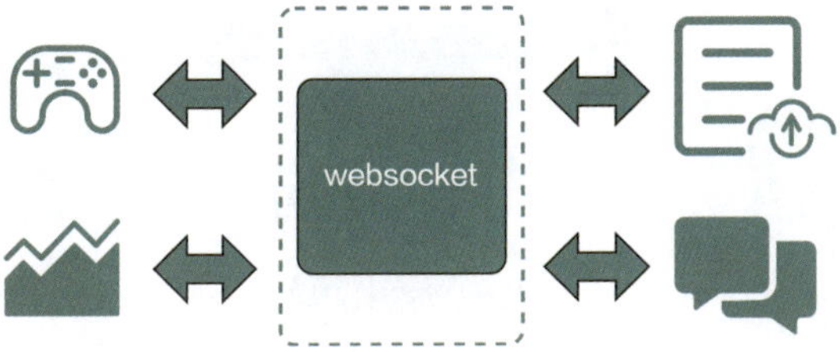

图4-52

4.4.8 小结

- TCP本身是**全双工**的，但我们最常用的HTTP 1.1，虽然是基于TCP的协议，但它是**半双工**的，对于大部分需要服务端主动推送数据到客户端的场景，都不太友好，因此需要使用支持全双工的websocket协议。
- 在HTTP 1.1里，只要客户端不问，服务端就不答。基于这样的特点，对于登录页面这样的简单场景，可以使用**定时轮询或者长轮询**的方式实现**服务端推送**（comet）的效果。

- 对于客户端和服务端之间需要频繁交互的复杂场景，比如网页游戏，都可以考虑使用websocket协议。
- websocket和socket几乎没有任何关系，只是叫法相似。
- 正因为各个浏览器都支持HTTP，所以websocket会先利用HTTP加上一些特殊的header进行握手升级操作，升级成功后就和HTTP没有任何关系了，之后就用websocket的数据格式收发数据。

4.5 刚插上网线，计算机怎么知道自己的IP地址是什么？

这个问题来源于我的一次真实面试里的一个**小问题**。当时是终面，面试我的是那家公司的**技术顾问**，在面试前HR还让我看了他的履历，是一位**1996年就进了麻省理工学院计算机系的大专家**。

我属实被震惊到。这是什么概念？1996年，没记错的话那是一个用**BP机和大哥大**的年代。有几个人能用上计算机？又有几个人有这种机会能出国深造。就算放到现在，这也是非常厉害的事情。

那一天，我感受到了那种跨越时代的碾压感。

接下来，我们进入正题。众所周知，如果知道某台计算机的IP地址，就可以向这个IP地址发起连接请求，建立连接后就可以收发数据，如图4-53所示。

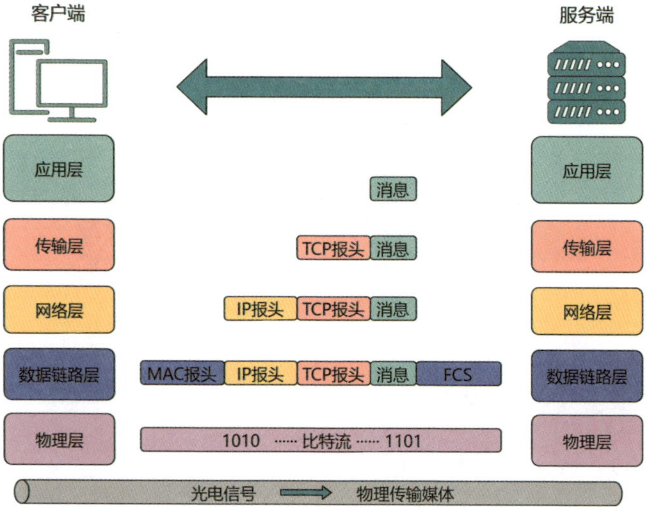

图4-53

要发送的数据，会在网络层加入**IP报头**，如图4-54所示。

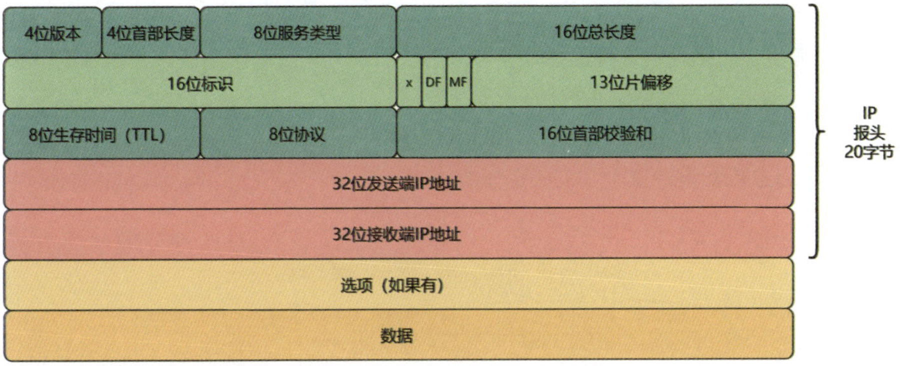

图4-54

这里最重要的是**发送端和接收端的IP地址**。这个IP地址就像是门牌号一样，有了它，数据包就能在这个纷繁复杂的网络世界找到该由谁来接收这个数据包。所以说上面的网络通信离不开IP地址。假设我有一台新买的计算机，**还没联网**呢，这时候拿着新买的网线，插入网线插口，网线插口亮起来了。然后就可以开始用它上网了。

那么问题来了，**刚插上网线，计算机怎么知道自己的IP是什么**?怎么就突然能上网了呢?

对于这个问题，我们从**DHCP**聊起吧。

4.5.1　DHCP是什么?

插上网线之后，获得IP地址的方式主要有两种。

第一种是自己**手动在计算机里配**。图4-55是macOS的一个截图，在选择**手动**配置之后，除了**IP地址**，还需要配上**子网掩码**和**路由器的地址**。

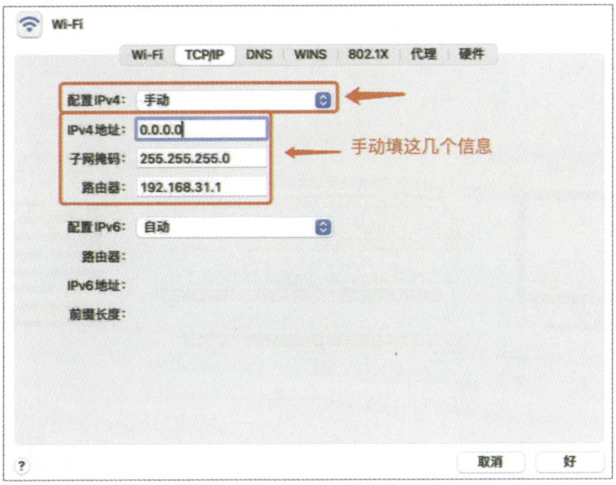

图4-55

这就很不科学了，计算机又不是只卖给程序员，这几个词对于大部分普通人来说，比“**赋能**”“**抓手**”“**闭环**”这种黑话还要难理解。大部分人没事都不应该去配置这玩意。

有没有办法可以自动获得这些IP信息?

有，这就是**第二种**获取IP信息的方式，**DHCP**（**D**ynamic **H**ost **C**onfiguration **P**rotocol，**动态主机配置协议**），如图4-56所示。

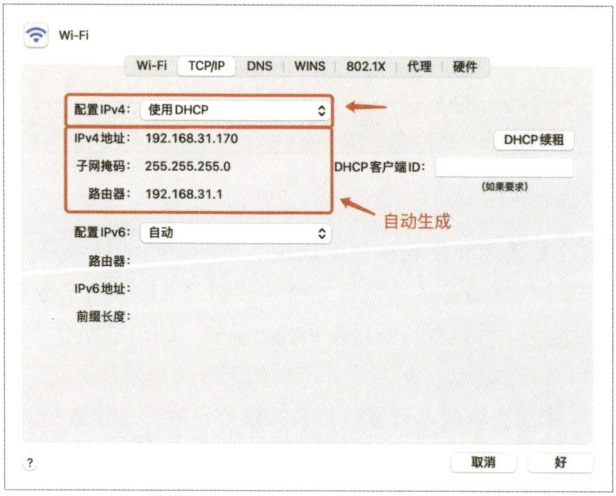

图4-56

通过DHCP，在联网之后可以自动获取到本机需要的**IP地址**、**子网掩码**和**路由器地址**。

4.5.2 DHCP的工作原理

DHCP的工作原理也非常简单。说白了，就是向某个**管IP地址分配的服务器**，也就是**DHCP服务器**（**Server**），申请IP地址。其实一般家里用的路由器就自带这个功能。整个操作流程分为**4个**阶段，如图4-57所示。

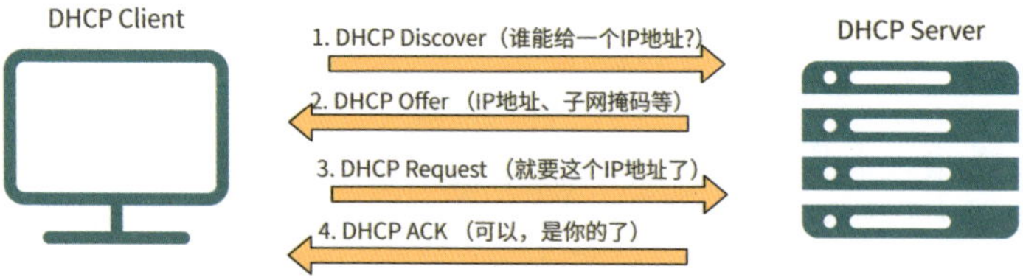

图4-57

- **DHCP Discover**：在联网时，本机由于没有IP地址，也不知道DHCP服务器的IP地址是什么，所以根本不知道该向谁发起请求，于是索性选择**广播**，向本地网段内所有人发出消息，询问**谁能给一个IP地址用用**。

- **DHCP Offer**：不是DHCP服务器的机器会忽略你的广播消息，而DHCP服务器收到消息后，会在自己维护的IP地址池里拿出一个空闲IP地址，通过**广播**的形式回给你的计算机。
- **DHCP Request**：你的计算机在拿到IP地址后，再次发起**广播**，就说“这个IP地址我要了”。
- **DHCP ACK**：DHCP服务器此时再回复你一个ACK，意思是“OK”。你就正式获得这个IP地址在**一段时间（比如24小时）**里的使用权了。后续**只要IP租约不过期**，就可以一直用这个IP地址进行通信。

到这里，问题来了。

为什么要有第三和第四阶段？

大家有没有发现，**在Offer阶段，其实你的机器就已经拿到IP地址了，为什么还要有后面的Request和ACK呢？是不是有些多此一举？**

这是因为本地网段内，可能有**不止一台DHCP服务器**，在你广播之后，每个DHCP服务器都有可能给你发Offer。

根据“先到先响应”的原则，你的机器一般会对**第一个**到的Offer响应DHCP Request，目的是确认Offer。在确认Offer的过程中，DHCP服务器会检查所提供的IP地址是否仍然可用，以确保没有其他设备已经获得了相同的IP地址。只有在DHCP服务器确认这个IP地址还没有被分配出去的情况下，你的设备才能安心使用这个IP地址。

这像不像你找工作的过程？

你海投简历（**DHCP Discover**），然后拿到了多个Offer（**DHCP Offer**）。

这时候事情还没完，你一般会跟HR说：“**你给我两天时间，我要跟家里人商量下。**”

HR也会对你说：“**那你尽快确认，我这边还有不少候选人等着。**”

之后你考虑下来觉得不错，跟HR说要接这个Offer（**DHCP Request**），HR看了下这个**岗位还在**，才能确认让你第二天来上班（**DHCP ACK**）。如果这个公司的岗位已经招到其他候选人了，第四阶段的消息就会改为发**DHCP NAK**，意思是拒绝了你的接Offer请求。

4.5.3 DHCP抓包

仅看原理有些枯燥，我们可以尝试抓包看看数据。

通过ifconfig -a命令，能看到计算机上有哪些网卡。

```
$ ifconfig -a
lo0: flags=8049<UP,LOOPBACK,RUNNING,MULTICAST> mtu 16384
        options=1203<RXCSUM,TXCSUM,TXSTATUS,SW_TIMESTAMP>
        inet 127.0.0.1 netmask 0xff000000
        inet6 ::1 prefixlen 128
en0: flags=8863<UP,BROADCAST,SMART,RUNNING,SIMPLEX,MULTICAST> mtu 1500
        options=400<CHANNEL_IO>
```

```
ether 88:06:2a:57:10:25
inet 192.168.31.170 netmask 0xffffff00 broadcast 192.168.31.255
status: active
```

可以看到有en0网卡。

在命令行执行下面的命令，可以强行让计算机的**en0**网卡重新走一遍DHCP流程。

```
sudo ipconfig set en0 DHCP
```

> ★ 注意
>
> en0可以被替换成其他网卡。

这时候就可以抓到相关的数据包了，如图4-58所示。

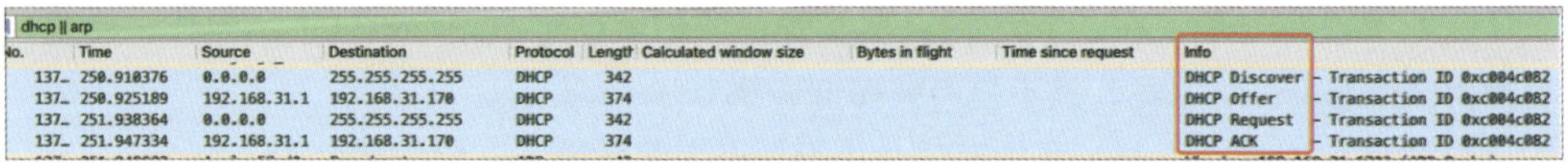

图4-58

我们可以看到蓝色的四个数据包，分别对应上面提到的四个DHCP阶段。

其中第二阶段中的DHCP Offer里会返回我们需要的**IP地址、子网掩码、路由器地址以及DNS服务器地址**，如图4-59所示。

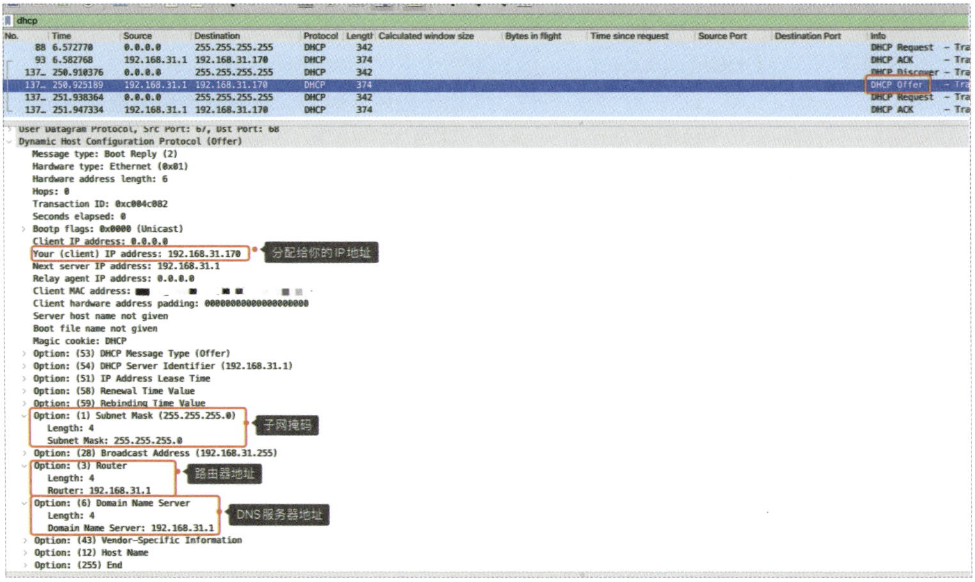

图4-59

另外，通过抓包，我们可以发现DHCP是应用层的协议，**基于传输层UDP**进行数据传输，如图4-60所示。

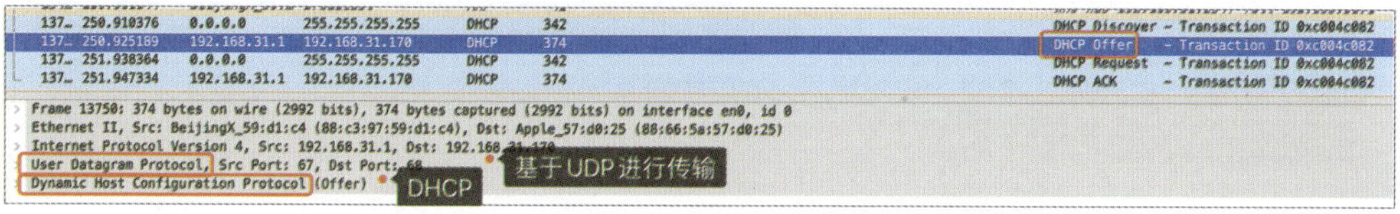

图4-60

那么问题又来了。

4.5.4 为什么DHCP用UDP，能不能改用TCP?

按道理说，UDP能做到的，TCP一般也能做到。但**这次真不行。**

主要还是因为**TCP是面向连接的，而UDP是无连接的。**

所谓“连接”，它就只有一个发送端和一个接收端，就像水管一样。

而DHCP由于一开始并不知道要跟谁建立连接，所以只能通过广播的形式发送消息，注意，小细节，**广播**，如图4-61所示。

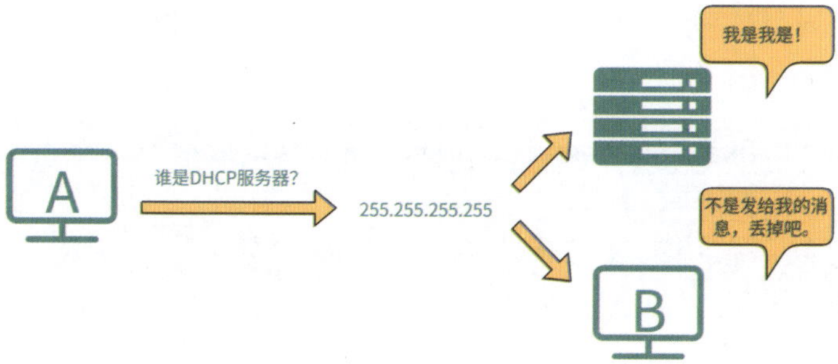

图4-61

同样是在本地网段内发广播消息，UDP只需要发给**255.255.255.255。它实际上并不是指某个具体的机器，而是一个特殊地址**，这个地址有特殊含义，只要设了这个目的地址，就会在一定的本地网段内进行**广播。**

而TCP却不同，它需要先建立连接，但实际上**255.255.255.255**对应的机器并不存在，因此也不能建立连接。如果同样要做到广播的效果，就需要先得到本地网段内的所有机器的IP地址，然后**逐个建立连接，再逐个发消息。**这就很低效了。

因此DHCP选择了UDP，而不是TCP。

4.5.5 为什么第二阶段不是广播，而是单播?

另外一个小细节不知道大家注意到没有，上面在提到DHCP Offer阶段时，讲到DHCP服务器会**使用广播的形式**回复。但抓个包下来却**发现并不是广播，而是单播，**如图4-62所示。

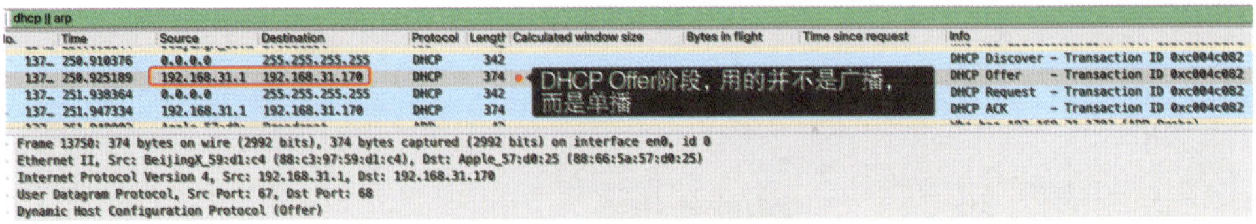

图4-62

其实，这是DHCP的一个**小优化**。原则上大家在DHCP Offer阶段都用广播，那肯定是最稳的，**目的机器**收到后自然就会进入第三阶段DHCP Request。而**非目的机器**，收到解包后发现目的机器的MAC地址和自己的不同，也会丢掉这个包。

但是问题就出在，这个非目的机器需要每次都在网卡**收到包并解完包**，才发现原来这不是给它的消息，这……真的，**有被打扰到**。

如果本地网段内这样的包满天飞，也浪费机器性能。

如果能用单播，那当然是最好的。但这时候目的机器其实并“没有”IP地址，有些系统在这种情况下能收单播包，有些则不能收，这和系统的实现有关。因此，对于能收单播包的系统，会在发**DHCP Discover**阶段设一个**Broadcast flag = 0 (unicast)**的标志位，告诉服务器，支持单播回复，于是服务器就会在**DHCP Offer阶段以单播的形式进行回复**，如图4-63所示。

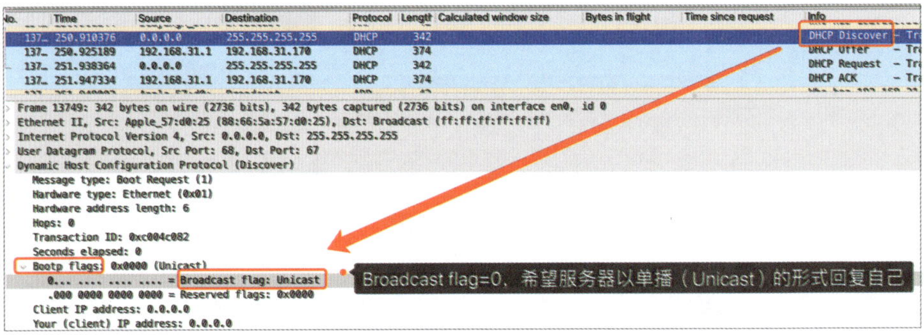

图4-63

但为什么在目的机器还“没有正式配置”IP地址的情况下，它还能被DHCP服务器通过单播找到呢？如果我们仔细观察DHCP Offer阶段的抓包数据，可以看到在图4-62中，目的IP地址已经被指定为192.168.31.170。这个地址是DHCP服务器暂时为目的机器保留的，尽管目的机器还没有正式接受这个地址，而且DHCP的四个阶段也还没有全部完成。关键在于，由于这是在局域网内的通信，物理层的MAC地址足以用于寻址，因此IP地址在这个阶段更像是一个预留的占位符。

4.5.6 是不是每次联网都要经历DHCP四个阶段？

只要想联网，就需要IP地址，要用IP地址，就得走DHCP去分配。

但大家也发现了，DHCP在第一阶段和第二阶段都可能发**广播**消息。对于家用计算机还好，插上网线，之后就基本不动了。但像手机这样的**移动设备**，是要带着到处跑的，坐地铁，进电梯，在公司里到处走走，都可能涉及网络切换。

如果每次都要来一个完整的四阶段，各种广播消息满天飞，其实对网络环境不太友好。

于是问题又来了，**是不是每次联网都要经历DHCP四个阶段？**

当然不需要。

我们会发现每次断开Wi-Fi再打开Wi-Fi时，机器会经历一个**从没网到有网**的过程。

这时候你去抓个包会发现：其实只发生了DHCP的第三和第四阶段。这是因为机器记录了曾经使用过**192.168.31.170**这个IP地址，重新联网后，会优先再次请求这个IP地址，这样就省下了第一和第二阶段的广播了。

另外需要注意的是，抓包的图4-64里**DHCP Request**之所以出现两次，是因为**第一次Request发出后太久没得到回应，因此重发。**

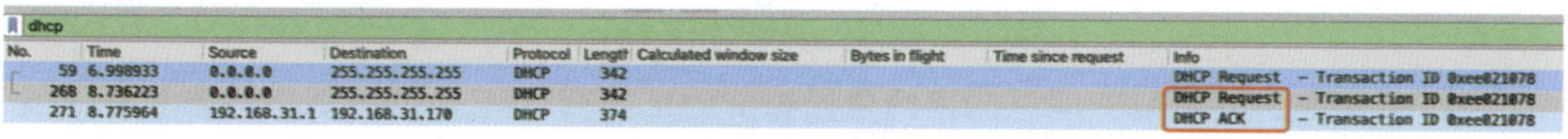

图4-64

4.5.7 DHCP分配下来的IP地址一定不会重复吗？

一般来说DHCP服务器会在它维护的IP地址池里找到一个没人用的IP地址分配给机器。

这个IP地址如果重复分配了，本地网段内就会出现两个**同样的IP地址**，这个IP地址下面对应两个**不同的MAC地址**。但其他机器上的**ARP缓存**中却只会记录其中一条**MAC地址到IP地址的映射关系**。于是，数据在传递的过程中就会出错。**因此本地网段内IP地址必须唯一。**

那么DHCP分配下来的IP地址有没有可能和别的IP地址是重复的？

答案是可能的。有两种常见的情况会出现**IP地址重复**：

- IP地址是可以自己手动配的，自己配的IP地址是有可能与其他DHCP分配下来的IP地址相同的。解决方案也很简单，尽量不要手动去配IP地址，统一走DHCP。或者在DHCP服务器维护的IP地址范围里，将这条IP地址剔除。
- 一个本地网段内，是可以有多个DHCP服务器的，而它们维护的**IP地址范围是有可能重叠的**，于是就有可能将相同的IP地址分给不同的机器。解决方案也很简单，修改两台DHCP服务器维护的IP地址范围，让它们不重叠就行了。

不过上面的解决方案，都需要有权限去修改**DHCP服务器**。

得到DHCP ACK之后立刻就能使用这个IP地址了吗？

这就好像在问，拿到Offer之后你是第一时间就去上班吗？

不。你会先告诉你的同学、朋友，甚至会发朋友圈。你的机器也一样。在得到**DHCP ACK**之后，机器不会立刻就用这个IP地址，而是会先发**三条ARP消息**，如图4-65所示。

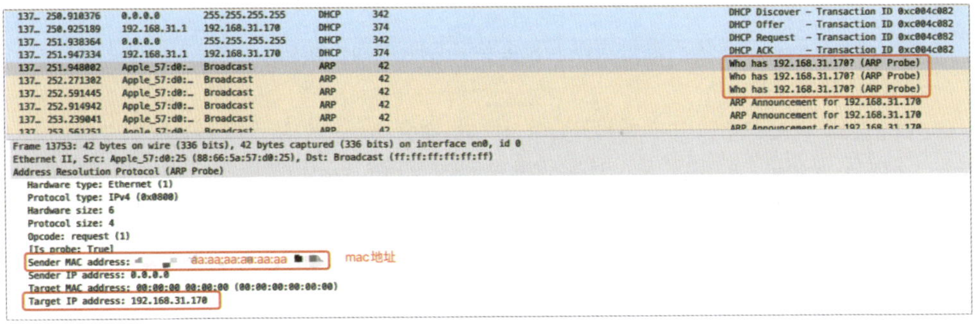

图4-65

第1章里提到过，**ARP消息的目的是通过IP地址获得MAC地址**。所以**普通的ARP消息里，是填了IP地址，不填MAC地址的。**

但这三条ARP消息比较特殊，它们叫**无偿ARP**（Gratuitous ARP），特点是它会把**IP和MAC地址都填好**，而且**填的还是自己的IP和MAC地址。**

这样做的目的有两个：

- 一个目的是告诉本地网段内所有机器，从现在起，xx IP地址属于xx MAC地址，让大家记录在ARP缓存中。
- 另一个目的就是看看本地网段里有没有其他机器也用了这个IP地址，如果有冲突，需要重新再走一次DHCP流程。

在发送三次无偿ARP消息之后，确认没有冲突了，才会开始使用这个IP地址进行通信。这种行为，实际上就和你拿了Offer之后**发了图4-66所示的朋友圈**没什么区别。

而且，**还连发了三条。**

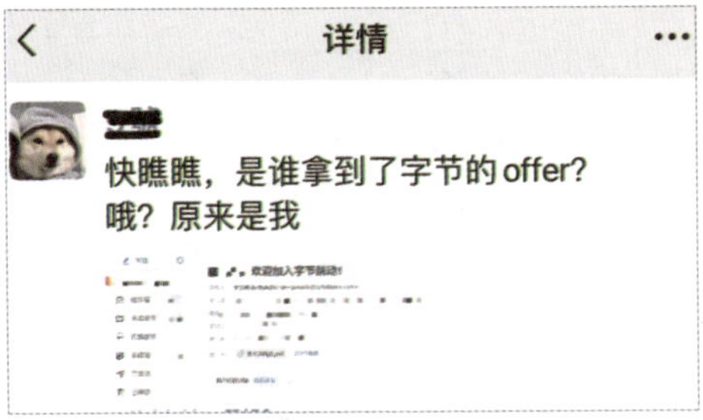

图4-66

4.5.8 小结

- 计算机插上网线，联网后会通过DHCP动态申请一个IP地址，同时获得子网掩码、路由器地址等信息。
- DHCP分为四个阶段，分别是Discover，Offer，Request和ACK。如果曾经联过这个网，机器会记录你上次使用的IP地址，再次连接时优先使用原来的那个IP地址，因此只需要经历第三和第四阶段。
- DHCP是应用层协议，考虑到需要支持广播功能，底层使用的是UDP，而不是TCP。
- DHCP分配下来的IP地址是有可能和某台手动配置的IP地址重复的。
- DHCP得到IP地址之后还会发3次无偿ARP通告，在确认没有冲突后才开始使用这个IP地址。

4.6 HTTPS里公钥加密的内容，为什么不能用公钥解密？

大家第一次接触HTTPS的时候是不是和我一样，非常困惑。

HTTPS概念又多又烦琐。尤其是里面的公钥、私钥等。当时我就特别想知道，HTTPS里公钥加密的内容，为什么不能用公钥解密？看完本节你会明白，同时还会解锁很多HTTPS里的细节、知识点。我们先从对称加密和非对称加密讲起吧。

4.6.1 对称加密和非对称加密

大家小学上课的时候，传过小纸条吗？传纸条的时候每个拿到纸条的同学都会忍不住看一眼，**毫无隐私可言**。

假设某位同学想对我说一些话，又不想在传递过程中被别人发现她说了什么，就会在课间十分钟里告诉我：“**每个字母向左移动一位，就是我想对你说的话。**”

然后在上课的时候，递出纸条，上面写了`oj dipv tib`。每个帮助传递纸条的同学看了之后，都暗骂“谜语人”。

嘿嘿，你们不懂，我懂。

我拿到纸条后，**将每个字母向左移动一位**，得到`ni chou sha`（你瞅啥）。

现在回忆起来会发现，像这种将一段大家看得懂的信息（**明文**）转换为另一段大家看不懂的信息（**密文**），其实就是**加密**。像这种“左移”的加密方法，其实就是所谓的**密钥**。而这种**加密和解密用的都是同一个密钥的加密形式**，**就叫对称加密**，如图4-67所示。

既然有**对称加密**，那就有**非对称加密**，如图4-68所示。不同点在于，非对称加密，加密和解密用到的不是同一个密钥，而是两个**不一样的密钥**，分别是**公钥和私钥**。

图4-67

图4-68

用公钥加密的内容，可以用私钥来解密。公钥人人可得，私钥永远不泄露。

那么问题就来了。

为什么用公钥加密，却不能用公钥解密？

这其实涉及公钥和私钥加密的数学原理。说白了**加密**就是将一个已知的数字**根据一定的规则**转换变成另一个数字，以前这些数字放在一起都可读，但是经过这么一转换，就变得不可读了。

也就是说加密的本质就是x=cipher_function(num)，num是明文，x是密文。

比如小学的那位同学操作的左移右移就是很简单的转换方式。那我们换个复杂的，比如求余运算。假设现在有个求余运算公式：

```
5^2 mod 7 = 25 mod 7 = x
```

这个公式很简单。在已知5的2次方和7的情况下，很容易得到x=4。

但是如果换一下x的位置：

```
5^x mod 7 = 4
```

求x等于多少的时候，上面的等式能成立？

那就麻烦多了。

```
5^0 mod 7 = 1
5^1 mod 7 = 5
5^2 mod 7 = 4
5^3 mod 7 = 6
5^4 mod 7 = 2
```

虽然麻烦了一些，但还是能反推得到x=2时等式成立。

但如果上面的**模数字变得巨大无比**呢？

```
5^x mod 56374677648 = 4
```

这时候计算机只能挨个去试才能算出。正常CPU要跑好多年才能算出来，所以可以**认为算不出来**。

其实上面的公式就是将 5 加密成了4。如果已知x，就很容易算出等式右边的结果是4，而反过来，从4却难以反推得到x的值是多少。因此说这样的取模算法是**不可逆的**。

虽然取模运算是不可逆的，但是结合**欧拉定理**，却可以让这个公式在一定条件下变得有点“可逆”（注意是加了引号的）。

我们来看看是怎么做的。**将x“掰”成两半**，变成p和q的乘积。

```
明文^(p*q) mod N = 明文
```

如果p, q, N选取得当，明文在取模操作之后还是变回明文。

知道这个没用，但是结合欧拉定理，再经过一些我们都看不懂的推导过程，就可以将上面的公式变换成下面这样。

```
明文^(p) mod N = 密文^(q) mod N = 明文
```

★ 注意

结合欧拉公式的计算过程大家感兴趣可以查查。这里只知道结论就够了。

也就是说，知道 p就能加密，知道 q就能解密。而这里的**p就是公钥**，**q就是私钥**，如图4-69所示。

加密：　$m^{p} \bmod N = x$

解密：　$x^{q} \bmod N = m$

m：原文　　x：密文

图4-69

用公钥加密过的密文只有用私钥才能解密。

而且更妙的是，p和q其实在公式里的**位置是可以互换**的，所以反过来说“**用私钥加密过的密文，只有公钥才能解密**”也是可以的。而这种操作，就是常说的**验证数字签名**。

这就像以前的古装电视剧里，经常有这样的剧情，两个失散多年的亲人，各自身上带有**半块玉佩**。哪天他们发现两个半块玉佩正好可以拼在一起，就确认了对方是自己失散多年的亲人。

这两块碎玉，就有点**公钥和私钥**的“味道”，如图4-70所示。

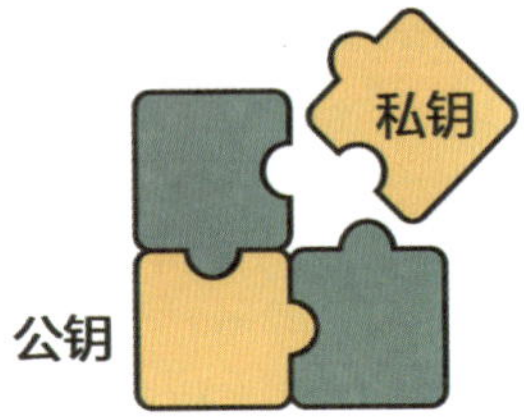

图4-70

原理大家知道这么多其实就够了。看到这里，我们就能回答标题的问题了。

为什么用公钥加密，却不能用公钥解密？

因为大数取模运算是**不可逆的**，因此他人无法暴力解密。但是结合欧拉定理，我们可以选取合适的p（公钥）、q（私钥）、N（用于取模的大数），让原本不可逆的运算在特定情况下，变得有那么点“可逆”。数学原理决定了我们用公钥加密的数据，只有私钥能解密。反过来，用私钥加密的数据，也只有公钥能解密。

★注意 从数学原理也能看出，公钥和私钥加密是安全的，但前提建立在“现在的计算机计算速度还不够快”这个基础上。因此，如果有一天科技变得更发达了，我们变成了更高维度的科技文明，可能现在的密文就跟明文没啥区别了。

了解了对称加密和非对称加密之后，我们就可以聊聊HTTPS的加密原理了。

4.6.2 HTTPS的加密原理

如果你在公司内网里做开发，并且写的代码也只对内网提供服务，那么大概率你的服务用的是HTTP。

但如果哪天你想让外网的朋友们也体验一下你的服务功能，就需要将服务暴露到外网，而这时候如果还是用HTTP，那信息的收发就会是明文，只要有心人士在通信链路中任意一个路由器内抓包，就能看到你的HTTP包里的内容，因此很不安全。

为了让明文变成密文，我们需要在HTTP层之上再加一层TLS层，目的就是进行加密。这就成了我们常说的HTTPS，如图4-71所示。

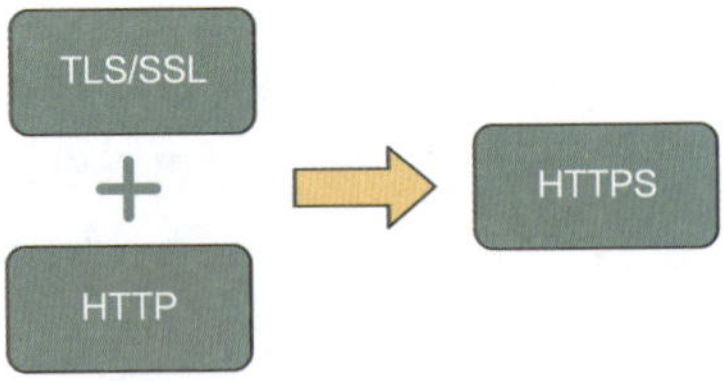

图4-71

SSL（Secure Sockets Layer）和TLS（Transport Layer Security）都是用于加密和保护网络通信的协议，TLS是SSL的后续版本，提供了更强大、更安全的加密算法和安全特性。因此，一般情况下推荐使用TLS来确保网络通信的安全性。而TLS又分为1.2和1.3版本，目前主流的还是1.2版本，我们以它为例，来看看HTTPS的连接是怎样建立的。

HTTPS握手过程

先建立TCP连接，毕竟HTTP是基于TCP的应用层协议。在TCP成功建立协议后，就可以开始进入HTTPS的加密流程。总的来说，整个加密流程其实分为**两个阶段**，如图4-72所示。

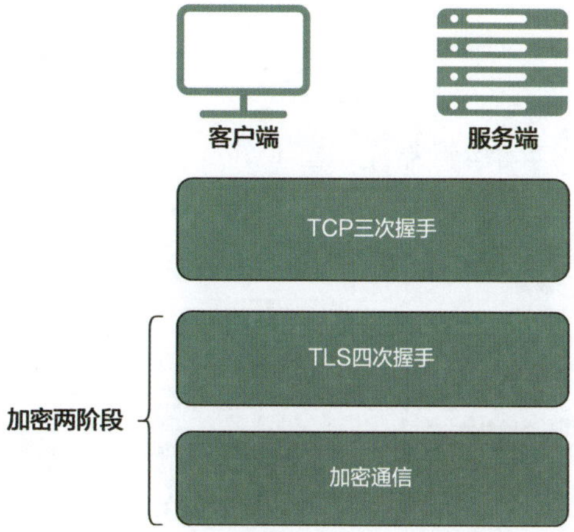

图4-72

第一阶段是TLS四次握手，这一阶段主要利用**非对称加密**的特性交换各种信息，最后得到一个“会话密钥”。

第二阶段则是在第一阶段的“**会话密钥**”基础上，进行**对称加密**通信。

我们先来看看第一阶段的**TLS四次握手**是怎样的，如图4-73所示。

第一次握手：

- **Client Hello**：是客户端告诉服务端，它支持什么样的加密协议版本，比如 **TLS 1.2**，使用什么样的加密套件，比如最常见的**RSA**，同时还给出一个**客户端随机数**（Client Random）。

第二次握手：

- **Server Hello**：服务端告诉客户端，**服务端随机数**（Server Random）+服务器证书＋确定的加密协议版本（比如就是TLS 1.2）。

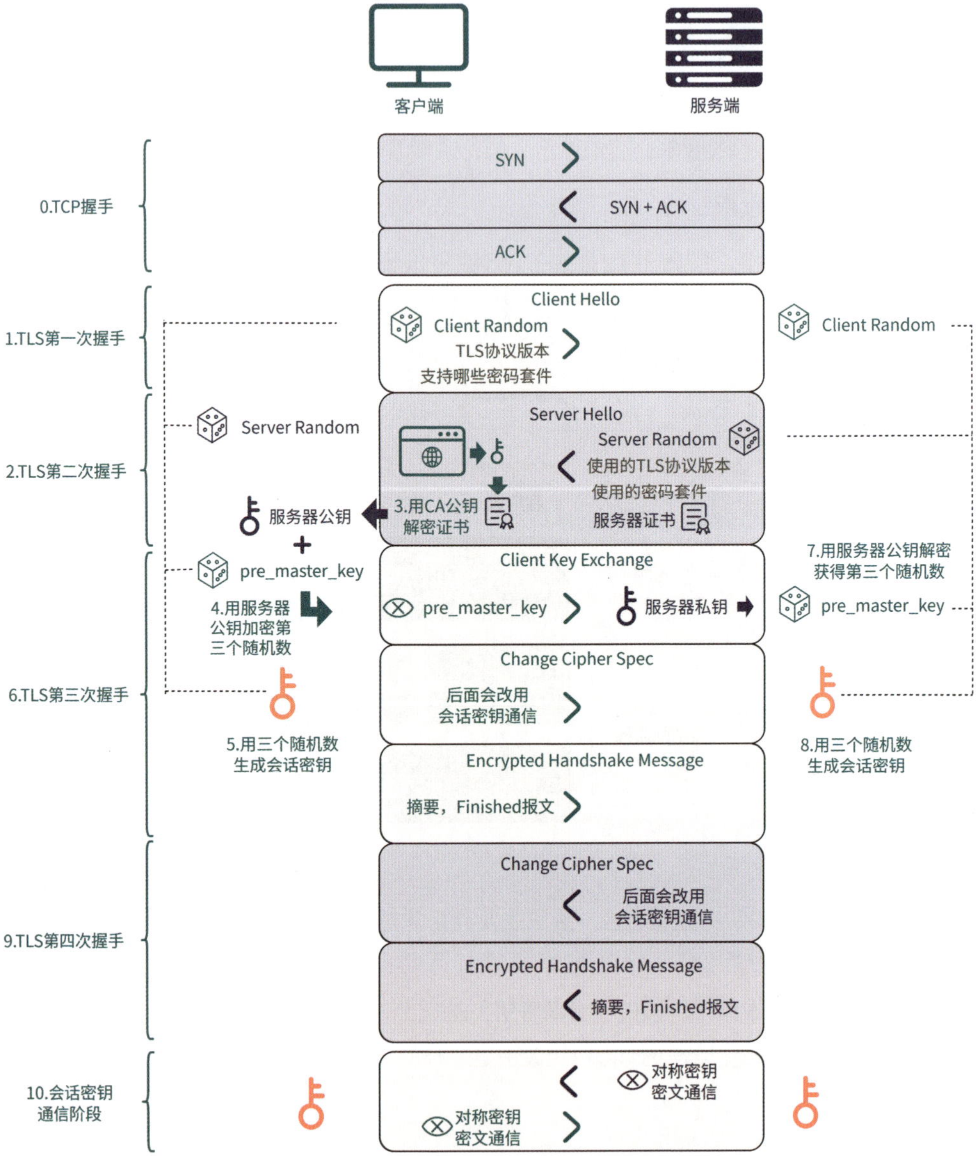

图4-73

第三次握手：

- `Client Key Exchange`：此时客户端再生成**一个随机数**，叫 `pre_master`。从第二次握手的**服务器证书**里取出服务器公钥，用公钥加密获得 `pre_master_key`，发给服务器。
- `Change Cipher Spec`：客户端这边**已经拥有三个随机数**：客户端随机数、服务器随机数和pre_master，用这三个随机数进行计算得到一个“**会话密钥**”。此时客户端通知服务端，后面会用这个会话密钥进行对称加密通信。

- `Encrypted Handshake Message`：客户端会把迄今为止的通信数据内容生成一个摘要，用“**会话密钥**”加密，发给服务器做校验，此时客户端这边的握手流程就结束了，因此也叫**Finished报文**。

第四次握手：

- `Change Cipher Spec`：服务端此时拿到客户端传来的`pre_master_key`（虽然被服务器公钥加密过，但服务器有私钥，能解密获得明文`pre_master`），集齐三个随机数，和客户端一样，用这三个随机数通过同样的算法获得一个“**会话密钥**”。此时服务器告诉客户端，后面会用这个“会话密钥”进行加密通信。
- `Encrypted Handshake Message`：跟客户端的操作一样，将迄今为止的通信数据内容生成一个摘要，用“**会话密钥**”加密一下，发给客户端做校验，到这里，服务端的握手流程也结束了，因此这也叫**Finished报文**。

短短几次握手，里面全是细节，没有一处是多余的。下面将一个个地解释，我会尽量用简短的语句，来解释下面几个问题。

HTTPS到底是对称加密还是非对称加密？

都用到了。前期四次握手，本质上就是在利用**非对称加密**的特点，交换三个随机数。

目的就是为了最后用这三个随机数生成**对称加密的会话密钥**。后期就一直用对称加密的方式进行通信，如图4-74所示。

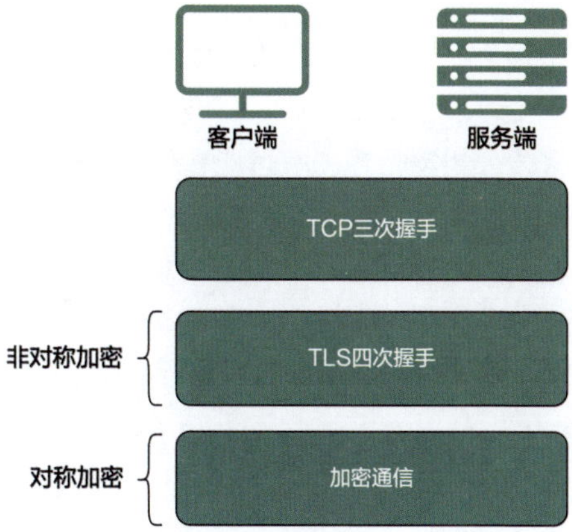

图4-74

为什么不都用非对称加密呢？

因为非对称加密慢，对称加密**相对来说快一些**。

第二次握手里的服务器证书是什么？怎样从中取出公钥？

服务器证书，本质上是被**权威数字证书机构（CA）私钥**加密过的**服务器公钥**，如图4-75所示。

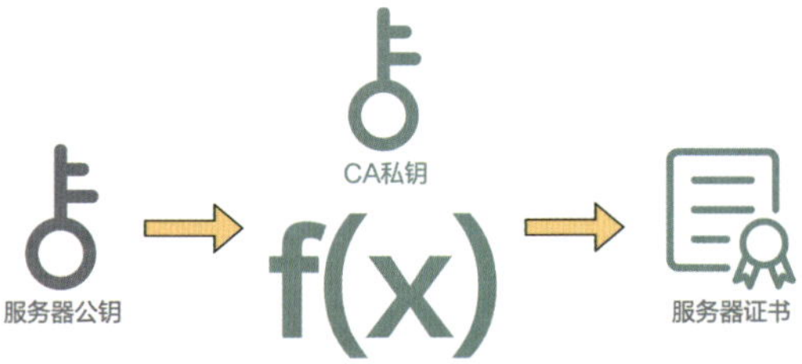

图4-75

上面提到过，**被私钥加密过的数据，是可以用公钥来解密的**。而公钥是任何人都可以得到的。所以第二次握手的时候，客户端可以通过CA公钥，来解密服务器证书，从而拿到藏在里面的**服务器公钥**，这就是**验证数字签名**的应用，如图4-76所示。

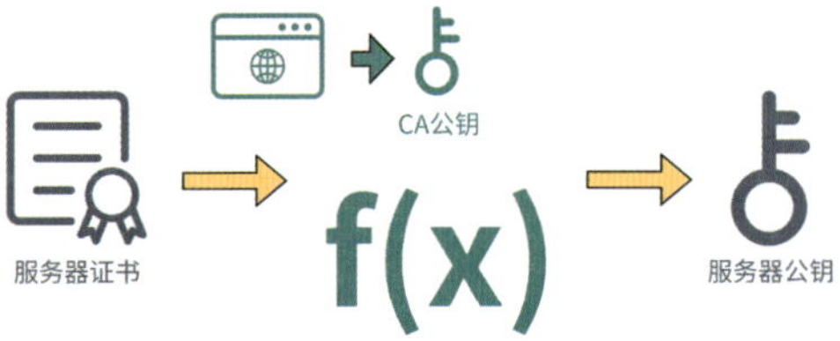

图4-76

看起来好像有点多此一举？那么问题来了。**为什么我不能只传公钥，而要拿CA私钥加密一次再传过去？**

反过来想想，如果只传公钥，公钥就有可能在传输的过程中被黑客替换掉。然后第三次握手时客户端会拿着**假公钥**来加密**第三个随机数pre_master**，黑客解密后自然就知道最为关键的pre_master。又因为第一和第二个随机数是公开的，因此就可以计算出**"会话密钥"**。

所以需要有个办法证明客户端拿到的公钥是**真正的服务器公钥**，于是就拿**CA私钥**去做一次加密变成**服务器证书**，这样客户端拿**CA公钥**去解密，就能验证是不是真正的**服务器公钥**。

那么问题又来了，**怎样获得CA公钥？**

最容易想到的是请求CA的官网获取公钥。但全世界要上网的人那么多，都去请求CA官网的话，官网肯定招架不住。考虑到能颁发证书的CA机构不多，因此对应的CA公钥也不多，把它们**直接作为配置放到操作系统或者浏览器里**，就完美解决了上面的问题。

★注意

自签名证书，它们是由用户自己创建并签名的，而不是由受信任的CA签名。自签名证书的公钥-私钥对由证书所有者生成，并且所有者自己对证书进行签名。这意味着自签名证书没有受信任的第三方验证其有效性，因此在大多数情况下，浏览器和操作系统不会默认信任自签名证书。

★注意

当用户尝试连接到使用自签名证书的服务器时，浏览器通常会显示一个警告，告知用户证书不能被验证。用户可以选择继续（接受风险），或者如果他们信任该证书，可以手动将其添加到信任的证书存储中，如图4-77所示。在一些内部网络或开发环境中，自签名证书是常见的，因为在这些环境中，证书的信任是由内部机制管理的，而不是依赖于公共CA体系。

图4-77

别人就拿不到你的这三个随机数?

这三个随机数，两个来自客户端，一个来自服务端。第一次和第二次握手里的客户端随机数和服务端随机数，都是明文的。只要有心，大家都能拿到。

但第三个随机数`pre_master`则**很难**拿到，因为它在客户端生成后，发给服务器之前，**被服务器的公钥加密过**，因此只有服务器才能用**私钥**进行解密，如图4-78所示。就算被别人拿到了，没有服务器的私钥，也无法解密出明文。

图4-78

★ 注意

上面用了“很难”，是因为在中间人攻击的场景下，有可能拿到pre_master。

为什么要用三个随机数而不是一个或两个？

看上去第三个随机数pre_master才是关键（参见图4-79），另外两个看起来可有可无？

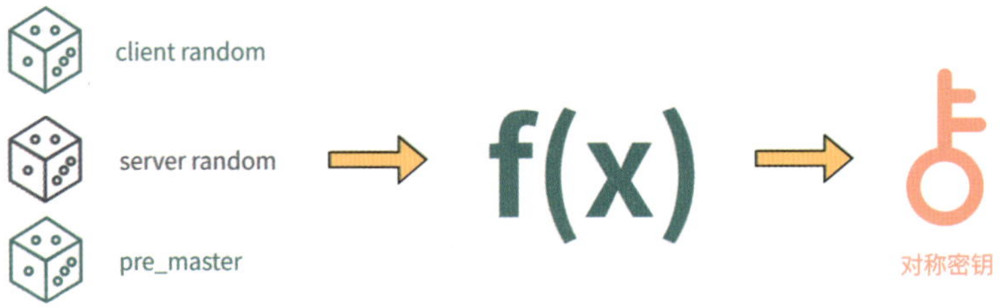

图4-79

确实，就算没有另外两个，也不影响加密功能。之所以还要那两个随机数，是因为只有单个pre_master随机性不足，多次随机的情况下有可能出来的密钥是一样的。但如果再引入两个随机数，就能大大增加“**会话密钥**”的随机程度，从而保证每次HTTPS通信用的会话密钥都是不同的。

为什么第三和第四次握手还要给出摘要？

第三和第四次握手的最后都有Finished报文，里面是一个**摘要**。

摘要，说白了就是对一大段文本进行一次哈希操作。目的是确认通信过程中数据没被篡改过。

第三次握手，客户端生成摘要，服务端验证，如果验证通过，说明客户端生成的数据没被篡改过，服务端后面才能放心跟客户端通信。

第四次握手，则是反过来，由服务端生成摘要，客户端来验证，验证通过了，说明服务端是可信任的。

那么问题又来了。**为什么要哈希一次而不是直接拿原文进行对比？**

这是因为原文内容过长，哈希之后可以让数据变短，如图4-80所示。更短意味着更小的传输成本。

图4-80

这个过程中到底涉及了几对私钥和公钥？

两对。

服务器本身的公钥和私钥：在第二次握手中，服务器将自己的**公钥**（藏在数字证书里）发给客户端。第三次握手中用这个服务器**公钥**来加密第三个随机数 pre_master。服务器拿到后用自己的**私钥**去做解密。

CA的公钥和私钥：在第二次握手中，传的数字证书里包含了被**CA的私钥**加密过的服务器公钥。客户端拿到后，会用内置在操作系统或浏览器里的**CA公钥**去进行解密。

4.6.3 小结

- 大数取模运算是不可逆的，因此他人无法暴力解密。但是结合欧拉定理，可以选出合适的p（公钥）、q（私钥）、N（用于取模的大数），让原本不可逆的运算在**特定情况**下，变得有那么点“可逆”。数学原理决定了用公钥加密的数据，只有私钥能解密。反过来，用私钥加密的数据，也只有公钥能解密。
- HTTPS相当于HTTP+TLS，目前主流的版本是TLS 1.2，基于TCP三次握手之后，再来TLS四次握手。
- TLS四次握手的过程中涉及两对私钥和公钥。分别是服务器本身的私钥和公钥，以及CA的私钥和公钥。
- TLS四次握手的过程背起来会挺难的，建议关注三个随机数的流向，以此作为基础去理解，大概就能记下来了。

4.7 为什么我抓不到baidu的数据包？

最近，有位网友问起一件奇怪的事情，他说他想抓一个baidu.com的数据包，体验看包的乐趣，但却发现“**抓不到**”，这就有些奇怪了。我来还原一下他的操作步骤。

先通过**ping**命令，获知访问百度时会请求哪个IP地址。

```
$ ping baidu.com
PING baidu.com (39.156.**.10) 56(84) bytes of data.
64 bytes from 39.156.**.10 (39.156.66.10): icmp_seq=1 ttl=49 time=30.6 ms
64 bytes from 39.156.**.10 (39.156.66.10): icmp_seq=2 ttl=49 time=30.6 ms
64 bytes from 39.156.**.10 (39.156.66.10): icmp_seq=3 ttl=49 time=30.6 ms
```

从上面的结果可以知道，请求**baidu.com**时会去访问**39.156.**.10**。于是用下面的**tcpdump**命令进行抓包，大概的意思是抓**eth0**网卡且**IP**地址为**39.156.**.10**的网络包，保存到**baidu.pcap**文件中。

```
$ tcpdump -i eth0 host 39.156.**.10 -w baidu.pcap
```

此时在浏览器中打开**baidu.com**网页，或者在另外一个命令行窗口，直接用**curl**命令来模拟。

```
$ curl 'https://baidu.com'
```

按理说，**访问 baidu.com的数据包肯定已经抓下来了。**

然后停止抓包。再用`Wireshark`打开`baidu.pcap`文件，在过滤那一栏里输入`http.host == "baidu.com"`，如图4-81所示。此时发现，一无所获。

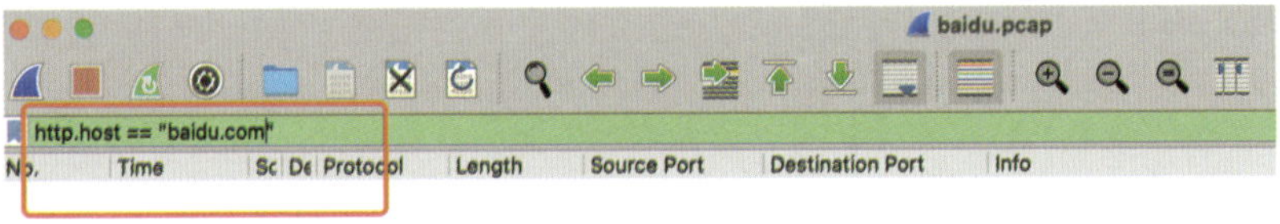

图4-81

这是为什么?

到这里，有经验的小伙伴，其实已经知道问题出在哪里了。

4.7.1 为什么没能抓到数据包?

这其实是因为他访问的是HTTPS下的baidu.com。HTTP里的Host和实际发送的request body都会被加密。

正因为被加密了，所以没办法通过`http.host`进行过滤。但是虽然加密了，如果想筛选还是可以筛的。

HTTPS握手中的Client Hello阶段有一个扩展`server_name`，会记录你想访问的是哪个网站，通过下面的筛选条件可以将它过滤出来，如图4-82所示。

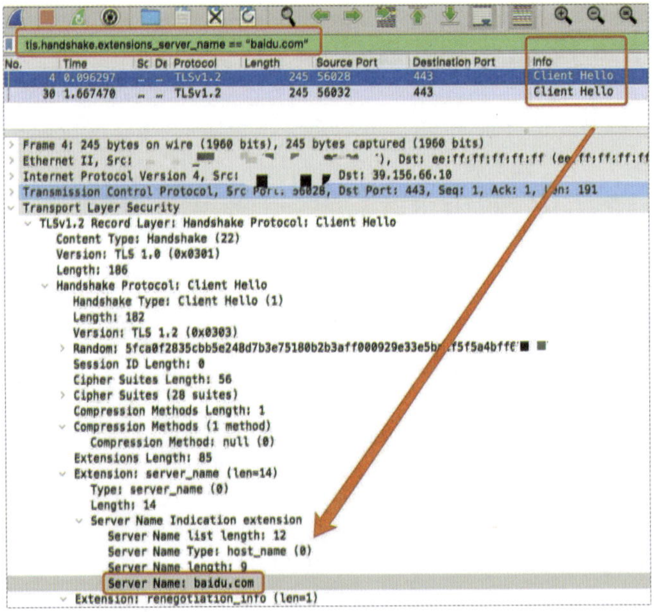

图4-82

```
tls.handshake.extensions_server_name == "baidu.com"
```

此时选中其中一个包，单击右键，从快捷菜单中依次选择Follow→TCP Stream，如图4-83所示。

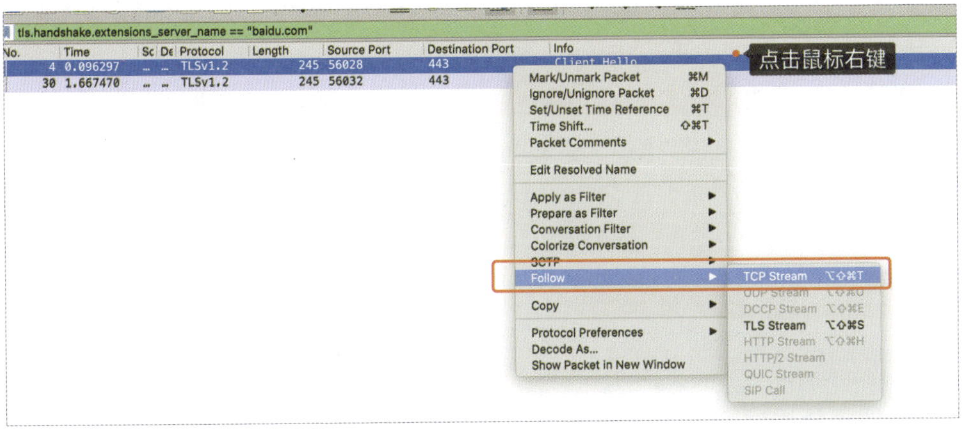

图4-83

这个TCP连接的其他相关报文都能被展示出来，如图4-84所示。

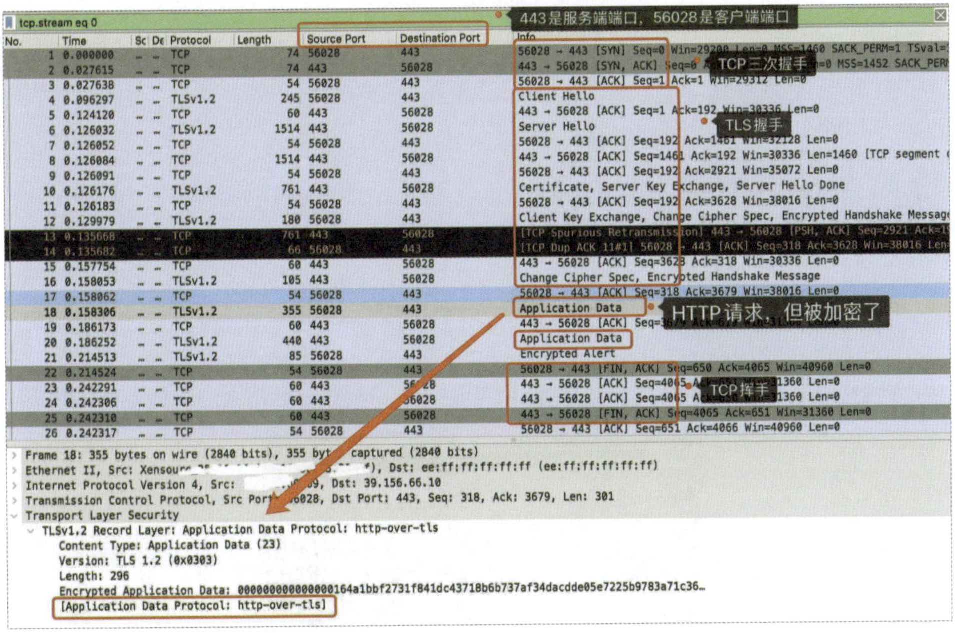

图4-84

从图4-84可以看出，这里完整经历了**TCP握手和TLS加密握手**流程，之后就是**两段加密信息和TCP挥手流程**。

可以看出18号和20号包，一个是从端口56028发到443，一个是从端口443发到56028的回包。一般来说，像**56028**这种比较大且没什么规律的数字，都是**客户端随机生成的端口号**。而**443**，则是HTTPS的服务端端口号。

> ★ 注意
>
> HTTP用的是80端口，如果此时对80端口抓包，也会抓不到数据。

粗略判断，18号和20号包分别是客户端请求**baidu.com**的请求包和响应包。点进去看会发现**URL和body都被加密了**，一无所获。那么问题就来了，有没有办法解密里面的数据呢？有办法。我们来看看怎么做。

4.7.2 解密数据包

还是先执行 tcpdump 抓包。

```
$ tcpdump -i eth0 host 39.156.66.10 -w baidu.pcap
```

然后在另外一个命令行窗口下执行下面的命令，**目的是将加密的key导出，并给出对应的导出地址是/Users/xiaobaidebug/ssl.key**。

```
$ export SSLKEYLOGFILE=/Users/xiaobaidebug/ssl.key
```

在同一个命令行窗口下，继续执行 curl 命令或用命令行打开Chrome浏览器。**目的是让curl或Chrome继承这个环境变量**。

```
$ curl 'https://baidu.com'
```

或者

```
$ open -a Google\ Chrome #在Mac里打开Chrome浏览器
```

此时会看到在**/Users/xiaobaidebug/**下多了一个**ssl.key**文件。

这时候跟着下面的操作修改**Wireshark**的配置项，如图4-85所示。

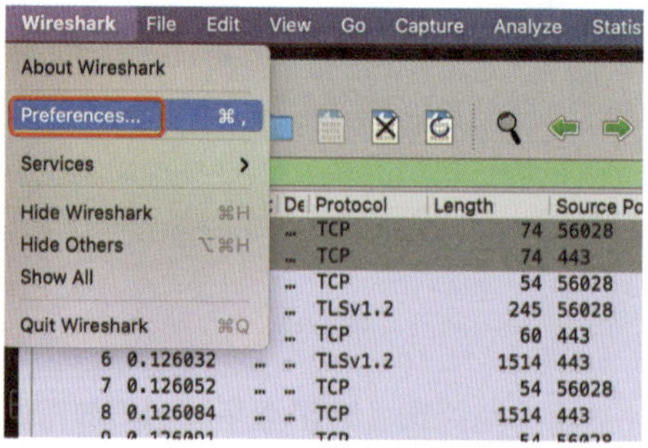

图4-85

如图4-86所示，找到Protocols之后，使劲往下翻，找到**TLS**那一项。

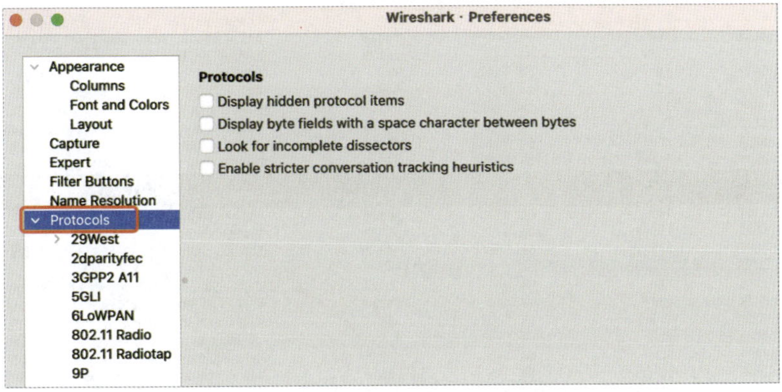

图4-86

将导出的`ssl.key`文件路径输入到这里，如图4-87所示。

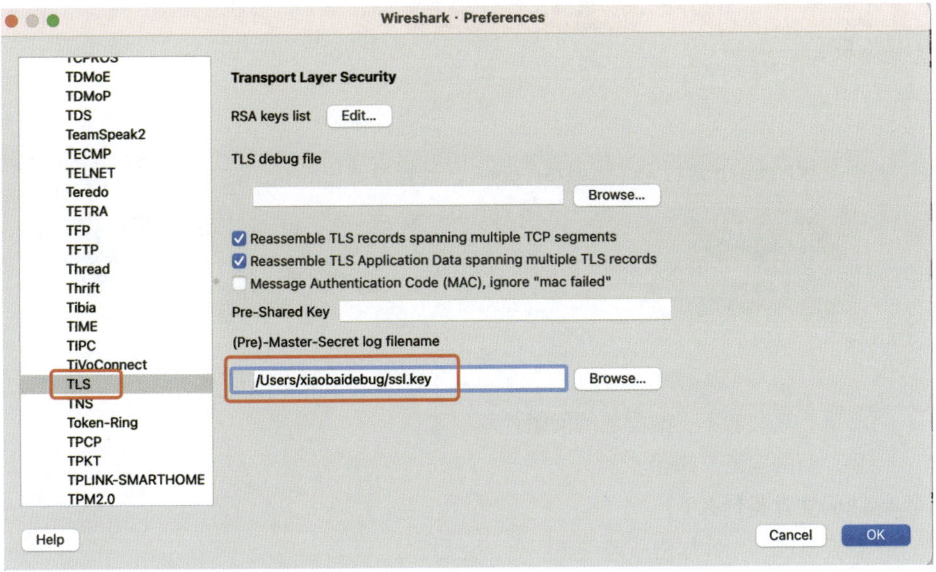

图4-87

单击OK按钮后，就能看到**18号和20号数据包已经被解密**，如图4-88所示。

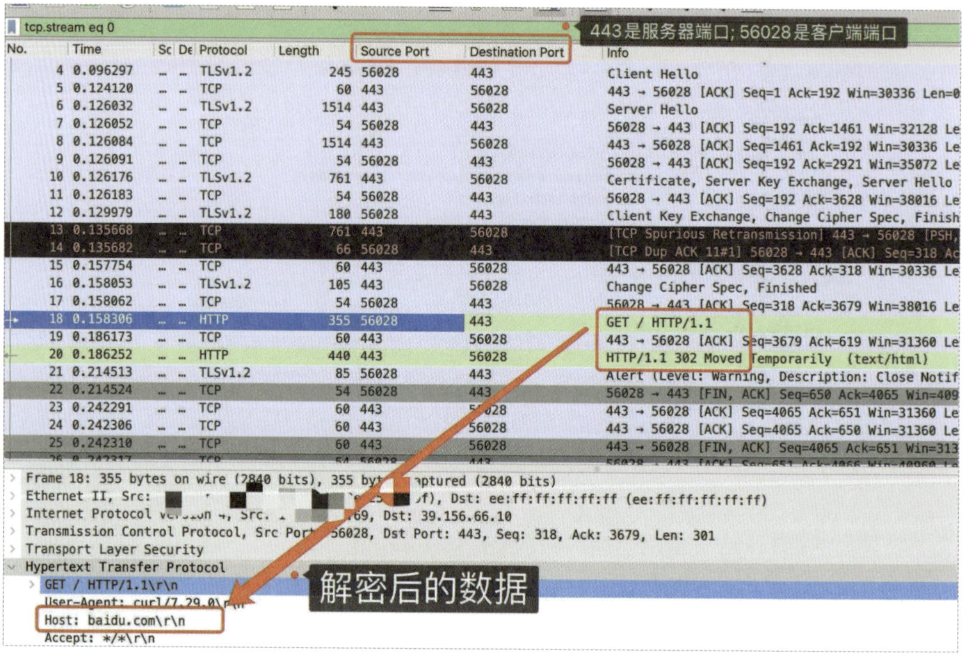

图4-88

此时再用**http.host == "baidu.com"**，就能过滤出数据了，如图4-89所示。

图4-89

到这里，其实**看不了数据包的问题**就解决了。

但是，新的问题又来了。

ssl.key文件是什么？

这就要从HTTPS的加密原理说起。

4.7.3 HTTPS握手过程

根据上一节介绍过的HTTPS握手过程，我们可以发现，四次握手中，客户端和服务端最后都拥有**三个随机数**，它们很关键。

第一次握手时，产生的客户端随机数叫**client random**。

第二次握手时，服务器也会产生一个服务端随机数叫**server random**。

第三次握手时，客户端还会产生一个随机数叫**pre_master**。

这三个随机数共同构成最终的**对称加密密钥**，也就是"**会话密钥**"。

你可以简单地认为，**只要知道这三个随机数，就能破解HTTPS通信**。

而这三个随机数中，client random和server random都是**明文**，谁都能知道。**而pre_master却很难拿到，它被服务器公钥加密过，只有客户端自己和拥有对应服务器私钥的人能知道**。

所以问题就变成了，**怎样才能得到这个pre_master**？

4.7.4　怎样得到pre_master?

服务器私钥不是谁都能拿到的，所以问题就变成了，**有没有办法从客户端那里拿到这个pre_master**。

有。

客户端在使用HTTPS与服务端进行数据传输时，需要先基于TCP建立HTTP连接，然后再调用客户端侧的TLS库（OpenSSL、NSS），触发TLS四次握手。

这时候如果加入环境变量SSLKEYLOGFILE就可以干预TLS库的行为，让它输出一份含有pre_master的文件，如图4-90所示。这个文件就是前面提到的**/Users/xiaobaidebug/ssl.key**。

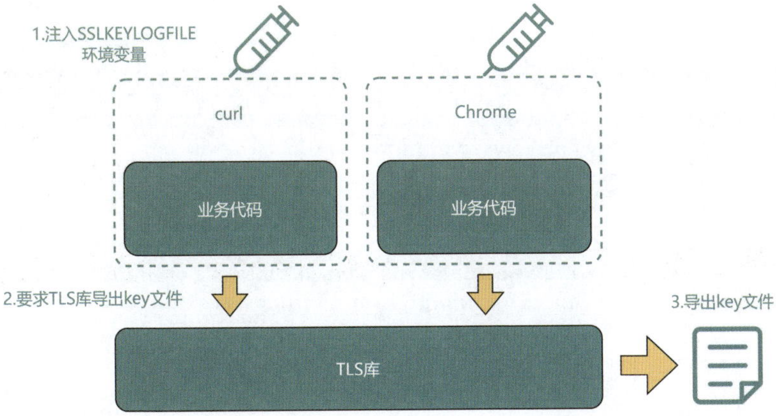

图4-90

虽然TLS库支持导出key文件，但前提是，上层的应用程序在调用TLS库的时候，支持通过**SSLKEYLOGFILE**环境变量触发TLS库导出文件。实际上，**并不是所有应用程序都支持SSLKEYLOGFILE**，只是目前常见的curl和Chrome浏览器都是支持的。

4.7.5　ssl.key文件内容

再回过头来看**ssl.key**文件里的内容。

```
# SSL/TLS secrets log file, generated by NSS
CLIENT_RANDOM 5709aef8ba36a8eeac72bd6f970a74f7533172c52be41b200ca9b91354bd66
2b 09d156a5e6c0d246549f6265e73bda72f0d6ee81032eaaa0bac9bea362090800174e0effc9
3b93c2ffa50cd8a715b0f0
CLIENT_RANDOM 57d269386549a4cec7f91158d85ca1376a060ef5a6c2ace04658fe88a
ec48776 48c16429d362bea157719da5641e2f3f13b0b3fee2695ef2b7cdc71c61958d22414e5
99c676ca96bbdb30eca49eb488a
CLIENT_RANDOM 5fca0f2835cbb5e248d7b3e75180b2b3aff000929e33e5bacf5f5a4bff63b
be5 424e1fcfff35e76d5bf88f21d6c361ee7a9d32cb8f2c60649135fd9b66d569d8c4add6c9d
521e148c63977b7a95e8fe8
CLIENT_RANDOM be610cb1053e6f3a01aa3b88bc9e8c77a708ae4b0f953b2063ca5f925d673140
c26e3cf83513a830af3d3401241e1bc4fdda187f98ad5ef9e14cae71b0ddec85812a81d793d6e
c934b9dcdefa84bdcf3
```

这里有三列。

第一列是CLIENT_RANDOM，意思是接下来的**第二列**就是**客户端随机数**，再接下来的**第三列**则是pre_master。

但是问题又来了。

这么多行，Wireshark 怎么知道用哪行的pre_master 呢？

Wireshark是可以获得数据报文上的client random的。

例如图4-91这样。

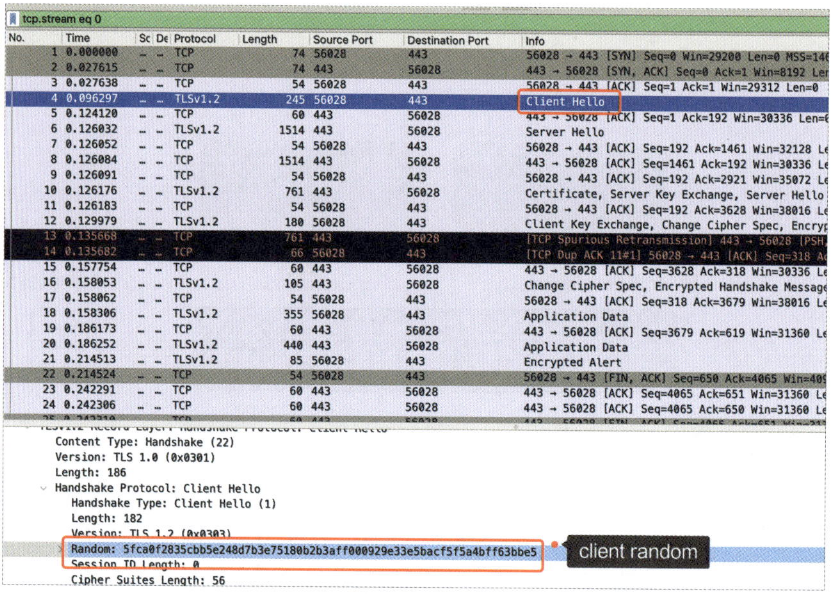

图4-91

注意图4-91中客户端随机数是以“bff63bbe5”结尾的。

同样，还能在数据报文里拿到server random，如图4-92所示。

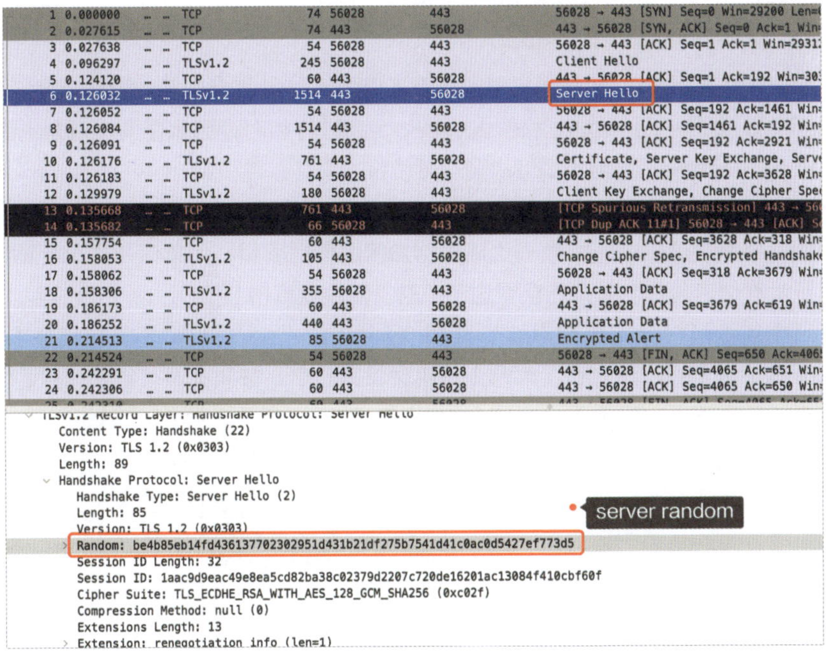

图4-92

此时将**client random**放到ssl.key的第二列里逐个去做匹配，就能找到对应的那一行记录，如图4-93所示。

图4-93

注意第二列的那串字符串，也是以**bff63bbe5**结尾的，它其实就是前面提到的**client random**。

再取出这一行的**第三列**数据，就是我们想要的**pre_master**。

那么这时候**Wireshark**就集齐了三个随机数，此时就可以计算得到**会话密钥**，通过它对数据进行解密。

反过来，正因为需要客户端随机数，才能定位到**ssl.key**文件里对应的**pre_master**是哪一个，而只有 TLS 第一次握手（**client hello**）的时候才会有这个随机数，所以如果你想要解密HTTPS包，就必须将 TLS 四次握手抓齐，才能进行解密。如果连接早已建立，数据都来回传好久了，这时候你再去抓包，是没办法解密的。

4.7.6 小结

- 本节开头通过抓baidu的数据包，展示了用Wireshark 抓包的简单操作流程。
- HTTPS 会对 HTTP的URL和Request Body都进行加密，因此直接在`filter`栏过滤`http.host == "baidu.com"`会一无所获。
- HTTPS 握手的过程中会先通过非对称加密去交换各种信息，其中就包括三个随机数，再通过这三个随机数去生成对称加密的会话密钥，后续使用这个会话密钥进行对称加密通信。如果能获得这三个随机数就能解密 HTTPS的加密数据包。
- 三个随机数，分别是客户端随机数（client random）、服务器随机数（server random）和pre_master。前两个是明文，第三个是被服务器公钥加密过的，在客户端需要通过 SSLKEYLOGFILE 去导出。
- 通过设置 SSLKEYLOGFILE 环境变量，再让curl或Chrome请求 HTTPS 域名，会让它们在调用TLS 库的同时导出对应的ssl.key文件。这个文件里包含了三列，其中最重要的是第二列的client random信息以及第三列的pre_master。第二列client random用于定位，第三列pre_master用于解密。

4.8 DNS中有哪些值得学习的优秀设计？

我曾经也当过学生，现在回想起来会发现，**学生时代的同学记忆力都超好**，他们总能记住一串复杂神秘的字母数字串**域名**，有些人甚至能直接**敲IP**上网。

每每想起，我都**震惊不已**，震惊之余会发现这里有几个值得一谈的**技术性问题**。

比如，为什么用域名和IP地址都能上网，它们之间是什么关系。

往深了讲，我们可以聊到DNS的原理，以及它的设计有哪些是值得我们学习的。

本节从为什么要有DNS谈起。

4.8.1 为什么要有DNS？

如果想要访问百度官网，可以在浏览器的搜索栏输入`112.80.***.76`这个IP地址，直达页面，如图4-94所示。

这样的行为，可行，**但一般不会有人这么做**。大部分人不愿意花时间去记住这么一串IP地址。

回想一下，虽然你记不住某人的电话号码，但却不影响你给他打电话。你的操作过程是不是打开**通讯录**，输入他的姓名，然后就弹出一个电话号码，点击即可拨打。

图4-94

在计算机领域，你大概率也不愿意去记IP地址，所以也需要有类似**通讯录的功能**。比如，你只需要输入**www.baidu.com**，就能帮你找到对应的**112.80.***.76**，然后进行访问，如图4-95所示。

图4-95

其中www.baidu.com是**域名**，通过这个域名可以获得它背后的IP地址是**112.80.***.76**。

就像一个人可以有多个电话号码一样，一个域名也可以对应多个IP地址。而将域名解析为IP地址的过程，也就是**查“通讯录”的过程**，其实就是**DNS**（Domain Name System，域名系统）协议需要做的事情。

> **注意** 上面的这个IP地址是有可能改变的。你可以通过使用ping www.baidu.com获得最新的IP地址，如图4-96所示。

```
$ ping www.baidu.com
PING www.a.shifen.com (112.80.248.76) 56(84) bytes of data.
64 bytes from 112.80. *** .76 (112.80. *** .76): icmp_seq=1 ttl=52 time=10.9 ms
64 bytes from 112.80. *** .76 (112.80. *** .76): icmp_seq=2 ttl=52 time=10.9 ms
```

图4-96

但问题来了。

普通人的通讯录，存有一千个电话号码就算**社交小达人**了，放在通讯录里绰绰有余。而网站域名却不一样，据说2015年的时候就已经超过3亿个。如果将这3亿个域名都记录并保存在一台服务器里，就会有**两个问题**：

- 超过3亿条域名数据，**数据量过大**，并且数据量还在持续增加。
- 需要承受**巨大的读请求**。每个网站域名都可能会有成千的访问量。这加起来，怎么也得有千亿qps（query per second）了。

显然，如果将DNS做成类似手机通讯录这样的单点服务，那是不可能实现的，必须做成**分布式系统**。

于是，问题就变成了，如何设计一个**支持千亿以上qps的大型分布式系统**?

我知道肯定有人要说："这是只服务10qps的人该考虑的事情吗？"

虽然我们做的服务可能只有10qps，但这并不妨碍我们学习DNS里优秀的设计。

我们就从URL的层次结构谈起。

4.8.2 URL的层次结构

举个例子。从一个常见的域名，比如www.baidu.com，可以看到，这个域名中间用了**两个句点**。通过句点符号，可以将域名分为三部分。

其中com被称为**一级域**或**顶级域**，其他常见的顶级域还有cn、co等，baidu是**二级域**，www则是**三级域**。

除此之外，在com后面，其实还有一个**被省略掉的句点符号**。它叫**根域**，如图4-97所示。

图4-97

当域名多起来了之后，将它们相同的部分抽取出来，多个域名就可以变成**树状层级结构**，如图4-98所示。

这时候我们就可以看到，这些域之间其实是一种**层级关系**，就像是学校、年级、班级那样。

当你想要去定位一个具体域名的时候，就可以通过这样的层级找到对应的域名。

举个例子。"三年级2班的李小明同学，你妈妈拿了两罐旺仔牛奶给你"，其实李小明的妈妈，就是通过学校、年级、班级的层级形式，一层层找到人的。

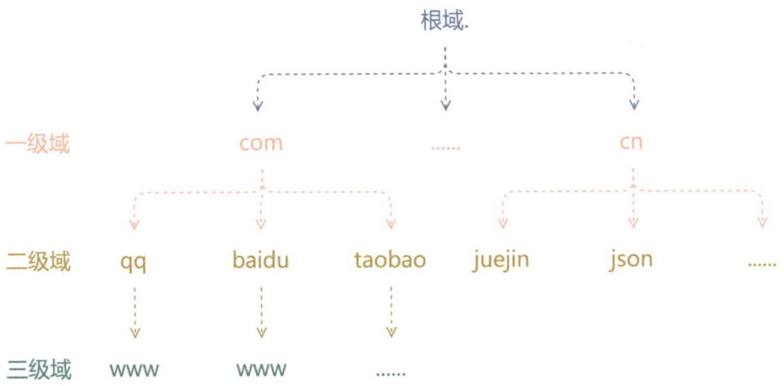

图4-98

4.8.3 DNS的原理

我们来看看专家是怎么设计DNS的，从而发现有哪些是值得我们学习的。

DNS的设计核心有两点，分别是**利用URL层级结构去拆分服务**和加入多级缓存。

接下来展开讲讲它们的含义。

利用URL层级结构去拆分服务

DNS承载的流量压力非常大，必须要做成**分布式服务**，于是问题的关键就变成了**如何拆分服务**。

既然URL是树状的层级结构，那保存它们的服务，也可以非常自然地拆成树状的形式。

一台服务器维护一个或多个域的信息。于是服务就变成了图4-99这样的层级形式。

当我们需要访问**www.baidu.com**，查询过程就和图4-99一样。

请求会先打到最近的DNS服务器（比如你家的家用路由器）中，如果在DNS服务器中找不到，则DNS服务器会直接询问根域服务器，在根域服务器中虽然没有**www.baidu.com**这条记录，但它可以知道这个URL属于**com**域，于是就找到com域服务器的IP地址，然后访问com域服务器，重复上面的操作，再找到放了**baidu**域的服务器是哪个，继续往下，直到找到**www.baidu.com**的那条记录，最后返回对应的**IP地址**。

可以看到，原理比较简单，但这里涉及两个问题：

- 本机怎么知道最近的DNS服务器的IP地址是什么？
- 最近的DNS服务器怎么知道根域的IP地址是多少？

我们来一个个分析。

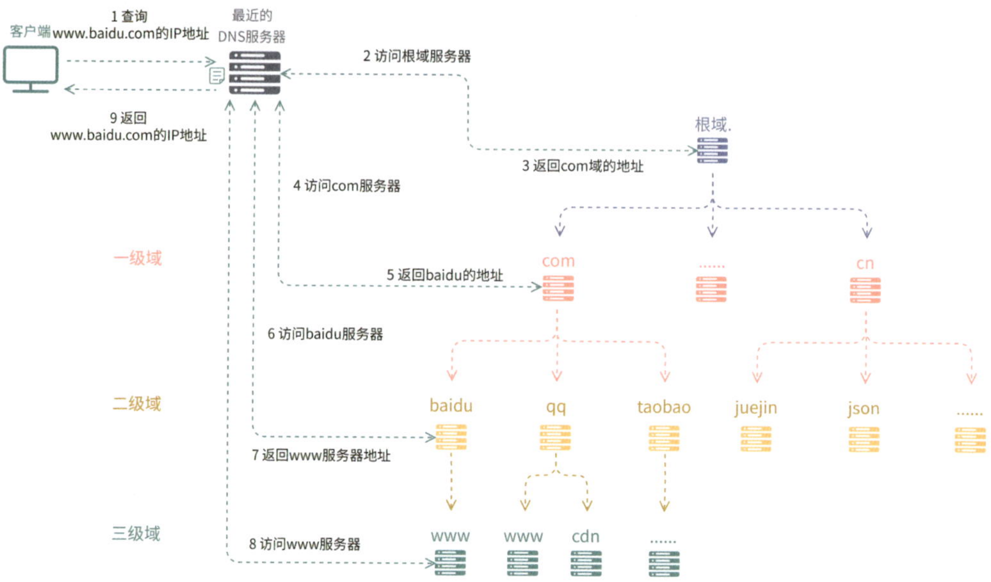

图4-99

本机怎么知道最近的DNS服务器的IP地址是什么？

这个在4.5节“刚插上网线，计算机怎么知道自己的IP地址是什么？”中提到过，插上网线时，机器会通过DHCP获得本机的IP地址、子网掩码、路由器地址以及**DNS服务器的IP地址**，如图4-100所示。

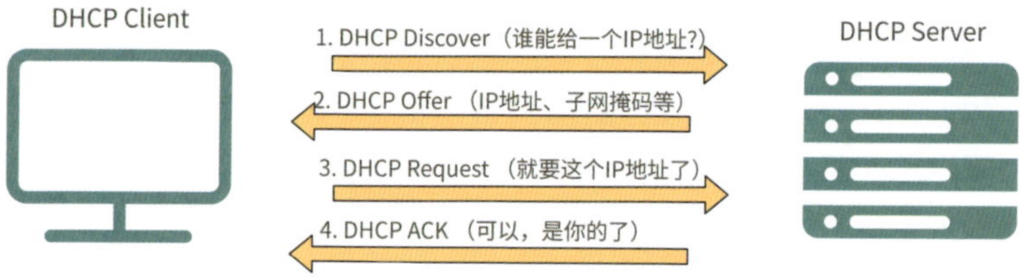

图4-100

图4-101是在我的笔记本计算机中，打开Wireshark抓包，得到的DHCP第二阶段DHCP Offer中的截图。可以看到，返回的信息里包含了**DNS服务器的IP地址**。

同时也可以在左上角点击苹果图标，依次选择系统表偏好设置→网络→高级→DNS，看到DNS服务器的IP地址，如图4-102所示。

这里有一个细节，从图4-101所示的抓包图里可以看到**路由器地址和DNS服务器的IP地址以及DHCP服务器的IP地址**，都是**192.168.31.1**，这其实是我的**家用路由器**的IP地址，也就是说一般家用路由器自带这几个功能。

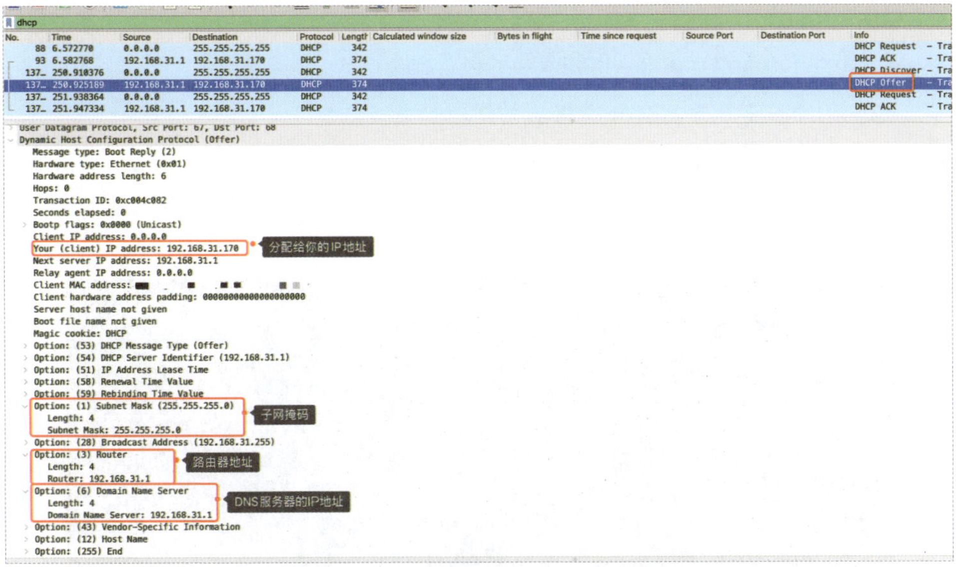

图4-101

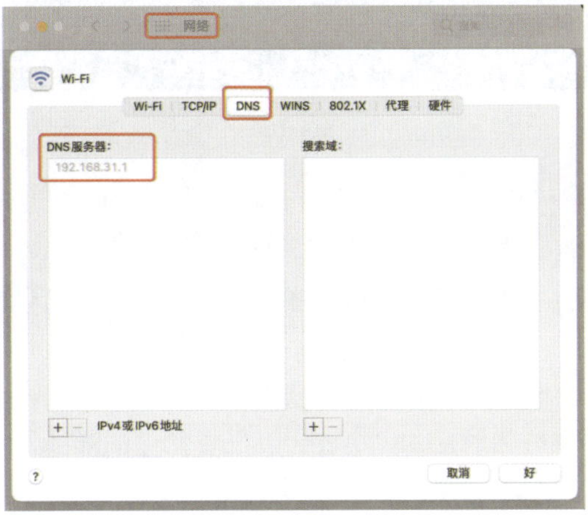

图4-102

而在阿里云服务器里，DNS服务器也一样，是通过DHCP获得的。查看DNS服务器的IP地址也很方便，执行`cat /etc/resolv.conf`就好了，如图4-103所示。

```
$ cat /etc/resolv.conf;
options timeout:2 attempts:3 rotate single-request-reopen
; generated by /usr/sbin/dhclient-script
nameserver 100.100.2.136
nameserver 100.100.2.138
```

图4-103

在图4-103中，可以看出有两台DNS服务器，机器会按照文件中出现的顺序来发起请求，如果第一台服务器没反应，就会去请求第二台。

最近的DNS服务器怎么知道根域的IP地址是多少？

我们知道根域，就是域名树的顶层，既然是顶层，信息一般也就相对少一些。对应的IPv4地址只有13个，IPv6地址只有25个。可以通过**dig**命令的**+trace**选项来查看一个域名的DNS解析过程，如图4-104所示。

```
$ dig +trace www.baidu.com
; <<>> DiG 9.11.4-P2-RedHat-9.11.4-26.P2.el7_9.10 <<>> +trace www.baidu.com
;; global options: +cmd
.           419670  IN  NS  m.root-servers.net.
.           419670  IN  NS  l.root-servers.net.
.           419670  IN  NS  b.root-servers.net.
.           419670  IN  NS  j.root-servers.net.
.           419670  IN  NS  c.root-servers.net.
.           419670  IN  NS  e.root-servers.net.
.           419670  IN  NS  k.root-servers.net.
.           419670  IN  NS  f.root-servers.net.
.           419670  IN  NS  d.root-servers.net.
.           419670  IN  NS  h.root-servers.net.
.           419670  IN  NS  i.root-servers.net.
.           419670  IN  NS  g.root-servers.net.
.           419670  IN  NS  a.root-servers.net.
```

图4-104

而前面提到的13个根域，从字母a～m，都在图4-104中。

但这又引发了一个问题，上面看到的却是域名。

这可如何是好？**我本来是想通过域名去找IP地址的，你又让我去找其他域名的IP地址？**

听起来不科学，这不就进入**死循环**了吗？

是的，所以这些根域名对应的IP地址会以配置文件的形式，放在**每个**域名服务器中。

也就是说并不需要再去请求**根域名对应的IP地址**，直接在配置里读出来就好了。

图4-105这个截图是域名服务器里的配置内容。我们可以看到A开头的根域，它的IPv4地址是**198.41.0.4**。

加入多级缓存

对于高并发读多写少的场景，加入缓存几乎就是标配。DNS也不例外，它加了缓存，而且不止一层。

在浏览器的搜索框中输入URL，然后会先后访问**浏览器缓存、操作系统的DNS缓存、/etc/hosts文件、最近的DNS服务器缓存**。如果都找不到，才是到根域、顶级（一级）域、二级域等DNS服务器进行查询请求，如图4-106所示。

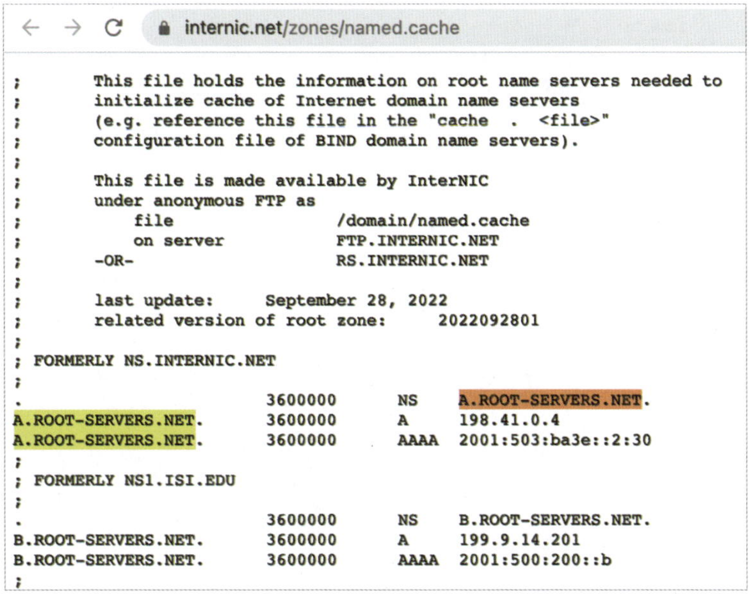


```
;       This file holds the information on root name servers needed to
;       initialize cache of Internet domain name servers
;       (e.g. reference this file in the "cache  .  <file>"
;       configuration file of BIND domain name servers).
;
;       This file is made available by InterNIC
;       under anonymous FTP as
;           file                /domain/named.cache
;           on server           FTP.INTERNIC.NET
;       -OR-                    RS.INTERNIC.NET
;
;       last update:     September 28, 2022
;       related version of root zone:     2022092801
;
; FORMERLY NS.INTERNIC.NET
;
.                        3600000      NS    A.ROOT-SERVERS.NET.
A.ROOT-SERVERS.NET.      3600000      A     198.41.0.4
A.ROOT-SERVERS.NET.      3600000      AAAA  2001:503:ba3e::2:30
;
; FORMERLY NS1.ISI.EDU
;
.                        3600000      NS    B.ROOT-SERVERS.NET.
B.ROOT-SERVERS.NET.      3600000      A     199.9.14.201
B.ROOT-SERVERS.NET.      3600000      AAAA  2001:500:200::b
;
```

图4-105

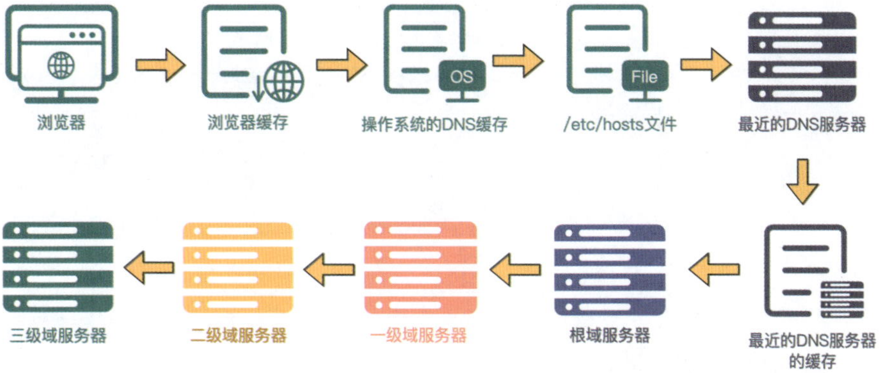

图4-106

于是请求过程就成了图4-107这样。可以看到上面提到的几个有缓存的地方我都加了一个绿色的小文件图标，优先在缓存里做查询。

由于缓存了图4-107所示的树状结构的信息，最近的DNS服务器也不再需要每次都从**根域**开始查起。比如在缓存里能找到`baidu.com`的服务器IP地址，就直接跳到二级域服务器上做查找。

正因为多级缓存的存在，每一层实际接收到的请求都大大减少了。并且每个人日常访问的网站也就那么几个，所以大部分时候都能命中缓存直接返回IP地址。

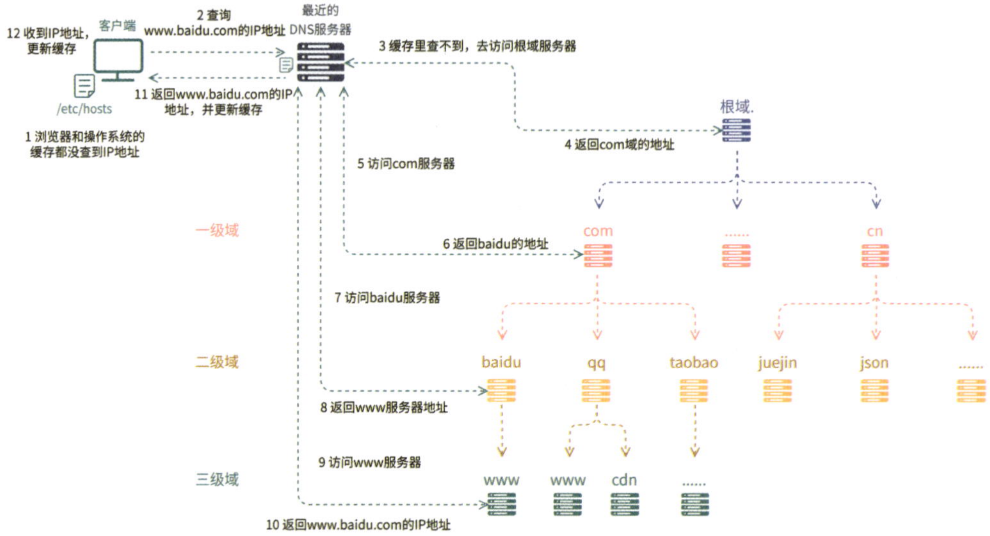

图4-107

可以看到，DNS的设计是**通过层次结构将服务进行拆分**，然后把流量分散到多个服务器中。最后又通过加入**多级缓存**，让每个层级实际接收到的请求大大减少，因此大大提高了系统的性能。以上这**两点**，是我们做业务开发的过程中可以参考的优秀设计。

此外，在设计DNS的时候，还有**一个优秀之处**，是我们大概率学不来的，叫**任播**，它也为DNS实现高并发处理能力提供了重要支持，我会把它放到下一节展开讲解。

协议格式

DNS是一个域名解析系统，而运行在这套系统上的协议，就叫**DNS协议**。和HTTP类似，DNS协议也是一个**应用层协议**。它在四层网络中的位置如图4-108所示。

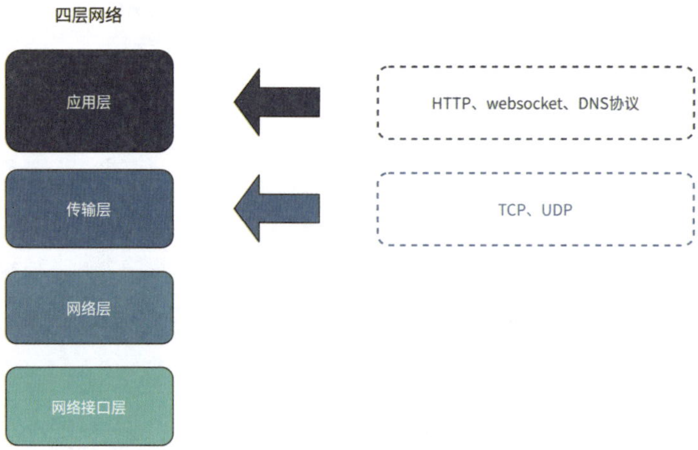

图4-108

图4-109是DNS协议的报文格式。

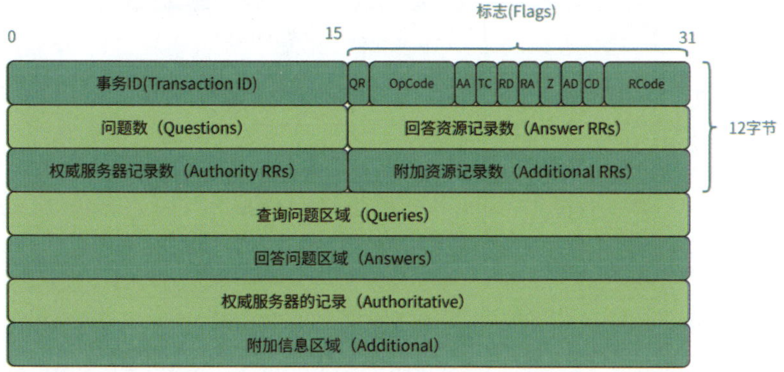

图4-109

字段太多，看着很复杂，下面挑几个重点的来讲解。

Transaction ID是事务ID，对于一次**请求**和这个请求对应的**应答**，它们的事务ID是一样的，类似于微服务系统中的`log_id`。

Flags字段是指标志位，有2字节，**16**位，需要关注的是**QR**、**OpCode**、**RCode**。

- **QR**用来标识这是一个查询还是响应报文，0是查询，1是响应。
- **OpCode**用来标识操作码，正常查询都是0，不管是从域名查IP地址，还是从IP地址查域名，都属于**正常查询**。可以简单地认为我们平时只会看到**0**。
- **RCode**是响应码，类似于HTTP里的**404**、**502**这样的状态码，用来表示这次请求的结果是否正常，0是指一切正常，1是指报文格式错误，2是指服务域名服务器内部错误。

Queries字段，是指你实际查询的内容。这里其实包含三部分信息，`Name`、`Type`、`Class`，如图4-110所示。

图4-110

- **Name**可以放域名或者IP地址。比如你要查的是`baidu.com`这个域名对应的IP地址，那里面放的就是**域名**，反过来通过IP地址查对应的域名，那**Name**字段里放的就是**IP**地址。顺带提一句，域名的最大长度为253个字符。
- **Type**是指你想查哪种信息，比如你想查这个域名对应的IP地址是什么，那就是填A（address），如果你想查这个域名有没有其他别名，就填CNAME（Canonical Name）。如果你想查 xiaobaidebug@gmail.com对应的邮箱服务器地址是什么（比如 gmail.com），那就填MX（Mail Exchanger）。除此之外还有很多类型，图4-111中是常见的Type。

Type	含义
A	Address的简写，IPv4地址
CNAME	正式名字以外的别名
AAAA	IPv6地址
PTR	通过IP地址查域名
MX	通过邮件地址查邮件服务器地址

图4-111

- Class字段就比较有意思了，你可以简单地认为，我们只会看到它填IN（Internet），如图4-112所示。其实DNS协议原本设计出来是考虑到可能会有更多的应用场景的，比如这里还能填CH和HS。大家甚至都不需要知道它们是什么含义，因为随着时间的推移，这些都已经成"化石"了，我们知道这个字段的唯一作用，**可能**就是可以在面试的时候应对自如。

Answers字段，从名字可以看出，和Queries对应，**一问一答**。作用是返回查询结果，比如通过域名查对应的IP地址，这个字段里就会放入具体的IP信息，如图4-113所示。

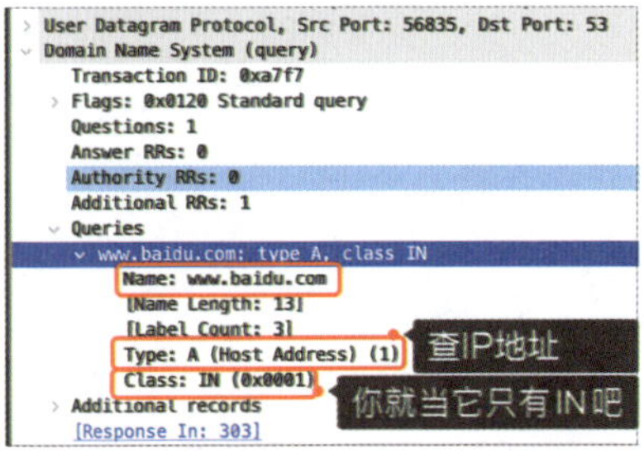

图4-112

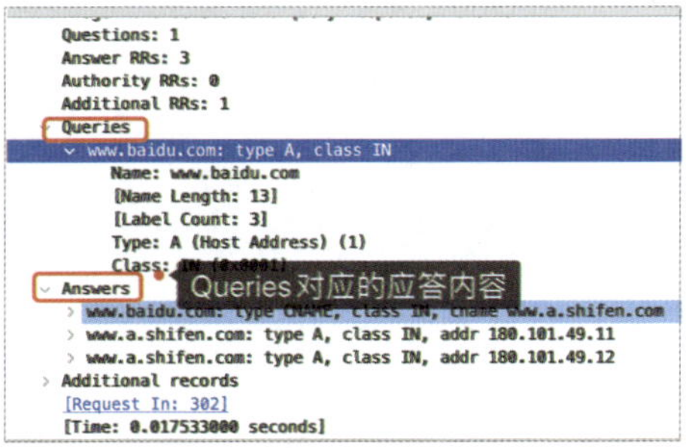

图4-113

4.8.4 抓包

原理看完了，来抓个包吧。我们打开Wireshark，然后执行以下命令：

```
dig www.baidu.com
```

此时操作系统会发出DNS请求，查询www.baidu.com对应的IP地址。

图4-114里是DNS查询（request）的内容，可以看到它是应用层的协议，传输层用的是UDP进行数据传输。图4-114里标红的部分，也就是上面提到的需要重点关注的报文字段内容。其中Flags字段是按位展示的，因此抓包里进行了分行展示。

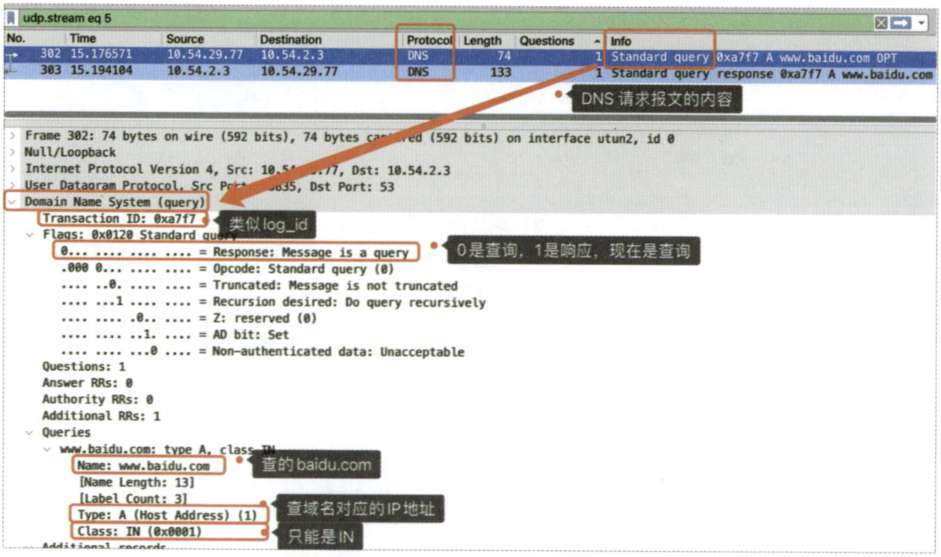

图4-114

接下来再看看响应（response）的数据包内容，如图4-115所示。

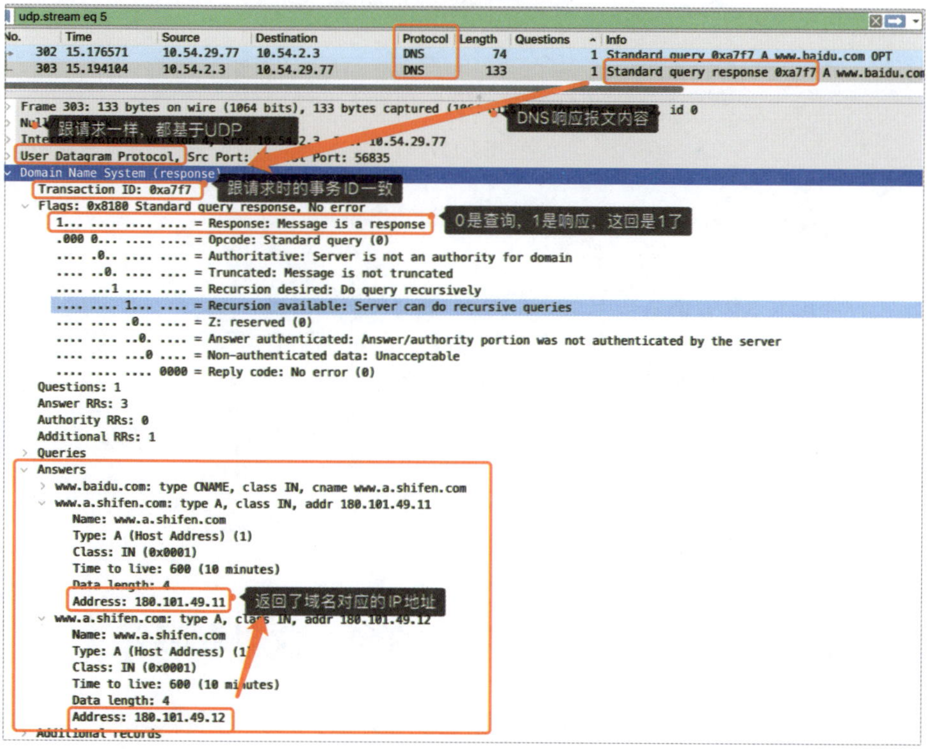

图4-115

可以看到**事务ID**（Transaction ID）和DNS**请求**报文是一致的。并且Answers字段里带有两个IP地址。试了一下，两个IP地址都可以正常访问，如图4-116和图4-117所示。

图4-116

图4-117

4.8.5 小结

- DNS是非常优秀的高并发分布式系统，**通过层次结构将服务进行拆分**，流量分散到多个服务器中。又通过加入**多级缓存**，让每个层级实际接收到的缓存显著减小，因此大大提高了系统的性能。这两点在做业务开发的过程中是可以借鉴的。
- 插上网线通网时，本机通过DHCP获得DNS服务器的地址。同时也支持人工手动去配置。
- 根域服务器的IP地址会以配置的形式加载到每一台DNS服务器当中。因此访问任意一台DNS服务器都能轻松找到根域对应的IP地址。

4.9 听说DNS根服务器只有13台，这科学吗?

上一节讲解了DNS的原理。看完后大家应该对DNS有了更深的了解。这一节，将再上一点强度，抛出两个新问题：

- 从抓包可以看出，DNS在传输层使用了**UDP**，那它只用UDP吗（如图4-118所示）？

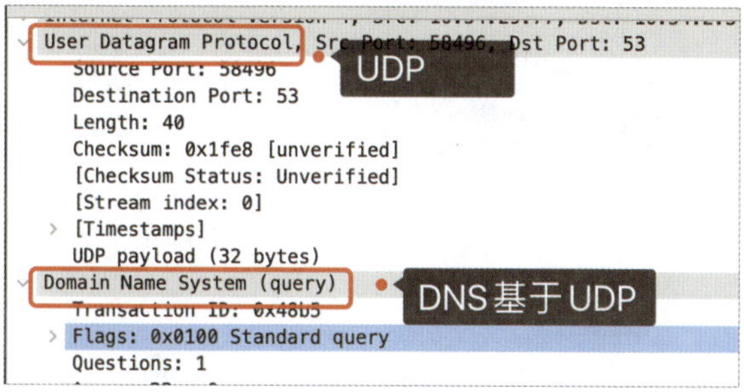

图4-118

- DNS的**IPv4根域名**只有13个，这里面其实有不少都部署在美国，那是不是意味着，只要他们不高兴了，切断我们的访问，我们的网络就瘫痪了呢?

如果你对这块不那么了解，那正好，下面展开本节的话题。

4.9.1　DNS是基于UDP的应用层协议吗？

当执行`dig www.baidu.com`时，操作系统会发出**DNS**请求，去询问**www.baidu.com**域名对应的IP地址是什么。

```
$ dig www.baidu.com
; <<>> DiG 9.10.6 <<>> www.baidu.com
;; global options: +cmd
;; Got answer:
;; ->>HEADER<<- opcode: QUERY, status: NOERROR, id: 61559
;; flags: qr rd ra; QUERY: 1, ANSWER: 3, AUTHORITY: 0, ADDITIONAL: 1
;; OPT PSEUDOSECTION:
; EDNS: version: 0, flags:; udp: 4000
;; QUESTION SECTION:
;www.baidu.com.          IN  A
;; ANSWER SECTION:
www.baidu.com.      298 IN  CNAME   www.a.shifen.com.
www.a.shifen.com.   298 IN  A   180.101.49.12
www.a.shifen.com.   298 IN  A   180.101.49.11
```

此时，从抓包上来看，DNS作为应用层协议，在传输层确实使用了UDP，如图4-119所示。

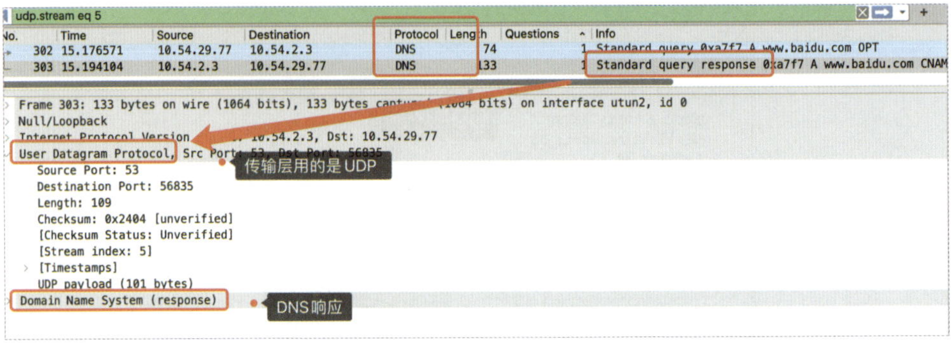

图4-119

但是，其实 RFC 5966中提到：

> **注意**
>
> RFC（Request for Comments）文档是互联网工程任务组（IETF）用于标准化互联网协议的文档，你可以简单理解为它就是最权威的网络协议百科全书。

```
# https://www.rfc-ed**or.org/rfc/rfc5966
  This document updates the requirements for the support of TCP as a transport
protocol for DNS implementations.
```

也就是说，**虽然大部分情况下DNS使用UDP，但其实DNS也是支持TCP的。**

当我们在dig命令里加上**+tcp**选项时，就可以强制DNS查询使用TCP进行数据传输。

```
$ dig +tcp www.baidu.com
; <<>> DiG 9.10.6 <<>> +tcp www.baidu.com
;; global options: +cmd
;; Got answer:
;; ->>HEADER<<- opcode: QUERY, status: NOERROR, id: 28411
;; flags: qr rd ra; QUERY: 1, ANSWER: 3, AUTHORITY: 0, ADDITIONAL: 1
;; OPT PSEUDOSECTION:
; EDNS: version: 0, flags:; udp: 4000
;; QUESTION SECTION:
;www.baidu.com.          IN   A
;; ANSWER SECTION:
www.baidu.com.      600 IN   CNAME   www.a.shifen.com.
www.a.shifen.com.   600 IN   A    180.101.49.11
www.a.shifen.com.   600 IN   A    180.101.49.12
```

此时再次抓包，我们可以发现，DNS在传输层使用了TCP，如图4-120所示。

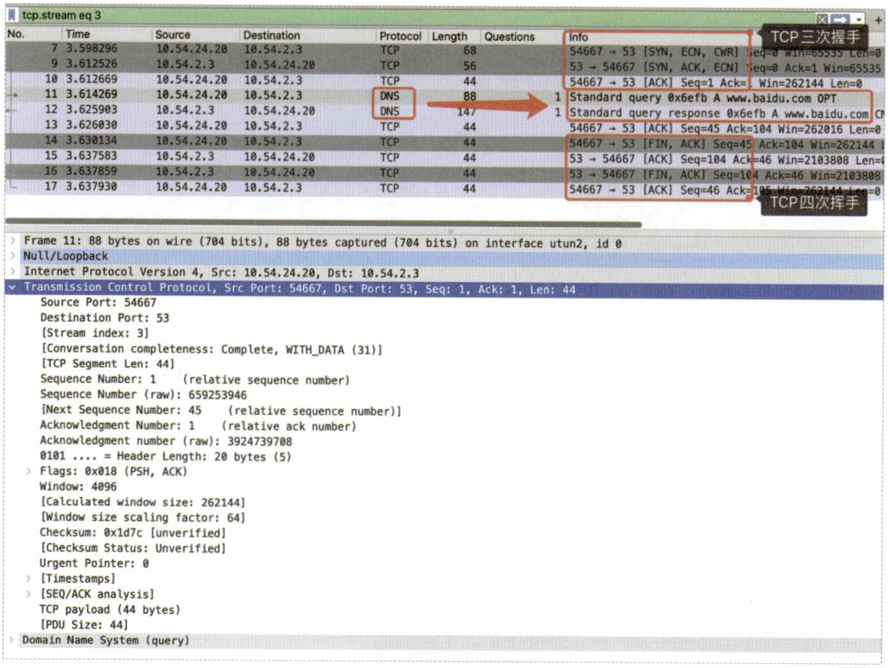

图4-120

那么问题就来了。

4.9.2　为什么有UDP了还要用到TCP?

我们知道网络传输就像是在某个管道里传输数据包，这个管道有一定的粗细，叫**MTU**（Maximum Transmission Unit）。超过MTU则会在发送端的网络层进行切分，然后在接收端的网络层进行重组。而重组是需要有缓冲区的，这个缓冲区的大小有一个最小值，是**576**字节。

IP层分片后传输会加大丢包的概率，且IP层本身并不具备重传的功能，因此需要尽量避免IP层分片。

如果传输过程中真的发生了分片，需要尽量确保能在接收端顺利重组，于是在最保险的情况下，将MTU设置为576。（这个值有些过于谨慎，现在大部分场景下MTU=1500。）

基于这样的前提，这个MTU长度减去IP报头和UDP报头，**大约**剩下512字节，所以才有了RFC1035中提到的，在UDP场景下，DNS报文长度不应超过**512**字节，超过则会被截断，如图4-121所示。那样数据包就不完整了，可能会导致下游没法正常解析数据。

不可避免的是，总会有需要传大量数据的场景。该怎么办呢？那就改用TCP吧。因为TCP本身会分段，分段后的长度正好小于等于MTU的长度。并且丢包后还会重传，因此可以确保数据正常传输。

```
2.3.4. Size limits

Various objects and parameters in the DNS have size limits.  They are
listed below.  Some could be easily changed, others are more
fundamental.

labels          63 octets or less

names           255 octets or less

TTL             positive values of a signed 32 bit number.

UDP messages    512 octets or less
```

图4-121

所以说**数据包长度大于512字节时，DNS就需要使用TCP进行传输**。

4.9.3 既然TCP那么好，为什么不全用TCP？

对比图4-119和图4-120会发现，除了DNS的请求和响应两个数据包，TCP场景下还**多了三次握手和四次挥手**这几个包。乍一看好像也不算特别多，我们知道，DNS协议是一种用于查询域名对应的IP地址的网络协议，它可以分为**迭代查询**和**递归查询**两种类型。

4.9.4 迭代查询和递归查询是什么？

迭代查询是指，发出DNS后，对方如果不知道这个域名的IP地址是什么，会告诉我**有可能知道的机器**的IP地址，我自己再去问**有可能知道的机器**，不断重复直到问到结果。

递归查询是指，发出DNS请求后，要求对方查好后直接给出最终结果。

看起来递归查询好像很方便，但其实是将查询的过程**转嫁**给了其他DNS服务器。所以很多时候，这两者是同时存在的。举一个查询`www.baidu.com`对应IP地址的例子，如图4-122所示。

本机在发出DNS请求时，会要求最近的DNS服务器将结果查好了再给回本机（step1），所以这时候是要求的**递归查询**。

本机是轻松了，然而最近的DNS服务器（有可能是你的家用路由器）却需要忙活起来，它需要采用**迭代查询**的方式，在最坏的情况下，它需要：

step2：查询根域名服务器。

step3：拿到根域名服务器返回的一级域名（com）服务器IP地址。

step4：再去查询一级域（com）服务器。

step5：得到二级域（baidu）服务器的IP地址。

step6：查询二级域（baidu）服务器。

step7：得到三级域（www）服务器的IP地址。

step8：查询三级域（www）服务器。

step9：得到www.baidu.com服务器的IP地址。

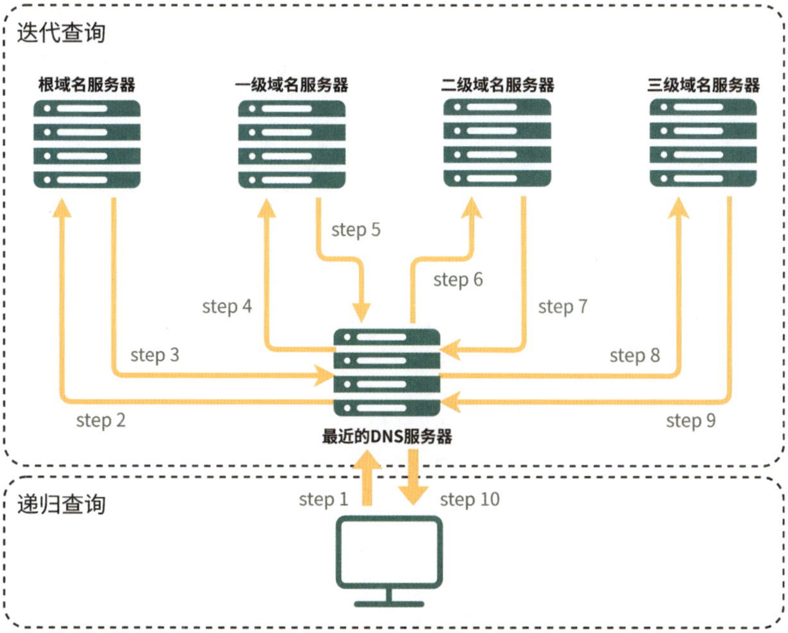

图4-122

此时DNS服务器在将结果放入缓存后，会将结果给回本机（step10）。

4.9.5　迭代查询和递归查询的报文特征

可以在DNS的数据报头里看到迭代查询和递归查询信息。图4-123是DNS的数据报头。

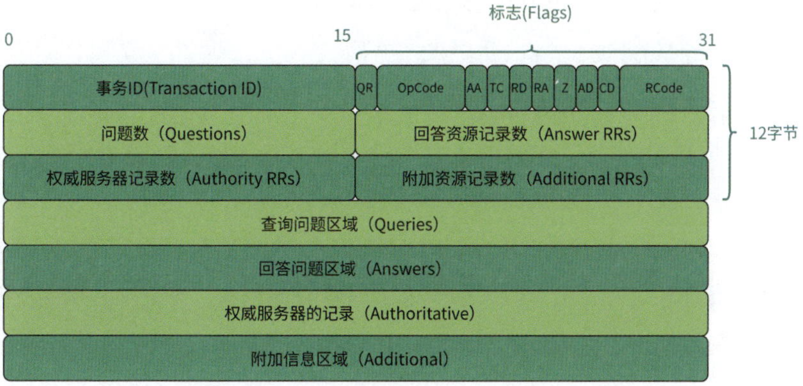

图4-123

我们需要关注的是`Flags`字段中的RD和RA位。

RD（Recursion Desired）是指客户端期望的查询方式，它有0和1两种方式，分别代表：

- 0：迭代查询。
- 1：递归查询。

RA（Recursion Available）是指服务端实际采用的查询方式，它只会在**响应包**里出现，它有0和1两种方式，分别代表：

- 0：迭代查询。
- 1：递归查询。

迭代查询和递归查询带来的影响

回到为什么DNS不全部改用TCP的问题上。可以看到，在DNS请求中，涉及的服务器其实非常多。

如果都用TCP，那就都需要三次握手建立连接，四次挥手断开连接。对于递归查询的那一方，其实还好，因为只会建立一次连接，发出一次请求接收一次响应就完事了。但对于迭代查询的一方，就需要与众多服务器**重复建立和断开连接，性能会受很大影响。**

这时候估计大家也会想问：**那是不是不断开TCP连接，下次复用就好了？**

不太好。因为大部分URL所涉及的域名服务器都不太相同，比如 `www.baidu.com`和`www.xiaobaidebug.top`涉及的一、二级域名服务器就不一样，因此也没必要维护TCP长链接做复用。

所以相比之下，在**数据量较小的场景下**，使用UDP就可以省下握手挥手的消耗，因此UDP才是更优解。

4.9.6 DNS的IPv4根域只有13个吗？

确实是。问题又来了。

为什么是13个根域，不能再加吗？

这单纯是历史原因了。上面提到基于UDP的DNS报文不应该超过**512**字节，减去DNS本身的报头信息，算下来大致能放**13个IP地址**（IPv4）。

> ★ 注意
> 具体的计算过程不太重要，对计算过程感兴趣的话，可以看看相关资料。

虽然现在大部分机器的MTU=1500，但考虑到还可能存在MTU=576的机器，需要向前兼容，因此也不建议随意调整。

但问题又来了。**退一万步，就算所有机器的MTU都到1500了，是不是就没这个限制了？**

从这个角度来说，确实可以加，但没必要。**我们需要思考为什么要加**，是因为觉得13个IPv4根域对应13台服务器，压力太大了吗？还是说出于其他不可明说的因素？

比如，以前看电视的时候，有位所谓的专家提到：全球DNS根服务器只有13台，其中x台部署在美国，只要它们切断访问，那我们的网络就会受影响……

但其实，**13个IPv4根域不代表只有13台服务器**。准确来说，应该是**13组**服务器，每一组都可以无限扩展服务器的数量，**多个服务器共用一个IP地址**。这里其实涉及一个叫**任播**的技术。

任播是什么？

我们知道，在传输的过程中，一台机器给另**一台**机器发消息，这叫**单播**（unicast），如图4-124所示。

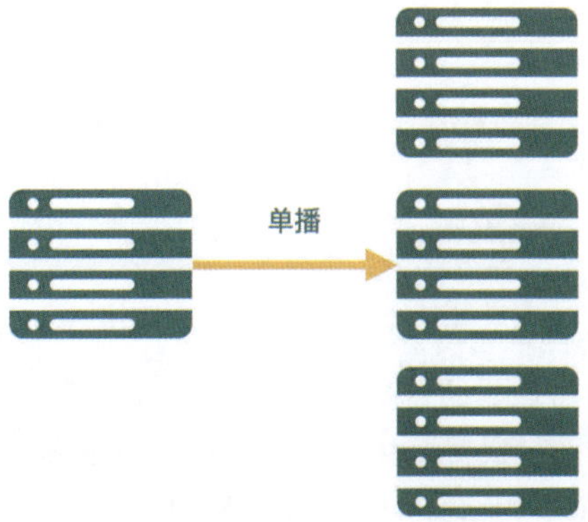

图4-124

一台机器，给本地网段的**所有**机器发消息，叫**广播**（broadcast），如图4-125所示。

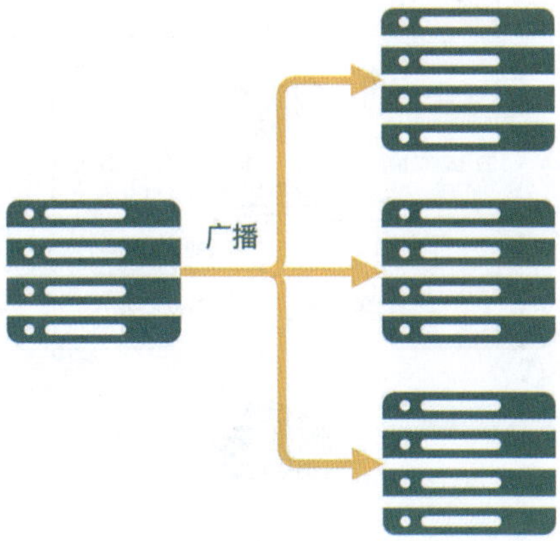

图4-125

这两个都很常见，应该都没问题。

一台机器给所有符合条件的目的机器里的**其中一台**发消息，那叫**任播**（anycast），如图4-126所示。

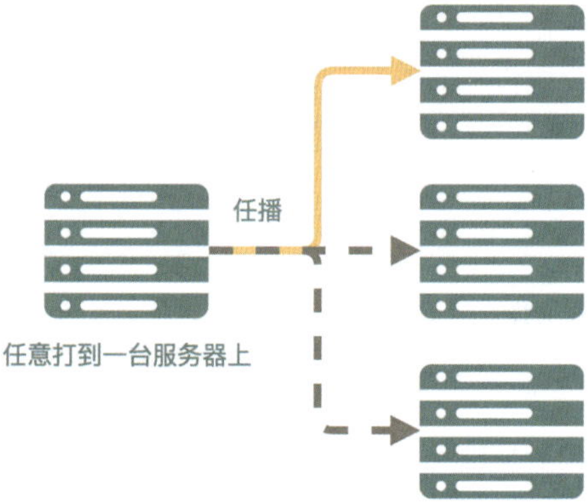

图4-126

我们知道，全世界的**网络设备**，放在一起就形成了一个**网状结构**，这也是网络这个名称的由来。

假设有这么一个路由器，它要访问某个IP地址的机器。从路由器到目的机器有多条路径，路由器可以通过跳数、链路带宽、延迟等信息来计算每条路径的成本，得到最优的路径。将最优路径汇总成一张表，也就是我们常说的**路由表**。

比如图4-127中**绿色的线和红色的线都能到达同样的目的地**，但显然，绿色的路径更短，所以路由表记录了成本更低的绿色路线。

目的IP地址	子网掩码	网关	出口
192.168.0.0	255.255.255.0	—	e3
192.168.1.0	255.255.255.0	—	e2
0.0.0.0	0.0.0.0	192.0.2.1	e1

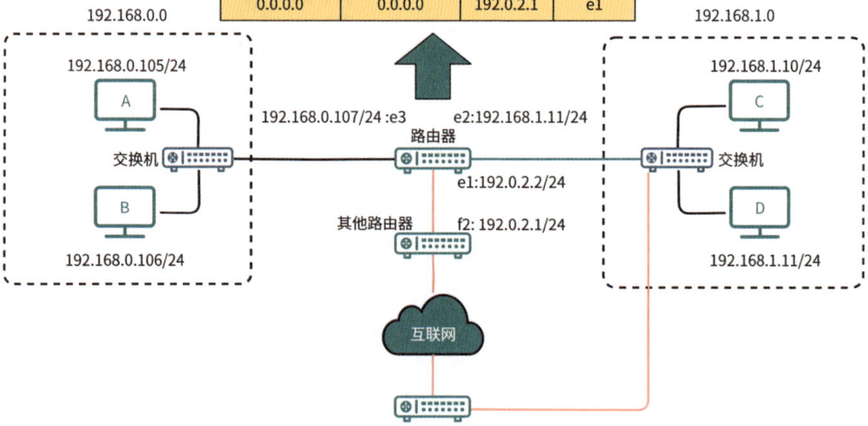

图4-127

那么现在假设我们将这个网状结构里的两个点的网络IP地址设为一样，路由器其实不知道这是两台不同的机器，对它来说，**这只是两条不同的路径，但都通向同一个IP地址**，如图4-128所示。

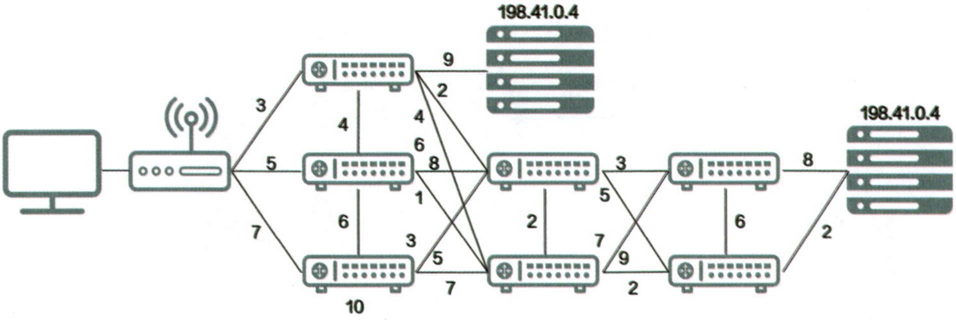

图4-128

这两条路径都能到同一个IP地址，因此发送到任意一个服务器都能拿到想要的信息，从而实现了**任播**。

现在我们再加一个条件，路由器和其中一台机器都在**国内**，另一台机器在**国外**。对路由器来说，由于国内的机器离得近，传输成本低，而国外的机器离得远，传输成本高，所以路由器生成的最优路线是发送到国内的机器。

基于这样的思路，我们只要镜像一份国外的DNS域名服务器信息到国内机房，就不再需要请求国外的服务器了。这样就算其他国家的根域名服务器挂了，也不会对我们有什么影响，事实上**国内已经有非常多的镜像服务器了**，稳得很。

稍微扩展一下，假设在上海和广东都设置了相同IP地址的镜像服务器，那对于上海的用户来说，他们的路由器会优先将请求发送到上海的镜像服务器，而广东的用户则会优先发到广东的机器里，从而实现了**就近访问**。

上海的镜像服务挂了，对应的上海用户路由器里的路由表，就会将路径更新为广东的镜像机器。上海用户的请求就会发到广东的镜像服务中。从而实现**高可用**（或者说**灾备**）。

看起来，利用**任播**既能做到负载均衡，又能实现高可用，这跟Nginx很像啊。

那么，问题就来了。

既然有任播技术，为什么还要用Nginx?

Nginx是常见的**反向代理**服务器，背后可以连*N*台服务器，如图4-129所示。收到请求时，请求会打到任意一台服务器上，因此实现了**负载均衡和高可用**。

在4.4节“为什么有了HTTP，还要有websocket协议？”中提到过，对于网络游戏场景，需要有服务器主动推数据到客户端。由于Nginx与客户端和服务端之间会建立**TCP长**

链接，且会记录这两个长链接的会话关系，因此**客户端在收到服务端的消息之后，能沿着这条连接响应服务端**。

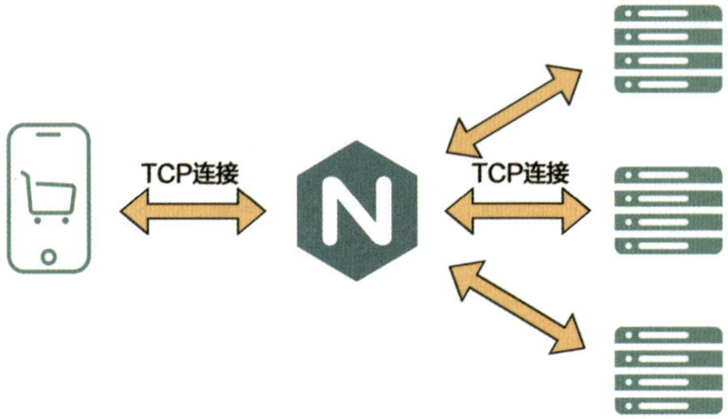

图4-129

而**如果**这时候不用Nginx，单纯使用任播，那服务器将消息主动推给客户端之后，客户端响应时，消息不保证还能给回**原来的服务器。毕竟“任播”的含义就是，只要能访问任意一台服务器就行了**。

总的来说，使用Nginx可以保持与客户端的长连接，并确保请求和响应在同一连接中传输，这对于需要会话持久性的应用（如网络游戏）是有利的。而使用任播则不保证客户端的响应会回到最初的服务器，因为任播路由是基于网络接近性而非会话状态。

因此任播并不能代替Nginx。

当然这两个本来也**不是在一个维度**，拿来比较其实并不合适，我们只是举个反例来帮助大家捋一捋两者之间的差异。

4.9.7 小结

- DNS在传输层既能使用UDP也能使用TCP。当传输数据量小于512字节时会使用UDP，否则使用TCP。
- 虽然根域只有13个IP地址，但不代表只有13台服务器，准确地说，应该是**13组**服务器，每组服务器共用同一个IP地址，国内已经有非常多的镜像服务器了，利用**任播**技术，只要能**就近**访问**其中一台**就行了。
- 国内国外如果都有相同IP地址的目的机器，对于路由器来说，无非就是有两条路径可以抵达相同的目的地，一个远一些，一个近一些。基于成本考虑，会将更近的路径放到路由表中。
- 任播技术虽然也能在一定程度上实现负载均衡和高可用，但它跟Nginx并不在一个维度，不能替代Nginx。

4.10 如果没有 SSH，我们用什么登录服务器？

如果你是一个在大学里工作的打工人，所在的学校网络总是遭遇攻击，你会怎么办？

1995 年一个叫Tatu的芬兰小伙也遇到了这样的问题，他选择设计一套新的安全传输协议 SSH 来回击。

对，就是这么“硬核”。上一个这么“硬核”的芬兰狠人，叫 Linus。

> ★注意
> 当年UNIX要收费，大学教授写的Minix又只能用于教学场景，操作系统不让用是吧？于是Linus大佬一气之下写了一个叫Linux的操作系统。

4.10.1 SSH是什么？

它是一个加密网络传输协议，一般用于远程登录服务器。下面举个例子。

我们打开计算机本地的命令行终端，可以执行`ls`、`mkdir`等各种命令去控制自己的本地机器。但如果你想控制的机器并不是**本地**机器，而是阿里云的一台**云服务器**呢？

我们一般会选择执行下面的ssh 命令来远程登录服务器。

```
ssh 用户名@远端机器的IP地址
ssh liangzai@47.100.201.101
```

然后就可以在远端服务器上执行各种命令了。看到这里，问题就来了，在没有 SSH 的那个年代，我们用什么登录服务器？

答案是`telnet`。

4.10.2 用telnet登录服务器

如果按照网上的教程，我们想用`telnet`登录自己的云服务器，大概率会出现下面这样的报错。

```
% telnet 47.102.221.141
Trying 47.102.221.141...
telnet: connect to address 47.102.221.141: Operation timed out
telnet: Unable to connect to remote host
```

这是因为我们的云服务器没有开启 telnet服务。

我们需要在云服务器厂商提供的**网页版终端**里先启动telnet服务，该怎么操作呢？

> ★ 注意
>
> 本节的实验环境是CentOS。

执行下面的命令安装**telnet-server**，根据名字能猜到它的作用，它是telnet的服务端程序。有了它，你才能作为telnet的客户端登录到远端服务器上。

```
yum install telnet-server
```

再安装一个xinetd，它是Linux里的网络守护进程，可以为各种网络应用程序提供基础能力，比如：并发连接管理、日志记录和访问控制。

```
yum -y install xinetd
```

打开 xinetd的配置文件，将 telnet的一些信息加进去，然后保存并退出。

```
vim /etc/xinetd.d/telnet
```

下面是配置的内容。

```
service telnet
{
    disable = no
    socket_type= stream
    flags = REUSE
    wait= no
    user= root
    server= /usr/sbin/in.telnetd
    log_on_failure+= USERID
}
```

再执行下面两行命令，分别启动 xinetd和telnet。

```
systemctl start xinetd
systemctl start telnet.socket
```

此时执行 netstat -nat，你会发现 23号端口已被监听。

```
# netstat -nat
Active Internet connections (servers and established)
Proto Recv-Q Send-Q Local Address           Foreign Address         State
tcp6       0      0 :::23                   :::*                    LISTEN
```

这时候你就可以在本地机器上尝试用telnet 来连接云服务器了。

```
% telnet 47.102.221.141
Trying 47.102.221.141...
```

```
Connected to 47.102.221.141.
Escape character is '^]'.
Password:
Login incorrect
iZuf6ce780a5j40enlppiZ login: xiaobai
Password:
Welcome to Service !
[xiaobai@xxxx ~]$ ls
hello.c
```

现在我们就可以像操作本地机器那样，对云端服务器执行各种命令了，如图4-130所示。

图4-130

4.10.3 用telnet登录服务器有什么问题？

看到这里大家估计就有疑惑了，既然用telnet就能登录服务器并执行各种操作，那Tatu大佬为什么还要再搞一个SSH协议呢？主要是**因为telnet不安全**。

至于怎么不安全，老规矩，上Wireshark抓个包看看。

我们从执行**Telnet**远端服务器**IP**地址就开始抓包。

可以看到所有执行过的操作，都以**明文**的方式，坦坦荡荡地展示在所有人面前，如图4-131所示。

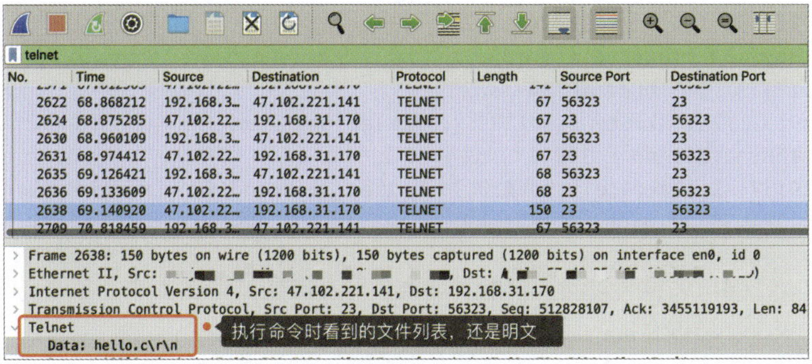

图4-131

但这还不是最离谱的，最离谱的是我的**账号和密码**都是**明文**，这就不能忍了，如图4-132所示。

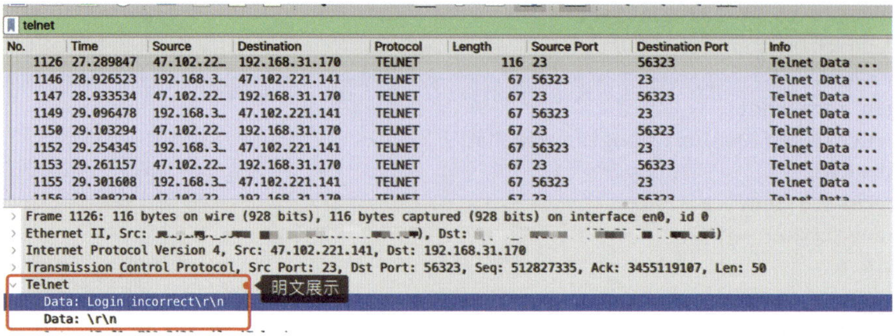

图4-132

也就是说但凡有心人士在网络通信的中间节点抓个包就能将你的所有信息获取。

说出来你可能不信，每天都有不少人觊觎我那台2核2GB阿里云服务器。

通过查看/var/log/secure日志，能看到很多尝试登录服务器的记录。

```
# grep Failed /var/log/secure
Jul 20 18:18:07 iZakf6ce sshd[32444]: Failed password for invalid user admin
from 180.110.136.200 port 13346 ssh2
Jul 20 18:28:15 iZakf6ce sshd[497]: Failed password for invalid user exploit
from 190.102.192.4 port 59184 ssh2
Jul 20 18:30:11 iZakf6ce sshd[619]: Failed password for invalid user
meichuanneng from 180.110.136.200 port 14604 ssh2
Jul 20 19:32:02 iZakf6ce sshd[3848]: Failed password for invalid user jenkins
from 59.173.31.105 port 10923 ssh2
Jul 20 19:32:04 iZakf6ce sshd[3853]: Failed password for invalid user git
from 59.173.31.105 port 10925 ssh2
Jul 20 19:32:06 iZakf6ce sshd[3857]: Failed password for invalid user user
from 59.173.31.105 port 10926 ssh2
Jul 20 19:32:09 iZakf6ce sshd[3861]: Failed password for invalid user dev
from 59.173.31.105 port 10934 ssh2
Jul 20 19:32:12 iZakf6ce sshd[3865]: Failed password for invalid user deployer
from 59.173.31.105 port 10941 ssh2
Jul 20 19:37:43 iZakf6ce sshd[4131]: Failed password for invalid user testuser
from 137.184.55.79 port 54148 ssh2
```

加上Failed做关键词过滤，就能发现很多网友在尝试爆破我的服务器。仅7月20日一天就有 1481 次爆破尝试。

```
# grep Failed /var/log/secure | grep 'Jul 20' | wc -l
1481
```

在这么“野蛮”“原始”的大环境下，不用SSH，我是真的害怕。

那么问题就来了，SSH是怎么解决密文传输带来的安全性问题的？

4.10.4 SSH的原理

我们回过头来想想，telnet用明文发送账号密码，所以不安全。

那如果我们能让**明文发送账号密码变成密文发送**，那不就成了吗?

但问题又来了，如果账号密码被加密了，其他人读不懂其中内容，服务器也一样读不懂才对，那还怎么登录? 于是问题就变成了，**有没有一种办法可以让文本加密成服务器能看懂，其他人看不懂**?

有，用**服务器公钥**加密就行了，如图4-133所示。

图4-133

> ★注意
> 4.6节中的内容提到了公钥和私钥，基于一些我们看不太懂的数学原理，公钥加密的密文只有私钥能解密，反过来，私钥加密的密文也只有公钥能解密。

基于这个思路，我们来看看用ssh命令登录远端服务器时的认证流程是怎样的。

手动输入密码登录

当我们执行下面的命令时，就会作为客户端，尝试登录服务器。

```
# ssh 用户名@远程服务器地址
ssh liangzai@47.102.221.141
liangzai@47.102.221.141's password: [这里开始输入密码]
Last login: Fri Jul 21 22:37:33 2023 from 210.21.122.112
Welcome to Elastic Compute Service !
```

这个过程的步骤如下（如图4-134所示）：

首先，客户端接收到服务器发来的服务器公钥。

然后，客户端用服务器公钥给账号密码加密，发给服务器。

最后，服务器收到加过密的账号密码后，用服务器私钥解密，拿到真正的账号密码，然后验证账号能不能登录自己的服务器。如果能登录，登录流程就结束了。

“免密”登录

但上面这种情况下每次都要输一遍密码，稍显原始。印象中我们在公司里操作机器，都是不用输密码就能登上服务器的，就像下面这样。

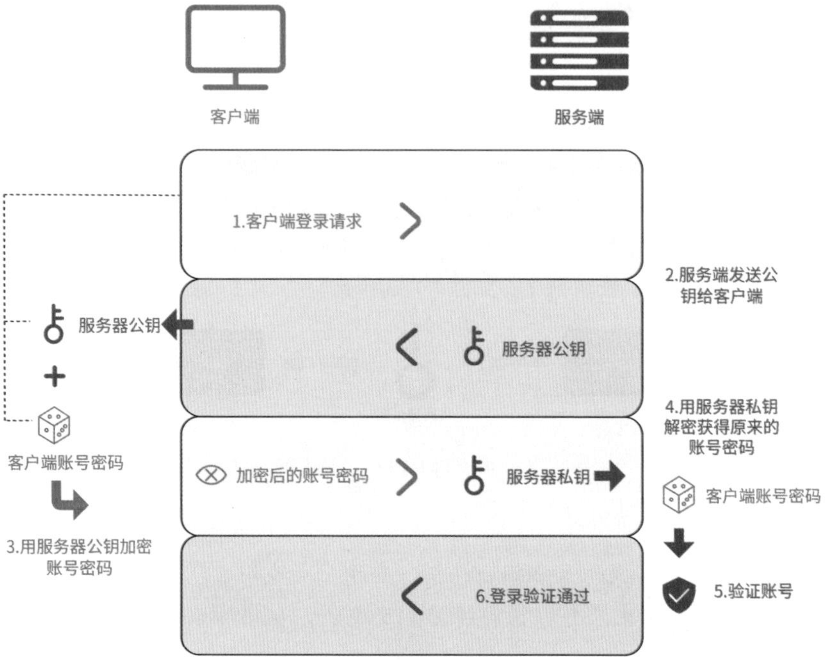

图4-134

```
% ssh liangzai@47.102.221.141
Last login: Fri Jul 21 22:37:33 2023 from 210.21.122.112
Welcome to Elastic Compute Service !
```

这样的免密登录又是怎么实现的呢?

说一个关键点，在手动输入密码登录的流程中，主要利用**服务器公钥和私钥**。而在免密登录中，则反过来，主要利用**客户端的公钥和私钥**。接下来我们来看看具体是怎么做的。

首先需要在客户端用`ssh-keygen`命令，在`~/.ssh`目录下生成`id_rsa.pub`和`id_rsa`两个文件，它们分别对应客户端的公钥和私钥。然后将`id_rsa.pub`里的信息，也就是**客户端公钥**复制出来，粘贴到云服务器的`~/.ssh/authorized_keys`文件里（这一步可以在云服务器厂商提供的网页控制台里操作），这样服务端就含有客户端公钥了。

接下来就可以聊聊登录时的认证流程，主要步骤如下：

1. 客户端将自己的用户信息，比如用户账号名 root，以及客户端公钥发到服务端。
2. 服务端收到客户端的信息后，到`~/.ssh/authorized_keys` 文件查找客户端对应的客户端公钥，如果找到了，就用客户端公钥来加密一个服务端生成的随机数，发回给客户端。
3. 客户端拿到这个被自己公钥加密过的密文，“掏出”**客户端私钥**，解密得到随机数原文，然后发回给服务端。

4. 服务端收到客户端发来的随机数跟自己生成的那个一致，就认为登录成功。

详细步骤如图4-135所示。

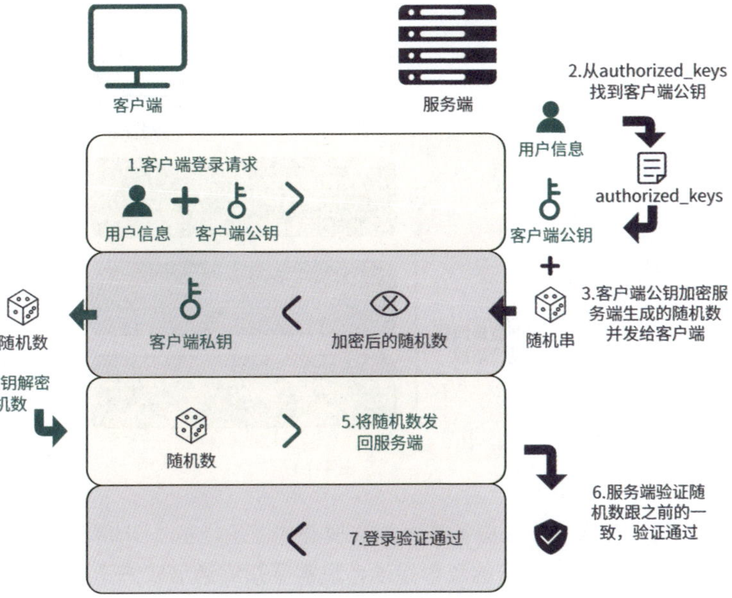

图4-135

4.10.5 网络抓包

了解这些原理之后，如果你兴致勃勃地去抓包，想要确认是不是我说的那样，你会发现，整个人蒙了。

因为，不管是哪种登录方式，抓到的包看起来都像图4-136这样。

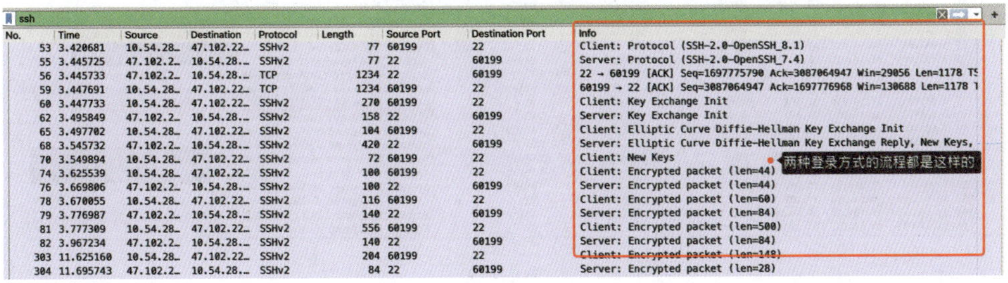

No.	Time	Source	Destination	Protocol	Length	Source Port	Destination Port	Info
53	3.420681	10.54.28…	47.102.22…	SSHv2	77	60199	22	Client: Protocol (SSH-2.0-OpenSSH_8.1)
55	3.445725	47.102.2…	10.54.28…	SSHv2	77	22	60199	Server: Protocol (SSH-2.0-OpenSSH_7.4)
56	3.445733	47.102.2…	10.54.28…	TCP	1234	22	60199	22 → 60199 [ACK] Seq=1697775790 Ack=3087064947 Win=29056 Len=1178 TS
59	3.447691	10.54.28…	47.102.22…	TCP	1234	60199	22	60199 → 22 [ACK] Seq=3087064947 Ack=1697776968 Win=130688 Len=1178 T
60	3.447733	10.54.28…	47.102.22…	SSHv2	270	60199	22	Client: Key Exchange Init
62	3.495849	47.102.2…	10.54.28…	SSHv2	158	22	60199	Server: Key Exchange Init
65	3.497702	10.54.28…	47.102.22…	SSHv2	104	60199	22	Client: Elliptic Curve Diffie-Hellman Key Exchange Init
68	3.545732	47.102.2…	10.54.28…	SSHv2	420	22	60199	Server: Elliptic Curve Diffie-Hellman Key Exchange Reply, New Keys,
70	3.549894	10.54.28…	47.102.22…	SSHv2	72	60199	22	Client: New Keys
74	3.625539	10.54.28…	47.102.22…	SSHv2	100	60199	22	Client: Encrypted packet (len=44)
76	3.669806	47.102.2…	10.54.28…	SSHv2	100	22	60199	Server: Encrypted packet (len=44)
78	3.670055	10.54.28…	47.102.22…	SSHv2	116	60199	22	Client: Encrypted packet (len=60)
79	3.776987	47.102.2…	10.54.28…	SSHv2	140	22	60199	Server: Encrypted packet (len=84)
81	3.777309	10.54.28…	47.102.22…	SSHv2	556	60199	22	Client: Encrypted packet (len=500)
82	3.967234	47.102.2…	10.54.28…	SSHv2	140	22	60199	Server: Encrypted packet (len=84)
303	11.625160	10.54.28…	47.102.22…	SSHv2	204	60199	22	Client: Encrypted packet (len=148)
304	11.695743	47.102.2…	10.54.28…	SSHv2	84	22	60199	Server: Encrypted packet (len=28)

图4-136

按理说手动输入密码登录要和“免密”登录**有点区别**才对，但这一模一样的收发包流程又是为什么？

其实，SSH登录流程可以分成两个阶段（如图4-137所示）：

- 第一阶段：建立加密通信。
- 第二阶段：登录认证。

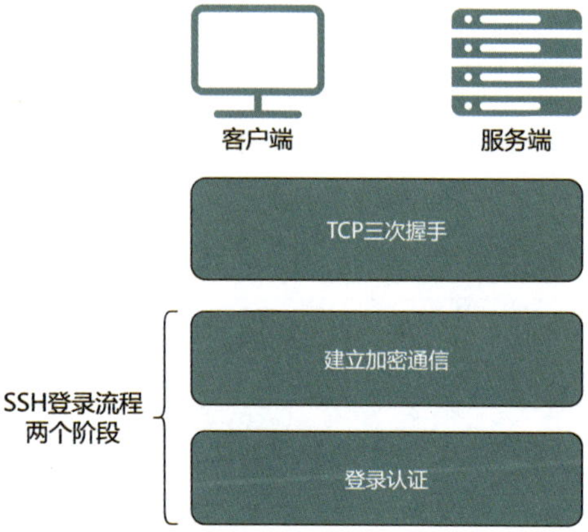

图4-137

第一阶段通过客户端和服务端之间交换各种信息，基于DH算法建立一条加密通道。这里你不需要知道 DH 算法的数学原理，只需要知道通信双方通过交换非常多的信息，最终都得到一个对称密钥，用于给后续所有通信加密，目的是不让双方的通信内容被第三方解析出来。

第二阶段在第一阶段的基础上，执行密码登录或者"免密"登录的认证过程。但是这部分认证过程**会被加密**，也就是使用了前面提到的那个共享的**对称密钥**。因此，即使在抓包截图里，你也看不出这部分内容，如图4-138所示。只有认证通过，客户端才能登上服务端，然后执行各种操作，比如ls、mkdir等命令。

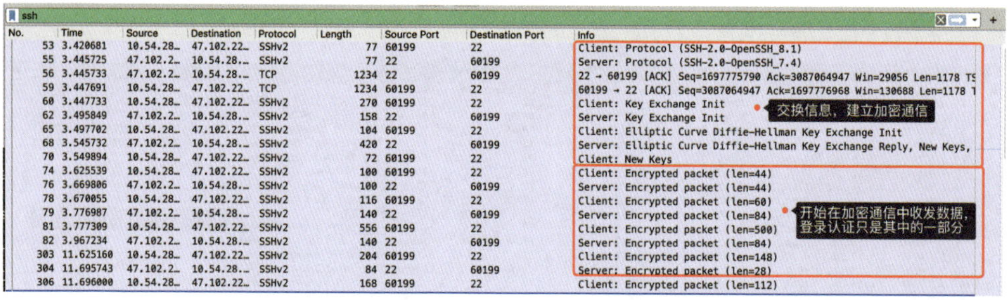
ssh

No.	Time	Source	Destination	Protocol	Length	Source Port	Destination Port	Info
53	3.420681	10.54.28…	47.102.22…	SSHv2	77	60199	22	Client: Protocol (SSH-2.0-OpenSSH_8.1)
55	3.445725	47.102.2…	10.54.28.…	SSHv2	77	22	60199	Server: Protocol (SSH-2.0-OpenSSH_7.4)
56	3.445733	47.102.2…	10.54.28.…	TCP	1234	22	60199	22 → 60199 [ACK] Seq=1697775790 Ack=3087064947 Win=29056 Len=1178 TS
59	3.447691	10.54.28…	47.102.22…	TCP	1234	60199	22	60199 → 22 [ACK] Seq=3087064947 Ack=1697776968 Win=130688 Len=1178 T
60	3.447733	10.54.28…	47.102.22…	SSHv2	270	60199	22	Client: Key Exchange Init
62	3.495849	47.102.2…	10.54.28.…	SSHv2	158	22	60199	Server: Key Exchange Init
65	3.497702	10.54.28…	47.102.22…	SSHv2	104	60199	22	Client: Elliptic Curve Diffie-Hellman Key Exchange Init
68	3.545732	47.102.2…	10.54.28.…	SSHv2	420	22	60199	Server: Elliptic Curve Diffie-Hellman Key Exchange Reply, New Keys,
70	3.549894	10.54.28…	47.102.22…	SSHv2	72	60199	22	Client: New Keys
74	3.625539	10.54.28…	47.102.22…	SSHv2	100	60199	22	Client: Encrypted packet (len=44)
76	3.669806	47.102.2…	10.54.28.…	SSHv2	100	22	60199	Server: Encrypted packet (len=44)
78	3.670055	10.54.28…	47.102.22…	SSHv2	116	60199	22	Client: Encrypted packet (len=60)
79	3.776987	47.102.2…	10.54.28.…	SSHv2	140	22	60199	Server: Encrypted packet (len=84)
81	3.777309	10.54.28…	47.102.22…	SSHv2	556	60199	22	Client: Encrypted packet (len=500)
82	3.967234	47.102.2…	10.54.28.…	SSHv2	140	22	60199	Server: Encrypted packet (len=84)
303	11.625160	10.54.28…	47.102.22…	SSHv2	204	60199	22	Client: Encrypted packet (len=148)
304	11.695743	47.102.2…	10.54.28.…	SSHv2	84	22	60199	Server: Encrypted packet (len=28)
306	11.696000	10.54.28…	47.102.22…	SSHv2	168	60199	22	Client: Encrypted packet (len=112)

图4-138

看到这里，问题就来了。

有了**第一阶段**产生的对称密钥后，**第二阶段**的通信内容都会被加密，那第二阶段手动输入密码的认证场景里，为什么还需要服务端的公钥做一层加密？是不是有点多此一举？

在手动输入账号密码的场景里，最终让客户端“登录”服务端的关键是客户端提供的**账号和密码**。假设退一步，我们不使用服务器公钥对账号密码加密，只靠**第一阶段**产生的对称密钥进行加密，行不行？

行，这样就只有你自己和服务端知道这个信息，任何第三方都不太可能拿到你的账号密码信息。

但是问题就来了，**你怎么确定这个服务端就是你想登录的服务端**？万一它是第三方伪造的呢？那客户端就被白白套走个人信息了。

怎样才能让你知道这个服务端就是你想登录的服务端呢？答案就是用服务器公钥来判断。

因为在客户端第一次登录服务端的时候，你会收到服务端提供的指纹信息，比如下面就是我登录GitHub时的情况。

```
% ssh -T git@github.com
The authenticity of host 'github.com (20.205.243.166)' can't be established.
ECDSA key fingerprint is SHA256:p2QAMXNIC1TJYWeIOttrVc98/R1BUFWu3/LiyKgUfQM.
Are you sure you want to continue connecting (yes/no/[fingerprint])?
```

这里面`SHA256:p2QAMXNIC1TJYWeIOttrVc98/R1BUFWu3/LiyKgUfQM`就是GitHub服务器的指纹。

这时候你可以去找GitHub的官网文档，它会放出它家的指纹，如果经过对比发现一致，说明就是它家的服务器，如图4-139所示。于是就可以大胆输入yes建立连接。

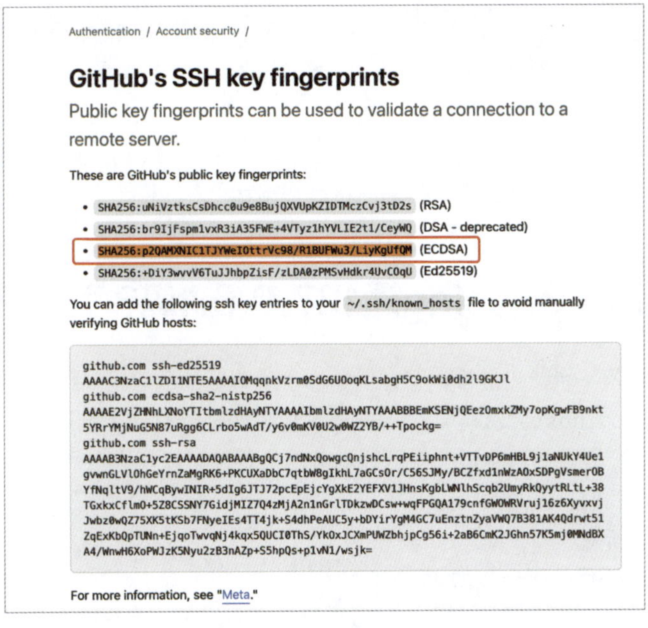

Authentication / Account security /

GitHub's SSH key fingerprints

Public key fingerprints can be used to validate a connection to a remote server.

These are GitHub's public key fingerprints:

- `SHA256:uNiVztksCsDhcc0u9e8BujQXVUpKZIDTMczCvj3tD2s` (RSA)
- `SHA256:br9IjFspm1vxR3iA35FWE+4VTyz1hYVLIE2t1/CeyWQ` (DSA - deprecated)
- `SHA256:p2QAMXNIC1TJYWeIOttrVc98/R1BUFWu3/LiyKgUfQM` (ECDSA)
- `SHA256:+DiY3wvvV6TuJJhbpZisF/zLDA0zPMSvHdkr4UvCOqU` (Ed25519)

You can add the following ssh key entries to your `~/.ssh/known_hosts` file to avoid manually verifying GitHub hosts:

```
github.com ssh-ed25519
AAAAC3NzaC1lZDI1NTE5AAAAIOMqqnkVzrm0SdG6UOoqKLsabgH5C9okWi0dh2l9GKJl
github.com ecdsa-sha2-nistp256
AAAAE2VjZHNhLXNoYTItbmlzdHAyNTYAAAAIbmlzdHAyNTYAAABBBEmKSENjQEezOmxkZMy7opKgwFB9nkt
5YRrYMjNuG5N87uRgg6CLrbo5wAdT/y6v0mKV0U2w0WZ2YB/++Tpockg=
github.com ssh-rsa
AAAAB3NzaC1yc2EAAAADAQABAAABgQCj7ndNxQowgcQnjshcLrqPEiiphnt+VTTvDP6mHBL9j1aNUkY4Ue1
gvwnGLVlOhGeYrnZaMgRK6+PKCUXaDbC7qtbW8gIkhL7aGCsOr/C56SJMy/BCZfxd1nWzAOxSDPgVsmerOB
YfNqltV9/hWCqBywINIR+5dIg6JTJ72pcEpEjcYgXkE2YEFXV1JHnsKgbLWNlhScqb2UmyRkQyytRLtL+38
TGxkxCflmO+5Z8CSSNY7GidjMIZ7Q4zMjA2n1nGrlTDkzwDCsw+wqFPGQA179cnfGWOWRVruj16z6Xyvxvj
Jwbz0wQZ75XK5tKSb7FNyeIEs4TT4jk+S4dhPeAUC5y+bDYirYgM4GC7uEnztnZyaVWQ7B381AK4Qdrwt51
ZqExKbQpTUNn+EjqoTwvqNj4kqx5QUCI0ThS/YkOxJCXmPUWZbhjpCg56i+2aB6CmK2JGhn57K5mj0MNdBX
A4/WnwH6XoPWJzK5Nyu2zB3nAZp+S5hpQs+p1vN1/wsjk=
```

For more information, see "Meta."

图4-139

是不是看起来安全多了?

所以说，服务器加一层公钥并不是多此一举，是为了“让账号密码只有服务器能读”。

那么，问题又来了。

用SSH就真的安全了吗？

当我这么问的时候，你大概能猜到答案了。**并不是绝对安全**，原因还是在于上面的服务器指纹，我就不信有人会去看，摸着自己的良心说，遇到这个提示，我们哪一次不是直接输入yes就过去了的？因此要是真有人想要对我们使用中间人攻击，我们大概率会踩坑。

退一步说，就算没遇到中间人攻击，就我的密码安全等级，用彩虹表撞库就有可能将服务器的密码撞出来。就算撞不出来，如果你有多个平台账号共用一个密码的习惯，哪天某个平台的数据库被拖库了，好巧不巧那个平台还是用明文保存密码，那就完了。

大家不要觉得这件事情不可能发生，我就差直接把某个字母开头的论坛的“身份证”报出来了。所以如果可以，尽量选择使用安全性更高的“免密”登录。

4.10.6 小结

- 在SSH出现之前，可以使用telnet 登录远端服务器。
- 用telnet登录服务器会明文传输所有信息，包括服务器的账号密码。稍不留神遭到攻击，号就没了，因此Tatu发明了SSH协议。
- 通过抓包可以发现，使用SSH会经历两个阶段，第一阶段交换各种信息最终生成对称密钥，第二阶段用第一阶段的对称密钥进行加密通信，第二阶段包含了登录认证的操作，既可以输入账号密码登录，也可以“免密”登录。
- 用了SSH不代表一定安全，留意服务器指纹变化是否符合预期，不建议直接使用账号密码登录，多使用更安全的“免密”登录。

4.11 断网了还能ping通127.0.0.1吗？为什么？

可能看到标题，你就知道答案了，但是你了解背后的原因吗？如果把`127.0.0.1`换成`0.0.0.0`或`localhost`会怎样呢？你知道这几个`IP`地址有什么区别吗？

这些都是我在面试中遇到过的问题，本节就来跟大家谈谈这个话题。

话不多说，我们直接做实验。

拔掉网线，断网。

然后在控制台输入`ping 127.0.0.1`。

```
$ ping 127.0.0.1
```

```
PING 127.0.0.1 (127.0.0.1): 56 data bytes
64 bytes from 127.0.0.1: icmp_seq=0 ttl=64 time=0.080 ms
64 bytes from 127.0.0.1: icmp_seq=1 ttl=64 time=0.093 ms
64 bytes from 127.0.0.1: icmp_seq=2 ttl=64 time=0.074 ms
64 bytes from 127.0.0.1: icmp_seq=3 ttl=64 time=0.079 ms
64 bytes from 127.0.0.1: icmp_seq=4 ttl=64 time=0.079 ms
^C
--- 127.0.0.1 ping statistics ---
5 packets transmitted, 5 packets received, 0.0% packet loss
round-trip min/avg/max/stddev = 0.074/0.081/0.093/0.006 ms
```

说明拔了网线，**ping 127.0.0.1是能ping通的**。

其实看到这里，本节标题的前半个问题已经被回答了。但是我们可以再想深一点儿。

为什么断网了还能 ping通127.0.0.1?

这能说明你不用交网费就能上网吗？

不能。

4.11.1　什么是127.0.0.1?

首先，这是一个IPv4地址。

IPv4地址有32位，1字节有8位，共4字节。

其中**127开头的都属于回环地址**，也是IPv4的特殊地址，没什么道理，就是人为规定的。

而127.0.0.1是**众多**回环地址中的一个，如图4-140所示。之所以不是127.0.0.2，而是127.0.0.1，是因为源码里就是这么定义的，也没什么道理。

```
/* Address to loopback in software to local host.  */
#define INADDR_LOOPBACK     0x7f000001  /* 127.0.0.1   */
```

图4-140

IPv4的地址是32位的，2^{32}，大概是40多亿。地球人口已经超过76亿了，40亿个IP地址这点量，**“塞牙缝”都不够。**

所以就有了IPv6，IPv6的地址是128位的，数量大概是$2^{128}\approx10^{38}$。据说地球的沙子数量大概是10^{23}粒，所以IPv6的IP地址可以认为用不完。

IPv4以8位为一组，每组之间用“.”隔开。

IPv6以16位为一组，每组之间用“:”隔开。如果全是0，那么可以省略不写，如图4-141所示。

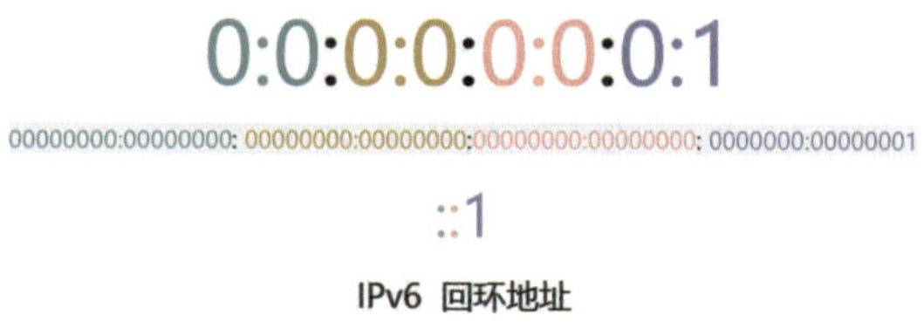

图4-141

在IPv4下的回环地址是**127.0.0.1**，在**IPv6**下，表达为**::1** 。中间把**连续的0**省略了，之所以不是**7个冒号**，而是**2个冒号**，是因为一个IPv6 地址中**只允许出现一次两个连续的冒号**。

> ★注意 多说一句：在IPv4下用的是ping 127.0.0.1 命令。在IPv6下用的是ping6 ::1命令。

4.11.2 什么是ping?

ping是应用层命令，可以理解为它跟游戏或者聊天软件属于同一层。只不过聊天软件可以收发消息，还能点个赞什么的，有很多复杂的功能。而ping作为一个小软件，它的功能比较简单，就是**尝试**发送小小的消息到目标机器上，判断目标机器是否**可达**，其实也就是判断目标机器网络是否能连通。

ping应用的底层，用的是网络层的**ICMP**，如图4-142所示。

虽然ICMP和IP**都属于网络层协议**，但其实**ICMP也是利用了IP进行消息的传输**，如图4-143所示。

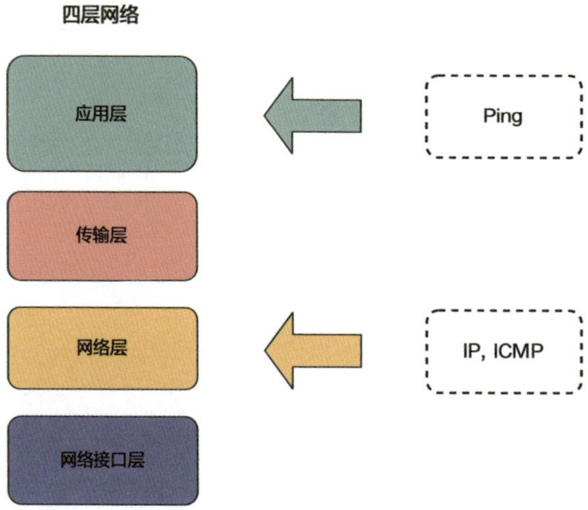

图4-142

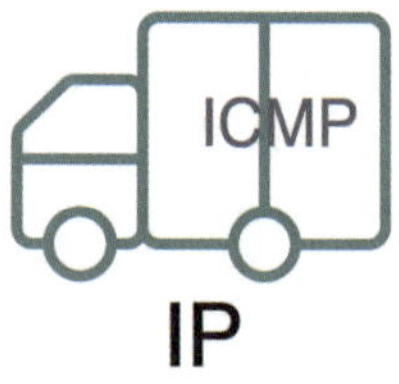

图4-143

所以，大家在这里完全可以简单地理解为ping某个IP地址就是往某个IP地址发一条消息。

4.11.3 TCP发数据和ping的区别

一般情况下，我们会使用TCP进行网络数据传输，那么可以看一下它和ping的区别，如图4-144所示。

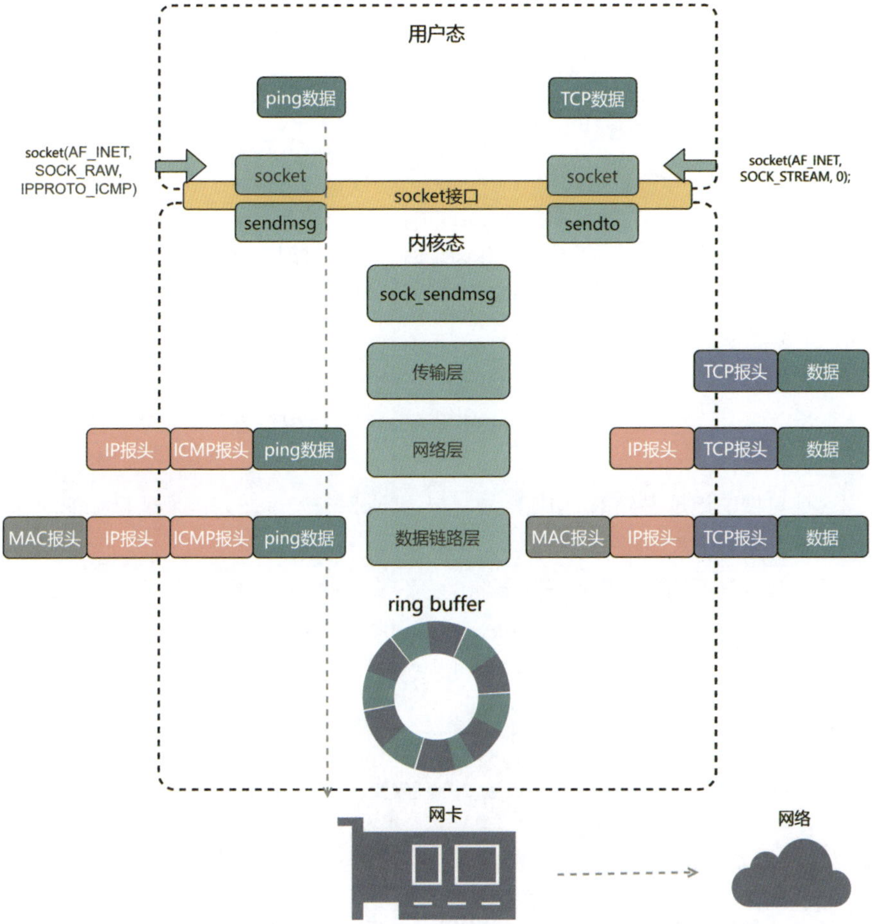

图4-144

ping和其他应用层软件都属于**应用层**。

那么我们横向对比一下，比如聊天软件，如果用的是TCP的方式去发送消息。

通过前面的介绍我们知道，如果想要通过TCP发送消息，可以通过socket编程建立TCP连接，再调用socket的**sendto**方法。此时进程会从**用户态进入内核态**，最后会调用**sock_sendmsg** 方法。

然后消息进入传输层，带上TCP报头，进入网络层带上IP报头，进入数据链路层带上MAC报头等一系列操作后，进入网卡的**发送队列** ring buffer，顺着网卡就发出去了。

回到ping，整个过程基本跟TCP发数据类似，差异主要在于，创建 socket的时候用的是socket(AF_INET,SOCK_RAW,IPPROTO_ICMP)，SOCK_RAW是原始套接字，**工作在网络层**，所以构建ICMP（网络层协议）的数据，是再合适不过的了。ping在进入内核态后最后也是调用sock_sendmsg 方法，进入网络层加上**ICMP和IP报头**后，进入数据链路层加上**MAC报头**，也是顺着网卡发出。因此本质上ping跟普通应用发消息在流程上没有太大差别。

这也解释了**为什么当你怀疑网络有问题的时候，别人第一时间会问你能ping通吗**。因为可以简单理解为ping就是自己组了一个数据包，让系统按照其他软件发送数据的路径往外发一遍，能通说明其他软件发的数据也能通。

下面来看这个问题：为什么断网了还能ping通127.0.0.1?

前面提到，在有网且ping的不是回环地址时，会**通过网卡**将数据发送出去。

那么断网的情况下，网卡已经不工作了，ping回环地址却一切正常，我们可以看看这种情况下的工作原理，如图4-145所示。

从应用层到传输层再到网络层，这段路径和ping外网的时候几乎是一样的。到了网络层，系统会根据目的IP地址，在路由表中获取对应的**路由信息**，而其中就包含选择**哪个网卡**把消息发出。

当发现**目标IP地址是外网IP地址**时，会从“真网卡”发出。当发现**目标IP地址是回环地址**时，就会选择**本地网卡**。

本地网卡，其实就是一个**“假网卡”**，它不像“真网卡”那样有ring buffer，“假网卡”会把数据推到一个叫 input_pkt_queue的**链表**中。这个链表，其实是所有网卡共享的，上面挂着发给本机的各种消息。消息被发送到这个链表后，会再触发一个**软中断**。

> **注意** 软中断是一种由操作系统内部触发的事件，主要是为了提醒操作系统去执行一些非紧急的事情。

专门处理软中断的“工具人”ksoftirqd（这是一个**内核线程**），在收到软中断后就会立刻去链表里把消息取出，然后顺着数据链路层、网络层等层层往上传递，最后给到应用程序。

ping回环地址和**通过TCP等各种协议发送数据到回环地址**都是走这条路径。整条路径从发到收，都没有经过“真网卡”。**之所以127.0.0.1叫本地回环地址，可以理解为，消息发到这个地址上的话，就不会出网络，在本机打个转就又回来了**。所以断网依然能ping通127.0.0.1。

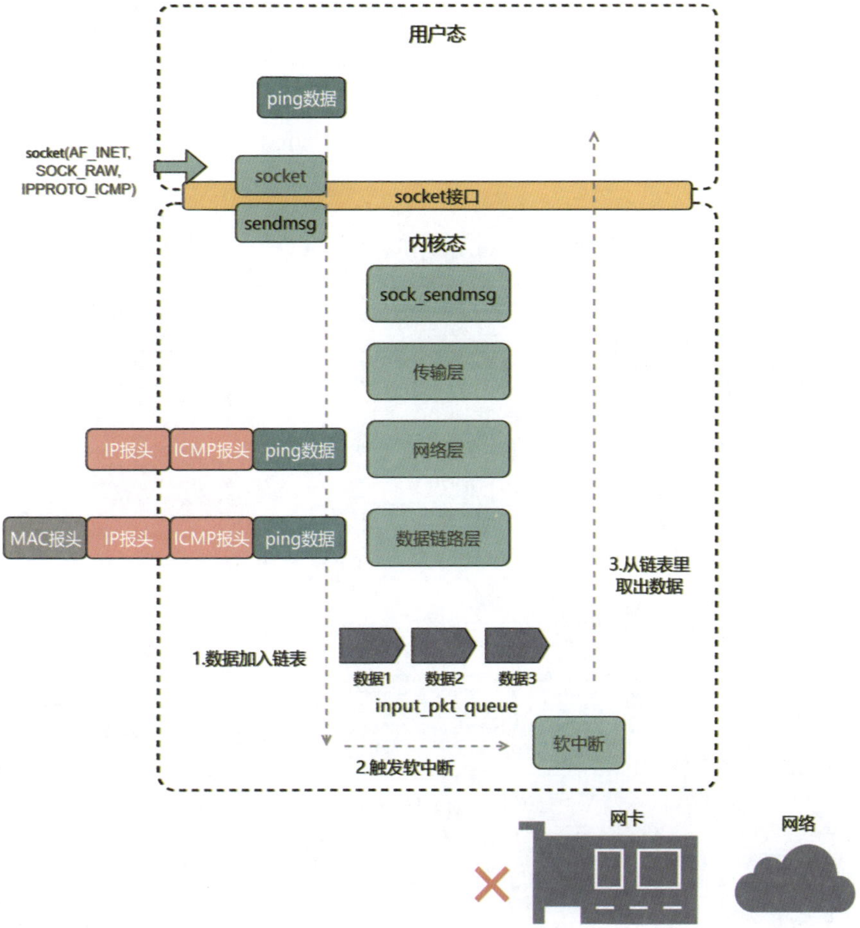

图4-145

4.11.4 ping回环地址和ping本机地址有什么区别？

在macOS下执行**ifconfig**。

```
$ ifconfig
lo0: flags=8049<UP,LOOPBACK,RUNNING,MULTICAST> mtu 16384
    inet 127.0.0.1 netmask 0xff000000
    ...
en0: flags=8863<UP,BROADCAST,SMART,RUNNING,SIMPLEX,MULTICAST> mtu 1500
    inet 192.168.31.6 netmask 0xffffff00 broadcast 192.168.31.255
    ...
```

lo0表示本地回环接口，对应的地址，就是前面提到的127.0.0.1，也就是**回环地址**。

eth0，表示本机第一块网卡，对应的IP地址是192.168.31.6，管它叫**本机IP地址**。

之前很多人一直认为ping本机IP地址会通过“真网卡”出去，然后遇到第一个路由器，再发回到本机。

为了验证这个说法，可以进行抓包，但结果和上面的说法并不相同，如图4-146和图4-147所示。

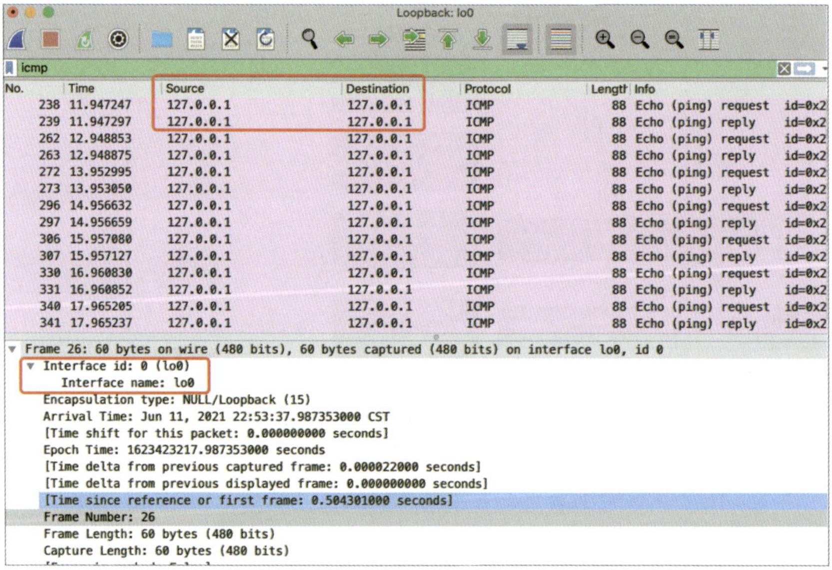

图4-146

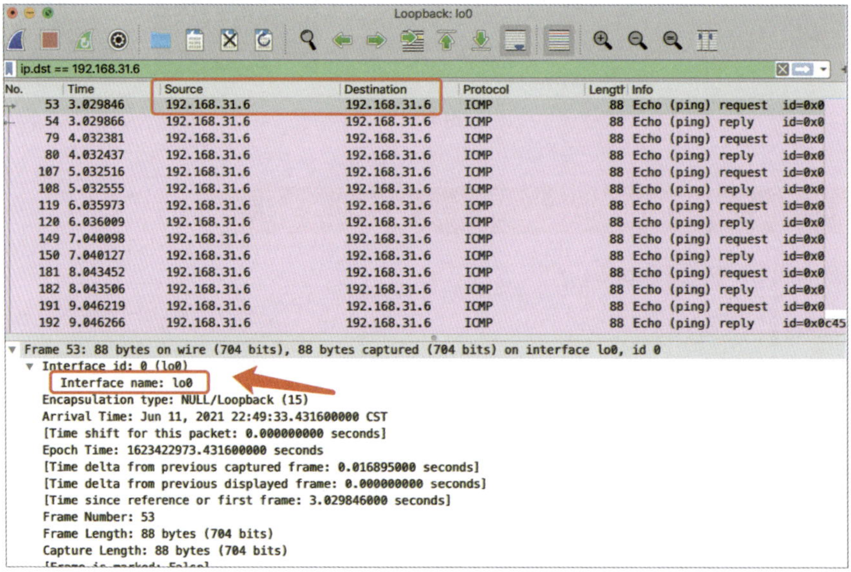

图4-147

可以看到ping本机IP地址和ping回环地址一样，相关的网络数据都是走的lo0，本地回环接口，也就是前面提到的**“假网卡”**。

这是因为当操作系统接收到一个ping请求时，它先来检查目标IP地址。如果这个地址是本机的一个地址，操作系统就识别出这个请求是发往本机的。于是就会选用本地回环接口。

只要走了本地回环接口，数据就都不会发送到网络中，在本机网络协议栈中兜一圈，就发回来了。因此 **ping回环地址和ping本机地址没有区别**。

4.11.5　127.0.0.1与localhost以及0.0.0.0有区别吗？

我第一次用Nginx的时候，发现用这几个IP地址，都能正常访问到Nginx的欢迎网页，如图4-148所示。我一度认为这几个IP地址是一样的。

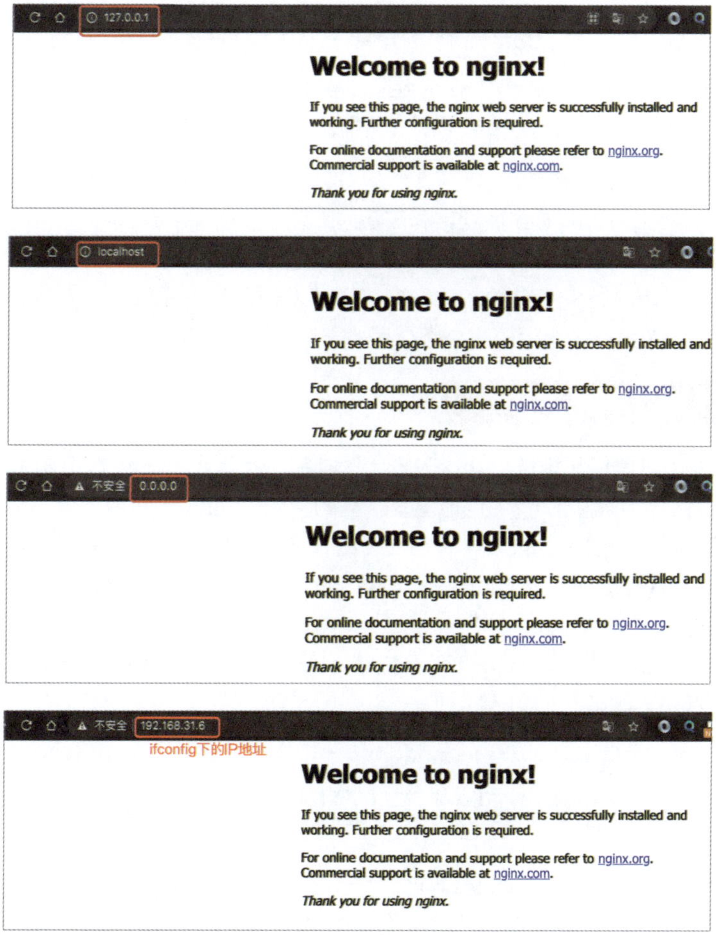

图4-148

但本质上还是有些区别的。

首先localhost就不叫IP地址，它是一个域名，和baidu.com一个形式，只不过默认会把它解析为127.0.0.1，当然这可以在/etc/hosts 文件下进行修改。

所以默认情况下，使用localhost和使用127.0.0.1确实是没区别的。

其次就是0.0.0.0，执行 ping 0.0.0.0，是会失败的（但部分系统其实能成功），因为它在IPv4中表示的是无效的**目标地址**。

```
$ ping 0.0.0.0
PING 0.0.0.0 (0.0.0.0): 56 data bytes
ping: sendto: No route to host
ping: sendto: No route to host
```

但它还是很有用处的，回想一下，我们启动服务器的时候，一般会监听（listen）一个IP地址和端口，等待客户端的连接。

如果此时监听的是本机的0.0.0.0，那么它表示本机上的**所有IPv4地址**。

```
/* Address to accept any incoming messages. */
#define INADDR_ANY       ((unsigned long int) 0x00000000) /* 0.0.0.0   */
```

举个例子。刚刚提到的127.0.0.1和192.168.31.6，都是本机的IPv4地址，如果监听 0.0.0.0，那么用上面两个地址，都能访问到这个服务器。

当然，客户端连接（connect）时，不能使用0.0.0.0。如果客户端试图使用0.0.0.0建立连接，网络栈不会知道该将连接请求发送到哪个具体的服务器，因此连接无法建立。所以客户端必须指明要连接哪个服务器IP地址。

4.11.6 小结

- 127.0.0.1是**回环地址**。localhost是**域名**，但默认等于 127.0.0.1。
- ping 回环地址和ping本机地址是一样的，走的是lo0 “**假网卡**”，都会经过网络层和数据链路层等逻辑，最后在快要出网卡前**狠狠拐个弯**，将数据插入到一个**链表**后就**软中断**通知 ksoftirqd进行**收数据**的逻辑，**根本就不出网络**。所以断网了也能ping通回环地址。
- 如果服务器监听（listen）的是0.0.0.0，那么此时用127.0.0.1和本机地址**都可以**访问到服务。

4.12 能ping通，就代表TCP一定能连通吗？

平时，我们想要知道自己的机器到目的机器之间**网络通不通**，一般会执行ping命令。

对于状况良好的网络来说，你能看到它对应的loss丢包率为0%，也就是所谓的**能ping通**。如果看到丢包率为100%，也就是**ping不通**，如图4-149所示。

```
$ ping baidu.com
PING baidu.com (110.242.68.66) 56(84) bytes of data.
64 bytes from 110.242.68.66 (110.242.68.66): icmp_seq=1 ttl=50 time=25.7 ms
64 bytes from 110.242.68.66 (110.242.68.66): icmp_seq=2 ttl=50 time=25.8 ms
64 bytes from 110.242.68.66 (110.242.68.66): icmp_seq=3 ttl=50 time=25.7 ms
64 bytes from 110.242.68.66 (110.242.68.66): icmp_seq=4 ttl=50 time=25.7 ms
^C
--- baidu.com ping statistics ---
4 packets transmitted, 4 received, 0% packet loss, time 3004ms
rtt min/avg/max/mdev = 25.758/25.777/25.803/0.114 ms
```

```
$ ping 10.22.40.7
PING 10.22.40.7 (10.22.40.7) 56(84) bytes of data.
^C
--- 10.22.40.7 ping statistics ---
8 packets transmitted, 0 received, 100% packet loss, time 6999ms
```

图4-149

那么问题来了，假设我能ping通某台机器，这时候如果我改用TCP发数据到目的机器，**也一定能通吗**？

或者换个问法，**ping和TCP走的网络路径是一样的吗**？

这时候你的第一反应就是**不一定**，因为ping完之后中间链路里的**某个路由器可能会“挂”了（断电了）**，再用TCP去连就会走别的路径。

这也没错。但假设**中间链路没发生任何变化呢**？

我直接说答案。

不一定，走的网络路径还是有可能不同的。

接下来就来谈谈为什么。

前面讲解过**ping数据包和TCP数据包的区别。**

同时，我们知道网络是分层的，每一层都有对应协议。它就像搭积木一样，上层协议都是基于下层协议搭出来的。

不管是ping（用了ICMP）还是TCP，本质上都是基于网络层IP的数据包，而到了物理层，都是二进制01串，都是经网卡发出去的。

如果网络环境没发生变化，目的地又一样，按道理说它们走的网络路径应该是一样的，什么情况下会不同呢？

下面就从**路由**这个话题聊起吧。

4.12.1　网络路径

在我们的想象中，如果想在两台机器之间传输数据，本机和目的机器之间会建立一条连接，像**一条管道**一样，数据从这头到那头。这条管道其实是我们为了方便理解而抽象出来的概念。

实际上，我们将数据包从本地网卡发出之后，会经过各种**路由器（或者交换机）**，才能到达目的机器。

这些路由器数量众多，相互之间可以连接，连起来之后就像是一张大网，所以叫**“网络”**可以说是非常形象的，如图4-150所示。

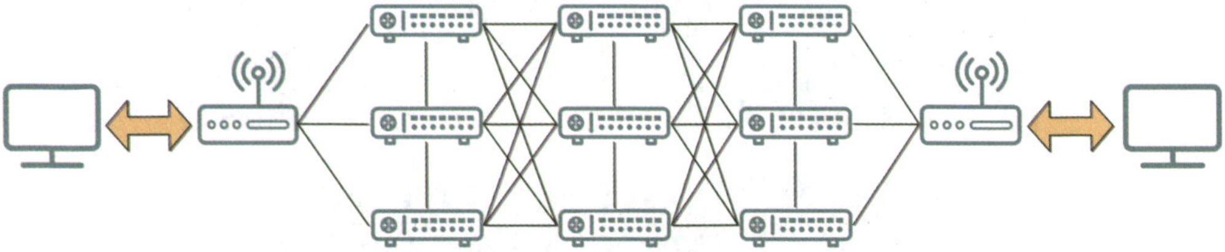

图4-150

> ★ **注意**
>
> 考虑到交换机有的功能路由器基本上都支持，所以这里只讨论路由器。

那么现在问题来了，**路由器收到数据后，怎么知道应该走哪条路径，传给哪个路由器**？

4.12.2 路径由什么决定？

在图4-150所示的那么大一张网络中，随便一个路由器都有可能走任何一个路径，将数据发到另外一个路由器上。但路由和路由之间的距离、带宽等可能都不同。于是就需要知道，**两点之间走哪条路才是最优路径**。

那么问题就变成了这样一个**图状结构**，如图4-151所示。每条边都带有**成本或权重**，算作这上面**任意两点的最短距离**。

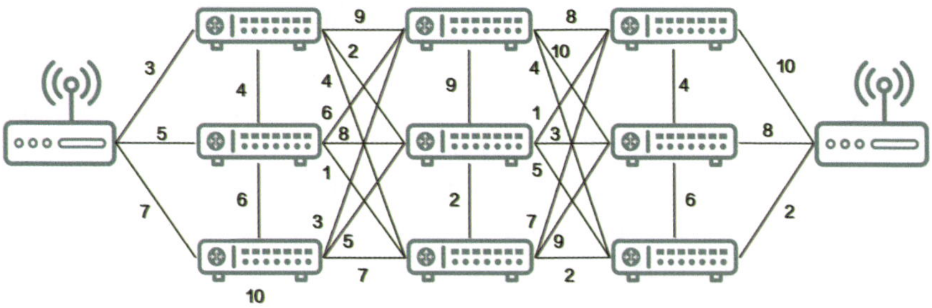

图4-151

这时候想必大家回忆起来了。这就是大学时候刷的**Dijkstra算法**，在某大厂的OJ笔试题集里也经常出现。现在终于明白为什么他们家的笔试题里图类题目比别的大厂要多一些了吧，因为这家大厂就是搞通信的，是做路由器的“老玩家”了。

路由表的生成

基于**Dijkstra算法**，封装出了一个新的协议，**OSPF**（**O**pen **S**hortest **P**ath **F**irst，开放最短路径优先）**协议**。

有了OSPF，路由器就得到了网络图里自己到其他点之间的**最短距离**，于是就知道了**数据包要到某个点，该走哪条最优路径。**

将这些信息汇成一张表，也就是我们常说的**路由表**。

路由表里记录了到什么IP地址需要走什么端口，以及走这条路径的成本（**metric**）。

这些可以通过**route**命令查看，如图4-152所示。

```
$ route
Kernel IP routing table
Destination     Gateway         Genmask         Flags Metric Ref    Use Iface
default         gateway         0.0.0.0         UG    0      0        0 eth0
link-local      0.0.0.0         255.255.0.0     U     1002   0        0 eth0
172.52.14.0     0.0.0.0         255.255.240.0   U     0      0        0 eth0
```

图4-152

路由表决定数据包路径

数据包在发送的过程中，会在**网络层**加入**目标IP地址**。路由器会根据这个**IP地址**跟**路由表**去做匹配。然后路由表会告诉路由器，什么样的消息该转发到什么端口。

路由表的匹配规则

上面的例子里，是只匹配上了路由表里的**一项**，所以只能是它了。但是，条条大路通罗马。实际上能到目的地的路径肯定有很多。

如果路由表里有很多项都被匹配上了，会怎么选？

如果多个路由项都能到目的地，那就优先选**匹配长度更长**的那个。比如，还是目的地**192.168.1.11**，发现路由表里的**192.168.1.0/24**和**192.168.0.0/16**都能匹配上，但明显**前者匹配长度更长**，所以最后会走 **192.168.1.0/24**对应的转发端口。

但如果两个表项的匹配长度都一样呢？

那就会看生成这个路由表项的**协议**是什么，选优先级高的，优先级越高也就是所谓的**管理距离**（**AD**，**A**dministrative **D**istance）越小。比如优先选**手动配**的静态（**static**）路由，次优选**OSPF**动态学习过来的表项。

如果还是相同，就看**度量值metrics**，其实也就是**路径成本cost**，成本越小，越容易被选中。

路由器能选的路线有很多，但按道理最优的只有"一条"，所以到这里为止我们都可以认为，对于同一个目的地，ping和TCP走的路径是相同的。

但是，**如果连路径成本都一样呢？**也就是说有多条最优路径呢？

那就都用。这也就是所谓的**等价多路径**（ECMP，**E**qual **C**ost **M**ulti**P**ath）。可以通过traceroute看看链路是否存在等价多路径的情况。

从图4-153可以看到，中间某几行有**几个IP地址**，也就是说这一跳里同时可以选几个目的机器，说明这段路径**支持ECMP**。

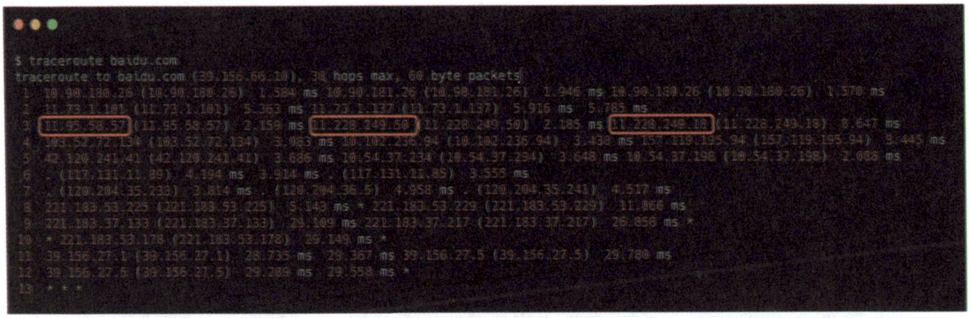

图4-153

ECMP有什么用？

利用等价多路径，我们**可以增加链路带宽**。举个例子，如图4-154所示。

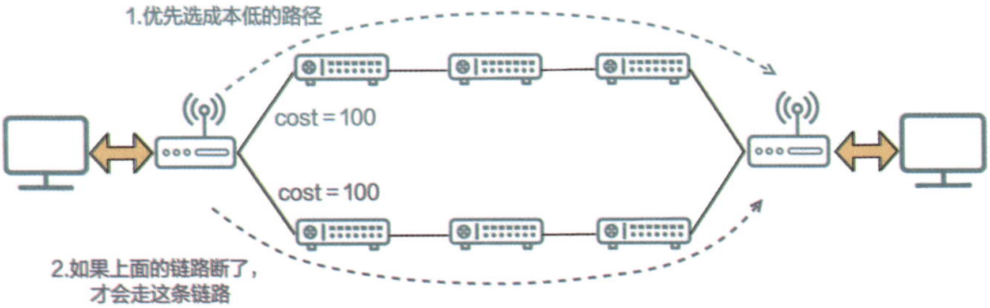

图4-154

从A点到B点，如果这两条路径成本不同，带宽都是1kMb/s，数据包肯定就选成本低的那条路了，如果这条路出故障了，就走下面那条路。但不管怎样，**同一时间，只用到了一条路径**。另外一条闲置就有些浪费了，有没有办法可以利用起来呢？

有，将这两条路径的成本设置成一样，那它们就成了等价路由，然后中间的路由器开启ECMP特性，就可以同时利用这两条链路了，如图4-155所示。带宽从原来的1kMb/s变成了2kMb/s。数据就可以在两条路径中随意选择了。

但这也带来了另外一个问题：**加剧了数据包乱序**。原来我只使用一条网络路径，数据依次发出，如无意外，也是依次到达。

现在两个数据包走两条路径，先发的数据包可能后到。这就乱序了。

那么问题又来了。

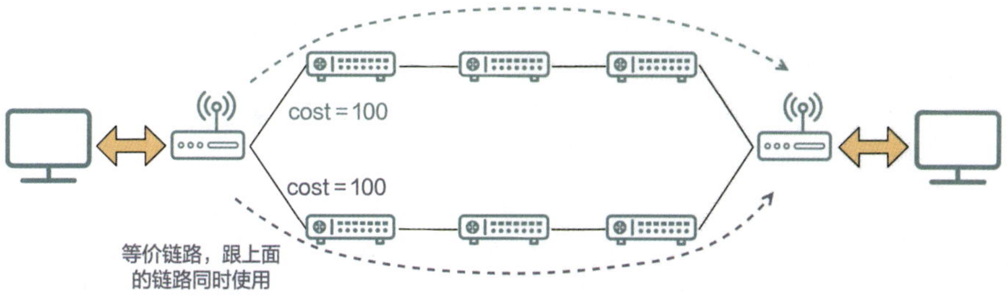

图4-155

乱序会有什么问题？

对于我们最常使用的TCP来说，它是一个可靠的网络协议，这里提到的**可靠**，不仅保证数据要能送到目的地，还要保证**数据顺序**要和发送端的一样。

实现也很简单，**TCP为每个数据包（segment）编上号**。数据到了接收端后，根据**数据包编号**发现是**乱序数据包**，就会扔到**乱序队列**中对数据包进行排序。如果前面的数据包还没到，哪怕后面的数据包先到了，也要在乱序队列中一直等，等数据包到齐后才能被上层拿到。

举个例子，发送端发出三个数据包，**编号1,2,3**，假设在**传输层2和3**先到了，**1**还没到。此时**应用层**是没办法拿到**2和3**数据包的，必须等**1**来了之后，**应用层才能一次性拿到这三个包**。因为这三个包原来可能表示的是一个完整的消息，少了1，**消息就不完整**，应用层拿到了也毫无意义。

像这种由于**前面的数据丢失**导致**后面的数据没办法及时给到应用层**的现象，就是我们常说的**TCP队头阻塞**，如图4-156所示。

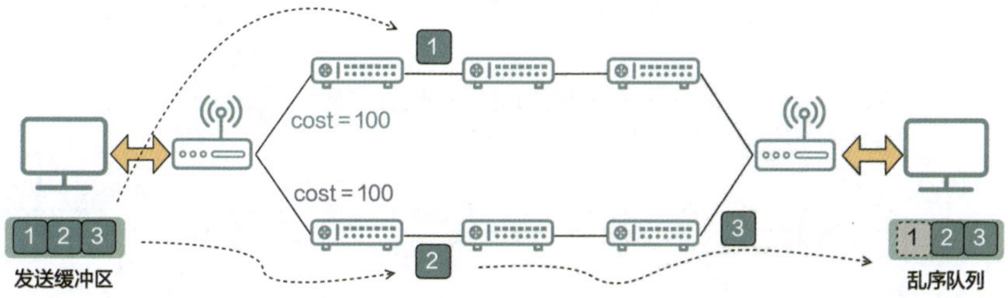

图4-156

乱序发生时2和3需要待在乱序队列中，而**乱序队列其实用的也是接收缓冲区的内存**，而**接收缓冲区是有大小限制的**。通过下面的命令可以看到接收缓冲区的大小。

```
# 查看接收缓冲区
$ sysctl net.ipv4.tcp_rmem
net.ipv4.tcp_rmem = 4096(min)   87380(default)  6291456(max)
# 缓冲区会在min和max之间动态调整
```

乱序的情况越多，接收缓冲区的内存就被占用得越多，对应的**接收窗口**就会越小，能正常接收的数据就变少了，**网络吞吐就变差**了，也就是性能变差了。

因此，我们需要尽量保证**同一个TCP连接下的所有TCP包都走相同路径，这样才能最大程度避免丢包**。

ECMP的路径选择策略

当初开启ECMP就是为了提升性能，现在反而更加乱序，降低了TCP传输性能。

为了解决这个问题，我们需要有一个合理的路径选择策略。为了避免同一个连接里的数据包乱序，我们需要保证同一个连接里的数据包都走同样的路径。

这好办。我们可以通过连接的**五元组**（发送方的**IP地址**和**端口**，接收方的**IP地址**和**端口**，以及通信**协议**）信息定位到唯一一条连接。五元组如图4-157所示。

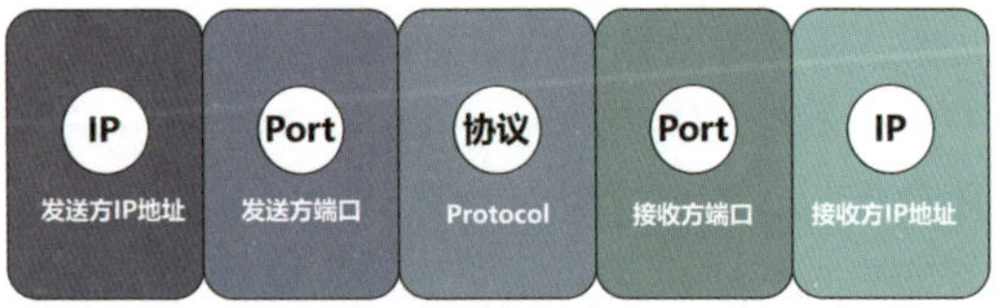

图4-157

然后对五元组信息生成哈希键，让同一个哈希键的数据走同一条路径，问题就完美解决了，如图4-158和图4-159所示。

图4-158

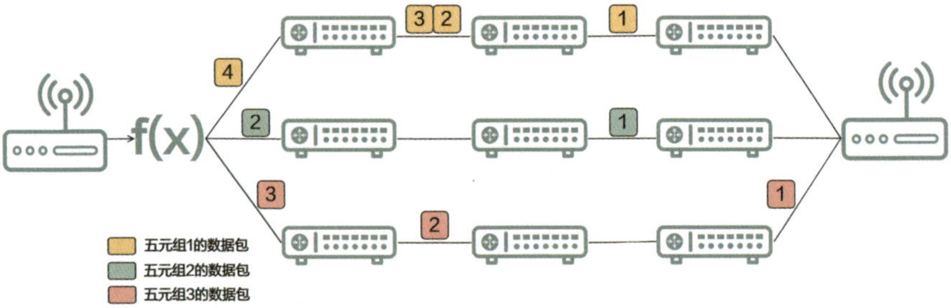

图4-159

4.12.3 TCP和ping走的网络路径一样吗？

现在我们回到本节开头的问题：对于同样的发送端和接收端，**TCP和ping走的网络路径一样吗？**

不一定一样，因为**五元组**里的信息里有一项是**协议**。ping用的是**ICMP**，和**TCP**不同，并且ping不需要用到端口，所以五元组不同，生成的**哈希键不同**，通过ECMP选到的路径也可能不同，如图4-160所示。

TCP和ping的五元组差异					
	发送方IP地址	发送方端口	协议	接收方IP地址	接收方端口
TCP和ping是否一致	一致	不一致	不一致 TCP vs ICMP	一致	不一致

图4-160

4.12.4 同样都用TCP，数据包走的网络路径一样吗？

还是同样的发送端和接收端，同样是用TCP，不同TCP连接走的网络路径一样吗？

和上面的问题一样，其实**还是五元组的问题**，同样都是TCP，对于同样的发送端和接收端，它们的IP地址和接收端的端口肯定是一样的，但**发送方的端口是可以随时变化的**，因此通过ECMP走的路径也可能不同，如图4-161所示。

不同TCP连接的五元组差异					
	发送方IP地址	发送方端口	协议	接收方IP地址	接收方端口
五元组是否一致	一致	不一致	一致	一致	一致

图4-161

所以说，就算能ping通，TCP也不一定能通，因为ECMP的存在，它们可能会走不同的网络路径。

但问题又来了。

我知道这个有什么用呢？我做业务开发，又没有设置网络路由的权限。

4.12.5 利用这个知识点排查问题

对于业务开发，这是一个有用的知识点。

如果某天你发现，能ping通目的机器，但用TCP去连，却**偶尔连不上**目的机器。而且两端机器都空闲，没什么性能上的瓶颈。

这时你就可以想想，会不会是网络中用到了**ECMP**，其中一条链路有问题导致的，如图4-162所示。

排查方法也很简单。你是知道本机的IP地址以及目的机器的IP地址和端口号的，也知道自己用的是TCP连接。只要你在**报错的时候打印错误信息，就知道发送端的端口号了**。这样**五元组**是什么你就知道了。

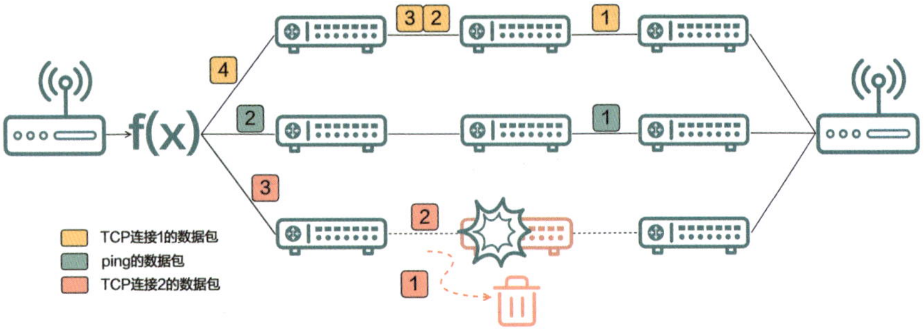

图4-162

下一步就是**指定发送端的端口号重新发起TCP请求，同样的五元组，走同样的路径，按理说如果链路有问题，就肯定会复现。**

如果不想改自己的代码，你可以用**nc命令指定客户端端口**，看能不能正常建立TCP连接。

```
nc -p 6666 baidu.com 80
```

-p 6666指定发出请求的客户端端口为6666，后面跟着的是**连接的域名**和**80端口**，如图4-163所示。

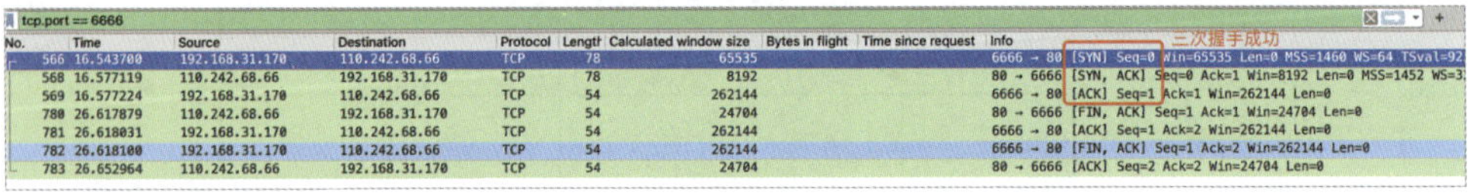

tcp.port == 6666

No.	Time	Source	Destination	Protocol	Length	Calculated window size	Bytes in flight	Time since request	Info
566	16.543700	192.168.31.170	110.242.68.66	TCP	78	65535			6666 → 80 [SYN] Seq=0 Win=65535 Len=0 MSS=1460 WS=64 TSval=92
568	16.577119	110.242.68.66	192.168.31.170	TCP	78	8192			80 → 6666 [SYN, ACK] Seq=0 Ack=1 Win=8192 Len=0 MSS=1452 WS=3
569	16.577224	192.168.31.170	110.242.68.66	TCP	54	262144			6666 → 80 [ACK] Seq=1 Ack=1 Win=262144 Len=0
780	26.617879	110.242.68.66	192.168.31.170	TCP	54	24704			80 → 6666 [FIN, ACK] Seq=1 Ack=1 Win=24704 Len=0
781	26.618031	192.168.31.170	110.242.68.66	TCP	54	262144			6666 → 80 [ACK] Seq=1 Ack=2 Win=262144 Len=0
782	26.618100	192.168.31.170	110.242.68.66	TCP	54	262144			6666 → 80 [FIN, ACK] Seq=1 Ack=2 Win=262144 Len=0
783	26.652964	110.242.68.66	192.168.31.170	TCP	54	24704			80 → 6666 [ACK] Seq=2 Ack=2 Win=24704 Len=0

图4-163

假设用了6666端口的五元组去连接**总是失败**，改用**6667**或其他端口**却能成功**，你可以带着这个信息去找找负责网络的同事。

4.12.6 小结

- 路由器可以通过OSPF协议生成路由表，利用数据包里的IP地址去跟路由表做匹配，选择最优路径后进行转发。
- 当路由表一个都匹配不上时会走默认网关。当匹配上多个的时候，会先看**匹配长度**，如果一样就看**管理距离**，还一样就看**路径成本**。如果连路径成本都一样，那就是**等价路径**。如果开启了ECMP，那就可以同时利用这几条路径做传输。
- ECMP可以提高链路带宽，同时利用五元组做哈希键进行路径选择，保证了同一条连接的数据包走同一条路径，减少了乱序的情况。
- 可以通过traceroute命令查看到链路上是否有用到ECMP的情况。
- 开启了ECMP的网络链路中，TCP和ping命令可能走的路径不同，甚至同样是TCP，不同连接之间，走的路径也不同，因此如果出现了连接时好时坏的问题，可以考虑是不是跟ECMP有关。

- 当然，**遇到问题多怀疑自己，要相信绝大部分时候真的跟ECMP无关**。

4.13 用了TCP，就一定不会丢包吗?

曾经有个女生加了我的微信，就在我以为她要我拉她进群发广告的时候，“画风”突然不对劲。她说她男朋友也是一个**程序员**，和她异地恋，天天研究什么**TCP、UDP网络**。一研究就是一晚上，一晚上都不回她消息。

这明显话里有话，我懂。

不出意外地出了意外，她发出了“灵魂拷问”：**“你们程序员真的有那么忙吗？忙到连消息都不知道回。”**

没想到上来就是一记“直拳”。但是，这一“拳”，我接住了。

我很想告诉她“**分了吧，下一题**”。**但我不能**。因为这样我就伤害了这位程序员兄弟。

我沉默了一下。

“单核CPU”都快转冒烟了，我才颤颤巍巍在九宫格键盘上发出消息。

再回慢一点儿，我就感觉，要对不起我这全日制本科学历了。

“其实，他已经回你消息了，但你知道吗？网络是会丢包的。

“我来帮他解释一下，这个话题要从**数据包的发送流程**聊起。”

4.13.1 数据包的发送流程

首先，两部手机的聊天软件客户端要通信，中间会通过服务器，如图4-164所示。

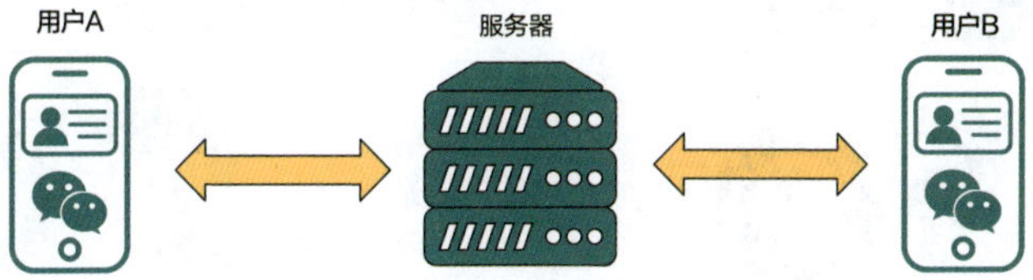

图4-164

但为了**简化模型**，我们把中间的服务器省略，假设这是一次端到端的通信。且为了保证消息的可靠性，盲猜它们之间用**TCP**进行通信，如图4-165所示。

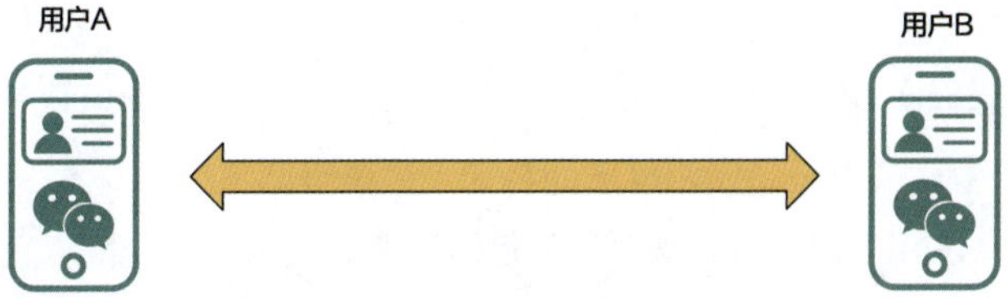

图4-165

为了发送数据包，两端首先会通过**三次握手**建立TCP连接。

一个数据包从聊天框发出，消息会从**聊天软件**所在的**用户空间**复制到**内核空间**的**发送缓冲区（send buffer）**，数据包就这样顺着**传输层、网络层，进入数据链路层，在这里数据包会经过流控（qdisc），再通过ring buffer发到物理层的网卡**。数据就这样顺着**网卡**传到了**纷繁复杂**的网络世界。这里的数据会经过多个**路由器和交换机**之间的跳转，最后到达**目的机器的网卡**处。

此时目的机器的网卡会通知**DMA**（Direct Memory Access）将数据包信息放到**ring buffer**中，再触发一个**硬中断**给**CPU**，**CPU**触发**软中断**让**ksoftirqd**去**ring buffer**收包，于是一个数据包就这样顺着**物理层、数据链路层、网络层、传输层**，最后从内核空间复制到用户空间的**聊天软件**里，如图4-166所示。

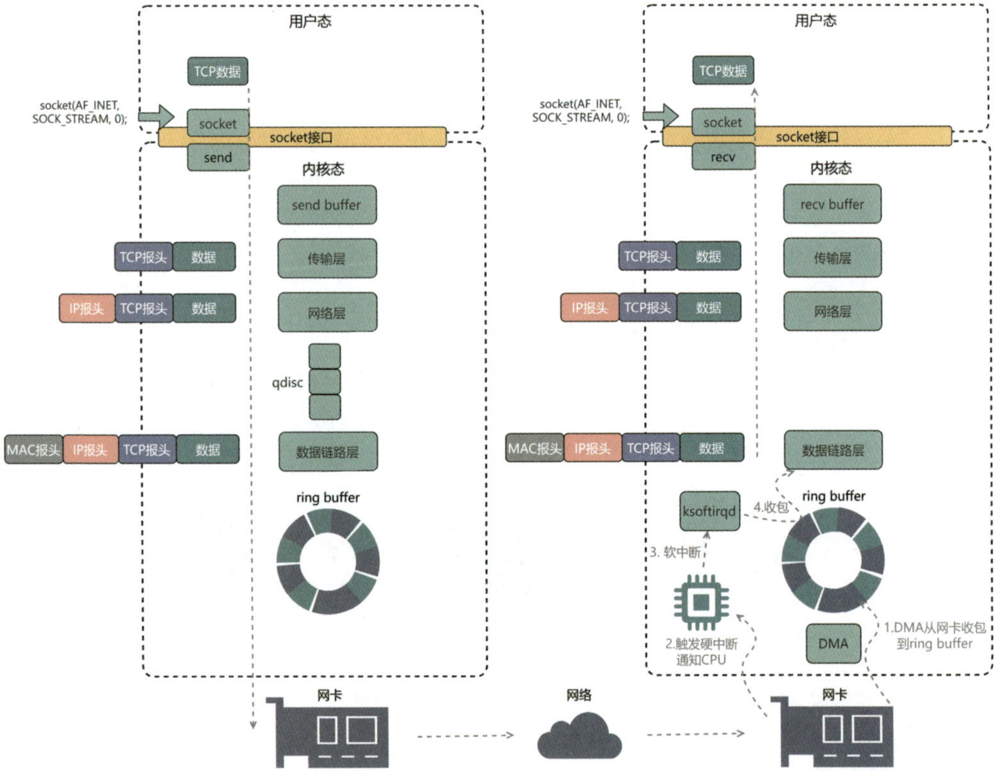

图4-166

到这里，抛开一些细节，大家大概知道了一个数据包**从发送到接收**的宏观过程。

可以看到，图4-166中全是密密麻麻的**名词**。整条链路下来，有不少地方可能会发生丢包。下面只重点讲几个**常见的容易发生丢包的场景**。

4.13.2　建立连接时丢包

TCP会通过**三次握手**建立连接，大致如图4-167所示。

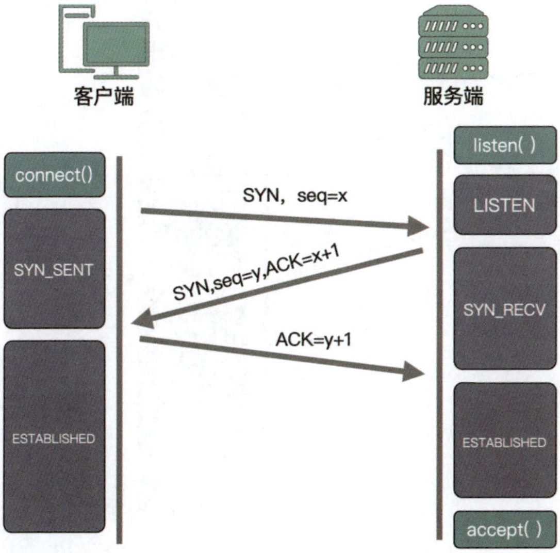

图4-167

在服务端，第一次握手之后，会先建立一个**半连接**，然后再发出第二次握手。这时候需要有个地方可以**暂存**这些半连接。这个地方就叫**半连接队列**。

如果之后第三次握手来了，半连接就会升级为全连接，然后暂存到另外一个叫**全连接队列**的地方，等程序执行`accept()`方法将其取走使用，如图4-168所示。

是队列就有长度，有长度就有可能会满，如果队列**满了**，那新来的包就会被**丢弃**。

可以通过下面的方式查看是否存在这种丢包行为。

```
# 全连接队列溢出次数
$ netstat -s | grep overflowed
    4343 times the listen queue of a socket overflowed

# 半连接队列溢出次数
$ netstat -s | grep -i "SYNs to LISTEN sockets dropped"
    109 times the listen queue of a socket overflowed
```

从现象来看就是连接建立失败，如图4-169所示。

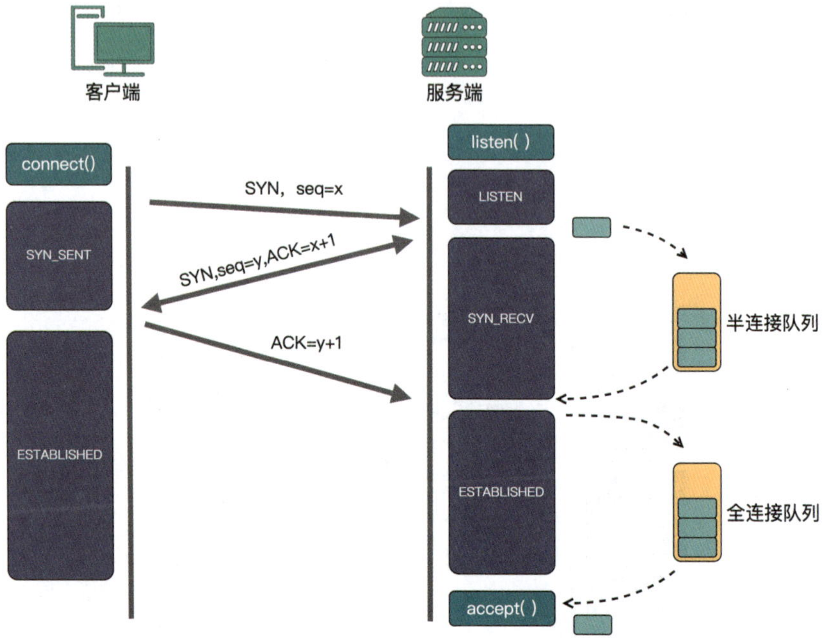

图4-168

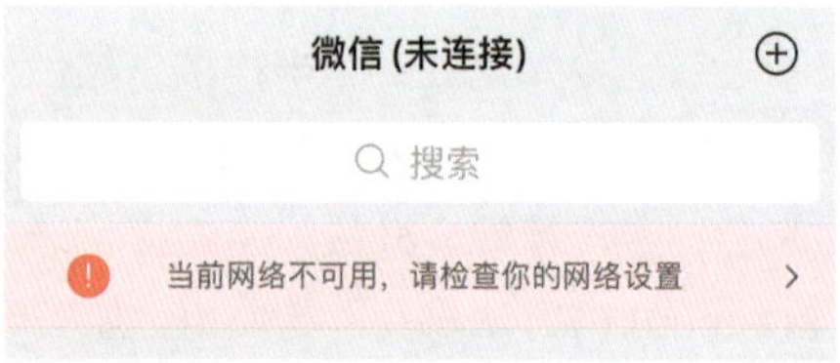

图4-169

这个话题在3.5节“没有accept，能建立TCP连接吗？”更详细地讲过，感兴趣的读者可以翻到前面阅读。

4.13.3 流量控制丢包

应用层能发网络数据包的软件有那么多，如果所有数据不加控制一股脑儿冲入网卡，网卡会吃不消，那怎么办？让数据按一定的规则排队依次处理，就是所谓的**qdisc**（Queueing Disciplines，排队规则），这也是我们常说的**流量控制**机制。

排队，得先有一个队列，而队列要有**长度**。

长度可以通过**ifconfig**命令查到，其中，**txqueuelen**后面的数字**1000**，其实就是流控队列的长度。

当发送数据过快，流控队列长度**txqueuelen**又不够大时，就容易出现**丢包**现象，如

图4-170所示。

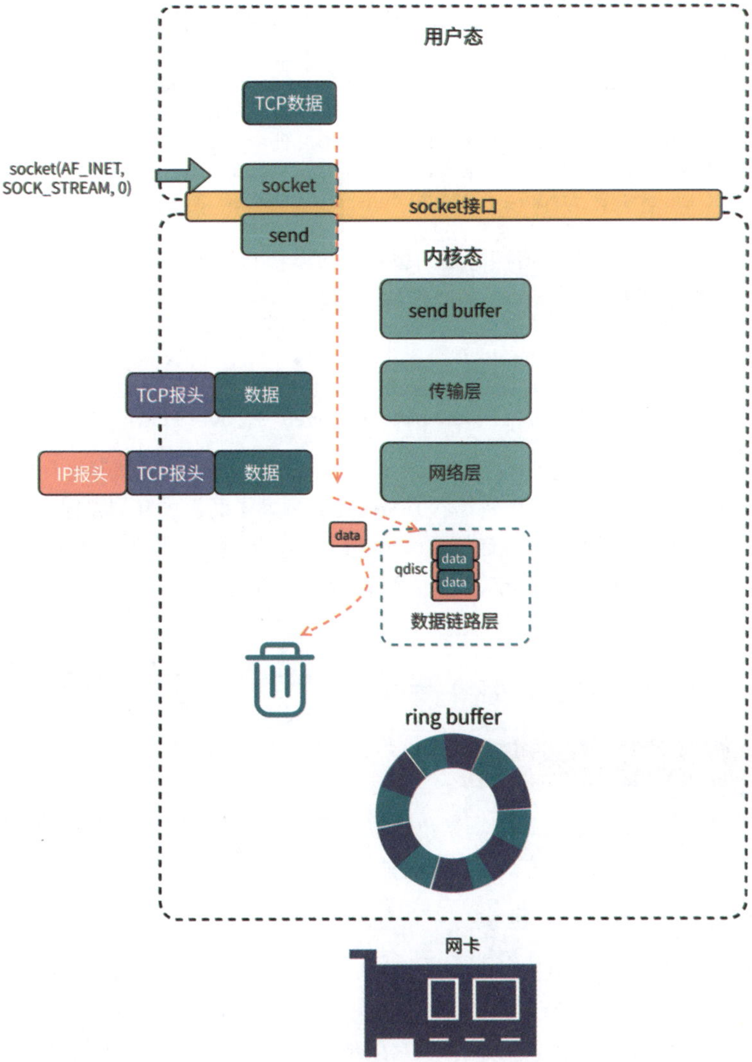

图4-170

通过下面的**ifconfig**命令，可以看到网卡相关的信息。其中**TX**和**RX**是两个常见的术语，它们分别代表了传输（Transmit）和接收（Receive）。查看TX下的dropped字段，当它大于0时，则**有可能**发生了流控丢包。

> ★ 注意
> 上面用了“有可能”，是因为其他丢包场景也会被计入这里，比如防火墙或安全策略、硬件驱动出错等导致的丢包。

```
# ifconfig eth0
eth0: flags=4163<UP,BROADCAST,RUNNING,MULTICAST>  mtu 1500
        inet 172.21.66.69  netmask 255.255.240.0  broadcast 172.21.79.255
        inet6 fe80::216:3eff:fe25:269f  prefixlen 64  scopeid 0x20<link>
        ether 00:16:3e:25:26:9f  txqueuelen 1000  (Ethernet)
        RX packets 6962682  bytes 1119047079 (1.0 GiB)
        RX errors 0  dropped 0  overruns 0  frame 0
        TX packets 9688919  bytes 2072511384 (1.9 GiB)
        TX errors 0  dropped 0 overruns 0  carrier 0  collisions 0
```

为了进一步判断是不是流控导致的丢包，可以执行下面的命令。它会显示与网络接口 eth0 相关的流量控制（qdisc）的详细统计信息。

```
# tc -s qdisc show dev eth0
qdisc pfifo_fast 0: root refcnt 2 bands 3 priomap  1 2 2 2 1 2 0 0 1 1 1 1 1 1 1 1
 Sent 41234022994 bytes 77112403 pkt (dropped 0, overlimits 0 requeues 0)
 backlog 0b 0p requeues 0
```

输出中的dropped后面的数字表示因为流控队列满了而被丢弃的数据包数量。如果这个值在**持续增加**，说明有数据包因为在qdisc层面没有足够的空间而被丢弃。

当遇到这种情况时，我们可以尝试修改流控队列的长度。比如像下面这样将eth0网卡的流控队列长度从1000提升为1500。

```
# ifconfig eth0 txqueuelen 1500
```

4.13.4 网卡丢包

网卡和它的驱动导致丢包的场景也比较常见，原因很多，比如**网线质量差、接触不良**。我们来聊几个除此之外的常见场景，如图4-171所示。

ring buffer过小导致丢包

上面提到，在接收数据时，会将数据暂存到**ring buffer**接收缓冲区中，然后等着内核触发软中断慢慢收走。如果这个**缓冲区过小**，而这时候发送的数据又过快，就有可能发生溢出，此时也会产生**丢包**，如图4-171所示。

我们可以通过下面的命令去查看是否发生过这样的事情。

```
# ifconfig
eth0:  RX errors 0  dropped 0  overruns 0  frame 0
```

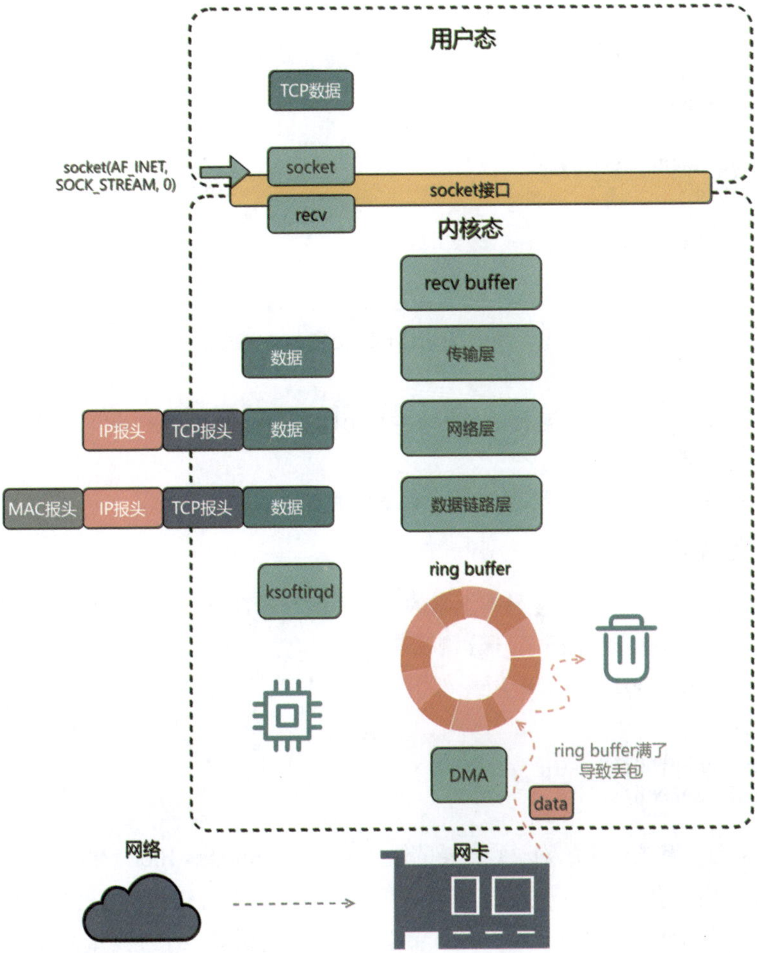

图4-171

查看overruns指标，它记录了ring buffer长度不足导致的溢出次数。

当然，用ethtool命令也能查看。

```
# ethtool -S eth0|grep rx_queue_0_drops
```

但这里需要注意的是，因为一个网卡里是可以有**多个**ring buffer的，所以上面的rx_queue_0_drops里的0代表的是**第0个**ring buffer的丢包数，对于多队列的网卡，这个0还可以改成其他数字。如果条件允许，也可以看其他队列的丢包数。

当发现有这种类型的丢包的时候，可以通过下面的命令查看当前网卡的配置。

```
#ethtool -g eth0
Ring parameters for eth0:
```

```
Pre-set maximums:
RX:      4096
RX Mini:    0
RX Jumbo:   0
TX:      4096
Current hardware settings:
RX:      1024
RX Mini:    0
RX Jumbo:   0
TX:      1024
```

上面的输出内容含义是，**ring buffer最大支持4096的长度，但现在实际只用了1024**。

想要修改这个长度可以执行**ethtool -G eth1 rx 4096 tx 4096**，将发送和接收ring buffer的长度都改为4096。

ring buffer增大之后，可以减少因为容量小而导致的丢包情况。

网卡性能不足

网卡作为硬件，**传输速度是有上限的**。当网络传输速度过大，达到网卡上限时，就会发生丢包。这种情况一般常见于压测场景。

可以通过**ethtool**加网卡名，获得当前网卡支持的最大速度。

```
# ethtool eth0
Settings for eth0:
    Speed: 1000Mb/s
```

可以看到，我这边用的网卡能支持的最大传输速度Speed=1000 Mb/s。

也就是俗称的千兆网卡，但注意这里的单位是**Mb**，这里的**b是指bit，而不是Byte**，**1Byte=8bit**。所以1000Mb/s还要除以8，也就是理论上千兆网卡最大传输速度是**1000/8 = 125MB/s**。

可以通过**sar**命令从网络接口层分析数据包的收发情况。

```
# sar -n DEV 1
Linux 3.10.0-1127.19.1.el7.x86_64   2022年07月27日      _x86_64_    (1 CPU)
08时35分39秒  IFACE  rxpck/s  txpck/s  rxkB/s  txkB/s  rxcmp/s  txcmp/s  rxmcst/s
08时35分40秒  eth0   6.06     4.04     0.35  121682.33   0.00     0.00      0.00
```

其中**txkB/s是指当前每秒发送的字节（Byte）总数，rxkB/s是指每秒接收的字节（Byte）总数**。

当两者加起来的值约等于**12**万至**13**万字节的时候，也就对应大概**125MB/s**的传输速度。此时达到网卡性能极限，就会开始丢包。

遇到这个问题，首先看看你的服务是不是有这么大的**真实流量**，如果是的话可以考虑拆分服务，或者就忍痛充钱升级配置吧。

4.13.5　接收缓冲区丢包

一般在使用TCP socket进行网络编程的时候，内核都会分配一个**发送缓冲区**和一个**接收缓冲区**。

当我们想要发一个数据包，会在代码里执行send(msg)，这时候数据包并不是直接经网卡发出去的，而是将数据复制到内核**发送缓冲区**就**返回**了，至于**什么时候发数据，发多少数据**，这个后续由内核自己决定，如图4-172所示。3.3节“代码执行send成功后，数据就发出去了吗？”里有比较详细的介绍。

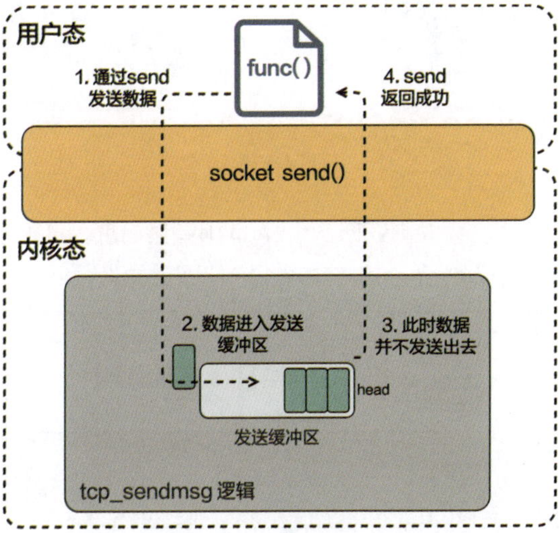

图4-172

接收缓冲区的作用也类似，从外部网络收到的数据包暂存在这个地方，然后等用户空间的应用程序将数据包取走。

这两个缓冲区是有大小限制的，可以通过下面的命令去查看。

```
# 查看接收缓冲区
# sysctl net.ipv4.tcp_rmem
net.ipv4.tcp_rmem = 4096    87380   6291456
# 查看发送缓冲区
# sysctl net.ipv4.tcp_wmem
net.ipv4.tcp_wmem = 4096    16384   4194304
```

不管是接收缓冲区还是发送缓冲区，都能看到三个数值，分别对应缓冲区的**最小值、默认值和最大值**（min、default、max）。**缓冲区会在min和max之间动态调整**。

那么问题来了，如果缓冲区设置过小会怎样？

对于**发送缓冲区**，执行send()的时候，如果是阻塞调用，那就会等，等到缓冲区有空位可以发数据，如图4-173所示。

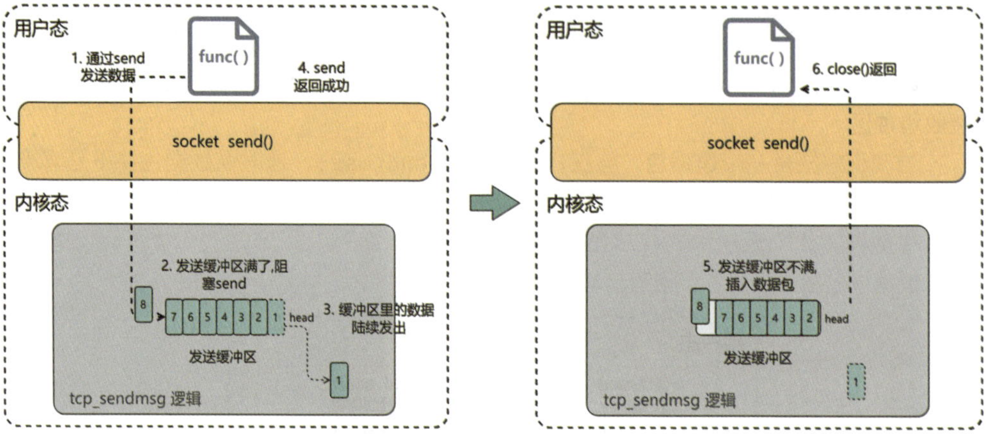

图4-173

如果是非阻塞调用，就会**立刻返回**一个EAGAIN错误信息，意思是Try again。让应用程序下次重试，如图4-174所示。这种情况下一般不会发生丢包。

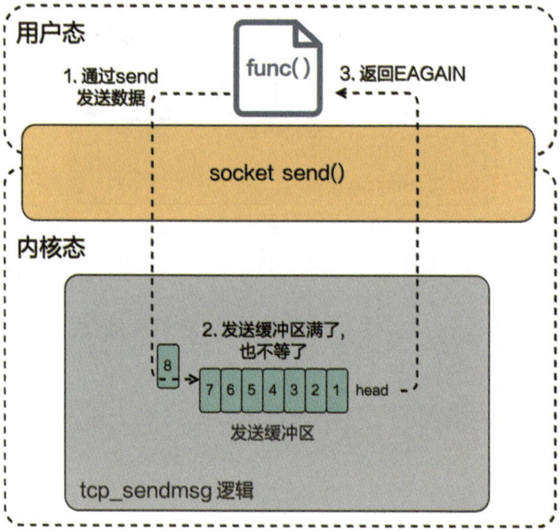

图4-174

当接收缓冲区满了，事情就不一样了，它的TCP接收窗口会变为0，也就是所谓的**零窗口**，并且会通过数据包里的win=0告诉发送端："求求你了，顶不住了，别发了。"一般在这种情况下，发送端就该停止发消息了，但如果这时确实还有数据发来，就会发生**丢包**。

> ★ 注意
>
> 为什么接收端都返回零窗口了，还有数据发来？

> ★ 注意
>
> 这可能是网络延迟或其他因素导致的，发送端可能在接收到接收窗口为0的通知之前已经发送了一些数据，并且这些数据仍在传输过程中。即使接收端已经通知发送端停止发送数据，但之前已经发送的数据仍然可能继续到达接收端，如图4-175所示。

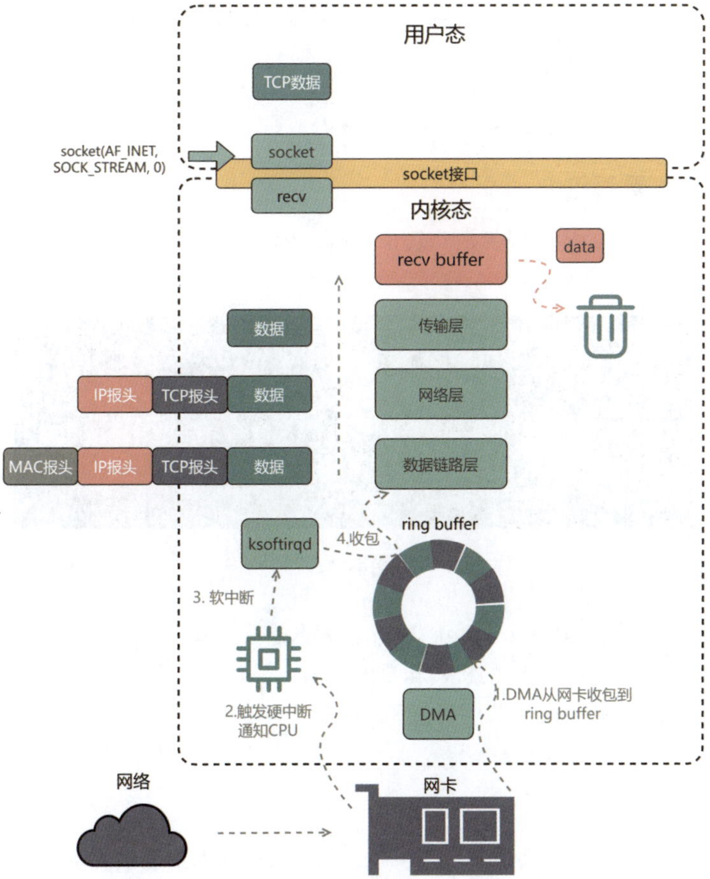

图4-175

我们可以通过下面的命令里的TCPRcvQDrop查看有没有发生过这种丢包现象。

```
cat /proc/net/netstat
TcpExt: SyncookiesSent TCPRcvQDrop SyncookiesFailed
TcpExt: 0              157         60116
```

但是说一件伤心的事情，我们一般也看不到这个TCPRcvQDrop，因为这是Linux 5.9版本引入的，而我们的服务器一般用的是2.x~3.x版本。你可以通过下面的命令查看用的是什么版本的Linux内核。

```
# cat /proc/version
Linux version 3.10.0-1127.19.1.el7.x86_64
```

4.13.6 两端之间的网络丢包

前面提到的是两端机器内部的网络丢包，除此之外，两端之间那么长的一条链路都属于外部网络，这中间有各种路由器和交换机，还有光缆等，丢包也是经常发生的。

这些丢包行为发生在中间链路的某些机器上，我们当然没权限去登录这些机器，但我们可以通过一些命令观察整个链路的连通情况。

ping命令查看丢包

比如我们知道目的地的域名是**baidu.com**。想知道你的机器到baidu服务器之间，有没有产生丢包行为，可以使用ping命令，如图4-176所示。

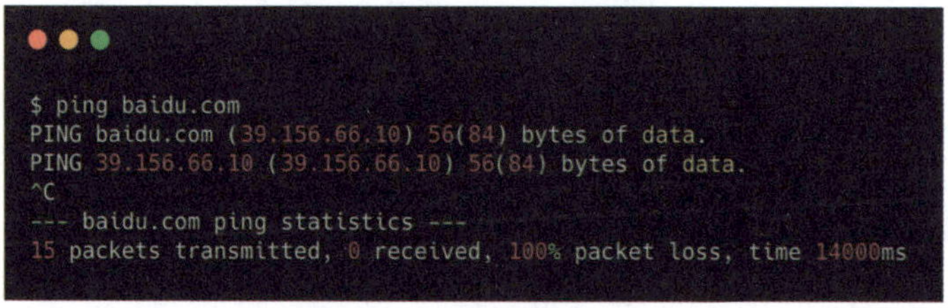

图4-176

倒数第一行里有个**100% packet loss**，意思是**丢包率100%**。

但这样其实你只能知道**你的机器和目的机器之间有没有丢包，如果你想知道你和目的机器之间的这条链路，哪个节点丢包了，有没有办法呢?**

有。

mtr命令

mtr命令可以查看你的机器和目的机器之间的每个节点的丢包情况。像图4-177所示执行命令。

其中**-r是指report**，以报告的形式打印结果。

可以看到**Host**那一列，出现的都是链路中间每一跳的机器，**Loss%**那一列就是指这一跳对应的丢包率。

需要注意的是，**Host**列中有一些是“???”，那是因为**mtr默认用的是ICMP包**，有些节点限制了**ICMP包**，导致不能正常展示。

我们可以在mtr命令里加一个**-u**，也就是使用**UDP包**就能看到**部分**“???”对应的IP地址，如图4-178所示。

```
$ mtr -r baidu.com
Start: Wed Jul 27 21:33:06 2022
HOST: iZuf6ce780a5j30enilppiZ      Loss%   Snt   Last   Avg  Best  Wrst StDev
  1.|-- 10.90.181.26                0.0%    10    2.1   1.9   1.7   2.1   0.0
  2.|-- 11.73.1.141                 0.0%    10    3.7   5.0   3.2  16.8   4.1
  3.|-- 11.228.249.58               0.0%    10    1.7   2.5   1.6   9.6   2.4
  4.|-- 10.102.226.22               0.0%    10    2.4   2.4   2.3   2.4   0.0
  5.|-- 10.54.37.194                0.0%    10    2.5   2.4   2.3   2.6   0.0
  6.|-- 140.206.207.69              0.0%    10    4.9   4.8   4.5   4.9   0.0
  7.|-- 140.206.207.30              0.0%    10   13.0   5.8   4.7  13.0   2.5
  8.|-- ???                        100.0    10    0.0   0.0   0.0   0.0   0.0
  9.|-- 139.226.231.97             60.0%    10    4.2   4.2   4.1   4.2   0.0
 10.|-- ???                        100.0    10    0.0   0.0   0.0   0.0   0.0
 11.|-- 110.242.66.190              0.0%    10   26.5  26.4  26.3  26.7   0.0
 12.|-- ???                        100.0    10    0.0   0.0   0.0   0.0   0.0
 13.|-- ???                        100.0    10    0.0   0.0   0.0   0.0   0.0
 14.|-- ???                        100.0    10    0.0   0.0   0.0   0.0   0.0
 15.|-- ???                        100.0    10    0.0   0.0   0.0   0.0   0.0
 16.|-- 110.242.68.66               0.0%     9   26.5  26.5  26.5  26.6   0.0
```

图4-177

```
$ mtr -u -r baidu.com
Start: Wed Jul 27 21:40:11 2022
HOST: iZuf6ce780a5j30enilppiZ      Loss%   Snt   Last   Avg  Best  Wrst StDev
  1.|-- 10.90.183.26                0.0%    10    1.8   1.8   1.4   2.1   0.0
  2.|-- 11.73.1.65                 40.0%    10    5.6   6.0   3.0  12.8   3.5
  3.|-- 10.255.100.125              0.0%    10    1.9   2.0   1.6   2.4   0.0
  4.|-- 10.102.96.221               0.0%    10    4.5  14.7   2.3  81.4  25.3
  5.|-- 116.251.113.213             0.0%    10    4.7   9.0   2.9  30.9  10.0
  6.|-- .                           0.0%    10    3.3   3.7   3.1   4.6   0.0
  7.|-- .                          50.0%    10    4.2   4.5   4.1   5.1   0.0
  8.|-- 221.183.53.229             60.0%    10    5.1   4.8   4.1   5.1   0.0
  9.|-- 221.183.37.217             10.0%    10   27.4  27.8  27.0  28.9   0.5
 10.|-- ???                        100.0    10    0.0   0.0   0.0   0.0   0.0
 11.|-- 39.156.27.5                10.0%    10   28.3  29.2  28.2  33.6   1.6
 12.|-- 39.156.27.1                60.0%    10   28.8  29.5  28.8  30.6   0.6
 13.|-- ???                        100.0    10    0.0   0.0   0.0   0.0   0.0
```

图4-178

把**ICMP包和UDP包的结果**拼在一起看，就是**比较完整**的链路图了。

还有一个小细节，**Loss%**那一列，我们在icmp的场景下，关注**最后一行**，如果最后一行是0%，那不管前面Loss是100%还是80%，那些都是**节点限制**导致的**虚报**。

但如果**最后一行是20%，再往前几行都是20%左右**，如图4-179所示，说明丢包就是从最接近的那一行开始产生的，长时间这样，很可能是这一跳出了问题。如果是在公司内网，你可以带着这条线索去找对应的负责网络的同事。如果是在外网，那耐心等等吧，别人家的开发人员会比你更着急。

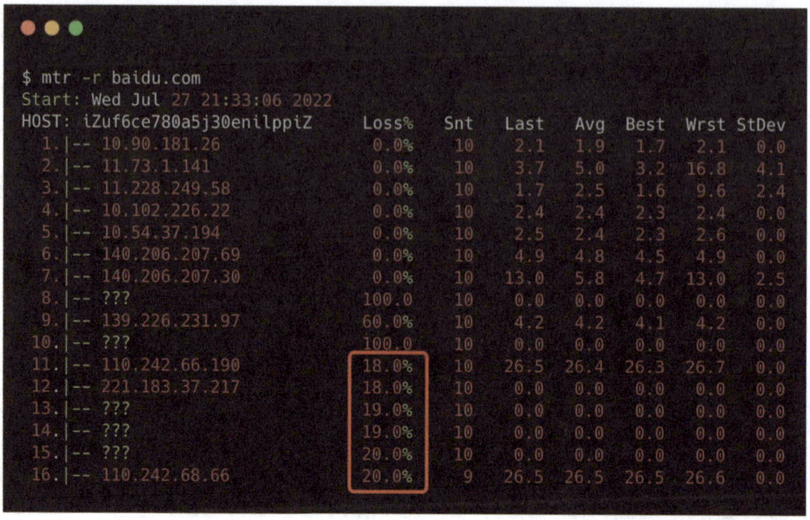

```
$ mtr -r baidu.com
Start: Wed Jul 27 21:33:06 2022
HOST: iZuf6ce780a5j30enilppiZ      Loss%   Snt   Last   Avg  Best  Wrst StDev
  1.|-- 10.90.181.26                0.0%    10    2.1   1.9   1.7   2.1   0.0
  2.|-- 11.73.1.141                 0.0%    10    3.7   5.0   3.2  16.8   4.1
  3.|-- 11.228.249.58               0.0%    10    1.7   2.5   1.6   9.6   2.4
  4.|-- 10.102.226.22               0.0%    10    2.4   2.4   2.3   2.4   0.0
  5.|-- 10.54.37.194                0.0%    10    2.5   2.4   2.3   2.6   0.0
  6.|-- 140.206.207.69              0.0%    10    4.9   4.8   4.5   4.9   0.0
  7.|-- 140.206.207.30              0.0%    10   13.0   5.8   4.7  13.0   2.5
  8.|-- ???                        100.0    10    0.0   0.0   0.0   0.0   0.0
  9.|-- 139.226.231.97             60.0%    10    4.2   4.2   4.1   4.2   0.0
 10.|-- ???                        100.0    10    0.0   0.0   0.0   0.0   0.0
 11.|-- 110.242.66.190             18.0%    10   26.5  26.4  26.3  26.7   0.0
 12.|-- 221.183.37.217             18.0%    10    0.0   0.0   0.0   0.0   0.0
 13.|-- ???                        19.0%    10    0.0   0.0   0.0   0.0   0.0
 14.|-- ???                        19.0%    10    0.0   0.0   0.0   0.0   0.0
 15.|-- ???                        20.0%    10    0.0   0.0   0.0   0.0   0.0
 16.|-- 110.242.68.66              20.0%     9   26.5  26.5  26.5  26.6   0.0
```

图4-179

4.13.7 发生丢包了怎么办？

说了这么多，只是想告诉大家，**丢包是很常见的、几乎不可避免的一件事情。**

但问题来了，发生丢包了怎么办？

这好办，用**TCP**去做传输。建立了TCP连接的两端，发送端在发出数据后会等待接收端回复**ACK**包，**ACK**包的目的是告诉对方自己确实收到了数据，但如果中间链路发生了丢包，发送端会迟迟收不到确认ACK，于是就会进行**重传**。以此来保证每个数据包都确实到达了接收端。

假设现在网断了，我们还用聊天软件发消息，聊天软件会使用TCP不断尝试重传数据，**如果重传期间网络恢复了**，数据就能正常发过去。但如果多次重试直到超时都还是失败，这时候你将收获一个**红色感叹号**，如图4-180所示。

图4-180

这时候问题又来了。

假设**某聊天软件用的就是TCP**。那本节开头提到的女生，她男朋友回她消息时为什么还会丢包？毕竟丢包了会**重试**，重试失败了还会出现**红色感叹号**。

于是，问题就变成了，**用了TCP，就一定不会丢包吗？**

我们知道TCP位于**传输层**，在它的上面还有各种**应用层协议**，比如常见的HTTP或者各类RPC协议，如图4-181所示。

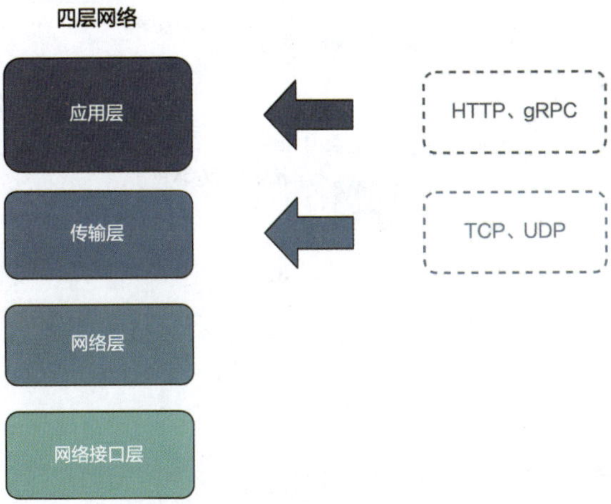

图4-181

TCP保证的可靠性，是**传输层的可靠性**。也就是说，**TCP只保证数据从A机器的传输层可靠地发到B机器的传输层**。至于数据到了接收端的传输层之后，能不能保证到应用层，TCP并不管。

假设现在我们输入一条消息，从聊天框发出，走到**传输层TCP的发送缓冲区**，不管中间有没有丢包，最后通过重传都保证发到对方的**传输层TCP的接收缓冲区**，此时接收端回复了一个**ACK**，发送端收到这个**ACK**后就会将自己**发送缓冲区**里的消息扔掉。到这里TCP的任务就结束了。

TCP的任务是结束了，但聊天软件的任务没结束。**聊天软件还需要将数据从TCP的接收缓冲区读出来，如果在读出来这一刻，手机内存不足或其他各种原因导致软件崩溃闪退了**，发送端以为自己发的消息已经发给对方了，但接收端却并没有收到这条消息。于是，**消息就丢了**，如图4-182所示。

虽然概率很小，但它就是发生了。

合情合理，逻辑自洽。

所以从这里，我得出结论，这位程序员兄弟**已经给这位女生回消息了。只是因为发生了丢包，女生才没能收到，而丢包的原因是女生的手机聊天软件在接收消息的那一刻发生了闪退。**

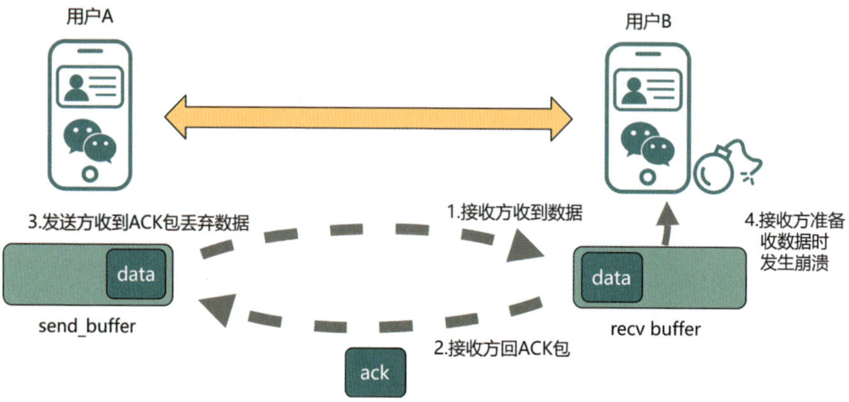

图4-182

到这里，女生知道自己错怪男朋友了，哭着表示，一定要让她男朋友给她买一台不闪退的最新款iPhone。

呃……

大家如果觉得我做得对，请夸一句“**做得好**”。

4.13.8 这类丢包问题怎么解决？

故事到这里也到尾声了，感动之余，我们来**聊聊掏心窝子的话**。

其实前面说得都对，没有一句是假话。

但该聊天软件这么成熟，怎么可能没考虑过这一点呢。

大家应该还记得本节开头提到过，**为了简单**，就将服务器那一方省略了，从三端通信变成了两端通信，所以才有了这个丢包问题。

现在我们重新将服务器加回来。

大家有没有发现，有时候我们在手机App里聊了一大堆内容，然后登录App的电脑版，它能将最近的聊天记录都同步到电脑版上。也就是说服务器**可能短暂**存放过我们最近发的数据。

假设**每条消息都有ID**，服务器和聊天软件每次都拿**最新消息的ID**进行对比，就能知道两端消息是否一致，就像**对账**一样。

对于**发送方**，只要定时跟服务器的内容对账，就知道哪条消息没发送成功，直接重发就好了。

如果**接收方**的聊天软件崩溃了，重启后跟服务器稍微通信就知道少了哪条数据，同步上来就是了，所以也不存在上面提到的丢包情况。

可以看出，**TCP只保证传输层的消息可靠性，并不保证应用层的消息可靠性。如果我们还想保证应用层的消息可靠性，就需要应用层自己去实现逻辑做保证。**

那么问题又来了，**两端通信的时候也能对账，为什么还要引入第三端服务器**？
主要有三个原因：

- 第一，如果是两端通信，你的聊天软件里有1000个好友，就要建立1000个连接。但如果引入服务器，你只需要跟服务器建立1个连接就够了，**聊天软件消耗的资源越少，手机就越省电**。
- 第二，就是**安全问题**，如果还是两端通信，随便一个人找你对账，你就把聊天记录同步过去，这并不合适吧。如果对方别有用心，信息就泄露了。引入第三方服务器就可以很方便地做各种**鉴权**校验。
- 第三，是**软件版本问题**。软件装到用户手机之后，软件更不更新就由用户说了算了。如果还是两端通信，且两端的**软件版本跨度太大**，很容易产生各种兼容性问题，但引入第三端服务器，就可以强制部分过低版本升级，否则不能使用软件。但对于大部分兼容性问题，给服务器加兼容逻辑就好了，不需要强制用户更新软件。

所以看到这里大家应该明白了，我把服务器去掉，并不单纯是**为了简单**。

4.13.9　小结

- 数据从发送端到接收端，链路很长，任何一个地方都可能发生丢包，几乎可以说**丢包不可避免**。
- 平时没事也不用关注丢包，大部分时候TCP的重传机制保证了消息可靠性。
- 当你发现服务异常，比如接口延时很高，总是失败的时候，可以用ping或者mtr命令看看是不是中间链路发生了丢包。
- TCP只保证传输层的消息可靠性，并不保证应用层的消息可靠性。如果我们还想保证应用层的消息可靠性，就需要应用层自己去实现逻辑做保证。

最后给大家留一个问题吧，**mtr命令是怎么知道每一跳的IP地址的**？

第5章

网络编程：代码与网络的虚拟工艺

本章深入探讨网络编程的核心技术，揭示代码程序如何利用操作系统提供的网络接口实现功能，比如分析socket的并发安全性及其在高并发环境下的应用，网络游戏服务器如何支持海量玩家在线，比较TCP和UDP在实际应用中的选择。讨论KCP的优势与QoS问题的应对策略。介绍网络通信中的序列化与反序列化，以及如何解析protobuf数据。最后，解析CDN的功能与性能影响，帮助读者掌握网络编程中的关键技巧和优化方法。

5.1　socket是并发安全的吗?

为了更好地探讨本节的话题，我们先假设一个场景。

我认识的大部分程序员都是做互联网应用开发的，可能对游戏的架构不太了解，所以我猜你们也是。我们想象中的游戏架构如图5-1所示。

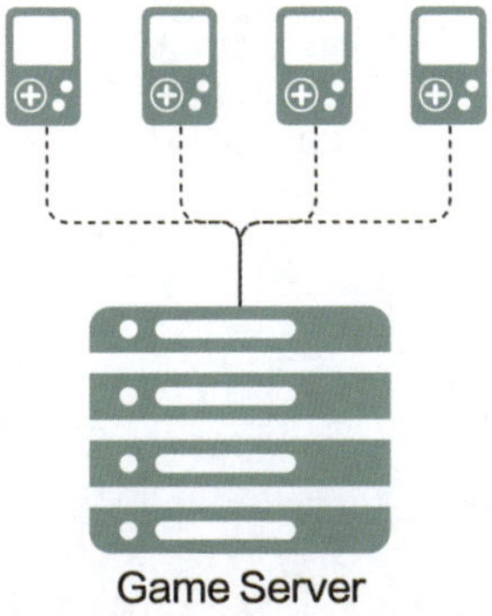

图5-1

也就是用户客户端直接连接游戏核心逻辑服务器，下面简称**Game Server**。Game Server主要负责实现各种玩法逻辑。

这样当然能跑起来，实现也很简单。但这样会有一个问题，因为游戏这块蛋糕很大，所以总会遇到很多**危险**的事情。

如果让用户直连Game Server，那么用户需要知道Game Server的IP地址，以便他们的设备知道将数据发送到何处。这样，所有使用这个服务器的用户都能看到这个IP地址。那相当于把**Game Server的IP地址**暴露给了所有人。

不赚钱还好，一旦游戏赚钱，就会遇到各种攻击。

> ★ 注意
>
> 你猜《羊了个羊》最火的时候为什么总崩溃?

假设一台游戏服务器能承载4千个玩家，一旦服务器遭受直接攻击，那4千个玩家都会被影响。

这攻击的是服务器吗？这明明攻击的是老板的钱包。

所以很多时候不会让用户直连Game Server。

而是在前面加入一层**网关层**，**简称Gateway**，类似图5-2。

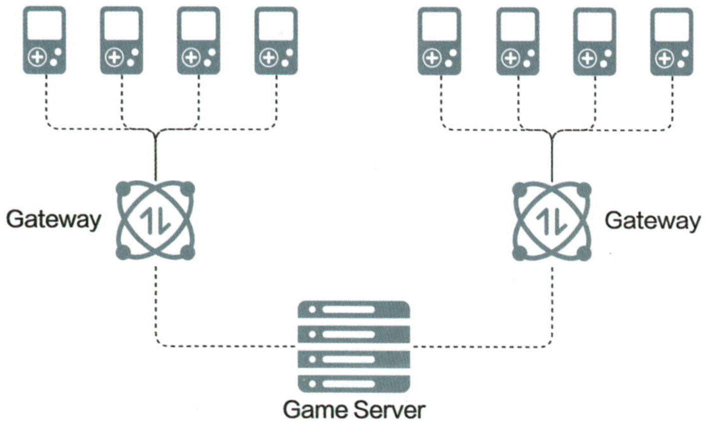

图5-2

Game Server就躲在了Gateway背后，用户只能得到Gateway的IP地址。

然后将大概每100个用户放在一个Gateway里，这样如果真被攻击，就算Gateway崩了，受影响的也就是那100个玩家。

> ★注意
> **由于大部分游戏都使用TCP做开发，所以下面提到的连接，如果没有特别说明，都是指TCP连接。**

那么问题来了。

假设有**100**个用户连接Gateway，那Gateway跟Game Server之间也会是**100**个连接吗？

当然不会，Gateway跟Game Server之间的连接数会**远小于100**。

因为这100个用户不会一直需要收发消息，总有**空闲**的时候，完全可以让多个用户共用同一条连接，将数据打包一起发给Game Server，这样单个连接的利用率高了，Game Server 也不再需要同时维持太多连接，可以节省不少资源，这样就可以多服务几个客户。

我们知道，要对网络连接写数据，就要执行 `send(socket_fd, data)`。

于是问题就来了。

已知**多个用户共用同一条连接**。现在多个用户要发数据，也就是多个用户线程需要**协同一个socket_fd**。像这种多个线程**尝试**同时执行某个事件的行为，就是所谓的并发，如图5-3所示。

那么，socket是并发安全的吗？能让这多个线程同时并发写吗？

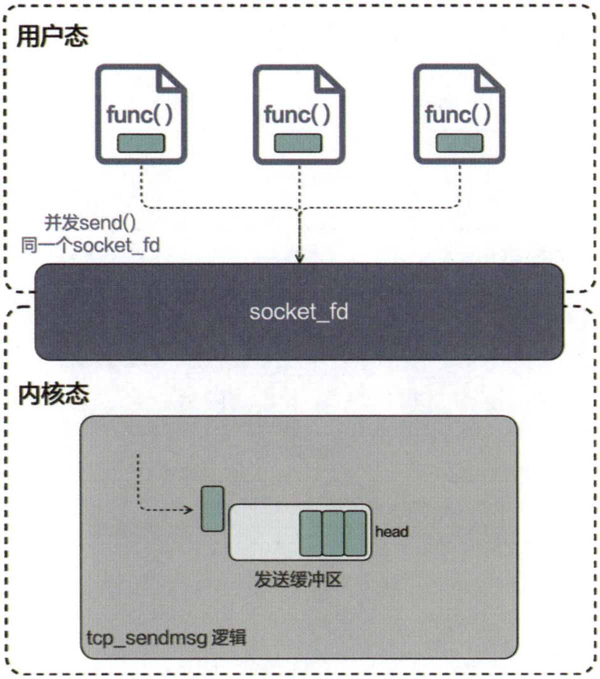

图5-3

5.1.1　写TCP socket是线程安全的吗？

在3.1节中曾介绍过，通过socket编程可以建立TCP连接。

发送消息的方式有很多，既可以是**send**，也可以是**write**。但不管是哪个，最后在内核里都会走到**tcp_sendmsg()**函数下。

```
// net/ipv4/tcp.c
int tcp_sendmsg(struct kiocb *iocb, struct sock *sk, struct msghdr *msg,
size_t size)
{
    // 加锁
    lock_sock(sk);
    // ... 复制到发送缓冲区的相关操作
    // 解锁
    release_sock(sk);
}
```

tcp_sendmsg的目的就是将要发送的数据放入TCP的发送缓冲区中，此时并没有发送数据出去，函数就返回了，内核后续再根据实际情况异步发送，如图5-4所示。关于这一点，在3.3节已经有详细的介绍。

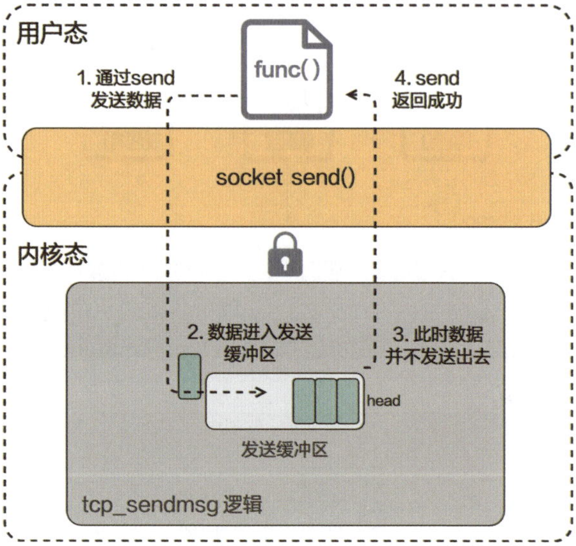

图5-4

从`tcp_sendmsg`的代码中可以看到，在对socket的缓冲区执行写操作的时候，Linux内核已经自动帮我们**加好了锁**，也就是说，是**线程安全的**。

所以可以多线程不加锁并发写入数据吗?

不能。

问题的关键在于**锁的粒度**。但我们知道TCP有三大特点，**是面向连接、可靠的、基于字节流**的协议。

问题就出在这个"**基于字节流**"，它是源源不断的二进制数据流，无边界。来多少就发多少，但是能发多少，要看你的**发送缓冲区还剩多少空间**。

举个例子，假设A线程想发**123**数据包，B线程想发**456**数据包。

A和B线程同时执行`send()`，A先抢到锁，此时发送缓冲区就剩**1**个数据包的位置，那发了**"1"**，发送缓冲区**满了**，A线程退出（非阻塞），当发送缓冲区腾出位置后，此时AB再次同时争抢，这次被B先抢到了，B发了**"4"**之后缓冲区**又满了**，不得不退出。

这样重复多次争抢之后，原本的数据内容都被打乱了，变成了**142356**，如图**5-5**所示。因为数据**123**是一个整体，**456**又是一个整体，像现在这样数据**被打乱**，接收方就算收到了数据也**没办法正常解析**。

也就是说**锁的粒度**其实是关于每次的"**写操作**"，但每次写操作并不保证能把消息写**完整**。

那么问题就来了，**是不是我在写完整消息之前加个锁，整个消息都写完之后再解锁就好了?**

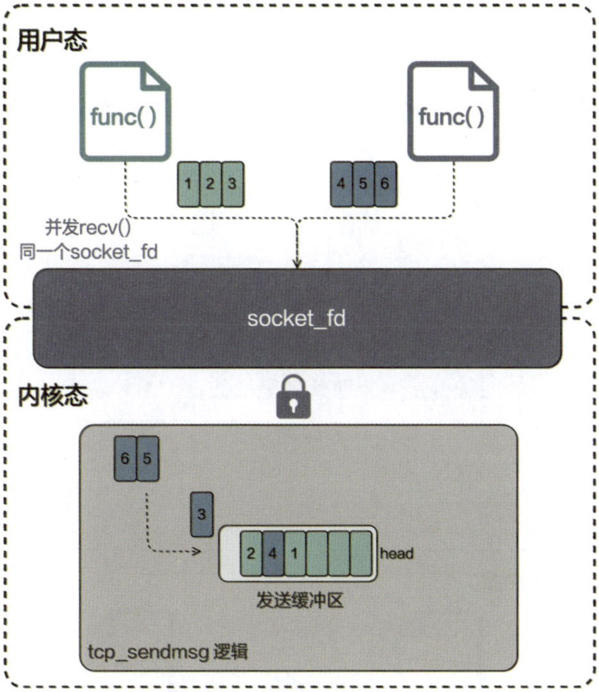

图5-5

过程类似下面这样。

```
// 伪代码
int safe_send(msg string)
{
    target_len = length(msg)
        have_send_len = 0
    // 加锁
    lock();
    // 不断循环直到发完完整消息
       do {
           send_len := send(sockfd,msg)
           have_send_len = have_send_len + send_len
       } while(have_send_len < target_len)

    // 解锁
    unlock();
}
```

这也不行，我们知道加锁这个事情是**影响性能**的，锁的粒度越小，性能就越好，反之性能就越差。

当我们抢到了锁，使用 `send(sockfd,msg)` 发送完整数据的时候，发送缓冲区正好一写就满了，那这个线程就得一直占着这个锁直到整个消息写完。其他线程都在旁边等它解锁，什么也干不了，“焦急难耐”等着抢锁。

但凡**某个消息体稍微大点儿**，这样的问题就会变得更严重。整个服务的性能也会被这拨操作**拖垮**。

归根结底还是因为**锁的粒度太大了**。

有没有更好的方式呢？

其实多个线程抢锁，最后抢到锁的线程才能进行写操作，从本质上来看，就是将所有用户发给Game Server逻辑服务器的消息**串行化**了，既然是串行化，我完全可以在业务代码里为每个socket_fd分配一个**队列**，将数据在用户态**加锁后塞到这个队列里**，再单独开一个**线程**，这个线程的工作就是不断**取队列里的数据**，**单线程**发送消息给socket_fd。

这样，队列里的数据就都是**顺序且完整**的数据包，**单线程**写入socket_fd时，也不会出现数据包错乱的问题。

于是上面的场景就变成了图5-6这样。

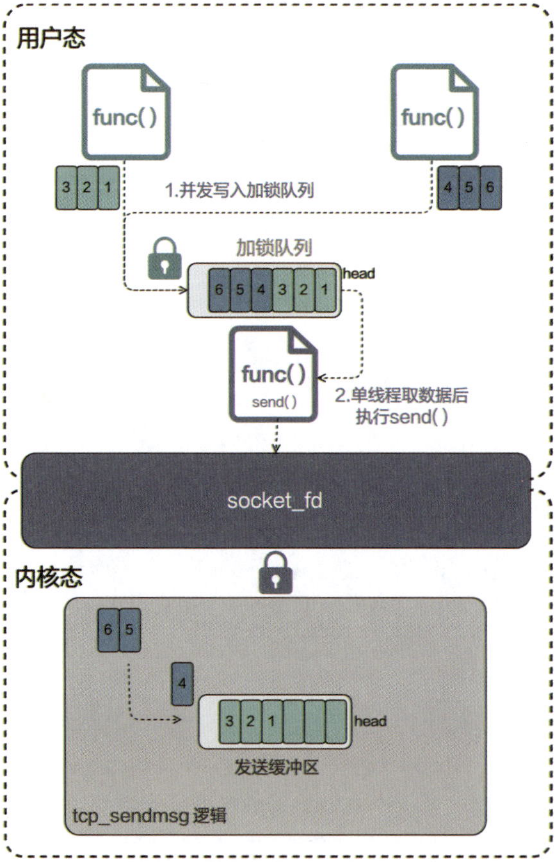

图5-6

于是在Gateway层，多个用户线程同时写消息时，会去争抢某个socket_fd对应的队列，抢到锁之后就将数据写到队列。而真正执行 `send(sockfd,msg)`的线程其实**只有一个**。它会从这个队列中取数据，然后**不加锁地**批量发送数据到Game Server。

由于加锁后要做的事情很简单，也就塞个队列而已，因此非常快。并且由于执行发送数据的只有单个线程，因此也不会有消息体乱序的问题。

5.1.2 读TCP socket是线程安全的吗？

在前面有了写socket是线程安全的结论，我们稍微看一下源码就能发现，**读socket其实也是加了锁的，所以并发多线程读socket这件事是线程安全的。**

```
// net/ipv4/tcp.c
int tcp_recvmsg(struct kiocb *iocb, struct sock *sk, struct msghdr *msg,
        size_t len, int nonblock, int flags, int *addr_len)
{
    // 加锁
    lock_sock(sk);
    // ... 将数据从接收缓冲区复制到用户缓冲区
    // 释放锁
    release_sock(sk);
}
```

但就算是线程安全，也不代表你可以用多个线程并发去读。

因为这个锁只保证你在读socket接收缓冲区时，只有一个线程在读，并不保证你每次都能正好读到完整消息体后才返回。

所以虽然并发读不报错，但**每个线程拿到的消息都可能不全**，因为锁的粒度并不保证能读完完整消息。

TCP是基于数据流的协议，数据流会源源不断从网卡内送到**接收缓冲区**。

如果此时接收缓冲区里有两条完整消息，比如 “**我是小白**”和“点赞在看走一波”。有两个线程A和B同时**并发去读**的话，A线程就可能读到“**我是点赞走一波**”，B线程就可能读到“**小白在看**”。两条消息都变得不完整了，如图5-7所示。

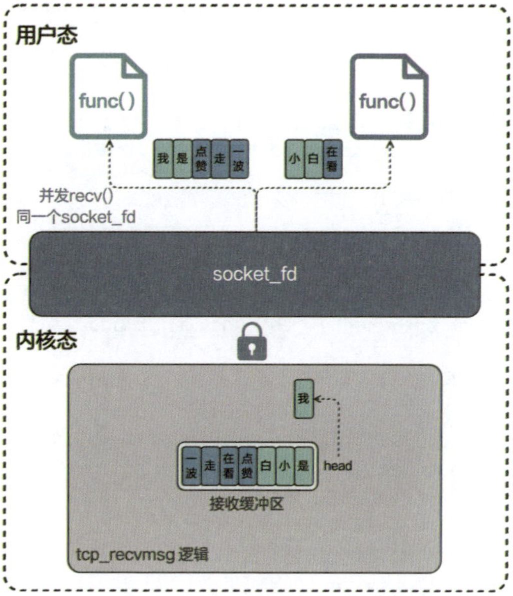

图5-7

解决方案是，读socket的只能有**一个**线程，读到消息之后塞到**加锁队列**中，再将消息分开发给Game Server的多线程用户逻辑模块去做处理，如图5-8所示。

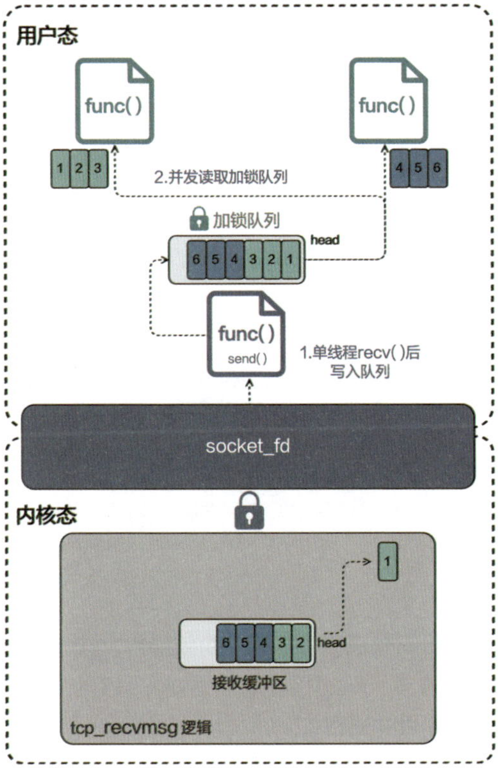

图5-8

5.1.3 读写UDP socket是线程安全的吗?

讲完TCP，我们很自然就能想到另外一个传输层协议UDP，那么它是线程安全的吗?我们平时写代码的时候如果要使用UDP发送消息，一般会像下面这样。

```
ssize_t sendto(int sockfd, const void *buf, size_t nbytes, int flags, const
struct sockaddr *to, socklen_t addrlen);
```

而执行到底层，会到Linux内核的`udp_sendmsg`函数中。

```
int udp_sendmsg(struct kiocb *iocb, struct sock *sk, struct msghdr *msg,
size_t len) {
   if (用到了MSG_MORE的功能) {
        lock_sock(sk);
    // 加入到发送缓冲区中
    release_sock(sk);
   } else {
```

```
        //不加锁，直接发送消息
    }
}
```

这里我用伪代码改了一下，大概的含义就是用到**MSG_MORE**就加锁，否则**不加锁**，将传入的**msg**作为一整个数据包直接发送。

先需要搞清楚，**MSG_MORE**是什么。它可以通过**sendto**函数的**flags**字段进行设置。大概意思是告诉内核，待会儿还有其他**更多消息**要一起发，先别着急发出去。此时内核就会把这份数据先用**发送缓冲区**缓存起来，待会儿应用层表示可以了，再一起发。

但是，我们一般也用不到**MSG_MORE**。所以我们直接关注另外一个分支，也就是**不加锁**直接发消息。

那是不是说明走了不加锁的分支，UDP发消息就不是线程安全的？

其实还是线程安全的，不用**lock_sock(sk)**加锁，单纯是因为**没必要。**

开启**MSG_MORE**时多个线程会同时写到同一个socket_fd对应的**发送缓冲区**中，然后统一发送到IP层，因此需要有一个锁防止出现多个线程将对方写的数据覆盖掉的问题。而不开启**MSG_MORE**时，数据则会被直接发送给IP层，就没有了上面的烦恼。

再看看UDP的接收函数**udp_recvmsg**，里面会执行**__skb_recv_datagram()**函数，它是接收UDP数据报的核心函数，负责从接收缓冲区中获取数据，并提供了对接收缓冲区的并发安全访问。

```
struct sk_buff *__skb_recv_datagram(...)
{
        // ...

        do {
                // ...

                // 加自旋锁
                  spin_lock_irqsave(&queue->lock, cpu_flags);
                  skb_queue_walk(queue, skb) {

                // 省略了从接收缓冲区获取数据报的逻辑

                // 释放自旋锁
                          spin_unlock_irqrestore(&queue->lock, cpu_flags);
                          return skb;
                  }

        } while (!wait_for_more_packets(sk, err, &timeo, last));
    // ...
}
```

可以看到，这里会通过调用 spin_lock_irqsave() 来获取自旋锁，并在获得数据报后用 spin_unlock_irqrestore() 来释放自旋锁。这样做可以保证在访问接收缓冲区期间，其他线程无法同时获取该锁，从而确保了并发安全性。

★注意

自旋锁是一种不断死循环抢占锁的机制。

能否多线程并发读或写同一个UDP socket?

在TCP中，线程安全不代表你可以并发地读写同一个socket_fd，因为哪怕内核态中加了`lock_sock(sk)`，这个锁的粒度并不覆盖完整消息的多次分批发送，它只保证单次发送的线程安全，所以建议只用一个线程去读写一个socket_fd。

那UDP会有一样的问题吗？跟TCP对比，大家就知道了。

TCP不能用多线程同时读和同时写，是因为它是基于**数据流**的协议。而UDP是基于**数据报**的协议。

基于数据流和基于数据报有什么区别?

基于**数据流**，意味着发给内核底层的数据就跟**水进入水管**一样，内核根本不知道什么时候是个头，没有明确的**边界**。

而基于**数据报**，可以类比为一件件**快递包裹进入传送管道**，内核很清楚拿到的是**几件**快递，快递包裹和快递包裹之间**边界分明**，如图5-9所示。

图5-9

那从我们使用的方式来看，应用层通过TCP去发数据，TCP就先把它放到缓冲区，然后就返回。至于**什么时候发数据，发多少数据，发的数据是刚刚应用层传进去的一半还是全部，都是不确定的**，全看内核。在接收端收的时候也一样。

但UDP就不同，UDP对应用层交下来的报文，**既不合并，也不拆分**，而是保留这些报文的**边界**。

无论应用层交给UDP多长的报文，UDP都照样发送，即一次发送一个报文。至于数据包太长，需要分片，那也是IP层的事情，跟UDP没什么关系，大不了效率低一些。而接收方在接收数据报的时候，一次取一个完整的数据报，不存在TCP常见的半包和粘包问题。

正因为**基于数据报**和**基于字节流**的差异，**TCP发送端发10次字节流数据，接收端可以分100次去取数据，每次取数据的长度可以根据处理能力做调整；但UDP发送端发了10次数据报，接收端就要10次收完，且发了多少次，就取多少次，确保每次都是一个完整的数据报**。

所以从这个角度来说，UDP写数据报的行为是“原子”的，不存在发一半包或收一半包的问题，要么整个包成功，要么整个包失败。因此多个线程同时读写，也就不会有TCP的问题。

所以，可以多个线程同时读写同一个UDP socket。

但**就算可以，我依然不建议大家这么做**。

为什么不建议使用多线程同时读写同一个UDP socket?

UDP本身是**不可靠**的协议，多线程高并发执行发送时，会对系统造成较大压力，这时候**丢包**是常见的事情。虽然这时候应用层能实现**重传逻辑**，但重传这件事毕竟越少越好。因此通常还是希望能有一个应用层流量控制的功能，如果是**单线程**读写，就可以在同一个地方对流量实现调控。类似地，实现其他插件功能也会更加方便，比如给某些VIP等级的老板更快速的游戏体验。

所以正确的做法和TCP一样，不管外面有多少个线程，还是并发加锁写到一个队列里，然后发起一个单独的线程去做发送操作，如图5-10所示。

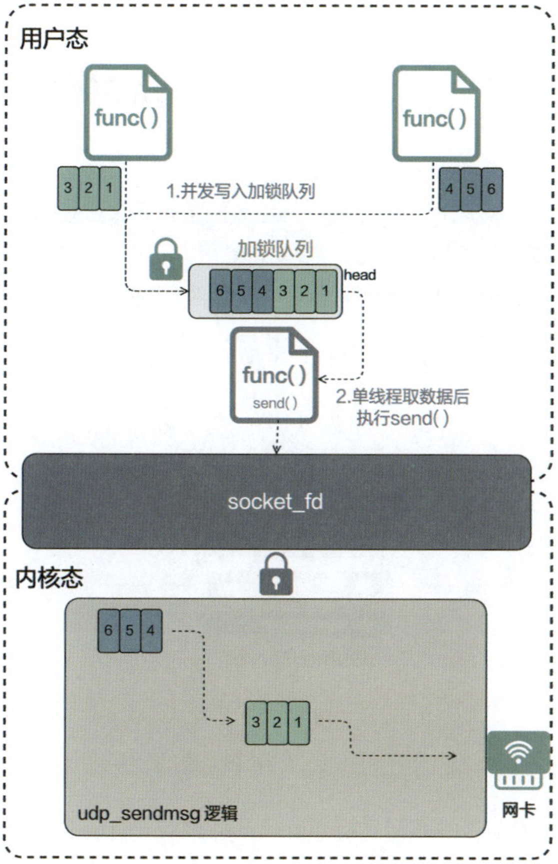

图5-10

5.1.4 小结

游戏服务器网关需要同时处理多个玩家的数据，因此存在多线程同时读写一个socket_fd的场景，本节通过几个例子介绍了多线程读写socket的正确方式。

1. 多线程并发读写同一个TCP socket是线程安全的，因为TCP socket的读写操作都上锁了。虽然线程安全，但依然不建议这么做，因为TCP本身是基于数据流的协议，一份完整的消息数据可能会被**分开多次**读写，内核的锁只保证**单次**读写socket是线程安全，**锁的粒度**并不覆盖整个完整消息。因此建议用一个线程去读写TCP socket。
2. 多线程并发读写同一个UDP socket也是线程安全的，因为UDP socket的读写操作也都上锁了。UDP写数据报的行为是“原子”的，不存在发一半包或收一半包的问题，要么整个包收发成功，要么整个包收发失败。因此多个线程同时读写，也就不会有TCP的问题。虽然如此，但还是建议用一个线程去读/写UDP socket。

5.2 游戏服务器为什么能支持海量玩家同时在线?

大家应该玩过不少网络游戏吧？很多游戏对外号称同时支持千万人在线。

那么问题来了，你知道这些游戏服务器为什么能支持海量玩家同时在线吗?

本节就来分享其背后的关键知识点，**I/O多路复用**。

在我们的想象中，多玩家登录到服务器后，服务器和玩家的关系大概如图5-11所示。

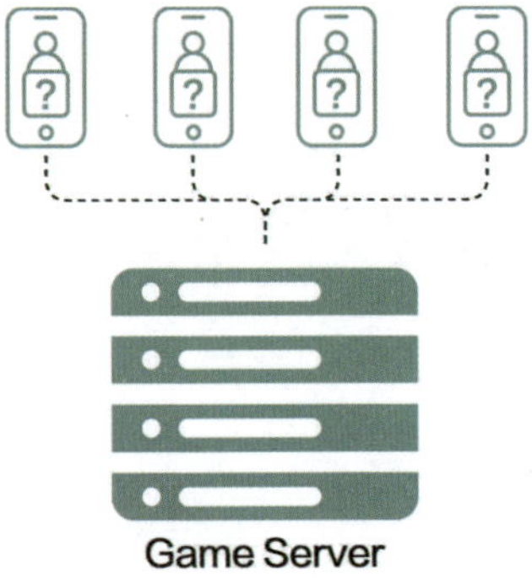

图5-11

每个玩家有一个网络连接。

通过3.1节我们知道，客户端和服务端之间是通过**socket**来建立网络连接的，而收发网络数据，本质上就是读写某个socket**文件**，为了在操作系统中唯一标识这个socket文件，于是有了socket_fd句柄，它可以被认为是这个文件的**唯一ID**，如图5-12所示。

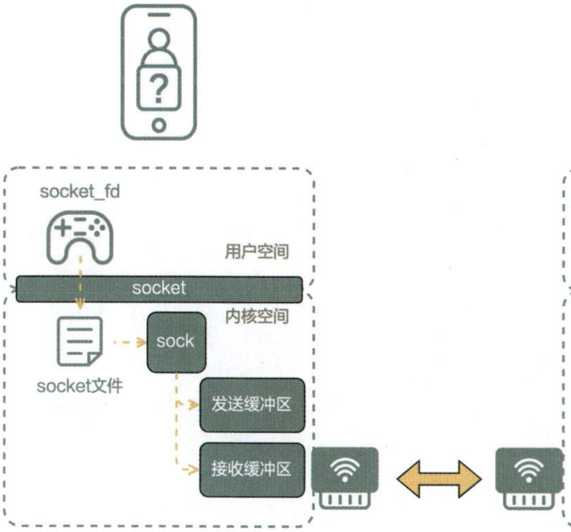

图5-12

对客户端来说，通过socket_fd写这个socket文件，就等于发数据给服务端。对服务端来说，通过socket_fd读这个文件，就能收到客户端发来的数据。

一般来说，客户端和服务端的数量关系是*n*:1。

因此，在整个通信过程中，对于**客户端**来说，它可能只需要读写**一个socket_fd**就够了。但对于**服务端**来说，客户端成千上万，如图5-13所示，那么**多个socket_fd**，该以什么样的方式去读呢？

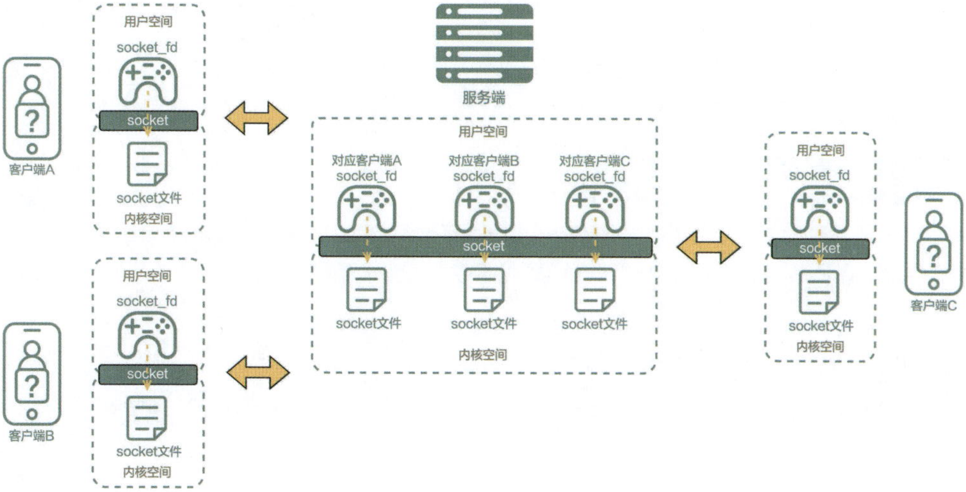

图5-13

我们最容易想到的方式，就是**给每一个socket_fd都配一个线程**。这个线程什么事都不干，就守着这个socket_fd，有数据就读出来，如图5-14所示。

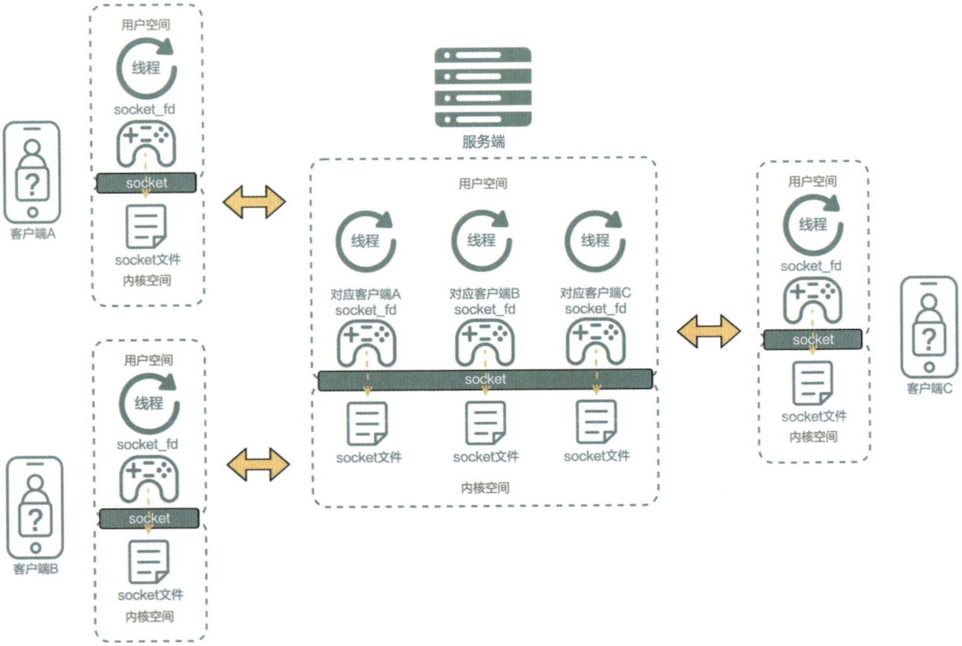

图5-14

然而这里有两个问题。一个问题是线程本身消耗的**内存成本**大概在MB级别。另一个问题是线程间的**切换成本**。在线程少的时候一切风平浪静，一旦线程变多，服务器性能就会骤降。这就意味着socket_fd不能多，也就是玩家数量不能多。

这怎么行。如果你把这个方案告诉老板，老板第一个不同意。那有没有更好的办法呢？有。

5.2.1 I/O多路复用

将多个socket_fd放到一个数组里，将多个线程改为一个线程，逐个遍历去读socket_fd，就像图5-15这样。

每读写一次 socket_fd，就会产生一次**系统调用**，即一次**I/O操作**，像这种多个I/O操作共用一个线程的方案，其实就是**I/O多路复用**。

又因为是在一个线程里对所有socket_fd**逐个**执行**recv()**读数据，而执行**recv()**时，在读不到数据时有**两种策略**：

- 一种是一直卡在那里死等，这就叫**阻塞I/O**。优点是代码写起来简单，缺点是发生阻塞时，线程就不能干别的事情了，资源利用率会低一些。

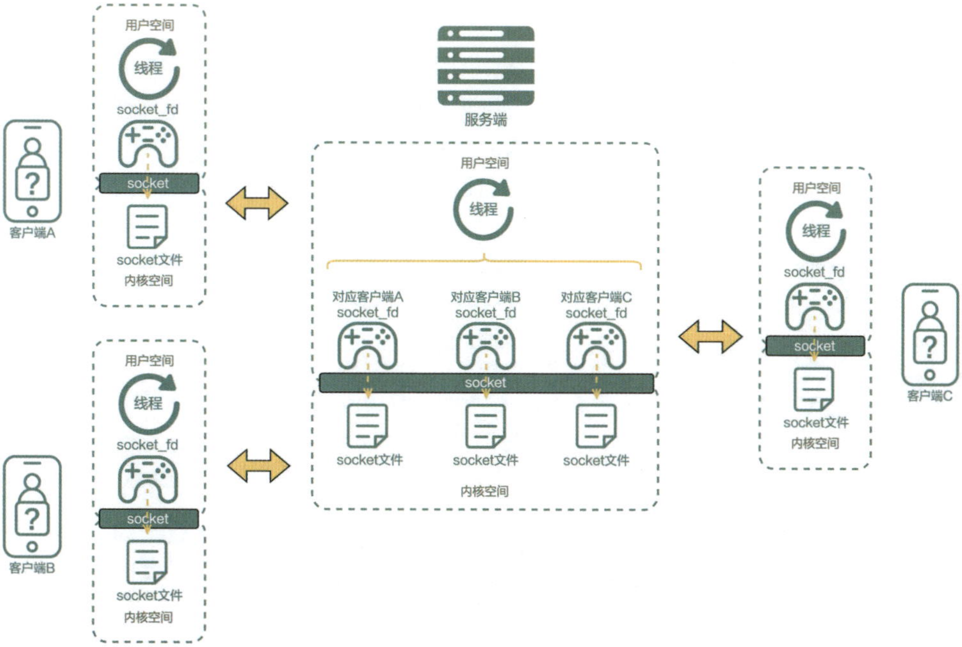

图5-15

- 另一种就会等一会儿，没有数据就直接返回错误`EAGAIN`，意思是“下次再来试试”，这叫**非阻塞I/O**。优点是资源利用率高，一个线程可以同时发起多个I/O操作，而不必死等它们完成。缺点是代码写起来复杂些。

那么问题来了，I/O多路复用时该选择**阻塞**还是**非阻塞**?

假设大家都用**阻塞I/O**，如果数组中一个客户端A一直没有传输消息，那数组后面的客户端B，就算其实有消息可以读了，也必须等客户端A阻塞结束，才能进行通信。

这当然不能忍。因此在我们一般选择使用**非阻塞I/O**。

> ★ 注意
> 后面的内容里，如果没有特殊说明，都指非阻塞socket。

5.2.2　select和poll

然而上面的方案有一个问题，我用**一个线程**去**逐个**读socket_fd，每一个都会产生**系统调用**，过程中并不是所有 socket_fd 都能读到消息，大部分时候有可能**一无所获**。

读socket会产生系统调用，这就涉及**用户态和内核态之间的切换**，因此会消耗一些资源，有没有办法减少不必要的消耗呢?

有。如果可以让别人告诉你这件事情，那你就不需要不停地多次主动询问了。

那让谁来告诉你呢？

正好Linux内核就知道**socket_fd**对应的接收缓冲区什么时候来消息，于是就让Linux提供一个**select()**方法。内部维护一个**数组**，你只需将要通信的socket_fd放进去，只要对应的接收缓冲区来消息了，Linux就通过**select()**方法来通知你，如图5-16所示。

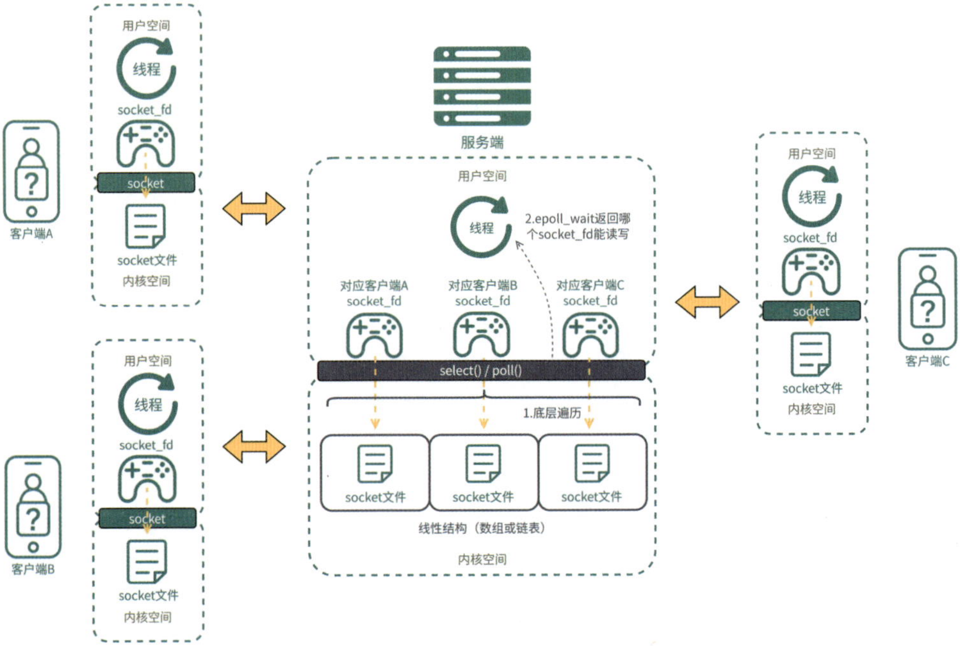

图5-16

对应的demo代码大致如下。

```
int main()
{
    // 1. 创建监听的fd
    int listen_fd = socket();
    // 2. 绑定端口和监听
    bind(listen_fd, IP:端口);
    listen(listen_fd);
    while(1)
    {
        // 3.死循环里不断执行select
        int n = select(maxfd+1, 需要检测的fds);
        for(需要检测的fds)
        {
```

```
            if(FD_ISSET(fd, ...))
            {
                // 4.来消息了，处理一下
            }
        }
    }
    return 0;
}
```

select虽好，但有两个比较明显的问题：

- 它最多只支持**1024**个socket_fd。
- 当你关注的这批 fd 里，有部分句柄来消息了，select 会给你发通知，但你要遍历一遍整个存放 socket的数组，才知道是哪个可读，虽然这个过程中**不涉及系统调用**，但时间复杂度为$O(n)$。当然，因为最多只支持 1024个socket，所以问题也不大。

于是专家们在select的基础上，**稍微**做了些改进，引入了**poll**，它取消了**select**里**1024**个**fd**的限制。但select的第二个问题**线性遍历**，却没有解决，随着fd数量的增多，性能骤降。

5.2.3　epoll

从上面的内容可以看出，只要poll能解决select的第二个问题，其实整个方案就很完美了。

所以我们重点关注怎样解决第二个问题就好了。问题的关键在于，存储fd的是一个**线性结构**（数组或链表），那有没有什么数据结构可以达到更高的查询效率呢？

有，专家们选择了**树状结构**，**红黑树**，它的查询时间复杂度是$O(\lg n)$，如图5-17所示。

于是就有了**epoll**。它用起来其实和**select()**很像，我们看看demo 代码。

```
int main()
{
    // 1.创建监听的fd
    int listen_fd = socket();
    // 2.绑定端口和监听
    bind(listen_fd, IP:端口);
    listen(listen_fd);
    // 3.创建epoll实例
    epoll_fd = epoll_create();
    // 4.将要关注的socket_fd加入epoll
    epoll_ctl(epoll_fd, EPOLL_CTL_ADD, listen_fd);
    while(1)
```

```
    {
        // 5.死循环里不断执行epoll
        int n = epoll_wait(epoll_fd);
        for(检测到有变化的fds)
        {
            // 6.来消息了，处理一下
        }
    }
    return 0;
}
```

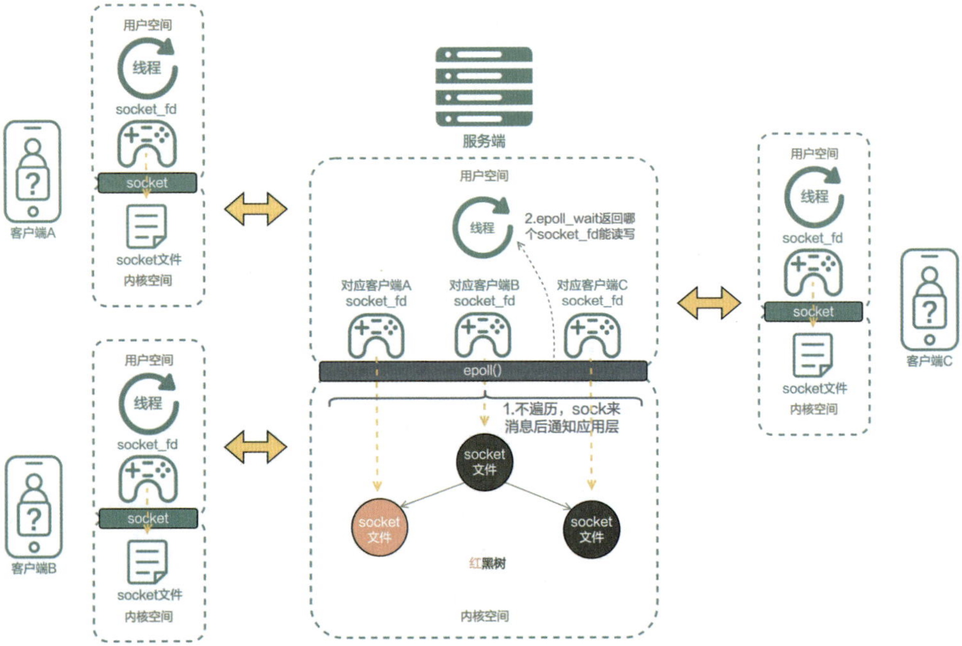

图5-17

有了epoll 之后，单台服务器就可以轻松管理**10k**量级的客户端socket_fd。所以我们能看到网络游戏服务器能支持大量的玩家同时在线打游戏。

上面提到，select和poll都是用**线性结构**去存储socket_fd的，查询时间复杂度是$O(n)$，epoll 做了改进，选择了查询时间复杂度为$O(\lg n)$的**红黑树**。

那么问题来了，哈希表的查询时间复杂度是$O(1)$，比红黑树更快，为什么不选哈希表？

这是因为哈希表在数据量大的情况下，有可能产生**哈希冲突**，数据量越大，哈希冲突越严重，查询时间复杂度会从$O(1)$退化到$O(n)$，对查询性能影响很大，如图5-18所示。而红黑树的插入、删除和查找操作的时间复杂度始终稳定到$O(\lg n)$，因此epoll毫不犹豫选择了**红黑树**。

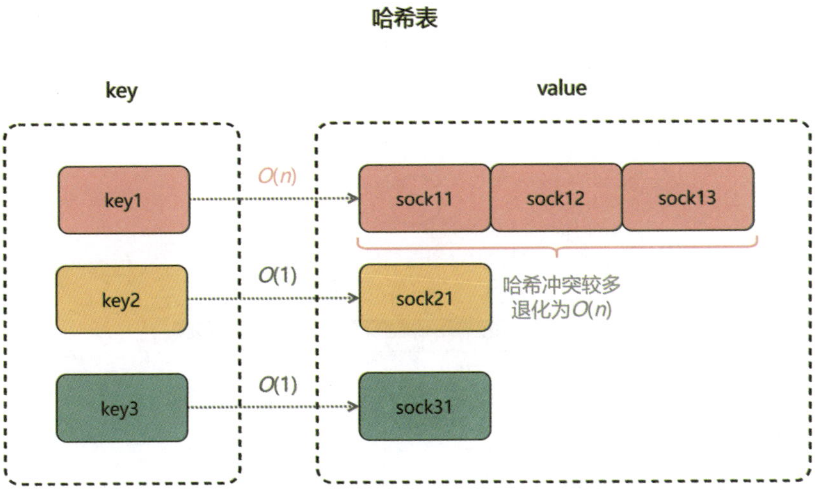

图5-18

5.2.4　epoll的内核实现

从程序员使用的角度上来看，epoll是用来管理海量socket文件（或socket_fd）的，当某些socket文件**可读可写**时，通过**epoll_wait()**返回给用户，用户知道了有哪些socket_fd可读写之后再去进行操作。

那么从内核的角度来看，它是怎样实现的？

我们只需要记住**两个**数据结构，一个是**红黑树**，一个是**就绪队列**。当我们对某个socket_fd 执行**epoll_ctl(Add)**方法时，会将这个socket_fd插入**红黑树**中，并注册一个**回调函数**到这个socket_fd 上。

> ★ 注意
> 记住这个回调函数，具体是干什么的稍后讲。

对于可读事件

当消息从互联网传到网卡最后到达socket的**接收缓冲区**后，就会执行上面提到的这个**回调函数**。这个回调函数的工作也很简单，就是将socket_fd放到**就绪队列**。

而一旦就绪队列上有数据了，**epoll_wait()**就会返回给用户，告诉用户这个**socket_fd 可以读**了，如图5-19所示。

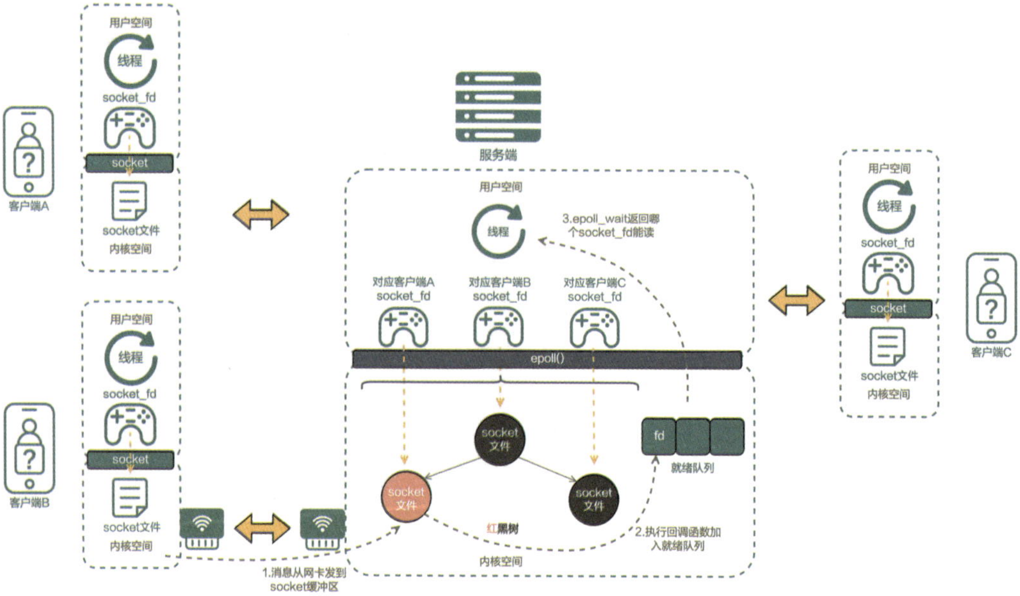

图5-19

对于可写事件

读数据的场景看完了，我们看看写数据的场景。

当socket**发送缓冲区**里的数据发送到远端，并收到远端的**ack**响应时，发送缓冲区就出现新的可写空间，此时也会执行上面的**回调函数**，同样也将socket_fd放到**就绪队列**，然后**epoll_wait()**就会返回用户，告诉用户这个**socket_fd 可以写**了。

那么问题就来了，怎样根据**epoll_wait()**返回的结果判断**socket_fd**是可读还是可写?

- 如果epoll_wait()返回的事件类型是EPOLLIN，表示有外部消息到达了，也就是**socket_fd** 可读了。
- 如果epoll_wait()返回的事件类型是EPOLLOUT，表示发送缓冲区有空间，可以继续给**socket_fd** 写入数据了，如图5-20所示。

> ★ 注意
> 其实红黑树和就绪队列里放的数据结构并不叫 sock，而是另外一个包含了sock的结构体，这里做了一些简化，但思路是这样的。

最后给大家留一个问题吧，你觉得《原神》这款网络游戏，传输协议主要用的是TCP还是UDP?

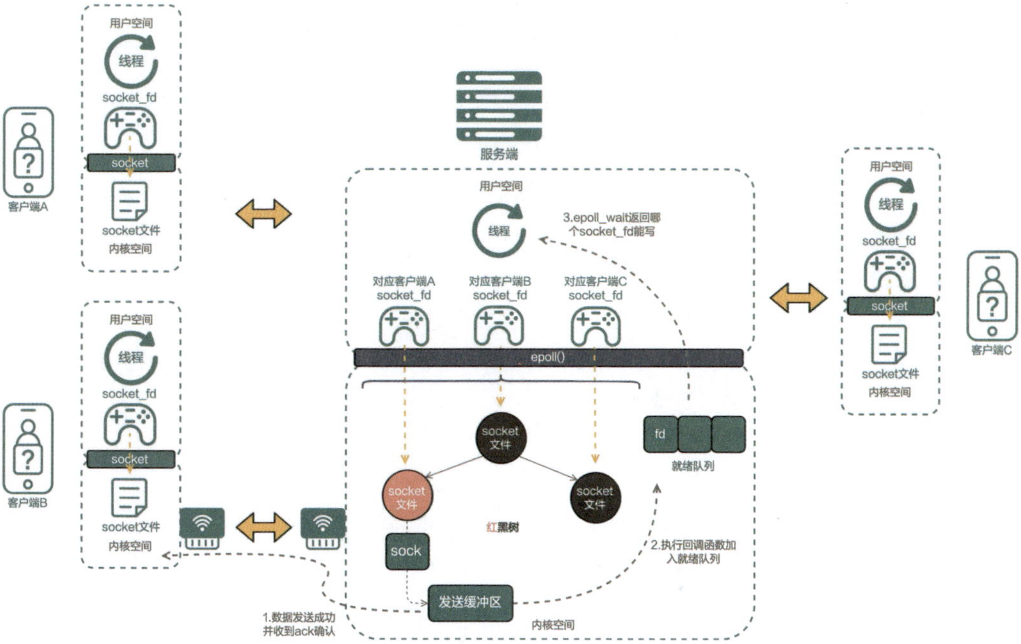

图5-20

5.2.5 小结

- 客户端和服务端之间是通过socket来建立网络连接的，而收发网络数据，本质上就是读写某个socket文件。每读写一次socket文件就会产生一次系统调用，如果为每个socket文件都配一个线程，资源消耗会很大，服务器能支持的连接数就上不去了。因此更好的方式是只用一个线程，去操作所有socket文件。
- 读写一次socket文件，其实就是一次I/O操作，像这种多个I/O操作共（**复**）用一个线程的方案，其实就是**I/O多路复用**。
- 在一个线程里去遍历读写所有socket，每次都会产生系统调用，但并不是每次都能拿到数据，如果 Linux 能告诉我们哪个socket有数据，我们再去读，那就好了。于是，专家们前后造了三个比较有名的I/O多路复用方法，分别是select、poll和epoll。
- select和poll由于其自身限制，不太适合存在大量连接的场景，epoll 则针对上述两者的缺点进行了改进，可以轻松应对 10k 级别的连接。而游戏服务器为了同时支持海量客户端用户的连接，通常会使用 epoll 进行I/O多路复用。

5.3 用了socket就一定要走网络协议栈吗?

我们经常犯一种错误，学一样新东西的时候，根本不知道它的**用途和存在的意义**是啥，这样学了就忘，无法内化为自己的能力。

就比如上大学的时候学**线性代数**，大家都学得很枯燥很痛苦，根本不知道这能跟什么联系起来，以为根本用不上，后来才知道，原来它可以用在机器学习上。所以说，脱离实际应用场景学东西会让人很痛苦。

因此，为了更好地谈本节的话题，我们假设有这样一个场景。

你是一位**后端开发人员**，手上有**两类**服务，分为**go服务（rpc服务）和python服务（http服务）**（当然也可以替换为Java和C++，总之是两个不同语言类型的服务），如图5-21所示。

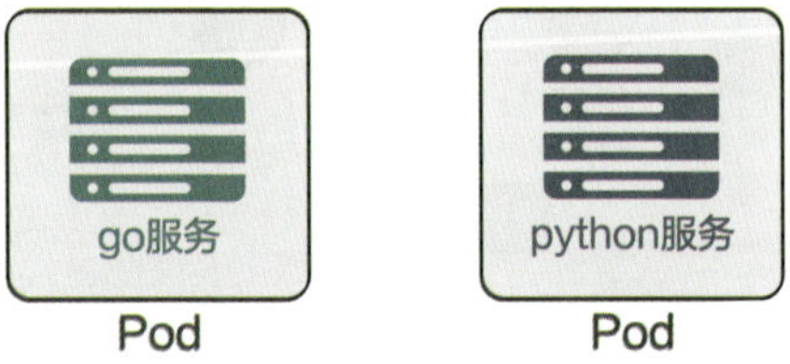

图5-21

公司主推go服务，基于Go语言实现了非常多的基础组件，其中最重要的是微服务rpc框架，以及基于框架实现了限流、熔断、流量染色等一系列服务治理的功能。

但**头疼的是python服务没能用上这些组件**，怎么办?

我猜你第一时间想到的是将python服务**翻译**为go服务。

那么问题来了，不是所有功能都能一一对应进行翻译的，比如有些python服务里用了一些**机器学习的库**，Go语言可不支持。

但如果能将python代码转成**动态链接库（.so**文件），让Go去调用动态链接库不就好了嘛。理论上可行，需要将python服务中的核心代码拿出来抽象成一个函数，再通过**动态链接库**暴露出去，如图5-22所示。

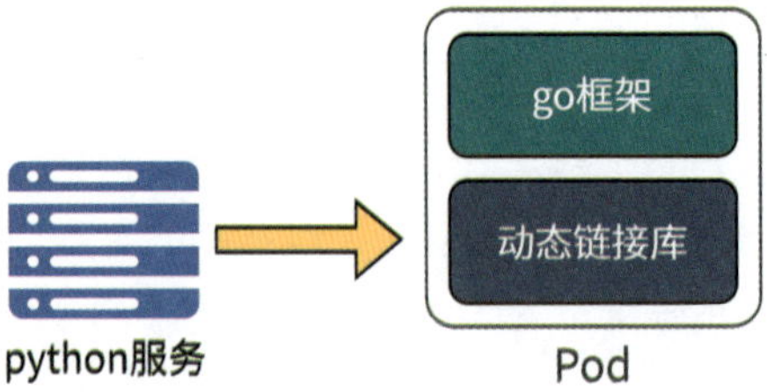

图5-22

> ★ 注意
> 动态链接库（DLL）本质上也是编译好的代码，只不过可以被多个进程共享。

然而，python服务是基于一个成熟的Web框架`gunicorn`去做开发的，像日志、打点都做好了，你**并不想过多地去改动**python服务里的代码。

那么问题来了，有没有一种更好的方法？

有，你听说过sidecar吗？

5.3.1　基于sidecar的服务架构

sidecar，又叫**边车**。我猜大家应该在各种抗战剧里看到过，就是一辆摩托车边上加装的一个带轮车座。看图5-23，你能秒懂。

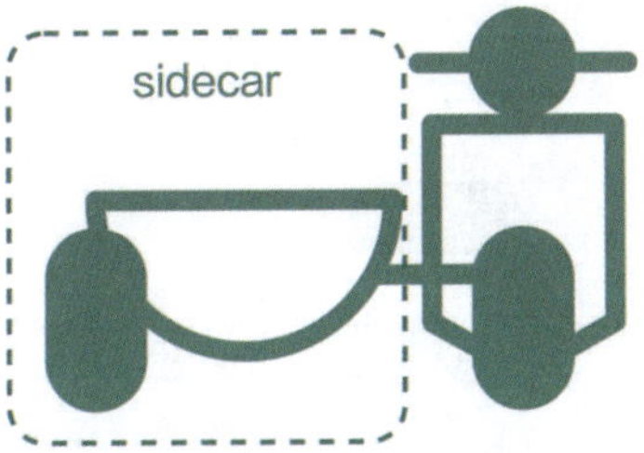

图5-23

左边的边车和右边的摩托车**共同组成**一辆小三轮。

离开边车，右边的摩托车本身也能跑，但是组装上一个边车，它能做更多的事情，比如多带点东西。

我们可以借鉴这个概念，用在本节开头的案例里，将go服务作为python服务的边车，将两者共同组成**一个新的服务**。

python服务本身是一个http服务，监听`127.0.0.1:8080`地址。

go服务作为一层皮，使用微服务rpc框架对外提供rpc功能，而对内，只做一件事，那就是将rpc请求转发到python服务的`127.0.0.1:8080`地址上。

这样就做到了python服务不需要怎么改，就能享受到go服务的微服务框架的服务治理能力，如图5-24所示。

但这里其实还有一个问题，4.11节中提到过**127.0.0.1是本地回环地址**。如果本机的A应用进程将数据发向本地回环地址，那么数据会过一遍**内核网络协议栈**的封包拆包逻辑，再回到本机的B应用进程，如图5-25所示。

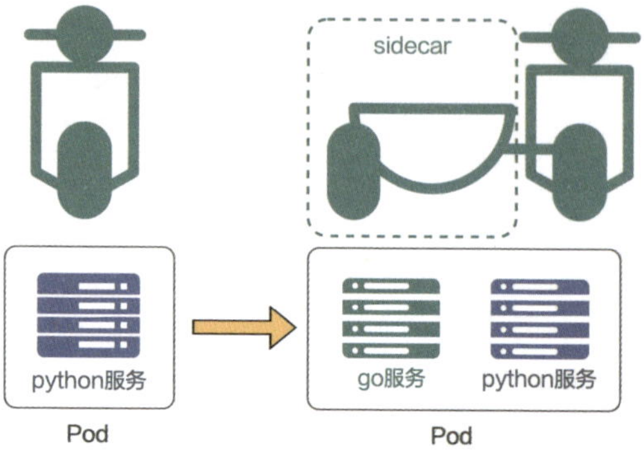
sidecar
python服务
go服务
python服务
Pod
Pod

图5-24

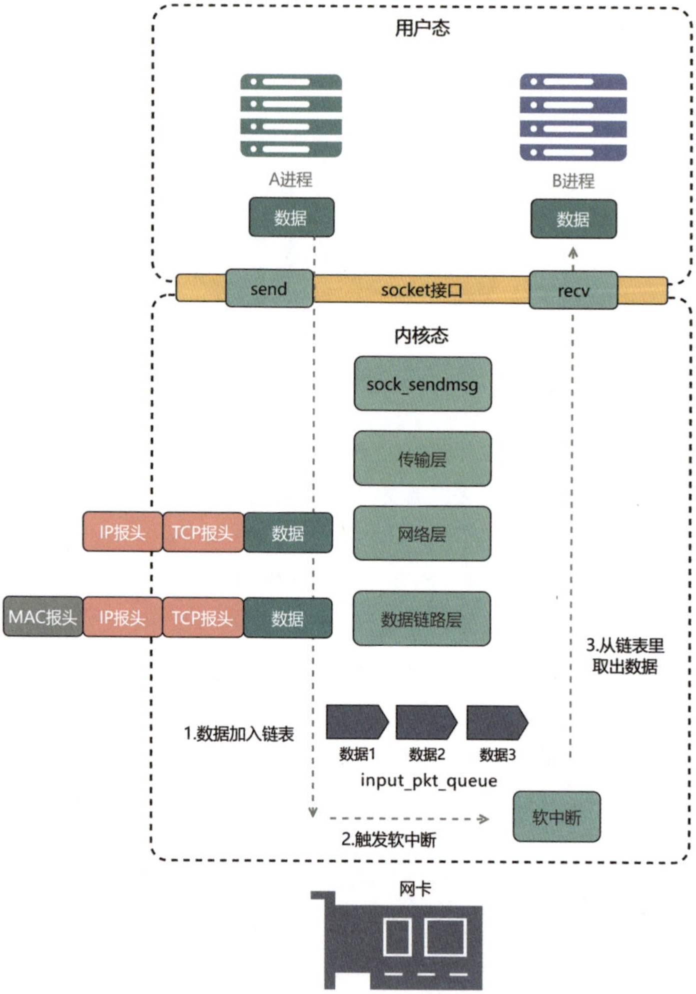
用户态
A进程
B进程
数据
数据
send
socket接口
recv
内核态
sock_sendmsg
传输层
IP报头
TCP报头
数据
网络层
MAC报头
IP报头
TCP报头
数据
数据链路层
3.从链表里
取出数据
1.数据加入链表
数据1
数据2
数据3
input_pkt_queue
软中断
2.触发软中断
网卡

图5-25

有没有办法，可以省略这部分“不必要”的逻辑?

有，我们可以用`unix domain socket`。

5.3.2　unix domain socket是什么？

`unix domain socket`，简称`uds`，也是socket的一种，只不过**去除**了网络协议栈**的功能，专门用于**本机进程间通信，如图5-26所示。

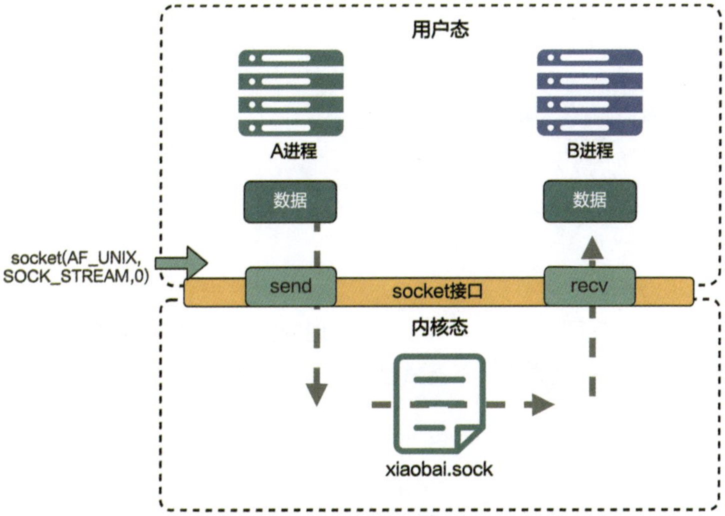

图5-26

如果你用过`Docker`，肯定见过下面这个报错。一般常见于你本地没启动Docker守护进程，但却尝试使用Docker的命令。

```
Cannot connect to the Docker daemon at unix:///var/run/docker.sock. Is the
docker daemon running?
```

这里就涉及`unix:///var/run/docker.sock`，其实就是`uds`，它用于Docker守护进程和Docker容器之间的通信。大家知道有这回事就好。

在3.5节中介绍过，在正常情况下建立**网络**连接时服务端和客户端的伪代码。

如果要改成uds，只需要改两个地方：

- 将客户端和服务端创建socket时的`AF_INET`改为`AF_UNIX`。
- 将连接的地址从`127.0.0.1:`端口号改为某个**文件地址**，比如`/tmp/xiaobai.sock`。

是的，这就好了。**改动量极小。**

而且以上的伪代码是C语言的，其他语言也类似。

这时候问题就来了，实际上我在项目中直接用了**成熟的框架**，它们都将socket这一层包起来了，**我碰不到socket这一层的接口，该怎么改造呢**？

这个就**更好办**了，成熟的框架基本上都支持uds的功能，一般只需要很少量的配置就可以搞定。比如Python的gunicorn框架只需要将**具体的IP地址**替换为**unix+某个文件地址**就好了。

```
// gunicorn_config.py
bind = ['unix:/tmp/xiaobai.sock']
```

5.3.3 unix domain socket内核实现

这时候问题很多的小明肯定就要问了：

用了unix domain socket之后，能用Wireshark抓包吗？

不能。

为什么？这涉及它的内核实现。

在此之前，我们需要看看**用127.0.0.1通信时的内核实现**是怎样的，对比一下你就知道**为什么uds这么快，以及为什么不能抓包了**。

127.0.0.1通信时的内核实现

以最常见的HTTP 1.1为例，它在底层依赖的是TCP。

用TCP进行数据传输，会先进行三次握手，然后才是应用进程收发数据。

在三次握手的阶段，客户端执行connect()发出**第一次握手**后，服务端收到数据会创建一个半连接放到**半连接队列**，然后回客户端**第二次握手**，客户端发出**第三次握手**后服务端会从半连接队列中取出前面那个连接，创建全连接并放入**全连接队列**中，如图5-27所示。然后等待服务端代码执行accept()将全连接取出。这之后数据就可以进入**收发数据**阶段。

在收发数据阶段，以send()为例，数据会从应用进程复制到内核**发送方**sock的**发送缓冲区**，进入传输层加入TCP报头，再进入网络层后加入IP报头，到数据链路层加入MAC报头，然后推入一个叫input_pkt_queue的链表，触发软中断，专门处理软中断的ksoftirqd会将数据包从input_pkt_queue取出，然后再层层拆包给回到传输层，再找到**接收方**的sock并将数据包放到它的**接收缓冲区**。应用程序执行recv()，就能获取到数据。

uds通信的内核实现

还是以TCP为例。

在握手阶段，客户端执行connect()后并不发出握手消息，而是根据unix:/tmp/xiaobai.sock里的文件地址，直接找到这个文件背后的listen sock，然后将数据塞到这个listen sock的**接收缓冲区**中。

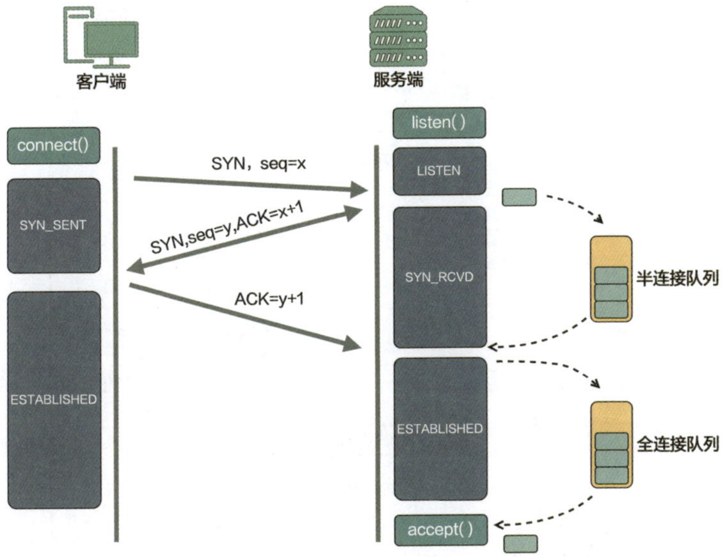

图5-27

> ★ 注意
>
> 这里根本没有什么半连接队列和全连接队列。

服务端执行`accept()`方法时直接从`listen sock`的**接收缓冲区**中拿数据，再创建一个**新的sock**，这个新sock和客户端的sock**互相指向对方**，这样两者就可以通过指针很容易找到对方，从此就用这两个sock互相向对方收发数据，如图5-28所示。

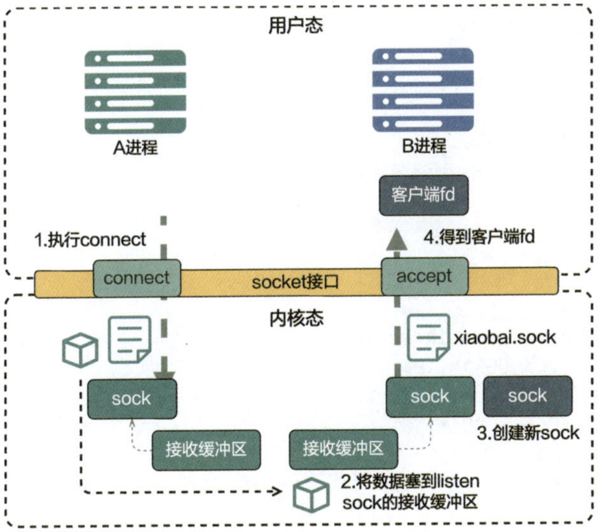

图5-28

在收发数据阶段，以**send()**为例，数据从应用进程进入内核后，根本就不进**发送方**sock的**发送缓冲区**，而是通过发送方sock直接找到接收方的sock，将数据放到**接收方**sock的**接收缓冲区**中。此时，应用程序执行**recv()**，就能获取到数据，如图5-29所示。

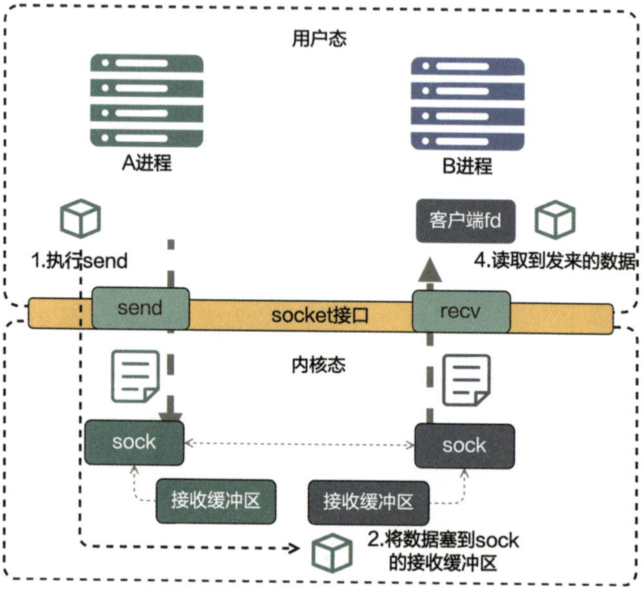

图5-29

对比上面两个流程和与回环地址（127.0.0.1）通信的区别，uds是不是省下了很多操作。所以它的性能会比用回环地址通信好。

那么为什么不能抓包呢？这是因为Wireshark抓包这个动作，其实发生在**数据链路层**。用了uds，数据根本没经过数据链路层，因此也就不可能会被抓到了。

用了uds后，选择TCP和UDP还有区别吗？

先说结论，是**有区别**的。

这里分为**用法上的区别**和**内核实现上的区别**。它们都有区别。

用法上的区别

以下是创建uds时，选择“TCP或UDP”的代码。

```
// 创建一个"UDP"的unix domain socket
socket(AF_UNIX, SOCK_DGRAM, 0)
// 创建一个"TCP"的unix domain socket
socket(AF_UNIX, SOCK_STREAM, 0)
```

选择“TCP”时，写代码的时候要比选择“UDP”多使用两个接口，分别是**listen()**和**accept()**。

其实这个倒还好，我相信大家关心的并不是这个，而是内核实现上它们是否有区别。

内核实现上的区别

注意上面提到TCP和UDP的时候，我是加了**双引号**的，是因为到了uds中，就已经没有TCP和UDP的说法了，只有数据流（**stream**）和数据报（**dgram**）的区别。

数据流和数据报的区别在4.1节中提到过，这里不再赘述。

uds在内核实现上对数据流和数据报做了区分实现。

但两者从代码大逻辑上没太大区别。比如，以前在走网络协议栈的时候，TCP比UDP多了不少重传和拥塞控制这一大堆可靠性保证的代码。现在用了uds后不走网络协议栈，就算选了“TCP”也不再有这些烦琐的逻辑。

这是为什么呢？

以前做各种可靠性保证的逻辑，**目的**就是为了让**发送端的数据**能安然无恙地抵达**接收端的接收缓冲区**。

而用了uds后，都直接将发送端的数据塞到接收端的接收缓冲区了，那还要什么可靠性保证代码。

5.3.4　还有哪些使用场景？

基于uds的使用场景有很多。我再举个例子，假设你在一个**中台**性质的部门工作，要开发一个**平台性质**的功能，这个功能是视频转码，这时候业务方需要在里面开发定制化的功能插件，比如A业务方需要在转码的过程中加上自己的Logo，B业务方想要加定制水印。

你会怎么办？

我们最容易想到的方案是，在一个进程内，每个业务方一个插件**类**，平台代码将这些插件类串联起来，这样功能肯定就能跑起来了，如图5-30所示。

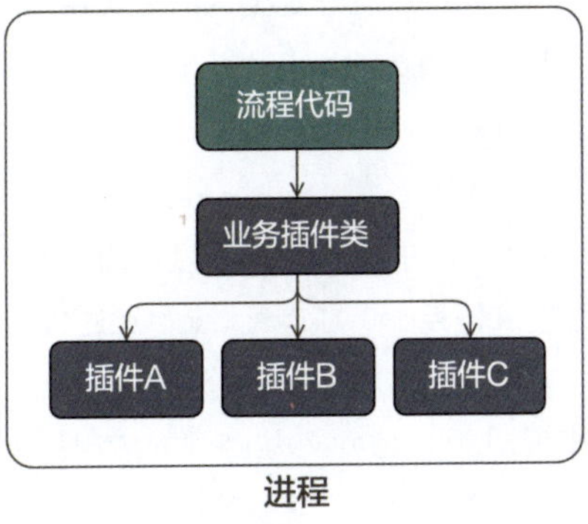

图5-30

但问题来了，这个插件类，是你来开发还是业务方来开发：

- 如果是你来开发，你就沦为了业务方的小外包，业务方要改点需求你就得跟着干活，岂不累死？
- 如果是业务方来开发，在一个进程内，如果A业务方写了一个空指针，进程就得崩，影响了B业务方，你的服务崩了，这口“锅”你背不背？

有没有更好的方案呢？

有，**多进程加uds**，通过多进程的方式将代码串联起来，像图5-31这样。

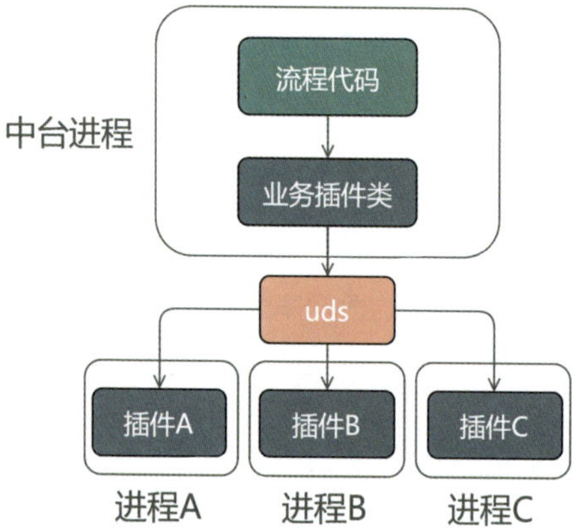

图5-31

多个业务方写的插件都以进程的方式启动，你写的平台代码只负责将这些进程串联起来，其中一个进程挂了并不影响其他进程。你也不需要被业务方催着改代码，利用uds做进程间通信，服务性能也比用回环地址的时候更好。

岂不美哉？

那么回到本节的标题，**用了socket就一定要走网络协议栈吗？**

答案是不一定，比如`unix domain socket`就根本不走网络协议栈。

5.3.5 小结

- unix domain socket也是socket的一种，只不过它用于本机内的进程间通信。
- 和走localhost通信比起来，用unix domain socket通信省下了网络协议栈的逻辑，因此性能会更好。
- 这节通过两个案例来说明unix domain socket的应用场景，我相信未来你一定能用上。

5.4 《原神》主要用的是TCP还是UDP?

《原神》这么火，来自全球各地的玩家每天登入登出游戏，网络数据传输量必定很大，那么你觉得它用的是UDP还是TCP?

我们来分析一下，《原神》作为一款实时战斗游戏，稳定性和可靠性都非常重要。并且我们知道TCP是可靠的传输层协议，通过三次握手确保连接正常建立，还有丢包重传和乱序重排等各种可靠性保障。

所以《原神》用的当然是……

UDP

是的，没搞错，UDP，就是那个传闻中，**无连接**、**不可靠的**传输层协议，如图5-32所示。

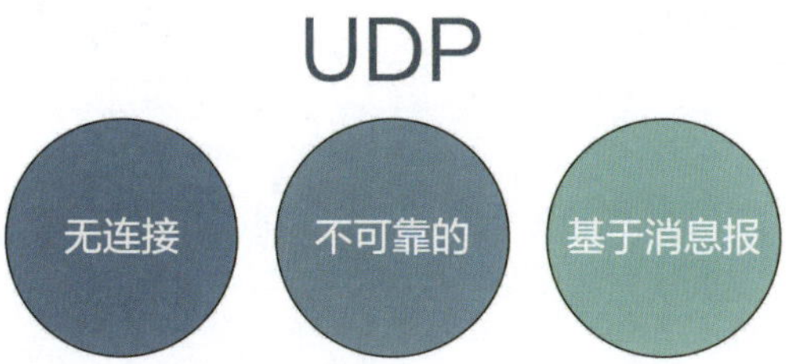

图5-32

不只是原神，就连《**王者荣耀**》，**吃鸡手游**用的都是**UDP**。

想不到吧?

这时候问题很多的小明肯定就要问了：

“不是说UDP不可靠会丢包吗? 我的游戏角色放大招的时候可从来都是弹无虚发。”

别急别急。

我一个一个问题来解释。

5.4.1 为什么要用UDP而不是TCP?

要回答这个问题，我们需要知道这两者的区别。这在3.2节中有过讨论，这里总结性地回顾下。

TCP是一个面向**连接**、**可靠的**传输层协议，而UDP是一个**无连接**、**不可靠**传输层协议。

TCP每次传输前都要先用**三次握手**建立连接，传输结束时也需要**四次挥手**断开连接，通过握手和挥手来确认双方状态，通过复杂的状态机（比如图5-33里的**SYN_RCVD**，**SYN_SENT**这些状态）处理两端的逻辑，这就是所谓的**连接机制**。UDP没有这一套，有消息直接发就行了。

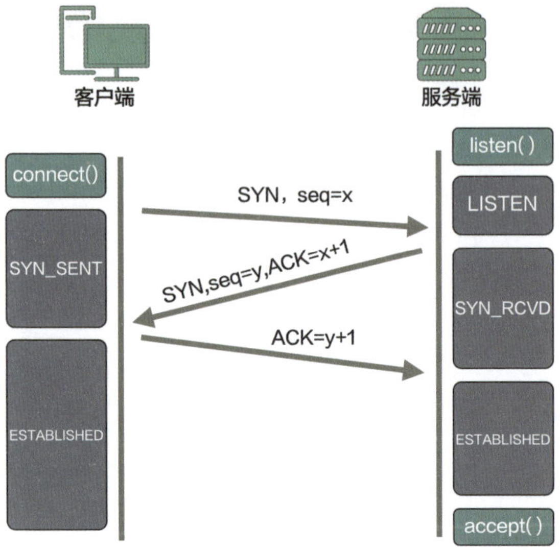

图5-33

“可靠”意味着TCP会努力保证数据能发到接收端，比如重传、拥塞控制等。由此衍生了一系列问题，比如**队头阻塞**，而 UDP却不做任何保证。

> ★ **注意**
>
> 队头阻塞问题在4.12节里有介绍。

一番对比下来，在**不那么严谨**的情况下，我们可以粗略地认为：

TCP = UDP + 连接机制 + 各种可靠性保证机制

UDP由于缺少了TCP的**连接机制**，同时也没有任何**可靠性保证**的逻辑，因此**一般情况下**会比TCP更快一些。这要放在游戏场景下，就意味着**更低的延迟**。

因此，如果游戏**竞技性要求**很高，或者希望能有**更流畅**的游戏交互体验，那么用UDP会比TCP更有优势。

> ★ **注意**
>
> 在moba这类竞技游戏里，为了保证公平性，会采用**帧同步**来同步各个玩家之间的数据，通俗地说就是让所有玩家的**游戏画面**像一部电影一样，大家看到的每一帧都是一样的。这就要求所有玩家的网络延迟尽量低于一帧的时间间隔，否则就会出现卡顿或者跳帧的现象。低延迟的UDP会比TCP更具优势。

但是，上面也提到了，UDP不可靠，用它，你要花更多的开发成本**让它变得可靠。**

我们来看具体怎么做。

5.4.2　UDP如何变得可靠？

假设我们“头铁”，用UDP来做游戏，会发生什么？

UDP是**最简单**的网络传输协议，发消息非常鲁莽直接，不带一点套路，只管传出去就完事了，接收方有没有收到，它根本不知道，也不在乎，带有一种**不管接收方死活**的“潇洒”。

“头铁”的代价就是丢包。这对于大部分业务场景都是不可接受的。比如游戏场景，大家都在抢掉落的极品装备，但你的拾取操作数据包丢了，那你当天晚上就会考虑退游，你退游他退游，谁来为老板的宝马买单？

于是问题就变成了，**怎么让不可靠的UDP变得可靠**？

我们再来看看这个不严谨的公式：

```
TCP = UDP + 连接机制 + 各种可靠性保证机制
```

说白了，UDP就是脱下了**各种“马甲”**后的TCP，如果我们能将这些脱下的“马甲”，**有选择地重新穿上几件**，那UDP的可靠性是不是就上来了？

而这些被挑选到的“马甲”，我们整合一下，放在应用层，就成了大名鼎鼎的**KCP**，它被广泛用于各类游戏，比如你最爱玩的《王者荣耀》《原神》，都有它的身影。

你要说它是一个**协议**也行，但本质上它只是一层**算法**。它能搭配其他传输协议使用，话是这么说没错，但我也确实没见过UDP以外的协议搭配KCP的场景。所以为了避免误会，以下提到的KCP，**如果没有特别说明，统一当作基于UDP使用的场景**。

于是我们可以得到另外一个**不那么严谨**的结论：

```
KCP = UDP + 部分可靠性保证机制（KCP算法）
```

我们来看看KCP为UDP加入了哪些机制。

5.4.3　KCP的功能

丢包重传

由于网络环境并不总是好的，UDP必定会发生丢包，丢包最常见的解决方式就是**重传**，KCP会为数据包加入序号**sequence（seq）**，接收端收到数据后回复发送端一个**ACK包**，如果发送端长时间没收到ACK包，就**重传**数据，重传分为**快速重传**和**超时重传**，这些都和TCP类似，如图5-34所示。

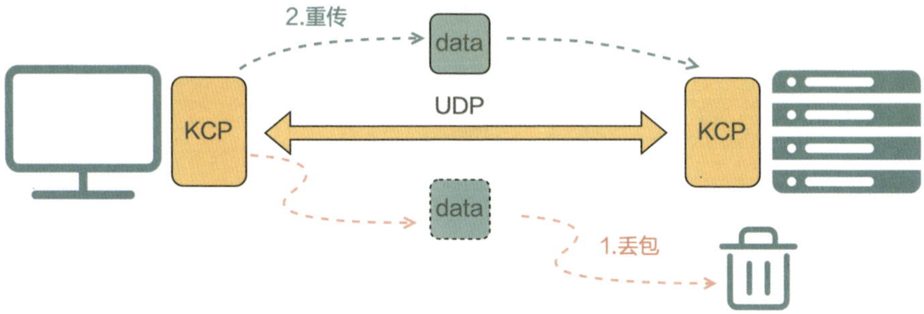

图5-34

KCP和TCP的不同点在于：

- 当数据包发出后，如果丢包了，TCP要等待**RTO×2**才会触发**超时重传**，而KCP却只需要等待**RTO×1.5**。
- TCP发现某个数据包的ACK包漏了**3次**才会触发**快速重传**，而KCP**可以**配置为漏掉**2次**ACK包就可以触发快速重传。

这两点都让KCP比TCP的重传更**快一些**。

流量控制

UDP发数据根本不考虑接收方的接收能力，只管发就完事了，如果接收方处理不过来，就会发生丢包。因此KCP引入了发送和接收窗口的概念，也就是**滑动窗口**，根据发送和接收窗口的大小去动态控制收发两端的数据处理能力，如图5-35所示。TCP和KCP的不同点在于，TCP是在**内核传输层**实现滑动窗口的逻辑，而KCP则是实现在**应用层**。

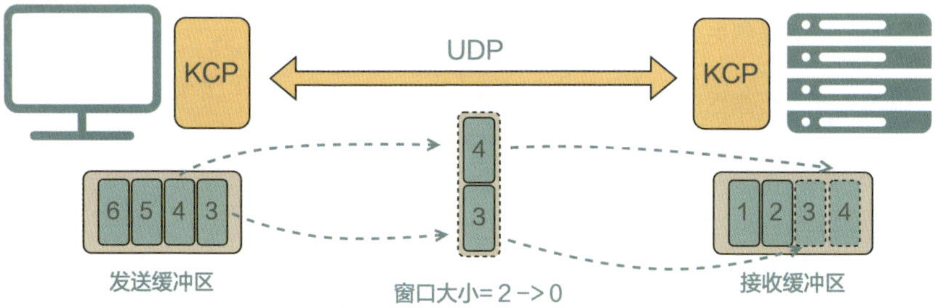

图5-35

拥塞控制

有时候数据丢包，并不是因为对方的接收能力不足，而是整个网络大环境太差。比如和你共用路由器的邻居们都在疯狂下载电影，占用了带宽资源，那你的网速可能就会受影响，发出去的数据包就可能被丢弃。如果发生了丢包，KCP就猜测这可能是网络环境变差导致的，可以选择少发点数据，相反，如果网络环境好，就逐渐增大发送的量，这就是**拥塞控制机制**，如图5-36所示。

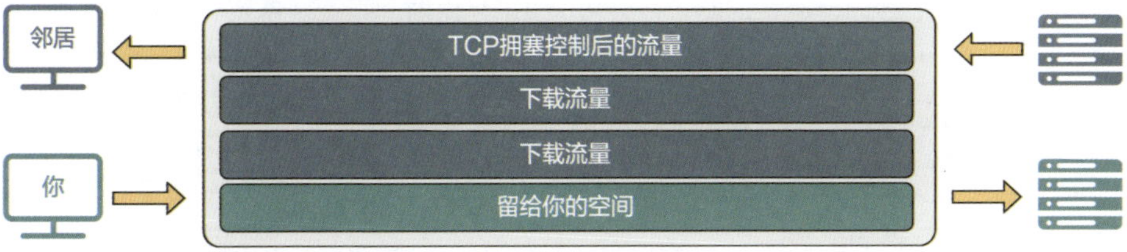

图5-36

巧了，**TCP也有这个机制**，并且和KCP的拥塞控制**策略几乎一样**，但不同的是，**KCP可以关掉拥塞控制。**

用了拥塞控制机制的TCP看起来像个谦谦君子，又或者说是老实人，如果在一条网络链路下，所有人都用TCP，只有你用KCP且**关掉**了拥塞控制，现在突然网络环境变差了，各位使用TCP的都会触发拥塞控制，网络资源就让了出来，让给谁了呢？当然是用了KCP的你，如图5-37所示。所以说KCP是个“**自私**”的协议。

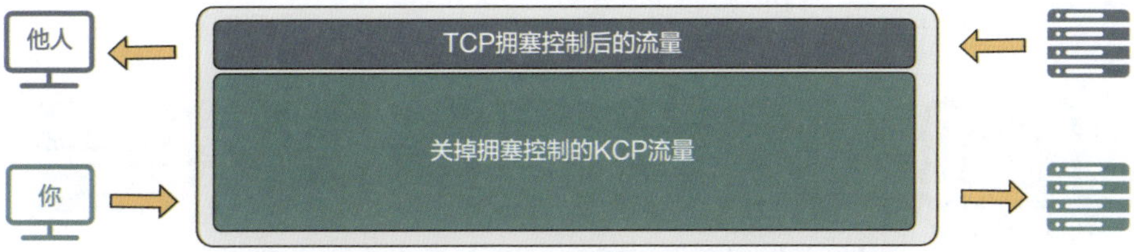

图5-37

> **注意**
>
> KCP：感谢TCP老铁们“送的火箭”。

5.4.4　为什么有了TCP还要有KCP?

想必大家也发现了，上面提到的几点主要讲的是KCP和TCP的一些区别，但其实**差别也没有那么大**，通过在操作系统内核**改TCP的参数**完全可以实现一样的功能。

还有一些看起来很强的特性，两者几乎都同时支持，比如KCP支持丢包时的**选择性重传**和**快速应答**等，TCP也有类似的功能，选择性重传可以用**SACK**，快速应答可以通过打开**TCP_QUICKACK**选项来实现。

那么问题就来了，**为什么有了TCP还要有KCP?**

TCP刚出现那些年，网络资源很珍贵，因此为了**充分利用带宽**，专家们给TCP加了一些算法策略，比如执行发送时，数据并**不是立刻发**，而是**攒**到一定长度或超时才发出去，也就是所谓的**nagle算法**，如图5-38所示。收到数据时给对方发确认ACK包也不是立刻发，也是要**攒一下**再发，也就是所谓的**延迟确认**。“攒数据”这个过程是需要时间的，有时候可能会造成**几百毫秒的延迟**，因此可以理解为TCP是**用时间换取了带宽利用率**。

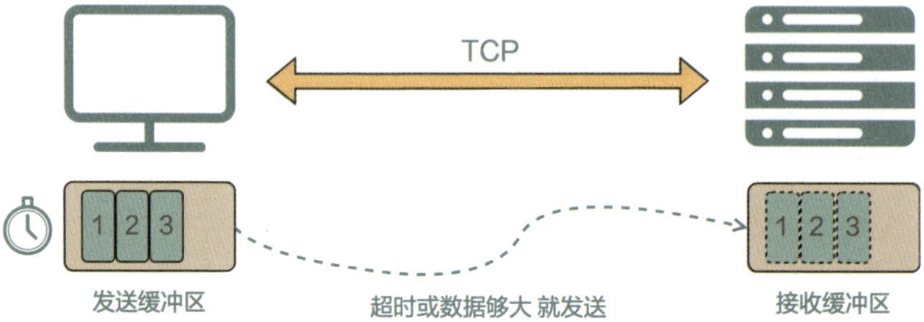

图5-38

但这样的设计并不适合所有场景。

比如游戏客户端和服务端的消息传输场景，消息内容以玩家的行为控制为主，ABAB上下上下，**数据体积非常小，并且收发非常频繁**。如果攒数据，延迟过大游戏体验就会很差。但不攒数据立刻发出去，**数据体**本身还不一定有数据包的**报头**大，虽然会快点儿，但同时也会比较**浪费带宽**，如图5-39所示。

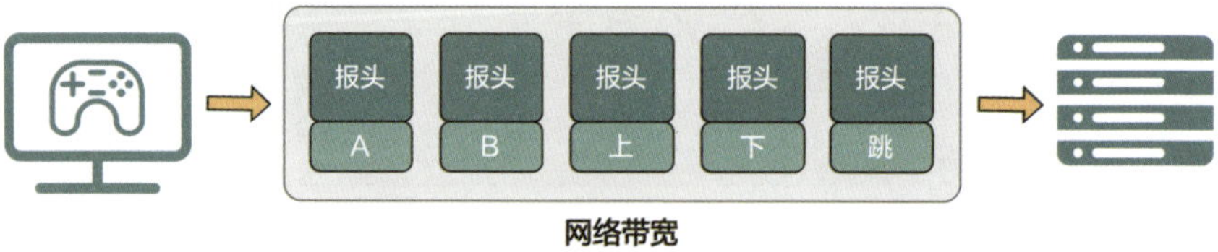

图5-39

没办法，毕竟有这样的场景在，于是TCP加入了关闭延迟确认这些参数选项。

但问题就在于，并不是所有Linux版本和所有类型的操作系统都支持这些选项功能，也不是所有公司的服务器操作系统都能随意升级。

> **注意** 别说操作系统了，其他软件工具，也是能不升级就不升级。比如代码版本管理工具，大家现在用得最多的是git，但其实很多公司还在用 svn 呢，说出来你可能不信，这里就包括某头部大厂的某些部门。

KCP正是抓住了这样一个痛点，在应用层上做代码逻辑，搭配上绝大部分操作系统肯定支持的UDP，实现了和TCP相似的功能，并且针对网络延时做了**定制化改造**，以**10%~20%**带宽浪费的代价，换取了比TCP快**30%~40%**的传输速度，如图5-40所示。

图5-40

那句话怎么说来着，**橘生淮南则为橘，橘生淮北则为枳**。

TCP为流量而生，需要考虑怎样才能充分利用带宽。而KCP则为流速而生，考虑的是怎样才能以更快的速度将消息进行可靠传输。

到这里，大家对KCP肯定有了更深的理解，接下来看看KCP是怎样实现的。

5.4.5 KCP的实现

假设我们根本不知道KCP是怎样实现的，它对我们来说就是一个**黑盒**，现在我们重新将它设计出来，看看需要加入哪些内容。

我们知道要使用UDP进行收发数据，客户端和服务端都会通过下面的代码创建一个`UDPsocket`：

```
sock_fd = socket(AF_INET, SOCK_DGRAM, 0);
```

然后就可以使用`sendto`和`recvfrom`来收发数据，如图5-41所示。

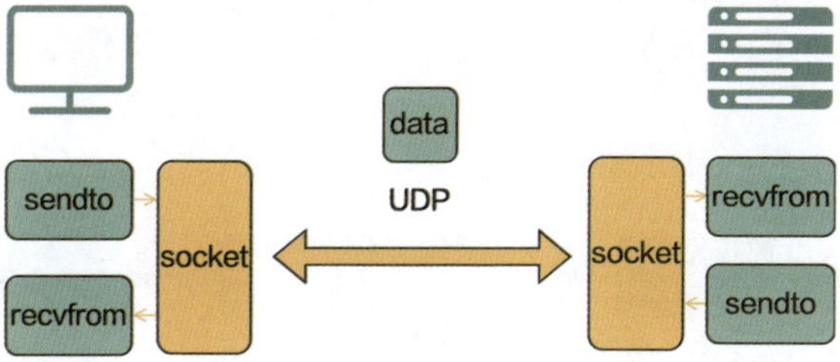

图5-41

将上面的行为抽象为三个操作，如图5-42所示。

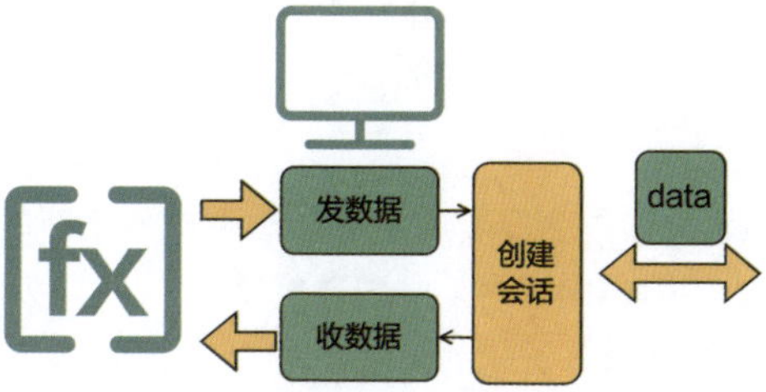

图5-42

- 创建会话
- 发数据
- 收数据

如果我们想要实现一个基于UDP的**可靠**传输协议，并且希望已经用上了UDP的代码**改动最小**，那就需要在应用代码和UDP操作之间加一个**中间层**。同时提供类似上面的三个接口。

基于这样的思路，我们提供下面几种方法，通过`ikcp_create()`创建会话，以前用`sendto()`发数据，现在改用`ikcp_send()`，以前用`recvfrom()`收数据，现在改用`ikcp_recv()`，如图5-43所示。

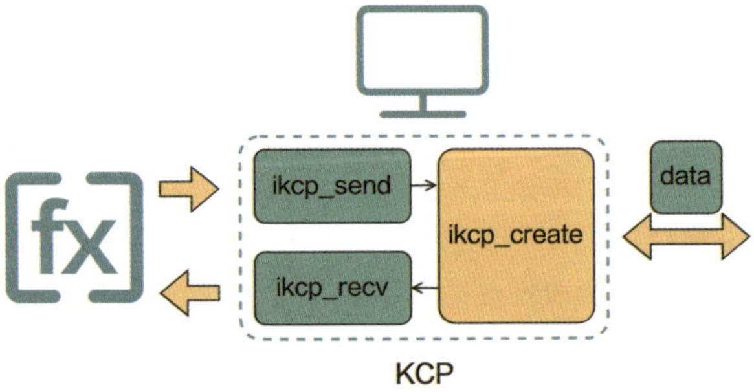

图5-43

KCP内部会做逻辑决定什么时候执行UDP的`sendto()`发数据，相当于将UDP发送数据的功能完全**托管**给KCP中间层，由它来保证数据稳稳发到接收端，如图5-44所示。

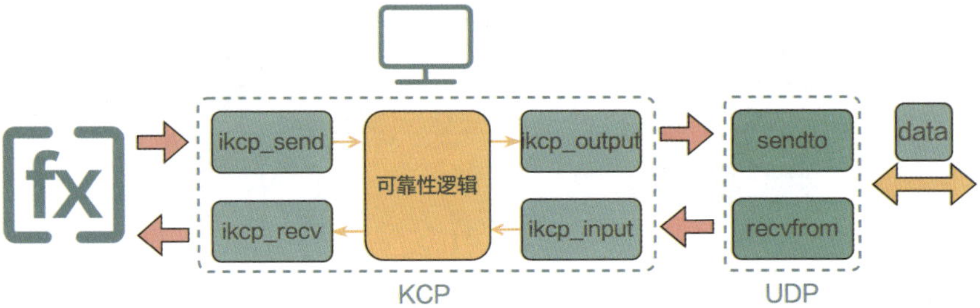

图5-44

发送数据

当执行`ikcp_send(msg)`时，KCP会先将msg改造成一个**新的结构体**，也就是KCP源码里的`IKCPSEG`，为原本的数据内容加上一些**功能字段**，比如包的序号`sequence`、下一次重传的时间戳等，后面做可靠性逻辑的时候会用上这些字段。

再将这个新结构体数据塞入KCP内部的**发送队列**，也就是`snd_queue`中，就完事了。

这时候数据**并没有发出去**，发数据之前，还需要将数据**转移**到另一个叫**snd_buf**的**发送缓冲区**中，snd_buf 相当于TCP的发送缓冲区，在 snd_buf 中的数据最终会执行**ikcp_output()**，也就是UDP的**sendto()**，将数据发到网卡。数据发出去后，不会立刻被销毁，而是待在**snd_buf**中等待接收端返回的ACK包，否则重传数据，如图5-45所示。

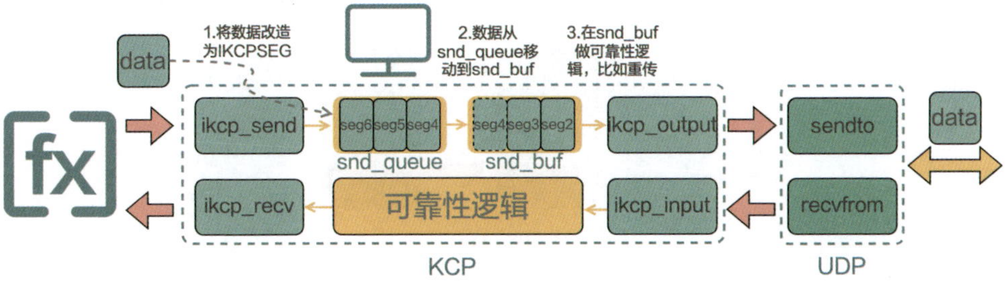

图5-45

看到这里，大家估计会有疑问了，**为什么有了snd_queue 还要有 snd_buf?**

它们的关系可以类比为**公交车站台**和**公交车**的关系，**snd_queue**是站台，**snd_buf**则是公交车。站台相当于一个集散中心，要坐车的乘客会先到这里等车，snd_buf是有滑动窗口机制的，根据窗口剩余空间来从 snd_queue 挪数据进来，就像公交车有多少座位就上多少乘客一样，上不了车的继续在站台等待。所以说，snd_queue 起到暂存数据的作用，snd_buf 则用于真正实现**可靠性传输逻辑**，两者分工不同，都很重要。

接收数据

看完发送消息的流程，我们再来看接收消息的流程。

会先执行UDP的**recvfrom()**收取对端传来的数据包，然后执行**ikcp_input()**塞到KCP中间层，KCP会先将数据放入接收缓冲区**rcv_buf**中，消息进到rcv_buf 后，KCP会给对端回复一个**ACK包**，告诉对方自己已经收到数据了，同时还会在 rcv_buf 中对数据包进行**乱序重排**，将处理好的结果再推入接收队列**rcv_queue**，此时应用程序就可以执行**ikcp_recv()**，将rcv_queue 里的**IKCPSEG**的数据还原成发送端原本真正想要传输的内容，如图5-46所示。

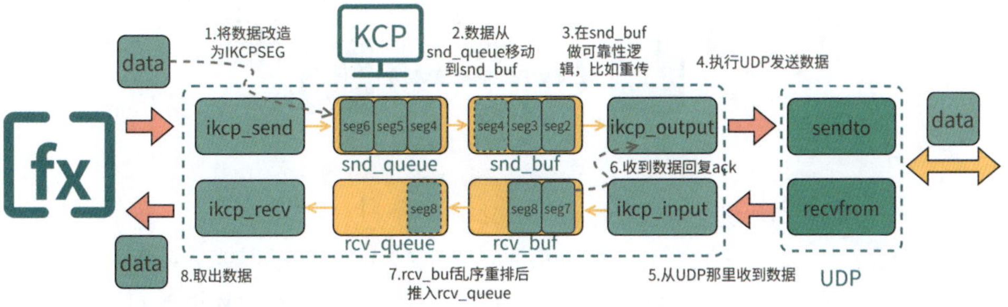

图5-46

扩展KCP的能力

现在大家应该就懂了，KCP本质上就是一个介于用户代码和UDP之间的算法中间层。通过加入各种逻辑实现可靠性传输的功能，如图5-47所示。

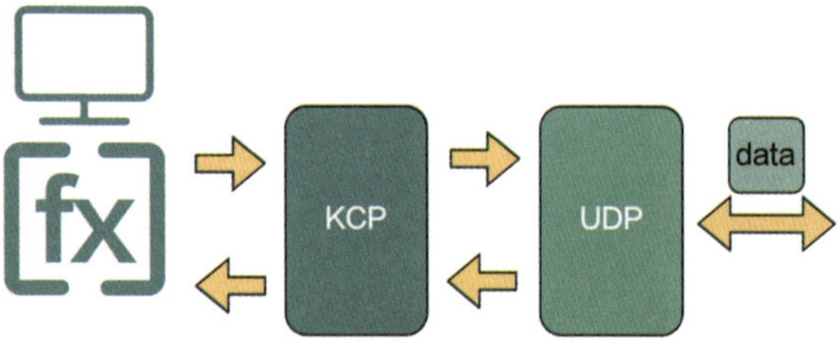

图5-47

但这只是**基础操作**，它比TCP更强的地方是，还可以在KCP和UDP之间加入**更多中间层**来实现扩展，比如**加密**、**压缩及前向纠错等**，如图5-48所示。

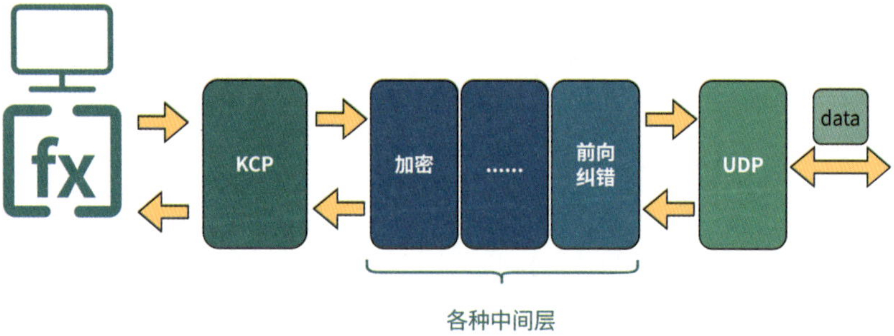

图5-48

前面两个还好说，但第三个是不是有点陌生？**前向纠错**是什么？

举个例子，当我们进行网络传输，发送**ABC**三个数据包时，如图5-49所示，如果**C**丢包了，为了保证可靠性，我们就需要**重传 C**，那**有没有一种不需要重传还能保住可靠性的操作呢**？

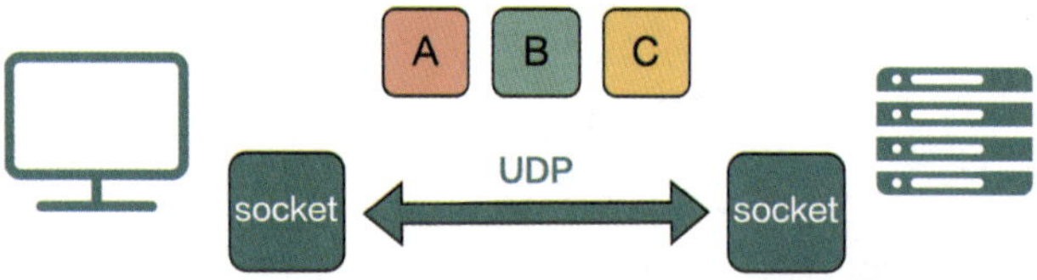

图5-49

有，它就是**前向纠错**。原理很简单，在其中一个数据包里，加入另外两个数据包的**部分信息**就好了，比如 B 数据包在发消息的时候加入A和C的**部分**信息，A 数据包也加入B和C的**部分**信息，如果 C 丢包了，就可以通过A和B上带的C的信息**还原出 C**，如图5-50

所示。通过冗余更多的消息来消除部分数据丢失带来的影响，这就是所谓的**前向纠错**。

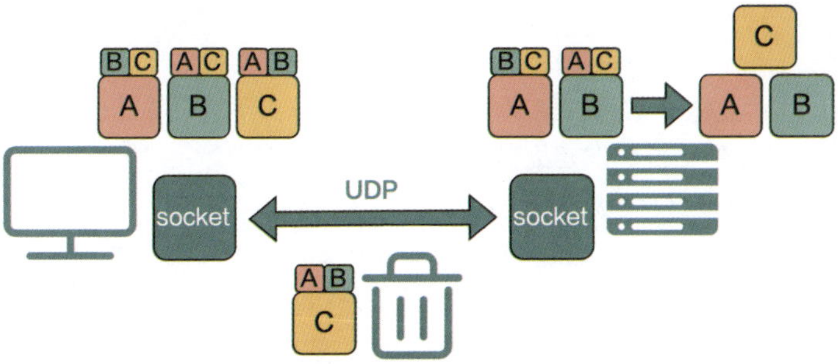

图5-50

网络环境越差，我们就可以考虑**冗余越多数据**。举个**极端**的例子，还是ABC 三个数据包，每一个数据包上直接携带另外两个数据包的**全部信息**，就算发送丢包了，三个数据包里但凡能收到一个，就能得到完整的消息，如图5-51所示。

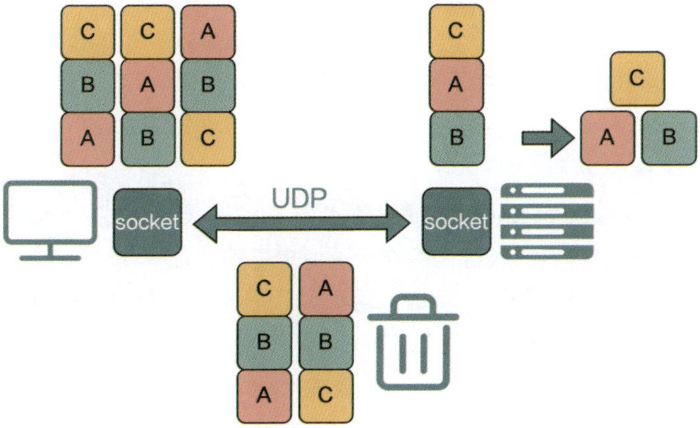

图5-51

是不是很妙?

这简直就是**弱网环境**下的王炸操作，就算丢包率达到**20%**，也能在很大程度上保证数据的可靠性。

这时候肯定会有人忍不住要问了。

“我承认阁下的KCP确实很强，可是如果，我是说如果，KCP在公网中遇到QoS问题，该丢包还是丢包，阁下又该如何应对呢？”

答案见下一节内容。

5.4.6　小结

- 《原神》主要是用UDP进行网络消息传输的，但UDP会产生丢包问题。因此需要为它加入一些可靠性传输逻辑，将这些逻辑放到应用层抽象成一个算法中间层，也就成了KCP。

- KCP实现了一些和TCP相似的功能，并且针对网络延时做了定制化改造，以10%~20%带宽浪费的代价换取了比TCP快30%~40%的传输速度。
- TCP为流量而生，讲究的是充分利用带宽。而KCP则为流速而生，讲究的是以更快的速度将消息进行可靠传输。
- KCP作为一个中间层，最强大的地方是还可以在KCP和UDP之间加入**更多中间层**来实现扩展，比如加密、压缩及前向纠错。前向纠错是弱网环境下的王炸操作，有了它，就算丢包率达到20%，也能在很大程度上保证数据的可靠性。

5.5 KCP很强，但遇到QoS问题，该怎么办呢？

上一节的最后留下一个问题。

KCP确实很强，但如果KCP在公网中遇到QoS问题，该丢包还是丢包，这时候该怎么办？

这里引出了一个新名词，QoS，这是什么？

5.5.1 QoS是什么？

QoS，全称是**Quality of Service，服务质量**，指的是网络中数据传输的质量和性能。我们的所有网络数据，最终其实都是跑在运营商提供的物理硬件设备/线路上的，这些设备就算再强，也是有承载极限的。平时岁月静好，上面跑的数据包都相安无事，一旦到达设备极限，出现拥塞，就会发生丢包。

但问题来了，这个**丢包的策略该怎么设置呢**？

我们很容易想到，网络设备处理数据包，就应该采用 `FIFO`（`First-In-First-Out`）的策略。先来的先处理，后面来的数据包如果超过设备极限就丢包。听起来非常公平且合理。

但是，过于公平也会带来其他问题，比如A用户在下载电影，视频下载快一点儿和慢一点儿其实对他影响并不大，B用户在打视频电话谈生意，音频、画面要是稍微卡一点儿，两个人都会进入“阿巴阿巴”的状态，整个沟通体验会变得很差。更极端的情况是，C用户是高级VIP用户，充钱了，总不能和普通用户同等对待吧？

也就是说，**数据包也是分三六九等的**。高优先级的数据包就算晚一些抵达网络设备，也要被优先处理。而 QoS 做的事情说白了就是通过合理的策略，去调度各个优先级的数据包，尽可能保证各个用户的网上冲浪体验。

上面举的例子中，只是针对数据包延迟这一项展开，实际上用户的需求可以是多样化的，因此 QoS 需要保障的内容也就多样化了，比如有些业务要求延迟最小，有些业务要求吞吐量大些，有些业务不怕丢包，只要便宜就行。

那么问题来了，怎样实现上面这些功能呢？

5.5.2　控制QoS的原理

需要说明的是，各大网络运营商控制QoS的方法各有不同，下面介绍的只是常见的实现方式。

数据包TOS字段

网络数据包中，有个地方是用来标记当前数据包所需要的QoS等级的，它是IP报头里的TOS（Type of Service，服务类型）字段，也叫DSCP（Differentiated Services Code Point，差分服务代码点），两种叫法，但其实都是指图5-52里标红的位置。

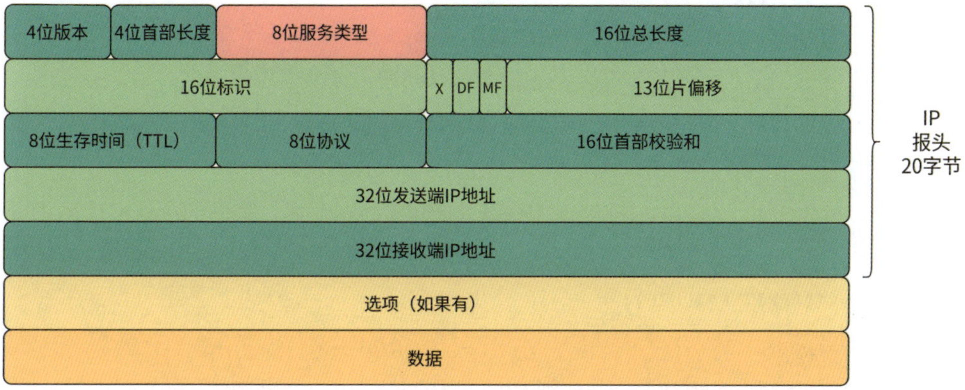

图5-52

这个字段细拆的话能写一节内容，但因为不是重点，所以大家可以**简单理解为数值越大优先级越高**。

在源机器中，我们在使用 Socket 编程时，通过设置 IP_HDRINCL 选项来手动构造 IP 报头，并在其中设置 TOS 字段。比如下面这样。

```
int main() {
    int sockfd = socket(AF_INET, SOCK_RAW, IPPROTO_RAW);
    if (sockfd < 0) {
        perror("socket");
        exit(EXIT_FAILURE);
    }
    // 构造IP头部
    struct iphdr ip_header;
    memset(&ip_header, 0, sizeof(struct iphdr));
    ip_header.ihl = 5; // IP报头长度为5个32位
```

```
    ip_header.version = 4; // 使用IPv4
    ip_header.tos = 0x10; // 设置TOS字段，这里用十六进制表示，0x10对应的二进制是
// 00010000，其中的高4位代表优先级，低4位代表服务类型
    ip_header.tot_len = htons(sizeof(struct iphdr)); // IP数据包总长度，需要转
// 换为网络字节序
    ip_header.id = htons(12345); // 标识字段，随便设置一个值
    ip_header.frag_off = 0; // 不分片
    ip_header.ttl = 64; // 生存时间
    ip_header.protocol = IPPROTO_UDP; // 使用UDP
    ip_header.saddr = inet_addr(SRC_IP); // 源IP地址
    ip_header.daddr = inet_addr(DST_IP); // 目的IP地址
    // 发送数据包
    struct sockaddr_in dest_addr;
    dest_addr.sin_family = AF_INET;
    dest_addr.sin_port = htons(DST_PORT);
    dest_addr.sin_addr.s_addr = inet_addr(DST_IP);
    char buffer[1024];
    memset(buffer, 0, sizeof(buffer));
    strcpy(buffer, "Hello, World!");
    // 将IP报头写入数据包
    memcpy(buffer, &ip_header, sizeof(struct iphdr));
    // 开启IP_HDRINCL选项
    int optval = 1;
    if (setsockopt(sockfd, IPPROTO_IP, IP_HDRINCL, &optval, sizeof(optval)) < 0) {
        perror("setsockopt");
        close(sockfd);
        exit(EXIT_FAILURE);
    }
    // 发送数据包
    sendto(sockfd, buffer, sizeof(struct iphdr) + strlen("Hello, World!"), 0,
(struct sockaddr*)&dest_addr, sizeof(dest_addr));
    close(sockfd);
    return 0;
}
```

但这样改代码，太麻烦了。有没有更简单的方法?

有。通过**iptables**命令，在数据包发出时动态修改。

```
iptables -t mangle -A POSTROUTING -o eth0 -j TOS --set-tos 0x10
```

下面详细解释这个命令行的意思：

1. **iptables**：这是Linux 系统上用于配置防火墙规则的命令。
2. **-t mangle**：这部分使用了**-t**选项来指定要操作的表（table），而**mangle**表主要用于修改数据包的特定字段，如 TOS 字段。
3. **-A POSTROUTING**：使用**-A**选项添加规则到指定的链，这里是**POSTROUTING**链。**POSTROUTING**链是在数据包离开系统之前进行处理的链。

4. `-o eth0`：使用`-o`选项指定输出接口，这里是网络接口`eth0`。这意味着规则将应用于通过`eth0`接口传出的数据包。
5. `-j TOS --set-tos 0x10`：使用`-j`选项指定要执行的动作，这里是`TOS`，并且使用`--set-tos`选项来设置TOS字段的值。`0x10`表示十六进制的值，对应了TOS字段中的优先级。这个命令会将数据包的TOS字段设置为0x10，从而定义了数据包的服务质量和优先级。

总的来说，这个命令行使用iptables在mangle表的POSTROUTING 链上设置一个规则，该规则将通过指定的网络接口（eth0）传出的数据包的TOS字段值设置为0x10，从而改变数据包的服务质量和优先级。

看到这里，问题很多的小明肯定就要问了："看起来有Bug，如果每个人都把自己的数据包设置为最高优先级，那不就和没设置一样了吗？"

在这种情况下，TOS字段更类似于你提出的期望，但实际上是否能够实现这些期望取决于运营商的策略。也就是说，具体的效果会因实际情况而异，无法完全确保每个设置都会得到预期的处理。因此，尽管设置了TOS字段，最终的结果还是会受到运营商的影响。

流量分类和调度

互联网由许多网络设备构成，形成了一个复杂的网状结构，如图5-53所示。

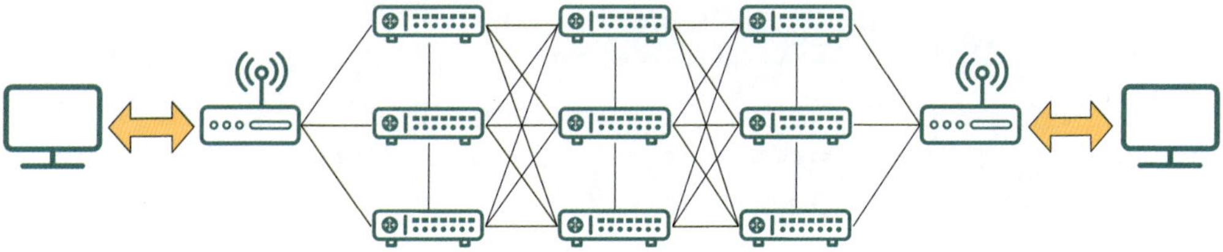

图5-53

以其中一台网络设备为例。在这个节点上，多个用户的流量涌入，为了实现优先级的区分访问策略，首要任务是识别这些流量属于哪一类。这可以通过数据包中的IP地址、端口、协议或者之前提到的TOS字段等特征进行分类。此外，还可能采用**MPLS（Multiprotocol Label Switching，多协议标签交换）技术**，将它简单理解为根据某些数据包特征，为数据包添加标签，这些标签本质上也是一种**分类**。

分类的结果是这些数据包将根据它的优先级被投放到不同的队列中，如图5-54所示。**不同的队列有不同的优先级和不同的带宽分配额度，同时队列之间的限流值也不同，超过限流值则可能会发生丢包**。

多个优先级队列按照优先级高低的顺序执行。通常情况下，高优先级队列总是比低优先级队列更空闲，这是因为高优先级的数据已经迅速得到了处理。

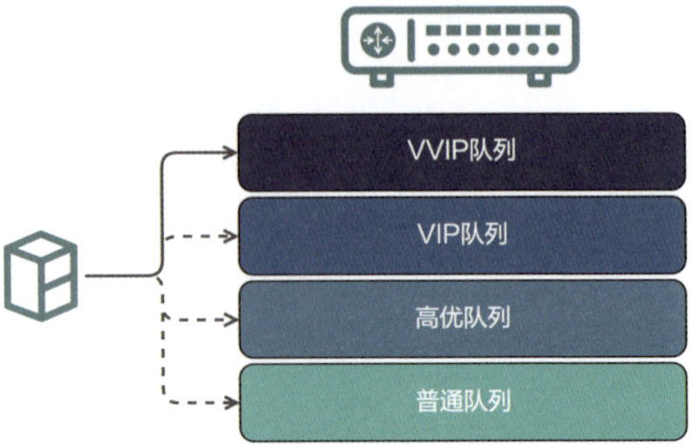

图5-54

假设在网络拥塞情况下，低优先级队列被下载视频的流量占满。此时，音视频通话的数据包到达，属于高优先级数据包，它会被分配到高优先级队列，从而优先得到处理。

如果数据包被分类为高吞吐类型，它将放置在对应的高吞吐队列上，该队列可能会借用某些低优先级队列的带宽资源。

如果数据包被分类为最低成本类型，它将被放置在低优先级队列上。如果此时其他队列都相对空闲，那么一切正常。然而，如果流量达到高峰时，这些数据包可能会因为低优先级而被优先丢弃。毕竟，这类数据的成本较低。

通过这种多级队列的方式，实现了多样化的QoS 能力。

5.5.3 KCP为什么会有 QoS 问题？

说了这么多，大家应该已经知道了QoS是什么。但这又和KCP有什么关系呢？

一般来说，KCP底层使用的是UDP。UDP和TCP之间有一个很大的不同，TCP可靠，丢包了会有重传机制，如图5-55所示。UDP不可靠，丢了就丢了。

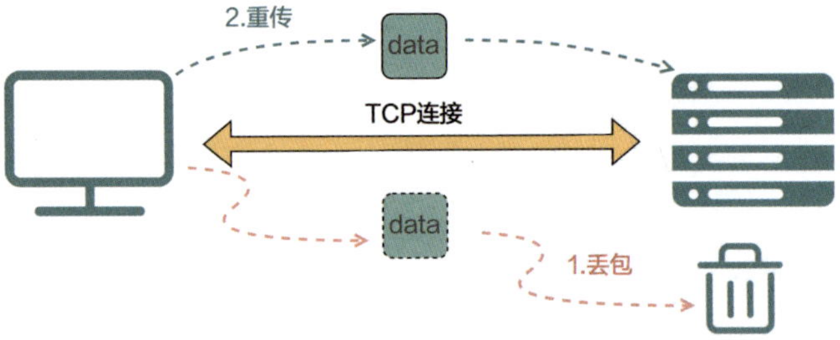

图5-55

虽然TCP丢包了会重传，但本身重传这件事情也是耗时间的，能避免就尽量避免。

用TCP的用户本身就是希望网络尽量不丢包的，而用UDP的用户是在接受UDP可能会丢包的事实下依然选择使用UDP的。那既然如此，就别怪网络设备区别对待了，因此在遇到网络拥塞的情况下，为了尽量保证 QoS，TCP数据包的优先级一般比UDP的优先级高

（除了音视频场景等低延迟场景）。

所以一旦网络游戏选择使用KCP，在网络拥塞的情况下，就有可能面临比使用TCP时更恶劣的网络环境。

5.5.4 KCP如何应对QoS导致的丢包问题？

我当初就是因为觉得TCP慢才选择使用基于UDP的KCP，但现在却发现UDP会被QoS问题影响，导致丢包更严重。怎么说？才出虎口又入狼穴？总不能又回去用TCP吧？

那么问题就来了，遇到QoS问题，KCP又该如何应对呢？

前一节最后一部分提到了**前向纠错**，也就是通过冗余更多的消息来消除部分数据丢失带来的影响，这可以**非常有效地缓解**丢包问题。

除此之外还有哪些方案呢？

我们知道，在传输层，可以通过**五元组**来确定一条数据流。五元组如图5-56所示。

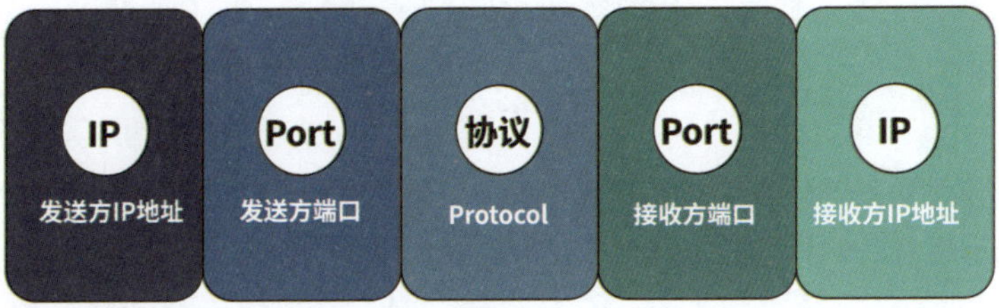

图5-56

一些运营商可能会通过分析五元组信息，标记数据流量，长时间使用相同的五元组可能导致运营商将其标记为高流量或特殊流量，并根据预设策略对其进行限制、丢包等操作，以维护网络整体性能和服务质量。

换句话说，通过改变五元组中的某些元素，可以在一定程度上规避因此引起的丢包问题。虽然协议和 IP 地址很难改变，但我们可以考虑**变更源（发送方）端口和目的（接收方）端口**。

对于TCP，作为面向连接和有状态的协议，改变端口可能会导致重连，这可能会影响用户体验。然而，对于使用UDP的协议（如KCP），它本身是无连接的，因此变更端口对用户来说几乎是**无感知**的。

那么问题就来了，是变更源端口还是目的端口呢？

在解决方案上，我们可以同时从服务端和客户端入手。服务端可以在启动时创建多个服务端socket句柄（比如1000个），并使用I/O多路复用技术（如epoll）对这些句柄进行I/O多路复用管理。

★ 注意

具体可以参考“游戏服务器为什么能支持海量玩家同时在线？”这一节。

客户端在启动时可以获取可用的服务端连接端口列表，然后创建多个客户端socket句柄，将数据发送到多个服务端socket。

当我们观察到丢包率上升时，可以尝试替换新的客户端或服务端端口，如图5-57所示。

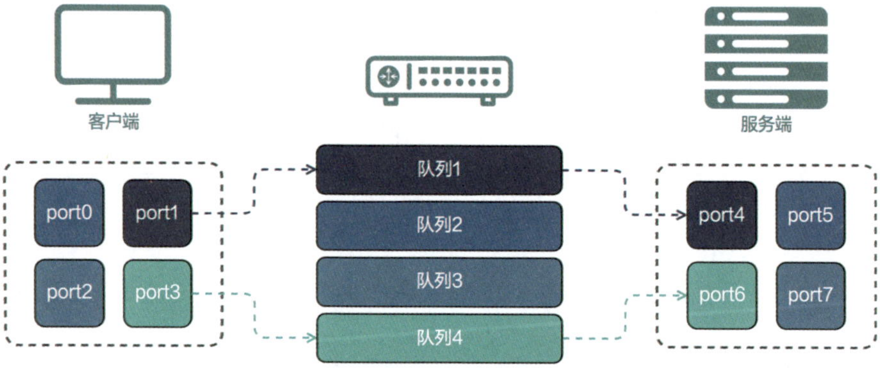

图5-57

这样的方案**对某些场景可能会产生显著的效果**。然而，能否成功规避 QoS 策略的影响，还取决于运营商的具体实施方式和技术手段。

5.5.5 QoS的设计有哪些地方值得借鉴？

在平时的业务开发中，许多程序员很少接触到QoS。然而，一旦了解了QoS的实现原理，就会发现有许多可以从中借鉴的地方。

例如，我们正在开发一个面向大量用户的平台产品，用户分为普通用户和VIP用户，而VIP用户又分为不同的等级。假设我们需要实现一个功能，当用户操作达到服务峰值时，希望能优先响应高等级的VIP用户，对于超出处理能力的请求则返回错误。那么如何实现这样的用户分级功能呢?

这时候问题很多的小明肯定就要跳出来了："这题我会！给服务做动态扩容，最好是将服务改造成 serverless，极致弹性，毫秒级扩容，高峰时自动多扩容一些服务，低峰时自动缩容，还省成本。完全可以服务所有用户，不需要做这种用户分级功能！"

这对于CPU服务来说一般是没问题的。但如果是GPU算法服务呢，一张T4卡一年就要万元左右的费用，囊中羞涩确实没办法随意扩容，就算预算充足，算法服务冷启动的时候还要花几秒到几十秒加载模型，这段时间的服务实例数量可能无法满足所有用户的请求。在这种情况下，**我们必须做取舍**。

那我们就可以参考 QoS的方式，为所有请求建立**多个优先级队列**。当请求进入时，根据用户等级决定将其放入哪个队列。队列出口侧安排一堆**worker**，根据优先级从高到低逐一处理用户请求。如果超出了处理能力范围，可以向用户返回报错信息。

通过这种方式，即使某一天低优先级队列拥塞，也不会影响高优先级用户的体验，从而完美地解决了这类需求。

类似的情况还出现在使用 Kafka 处理数据时。为了避免低优先级数据占着topic，我们会单独为高优先级数据创建高优先级 topic，从而实现了优先级的区分。

5.5.6　小结

- QoS做的事情说白了就是通过合理的策略，去调度各个优先级的数据包，尽可能保证各个用户的网上冲浪体验。
- IP报头中 TOS（现在更常用的是DSCP），是用来标记当前数据包所需要的QoS 等级的，运营商会根据自己的策略进行优先级调度。
- 运营商网络设备内部可以通过DSCP字段或MPLS将数据包进行分类，将分类后的数据包投入到不同的优先级队列中实现调度。
- 在网络拥塞时，TCP数据包的优先级通常会比UDP高，以保证数据的可靠性和完整性，但在某些情况下，UDP在低延迟场景（如音视频）中也可能有较高的优先级。
- 使用KCP的应用程序当发现数据包可能遇到QoS问题导致丢包，可以利用UDP的优势，变换客户端和服务端的端口，同时结合前向纠错，规避部分QoS限制策略。

5.6　网络通信中的序列化和反序列化是什么?

假设你和阿强都是项目组里的后端开发。你觉得Go语言是“永远的神”，阿强觉得所有语言在Java面前都是“弟弟”。虽然谁也看不上谁，但该合作还是得合作。

那么问题就来了，Go语言服务要调用Java服务获取信息，假设我们想获取的是“**一个学生**”这一信息。

这个结构体，在Go语言里是这样的。

```
type Student struct {
    Hobby []string
}
```

Hobby字段里赋值为["唱","跳","read"]，想要将它传给Java服务器。

在Java里同样的类如下所示。

```
public class Student {
    private List<String> hobby;
}
```

虽然这两个结构体表达的含义一样，但毕竟，两种语言在底层对字符串和列表的实现都不太一样，**怎样才能让两种不同语言的网络服务，互相识别出对方想表达的结构体呢?**

需要将结构体转为一个**中间载体**，一般是**字符串或二进制字节流**（其实字符串本质上也是二进制字节流）。

于是，整个通信过程就变成了，先将结构体数据在应用层根据**一定的规则**转为二进制字节流，再将数据通过发送端内核传输层发到接收端的内核传输层上，接收方应用程序收取二进制字节流数据，再通过**同样的规则**还原回结构体。

像上面这种，将结构体数据转成和**语言无关**的二进制字节流的行为，就叫**序列化**。反过来，将二进制字节流转回结构体数据，就是**反序列化**，如图5-58所示。

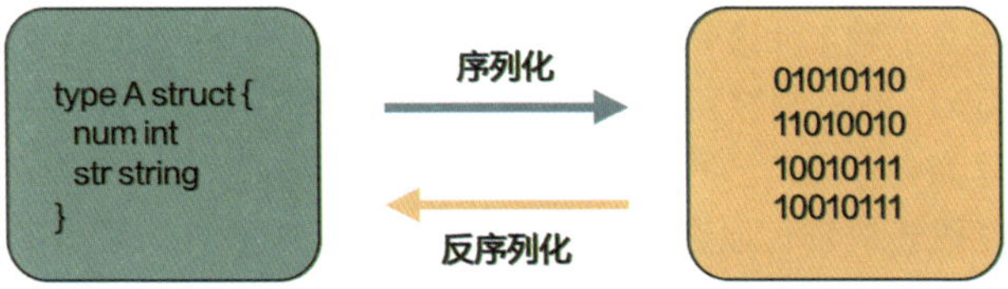

图5-58

接下来看看常见的序列化解决方案都有哪些。

5.6.1 XML

XML是一种可扩展标记语言，它使用标签来表示数据，具有良好的结构性和可读性。比如前面的结构体 Student 经过序列化，就变成下面这样的文本。

```
<Student>
    <hobby>唱</hobby>
    <hobby>跳</hobby>
    <hobby>read</hobby>
</Student>
```

眼熟不，在浏览器中按F12键看到的**HTML**（超文本标记语言），其实就是基于XML造的，如图5-59所示。

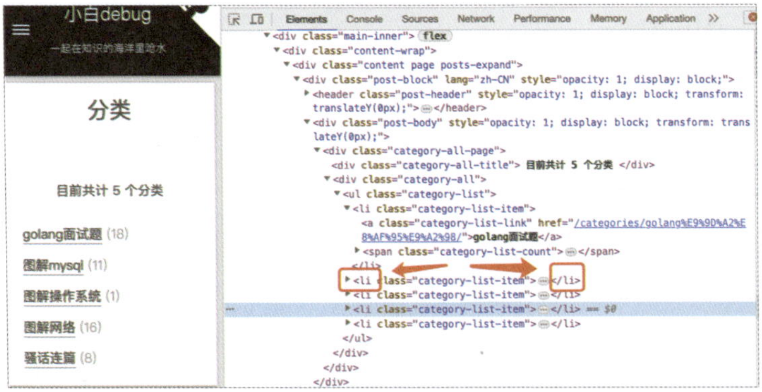

图5-59

这段文本通过网络不管被传到哪种语言写的服务中，都能被解析成这个语言对应的结构体。

从上面的XML文本可以看出，这个序列化方案有一些比较明显的优点：

- 可读性强：由于采用**文本**表示，易于人类阅读和调试。
- 结构化：XML 数据具有**层级**结构，适合表示复杂的数据关系。
- 支持自定义标签：可以根据需求定义自己的标签，扩展性强。

但是，XML的缺点也是肉眼可见的明显。

其中最明显的就是标签的存在真的非常**冗余**，有些地方同样的标签还出现了两次，非常啰唆，既增加了序列化后数据的体积，也增加了数据解析的成本以及网络传输时的带宽占用，使得数据解析效率变低。

那有没有一种**更简洁**的序列化方案呢？

有。

5.6.2　JSON

JSON就是那个更简洁的解决方案，大家也应该最熟悉。它主打的就是**轻量级**，常用于Web应用前后端之间的数据传输。在浏览器中按F12键，打开baidu.com，能在控制台下看到大量的前后端接口在传输中使用JSON格式数据，如图5-60所示。

图5-60

同样是表达上面的数据内容，在JSON格式下如下所示。

```
{
  "Student": {
    "hobby": ["唱", "跳", "read"]
  }
}
```

看起来确实比 XML 更为简洁，数据量更少，减少了数据传输的开销。

并且JSON采用基于键值对的结构，既提升了数据的解析效率，也大大增强了可读性。

但问题来了。既然JSON和XML这两个序列化方案的可读性都很强，而且**JSON比XML更省空间，那为什么HTML文档不使用JSON来描述？**

这是因为XML的**扩展性**更强。比如同样是网页结构中需要展示一个列表，如图5-61所示。

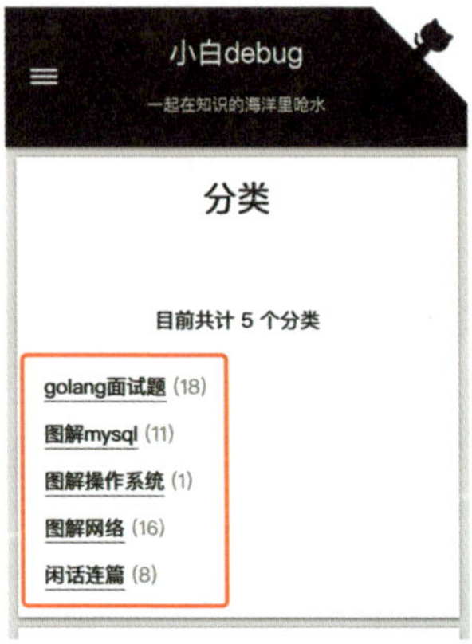

图5-61

在XML中可以用以下内容表达。

```
<root>
  <article_category>golang面试题</article_category>
  <article_category>图解mysql</article_category>
  <article_category>图解操作系统</article_category>
  <article_category>图解网络</article_category>
  <article_category>闲话连篇</article_category>
</root>
```

在JSON中可以用以下内容表达。

```
{
  "article_category": [
    "golang面试题",
    "图解mysql",
    "图解操作系统",
    "图解网络",
    "闲话连篇"
  ]
}
```

可以看出JSON的表达更简洁。

但除了展示数据以外，HTML网页还需要展示**样式和布局**，比如这个列表的字体颜色、大小、背景、是否加粗等。

在XML中可以利用内置的**属性机制**，很简单地扩展成下面这样。在提供数据的同时，也扩充了样式。

```
<root>
  <article_category color="blue" font_size="26">golang面试题</article_
category>
  <article_category>图解mysql</article_category>
  <article_category>图解操作系统</article_category>
  <article_category>图解网络</article_category>
  <article_category>闲话连篇</article_category>
</root>
```

而JSON则没有类似的功能。因此结合两者的优缺点，它们有了不同的角色分工。

XML用来描述网页页面布局，JSON用于前后端网络数据传输。

> ★ 注意
> 上面的内容只是为了进一步对比XML和JSON的差异，应该没有人会这么无聊拿JSON格式数据去描述HTML。

在我看来，JSON已经是**可读性和性能**最为平衡的序列化方案了。

如果想让性能更快，就只能在另外两个地方折中了。比如接下来要介绍的protobuf（简称为Pb）就是通过牺牲可读性的方式大大提升了性能，如图5-62所示。

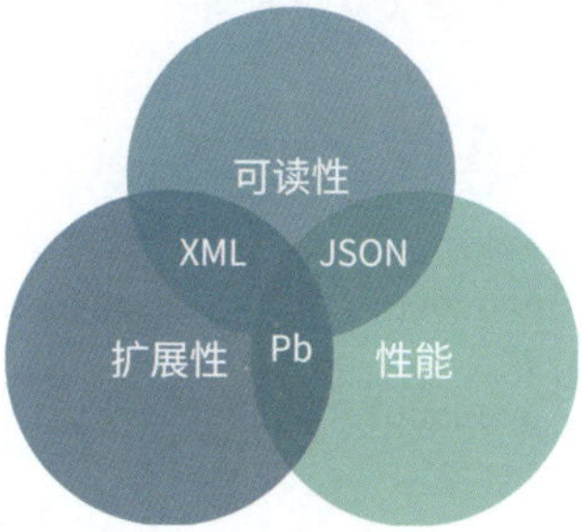

图5-62

5.6.3　protobuf

JSON格式的数据有一个很大的特点，它会把**字段名**和**字段对应的值**同时展示，比如`{"hobby":["唱","跳","read"]}`。如果将字段名移除，只留下字段的值，然后再把一些双引号和花括号等格式数据去掉，就能大大压缩数据体积，如图5-63所示。

看到这里，问题就来了，**将字段名去掉了还怎么知道通信的是什么数据**?

这时候只需要将结构体字段以及字段的顺序记录到**某个文件**下，发送端和接收端都以这个文件为准按顺序按字段去解析数据内容就好了。

图5-63

比如下面这样的结构体，表达的意思是接下来你收到的数据，第1个字段名叫PracticeTime，是一个字符串类型，第2个字段名叫Hobby，是一个字符串数组。

```
// 下面的代码保存为 example.proto文件
syntax = "proto3";
message Student {
  string PracticeTime = 1;
  repeated string Hobby = 2;
}
```

这就是所谓的**契约文件**。客户端和服务端都拿着**同一份契约文件**去解析数据就好了，听起来很完美。

但这里还有一个小问题，契约文件里虽然在**描述**一个结构体的结构，但毕竟不是**某个语言**能直接拿来就用的真实的结构体，比如，我们用的是Go语言，那还需要在工程文件里重新定义一个结构体才行。

```
// 下面的代码由example.proto生成
package example
type Student struct {
    PracticeTime string   `protobuf:"bytes,1,opt,name=PracticeTime,proto3"
json:"PracticeTime,omitempty"`
    Hobby        []string `protobuf:"bytes,2,rep,name=Hobby,proto3"
json:"Hobby,omitempty"`
}
```

如果契约文件改了，客户端和服务端的结构体都需要**同时改**。如果是手动写的代码，必然会有客户端和服务端之间这样那样**对不齐**的情况。索性，直接根据契约文件生成这个结构数据就好了。那既然都这么贴心了，不如好人做到底，连每个结构体字段的`Get()`、`Set()`方法都一起生成好了。

基于这样的思路，Google开发了`protobuf`。它也是我们平时开发里较常用到的序列化协议，值得一学。

有了契约文件，只要执行下面的命令就能通过`example.proto`契约文件生成对应Go语言的代码。

```
protoc --go_out=. example.proto
```

然后就可以在代码中引用生成的代码了。

```
package main
import (
    "fmt"
    "github.com/golang/protobuf/proto"
    "test_go/example"
)
func main() {
    // 创建Student对象并设置数据
    Student := &example.Student{
        PracticeTime: "2",
        Hobby:        []string{"唱", "跳", "read"},
    }
    // 将Student对象序列化为字节流
    data, err := proto.Marshal(Student)
    if err != nil {
        fmt.Println("Error marshaling Student:", err)
        return
    }
    fmt.Printf("protobuf序列化后的十六进制数组: %x\n", data)
    // 打印结果
    // protobuf序列化后的十六进制数组: 0a01321203e594b11203e8b7b3120472656164
    // 创建一个新的Student对象并从字节流中反序列化数据
    var newStudent example.Student
    if err := proto.Unmarshal(data, &newStudent); err != nil {
        fmt.Println("Error unmarshaling Student:", err)
        return
    }
    // 打印反序列化后的Student对象
    fmt.Printf("%#v\n", newStudent)
    // 打印结果
    // example.Student{PracticeTime:"2", Hobby:[]string{"唱", "跳", "read"}}
}
```

通过上面的代码，我们可以将结构体序列化为一串二进制字节序列，如图5-64所示。

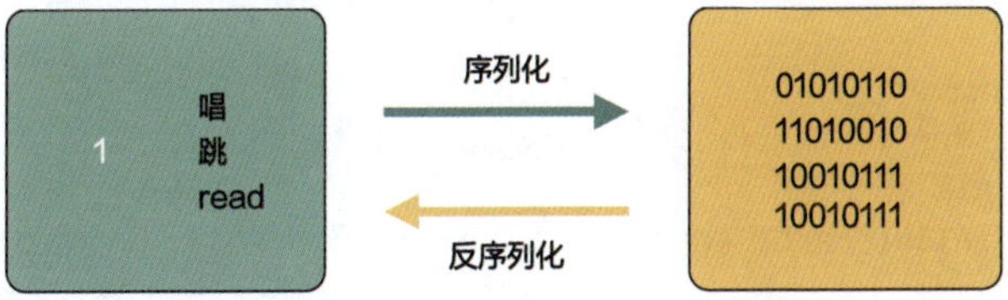

图5-64

protobuf跟JSON和XML最大的不同在于，JSON和XML序列化后的结果，是很容易读懂的，但 protobuf就是一堆二进制 01 串，不了解它的实现原理，是**很难**读懂的。

protobuf通过牺牲可读性，大大压缩了数据体积，换取了高效的编解码速度和极大的性能提升，同时节省了存储和带宽成本。在大规模数据传输场景下，直接赢了JSON和XML。

5.6.4 Thrift

另一个和protobuf类似的序列化/反序列化方案，叫Thrift。严格来说，Thrift是一套自带序列化协议的RPC通信解决方案，对标的是自带 protobuf的gRPC这样的RPC框架。但由于它的序列化功能可以单独使用，因此这一节只谈论Thrift序列化协议。

它最早由Facebook开发，在 2007 年开源，加入了Apache软件基金会，成为 Apache的顶级项目。要知道 protobuf是在2008年才开源出来的，而gRPC是在2015 年才开源的。以前很多公司都要自己写序列化协议和RPC通信框架，Thrift一出现，直接为很多公司解放了生产力，做基建的开发人员异常兴奋。

虽然我们现在听得最多的是protobuf，但其实依然有很多大厂在使用 Thrift。

Thrift的用法和protobuf几乎一样，也需要写**契约文件**，用于定义需要序列化的数据结构，叫**IDL文件**。

```
namespace go tutorial
struct Student {
    1: string PracticeTime
    2: list<string> Hobby
}
```

然后执行下面的命令行，生成某种语言的结构体代码。

```
thrift --gen go student.thrift
```

在代码中引用，下面以Go语言为例展示代码中是怎样使用的。

```
package main
import (
    "fmt"
    "github.com/apache/thrift/lib/go/thrift"
    "github.com/your-username/your-package-name/tutorial"
)
func main() {
    // 创建transport
    transport, err := thrift.NewTMemoryBuffer()
    if err != nil {
        fmt.Println("Error creating transport:", err)
        return
    }
    // 创建protocol
    protocol := thrift.NewTBinaryProtocolFactoryDefault()
    // 创建Student对象并设置数据
    Student := tutorial.Student{
        PracticeTime: "2",
```

```
        Hobby:        []string{"唱", "跳", "read"},
    }
    // 使用protocol将Student对象序列化到transport中
    if err := Student.Write(protocol.GetProtocol(transport)); err != nil {
        fmt.Println("Error serializing Student:", err)
        return
    }
    // 创建一个新的Student对象并从transport中反序列化数据
    var newStudent tutorial.Student
    if err := newStudent.Read(protocol.GetProtocol(transport)); err != nil {
        fmt.Println("Error deserializing Student:", err)
        return
    }
    // 打印反序列化后的Student对象
    fmt.Println(newStudent)
}
```

看到这里问题就来了，既然Thrift和protobuf那么像，它们之间有什么区别呢？

对用户而言，它们之间的区别没那么大。非要说区别，那就是Thrift自带一个RPC解决方案，顺便支持的类型更多一些，比如 binary、byte这些，但实际上protobuf这么成熟，这些你都能找到类似的替代，比如binary可以用bytes替代。

但我相信你们最关心的一件事就是，**Thrift和protobuf 哪个更快**？

答案是**没什么区别**，用哪个都差不多。

最后留一问题吧，你知道《原神》用的是哪种序列化协议吗？

5.6.5 小结

序列化和反序列化是网络传输中重要的技术手段，XML、JSON、protobuf、Thrift都是常见的序列化方案。每种方案都有其优缺点，我们应根据具体场景和需求选择合适的序列化方式，以优化性能和用户体验。

- 对于复杂数据结构和需要可读性的场景，可以选择XML作为序列化格式，以便更好地理解数据。
- 对于轻量级的数据传输场景，可以使用JSON作为序列化格式，以减少冗余和传输开销。
- 对于大规模数据传输和对性能要求较高的场景，应选择protobuf或Thrift作为序列化格式，以提高解析速度和节省存储空间。

5.7 protobuf的数据怎么看？

前一节提到，protobuf牺牲了可读性，获得了更小的数据包体积，换取了更高的性能。举个例子，下面是一个JSON信息。

```
{ "PracticeTime": "2.5", "Age": 18 }
```

对应的十六进制字节序列如下所示。

```
7b225072616374696365546696d65223a22322e35222c22416765223a31387d
```

如果换成用 protobuf，我将它定义为下面这样的契约文件内容。

```
// example.proto
syntax = "proto3";
message Student {
  string PracticeTime = 1;
  repeated string Hobby = 2;
  int32 Age = 3;
}
```

仅有契约文件还不够，它只是一份“**声明**”，并不是某个语言的真实结构体。你还需要通过契约文件生成某个语言可以拿来用的结构体。在当前目录下，执行下面的命令，可以用契约文件生成对应的结构体代码。

```
// 生成Java用的结构体
protoc --java_out=. example.proto
// 生成C++用的结构体
protoc --cpp_out=. example.proto
// 生成Go用的结构体
protoc --go_out=. example.proto
```

这里以Go为例，生成代码后的目录如下所示。

```
example
├──── example.pb.go
└──── example.proto
```

然后使用生成的结构体赋值，并序列化成十六进制字节序列。

```
func main() {
    m := &example.Student{
        PracticeTime: "2.5",
        Age:          18,
    }
    // 将消息序列化为二进制字节序列
    data, err := proto.Marshal(m)
    if err != nil {
        fmt.Println("序列化失败:", err)
        return
    }
    fmt.Printf("protobuf序列化后的十六进制字节序列: %x\n", data)
```

```
    fmt.Printf("protobuf序列化后的二进制字节序列: %b\n", data)
    fmt.Printf("protobuf序列化后的十进制字节序列: %v\n", data)
}
```

最终得到的十六进制字节序列如下。

```
0a03322e351812
```

肉眼可见，比JSON的十六进制字节序列短了一大截。那么问题来了，牺牲了可读性，就意味着不可读了吗？当然不是，虽然读起来很难受，但可以读。下面我们就来硬着头皮尝试读一下这个内容。

这时候问题很多的小明就要说了：“我读它干吗，吃饱了撑的？”读懂了有助于理解它的设计原理，以后如果我们要设计其他序列化协议，就可以参考它了。

5.7.1 protobuf怎样组织基础数据？

要想看懂 protobuf的数据，先要了解它是怎样组织数据的。用一句话解释，**万物皆是kv**。怎么理解呢？对protobuf来讲，所有的结构体都可以抽象为由多个key-value(kv)组成的**map**。比如图5-65所示的结构体中有两对 key-value，PracticeTime是key，“2.5”是value，Age是key，18是value。

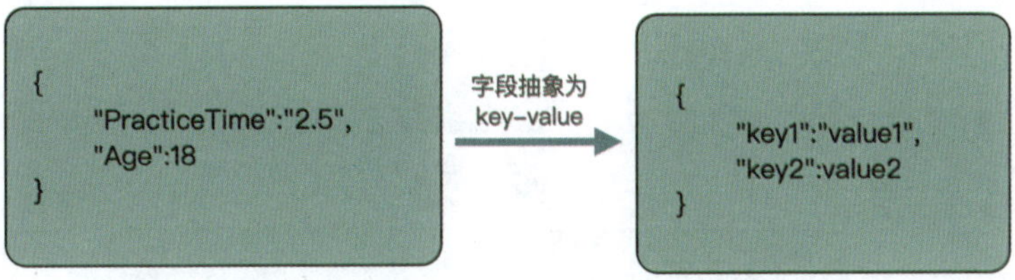

图5-65

```
Student{
    PracticeTime: "2.5",
    Age:          18,
}
```

要将它序列化为二进制字节序列，只需将数据组织成`PracticeTime 2.5 Age 18`这样就好了，如图5-66所示。做到这一步，已经比JSON省掉了很多格式化符号了。

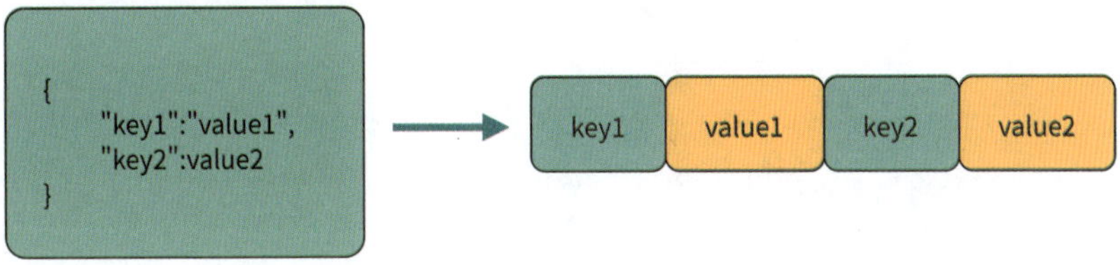

图5-66

但这还不够极致。从契约文件可知PracticeTime的编号是1，类型是字符串，Age的编号是3，类型是int32，可以将**编号和类型**揉在一起，叫作**tag**。于是，就可以将数据组织成这样：**`1+字符串2.5 3+int32 18`**。当然，意思是这么个意思，事实上，编号和类型揉在一起的方法不像上面这样。**tag的计算公式是`(field_number << 3) | wire_type`**。field_number就是指字段在 protobuf 契约文件里的字段编号，wire_type就是指类型编号，它可以从官方文档的表格里查到，如图5-67所示。

ID	Name	Used For
0	VARINT	int32, int64, uint32, uint64, sint32, sint64, bool, enum
1	I64	fixed64, sfixed64, double
2	LEN	string, bytes, embedded messages, packed repeated fields
3	SGROUP	group start (deprecated)
4	EGROUP	group end (deprecated)
5	I32	fixed32, sfixed32, float

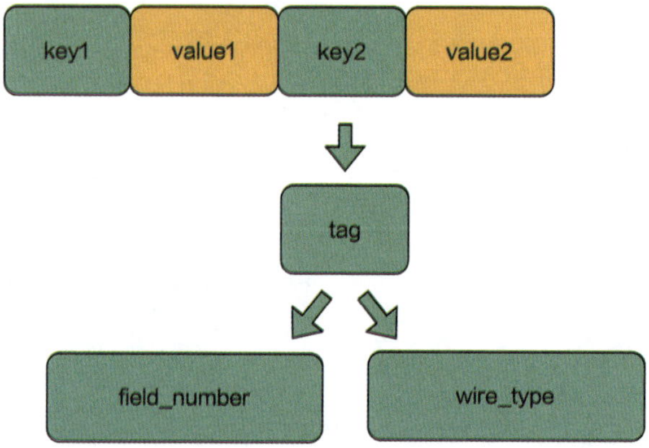

图5-67

比如 PracticeTime就是(1<<3)|2=1010，也就是十进制的10，Age就是(3<<3)|0=11000，也就是十进制的24。上面的序列化数据就可以替换为**`10 2.5 24 18`**，如图5-68所示。

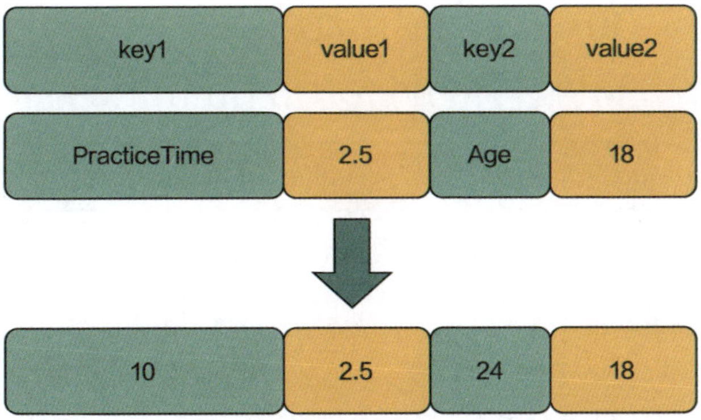

图5-68

但这里还有一个问题，当我写代码去读数据的时候，总是有先后的，假设我**从左向右**读上面这段数据，读到10的时候，我知道这是第一个PracticeTime且是一个字符串类型，接下来就会将后面的数据当作字符串读入。但问题来了，**我怎么知道该读多少字节数据呢**？也就是说，对于字符串这种**动态**数据，还需要引入**长度**这一信息。“2.5”这个字符串有 3个字符。于是序列化数据就要变成**10 3 2.5 24 18**。这样当我的程序从左往右读的时候，读到3就知道，再往后读3字节，字符串结束。最后，之前为了方便读，一直没有将“2.5”转为ASCII码，它们对应ASCII码**50 46 53**，再替换到序列化数据里，就变成了这样：**10 3 50 46 53 24 18**，如图5-69所示。

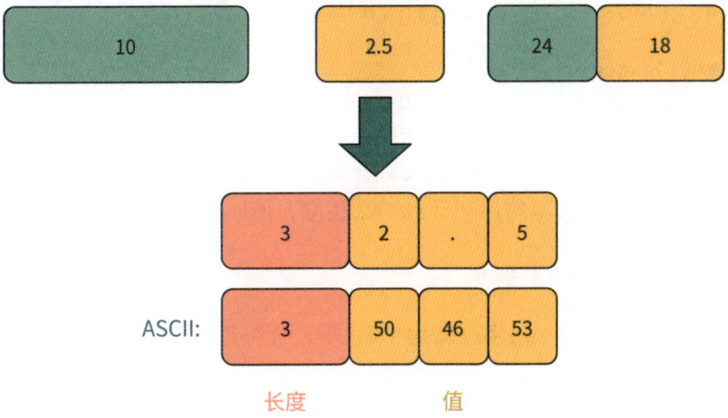

图5-69

将这些十进制数据转为**二进制**，得到[1010 11 110010 101110 110101 11000 10010]，如图5-70所示。

好了，我们回去将前面序列化后得到的十六进制数据**0a03322e351812**转为二进制数据，就能得到**[1010 11 110010 101110 110101 11000 10010]**。

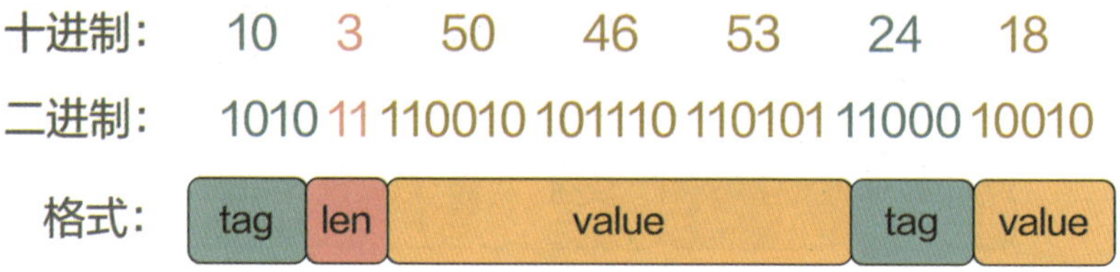

图5-70

可以发现，两者**一模一样**。是不是感觉通了，没错，上面就是protobuf 序列化数据的**最简化**思路。

但看到这里我相信大家肯定还有疑问，上面的例子过于简单，现实中还有一些复杂的数据结构，比如数组。我们继续往下看。

5.7.2 protobuf怎样组织数组类型数据？

还是以上面的例子为例。这次对Hobby字段进行赋值。

```
{
  "PracticeTime": "2.5",
  "Hobby": ["sing", "dance", "read"],
  "Age": 18
}
```

对于数组，protobuf 依然按照“万物皆是kv”的思路去实现。它直接让**数组里的每一个元素共用同一个key**，序列化后**数组**的内容如下。

```
key2 sing key2 dance key2 read
```

key2的计算方式依然是`(field_number << 3) | wire_type`，Hobby 在 protobuf 中的field_number是2，wire_type 依然是2（字符串）。(2 << 3) | 2的十进制结果是18。结合上一段内容提到过的，读字符串还要读一个长度，所以序列化后的内容如下。

```
18 4 sing 18 5 dance 18 4 read
```

再将`sing`、`dance`、`read`字符转为ASCII码，最终输出的十进制序列化字节数列如图5-71所示。

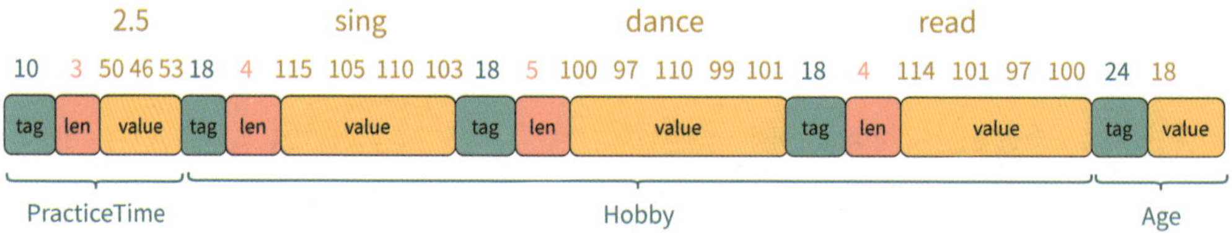

图5-71

5.7.3　protobuf怎样组织数组内嵌结构体？

看完数组，再来看看更复杂的内嵌结构体的情况。我们改一下契约文件，在 Student 结构体里再加一个Card结构体。

```
// 下面的代码保存为 example.proto文件
syntax = "proto3";
message Student {
  string PracticeTime = 1;
  repeated string Hobby = 2;
  int32 Age = 3;
  Card card = 4;
}
message Card {
  string ID = 1;
}
```

重新执行protoc --go_out=. example.proto生成新结构体。代码改成下面这样。注意多了一个Card结构体，里面有一个ID字段，赋值的内容是小写的“id”。

```
func main() {
    m := &example.Student{
        PracticeTime: "2.5",
        Age: 18,
        Card: &example.Card{
            ID: "id",
        },
    }
    // 将消息序列化为二进制数组
    data, err := proto.Marshal(m)
    if err != nil {
        fmt.Println("序列化失败:", err)
        return
    }
    fmt.Printf("protobuf序列化后的十六进制数组: %x\n", data)
    fmt.Printf("protobuf序列化后的二进制数组: %08b\n", data)
    fmt.Printf("protobuf序列化后的十进制数组: %v\n", data)
}
```

得到的十进制字节序列为：[10 3 50 46 53 24 18 34 4 10 2 105 100]，其中的**34 4 10 2 105 100**就是序列化后的**内嵌结构体Card的信息**，如图5-72所示。我们逐个看序列中的各个元素：

- 34：(field_number << 3) | wire_type，契约文件里内嵌结构体字段的序号是4，所以 field_number=4，内嵌结构体也是动态长度数据，所以 wire_type=2，(4 << 3) | 2 = 34。

- 4：意思是从这一位往后4位，也就是**10 2 105 100**都是这个内嵌结构体的数据。
- 10：内嵌结构体的**第一个字段ID**的编号和类型，第一个字段 field_number=1，字符串类型 wire_type=2，(1 << 3) | 2 = 10。
- 2：字符串长度为 2，也就是**105 100**都是字符串的内容，将ASCII值翻译一下，指的就是**id**。

好了，内嵌结构体的讲解就到这里。

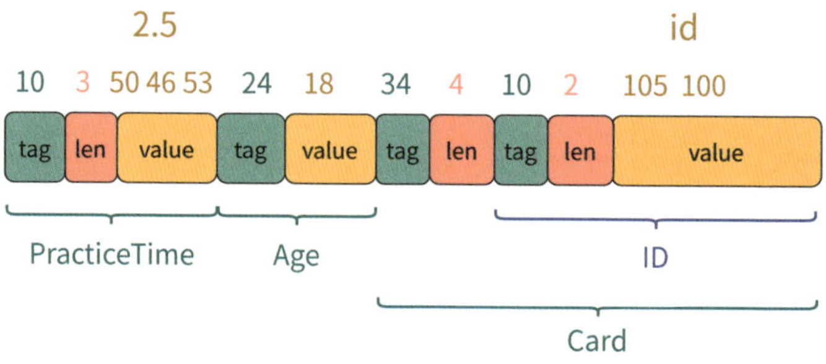

图5-72

5.7.4 protobuf做了哪些优化？

到这里，我们已经了解了protobuf的数据组织形式了。主体思路脉络清晰之后，我们再来看看它还做了哪些**细节优化**。

默认值丢弃

相信细心的读者已经发现了，对于某些字段，如果它没赋值，或者赋的是0或者空字符串这类"**默认值**"，那么序列化后的字节序列中根本就不包含这部分数据。这就进一步压缩了数据量。

数值压缩

对于数值类型，如果我声明一个数值为int64类型，预期是8字节，但实际上只存了一个很小的数字，比如 1，按理说只要**1字节**就能表示它。那剩下的7字节岂不是白白浪费了？设计 protobuf的专家也想到了，于是做了优化。不管你在契约文件里定义的字节多大，序列化的时候能用多小就用多小。比如数字8，就算你定义的是int64（8字节），也会采用 int8（1字节）来表示。

问题来了，当我从左往右读取字节序列的时候，知道下一步要读的是数字，但我怎么知道**该读几字节**？为了解决这个问题，protobuf用了一个很巧妙的方法，一个字节有**8**位，从左往右数，只用后**7**位来表示数字，第**1**位则专门用来标记序列化后的数字**读没读完**，如图5-73所示。

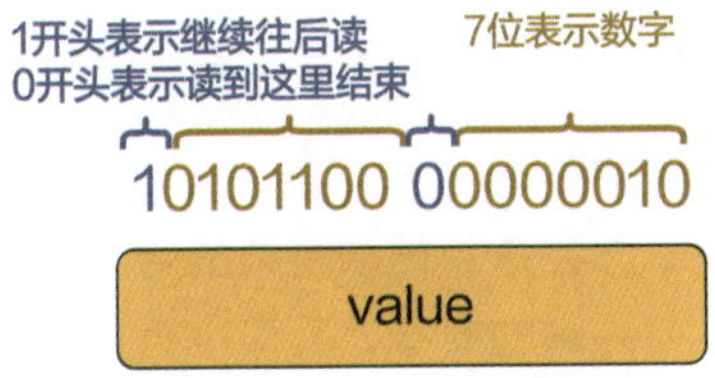

图5-73

没听懂没关系，我举一个例子，还是上面的契约文件，这次我们将Age字段赋值为300。

```
m := &example.Student{
    Age: 300,
}
```

得到的结果是[00011000 10101100 00000010]，从左往右读到**第1**字节，是tag，发现是数字类型。继续往后读，读到10101100的时候发现以 1 开头，说明还没结束，继续读，读到00000010 发现以 0 开头，那就算读完了。代码程序就会拿它们的后 7 位出来还原数字。

0101100 0000010

考虑到**大小端转换**，将后面的两字节调转一下。

0000010 0101100

将这个二进制数转换为十进制数，正好就是300，如图5-74所示。也就是说如果本来是用int64来表示这个字段，那我就需要用8字节，但现在只需要用2字节，这哪里是省，数据的压缩效果相当炸裂！像上面这样的压缩数字的编码方式，就是所谓的**Varints编码**。

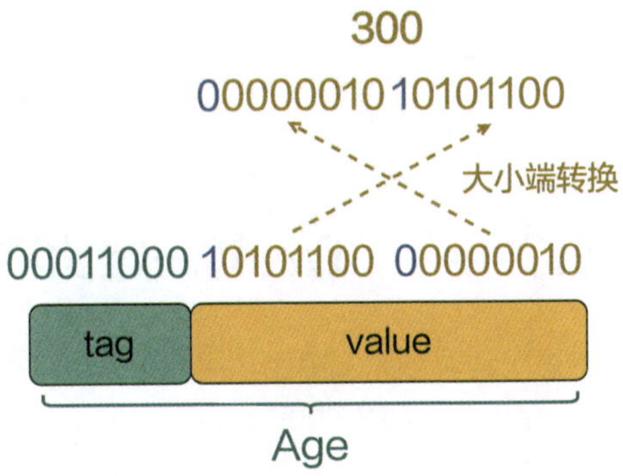

图5-74

5.7.5 更好地阅读protobuf 数据的方法

本节只是通过看 protobuf 数据的方式让你了解它的设计，用的都是最简单的数据。实际上在真正的生产环境中，你会遇到更加复杂的结构。但好在绝大部分情况下，我们都不需要去看里面的数据。如果真的要看，其实也有更简单的方法。比如对序列化后的十六进制数据 '0a03322e351812' 执行下面的protoc命令。

```
echo '0a03322e351812' | xxd -r -p | protoc --decode_raw
```

这时候你就能看到反序列化后的数据内容。

```
1: "2.5"
3: 18
```

意思是第1个字段是“2.5”，第3个字段是18。

> ★注意
> 从这里你也能看出，其实二进制 protobuf 只看序号，根本不关心字段名是什么，所以切记不要随意更改字段序号。

5.7.6 小结

- 在protobuf 序列化过程中，一切皆是kv（key-value，键值对），通过**key1 value1 key2 value2**的方式组织数据内容。key是tag，可以简单理解为字段在契约文件中的**序号和类型**的复合信息，value是这个字段实际存放的具体信息。
- 当序列化的字段是数组时，通过**多个相同的tag** 来表示数组元素信息。
- 当序列化的字段是数字时，会采用**Varints**编码，大大压缩数字所占的空间。
- 当序列化的字段是结构体时，会以上面的规则将结构体内的字段序列化后内嵌进来，有“俄罗斯套娃”的感觉。
- 对于默认值字段，protobuf 会直接跳过不进行序列化。
- 实际生产环境中的数据非常复杂，肉眼看并不现实，通过protoc工具可以反序列化二进制数据。

5.8 CDN是什么？用了CDN就一定比不用更快吗？

对于程序员来说，CDN这个词既熟悉又陌生。平时搞开发的时候很少需要碰这个，但却总能听到别人提起。我们都听说过它能加速，也大致知道原因，但是往深一层问：**用了CDN就一定比不用更快吗**？就感觉有些蒙了。但没关系，本节换个角度重新认识CDN（Content Delivery Network，内容分发网络）。

5.8.1 CDN是什么？

对于**数字和文本类型**的数据，比如名字和电话号码相关的信息，需要有个地方存起来。我们通常会用**MySQL数据库**去存，如图5-75所示。

当我们需要重新将这一数据取出的时候，就需要去读MySQL数据库。但因为MySQL的数据是存在磁盘上的，单台实例读性能到每秒5千次查询就已经很不错了。

这看起来还凑合，但对于稍微大一些的系统，就有点捉襟见肘了。为了提升性能，我们在MySQL之前再加一层内存做缓存层，比如常说的Redis，读数据优先到内存里读，读不到才到MySQL里读，大大减少了读MySQL的次数，如图5-76所示。有了这套组合拳，读性能轻松上升到每秒上万次查询。

图5-75

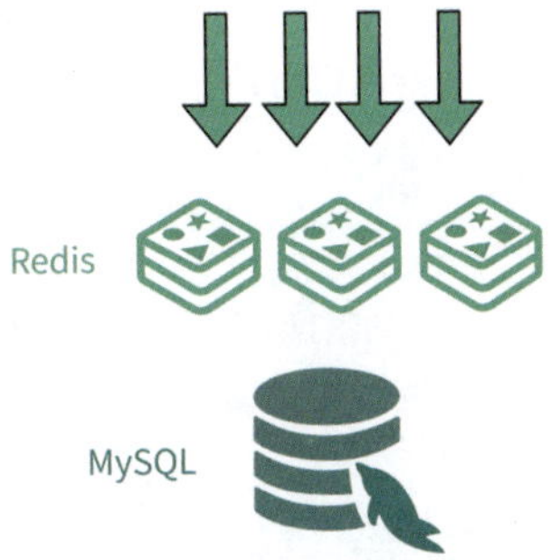

图5-76

好了，到这里我们说的都是平时比较容易接触的开发场景，但如果现在我们要处理的**不再是上面提到的文本类数据，而是图片数据**呢？例如每次刷抖音听到有人翻唱蔡健雅的《letting go》的时候，我都忍不住想发一张有趣的图，并配文“还是忘不了”。

那么问题来了，**图片数据应该存在哪儿？又该从哪里读？**

我们回过头去看MySQL和Redis的场景，无非就是**存储层加缓存层**，如图5-77所示。

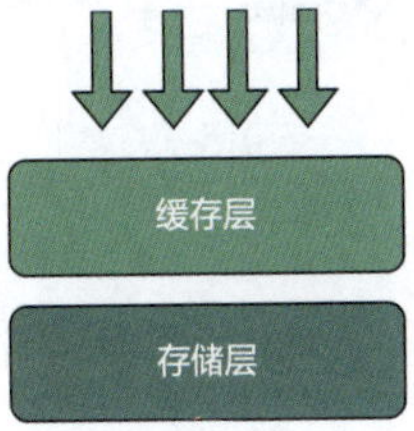

图5-77

对于图片这样的**文件对象**，**存储层**不太可能再用MySQL，应该改用专业的**对象存储**，比如亚马逊的**S3**（Amazon Simple Storage Service，注意后面是三个S开头的单词，所以叫S3），或者阿里云的**OSS**（Object Storage Service）。下面的内容，就用比较常见的**OSS**去解释。而对于**缓存层**，也不能继续用Redis了，因为Redis不太适合做文件的存储，需要改成使用**CDN**。

可以将CDN简单理解为对象存储对应的缓存层，如图5-78所示。

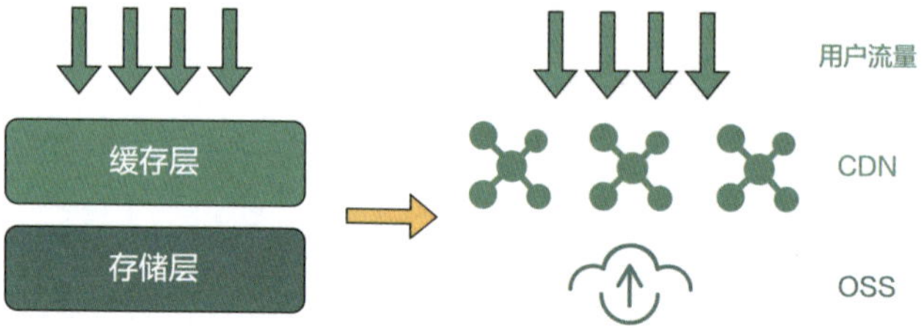

图5-78

现在就可以回答上面的问题了，对用户来说，这张图片数据存在**对象存储**那里，当有需要的时候，会从**CDN**读出来。

5.8.2 CDN的工作原理

有了CDN和对象存储之后，现在来看它们之间是怎样工作的。我们平时看到的图片，可以“右键点击图片复制图片地址”查看它的URL，如图5-79所示。

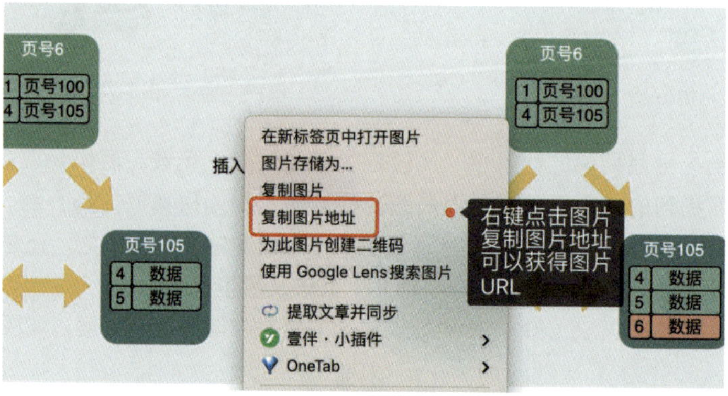

图5-79

会发现图片的URL如下所示。

```
https://cdn.xiaobaidebug.top/1667106197000.png
```

其中前面的`cdn.xiaobaidebug.top`就是CDN的域名，后面的`1667106197000.png`是图片的路径名。

当我们在浏览器输入这个URL就会发起HTTP GET请求，然后经历图5-80所示过程。

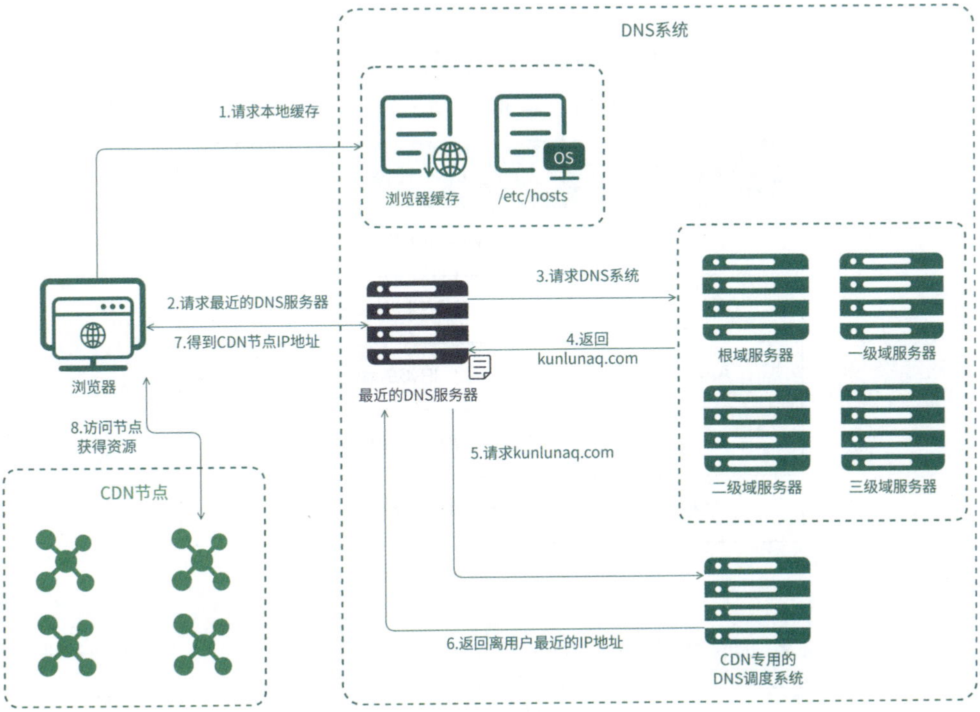

图5-80

第一阶段：你的计算机会先通过DNS协议获得**cdn.xiaobaidebug.top**这个域名对应的IP地址。

- 步骤1和步骤2：先查看浏览器缓存，再看操作系统里的**/etc/hosts**缓存，如果都没有，就会去询问最近的DNS服务器（比如你房间里的家用路由器）上有没有对应的缓存，如果有则返回。
- 步骤3：如果最近的DNS服务器上没有对应的缓存，就会去依次查询根域、一级域、二级域、三级域服务器。
- 步骤4：最近的DNS服务器会得到这个**cdn.xiaobaidebug.top**域名的**别名**（CNAME），比如**cdn.xiaobaidebug.top.w.kunlunaq.com**。**kunlunaq.com**是阿里**CDN专用的DNS调度系统**。
- 步骤5到步骤7：此时**最近的DNS服务器**会去请求这个**kunlunaq.com**，然后给你返回一个**离你最近的IP地址**。

第二阶段：对应图5-80里的步骤8。浏览器拿着这个IP地址去访问**CDN节点**，然后，**CDN**节点返回数据。

上面第一阶段流程里提到的CNAME、根域、一级域等概念的具体含义见4.8节“DNS中有哪些值得学习的优秀设计？”。

我们知道**DNS的目的就是通过域名去获得IP地址**，但这只是它的众多功能之一。DNS消息有很多种类型，其中**A类型**，就是用域名去查域名对应的IP地址。而**CNAME类型**，则是用域名去查这个域名的**别名**，如图5-81所示。

Type	含义
A	Address的简写，IPv4地址
CNAME	正式名字以外的别名
AAAA	IPv6的地址
PTR	通过IP地址查域名
MX	通过邮件地址查邮箱服务器地址

图5-81

对于**普通域名**，DNS解析后一般就能直接得到域名对应的IP地址（又叫**A**类型记录，A指Address）。

比如用**dig**命令发出DNS请求并打印过程数据。

```
$ dig +trace xiaobaidebug.top
;; ANSWER SECTION:
xiaobaidebug.top.    600 IN   A    47.102.221.141
```

可以看到**xiaobaidebug.top**直接解析得到对应的IP地址**47.102.221.141**。

但对于**CDN域名**，一路查询下来，先得到的却是一条**CNAME**的记录**xx.kunlunaq.com**，然后用dig命令处理**xx.kunlunaq.com**才能得到对应的**IP**地址。

```
$ dig +trace cdn.xiaobaidebug.top
cdn.xiaobaidebug.top.    600  IN   CNAME    cdn.xiaobaidebug.top.w.kunlunaq.com.
$ dig +trace cdn.xiaobaidebug.top.w.kunlunaq.com
cdn.xiaobaidebug.top.w.kunlunaq.com. 300 IN A    122.228.7.243
cdn.xiaobaidebug.top.w.kunlunaq.com. 300 IN A    122.228.7.241
cdn.xiaobaidebug.top.w.kunlunaq.com. 300 IN A    122.228.7.244
cdn.xiaobaidebug.top.w.kunlunaq.com. 300 IN A    122.228.7.249
cdn.xiaobaidebug.top.w.kunlunaq.com. 300 IN A    122.228.7.248
cdn.xiaobaidebug.top.w.kunlunaq.com. 300 IN A    122.228.7.242
cdn.xiaobaidebug.top.w.kunlunaq.com. 300 IN A    122.228.7.250
cdn.xiaobaidebug.top.w.kunlunaq.com. 300 IN A    122.228.7.251
```

看到这里，问题就又来了。

5.8.3　为什么要那么麻烦加一个CNAME?

CNAME里指向的，其实是**CDN专用的DNS域名服务器**，它对整个DNS体系来说，只是其中一台小小的DNS域名服务器，**看起来就和其他域名服务器一样，平平无奇**。DNS请求也会正常发到这个服务器里。

但当请求真正打到它上面的时候，它的特别之处就体现出来了，当查询请求打入域名服务器时，**普通的DNS域名服务器**返回域名对应的部分IP地址就够了，但**CDN专用的DNS域名服务器**却会要求返回离调用方“**最近的**”服务器IP地址，如图5-82所示。

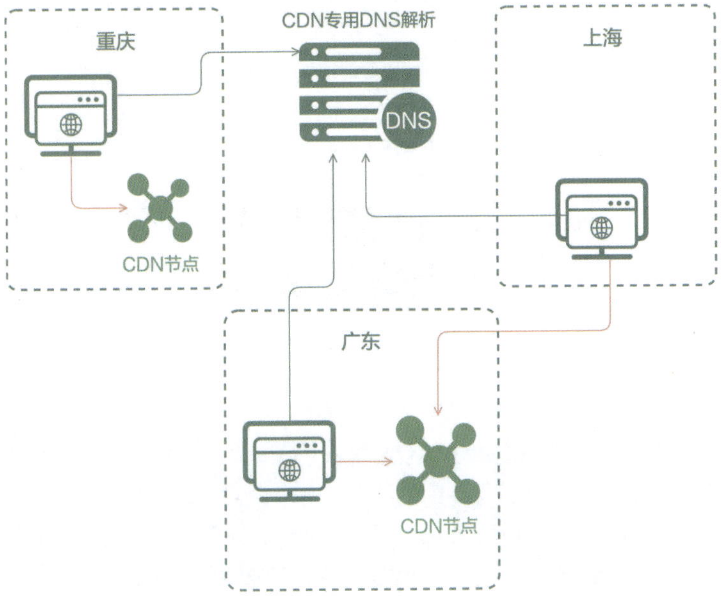

图5-82

5.8.4　怎样知道哪个服务器IP地址离调用方“最近”？

可以看到，标题里的“最近”这个词其实是加了**双引号**的。

CDN专用的DNS域名服务器其实是CDN提供商提供的，比如阿里云当然知道自己的**CDN节点**有哪些，以及这些CDN服务器目前的负载情况和响应延时甚至权重等，并且也能知道调用方的IP地址是什么，可以通过调用方的IP地址知道它所属的运营商以及大概的所在地，根据CDN提供商的策略筛选出**最合适**的CDN服务器，这就是所谓的“**最近**”。

举个例子。假设地理位置最近的CDN机房流量较多，响应较慢，但地理位置远一些的服务器却能更好地响应当前请求，按理说**可能**会选择地理位置**远一些**的那台CDN服务器。

也就是说，选出来的服务器**不一定在地理位置上最近**，但一定是当前**最合适**的服务器。

5.8.5 回源是什么？

图片URL，是**https://cdn域名/图片地址.png**的形式。也就是说这张图片是访问CDN拿到的。那么，**直接访问对象存储能不能拿到图片数据并展示？**比如像下面这样：

```
https://oss域名/图片地址.png
```

这就像问，不走Redis，直接从MySQL中能不能读取到文本数据并展示一样。

当然能。

我之前放在博客里的图片就是这么干的。但这样做成本较高，这里的**成本**，可以指**性能成本**，也可以指**调用成本**，看图5-83。

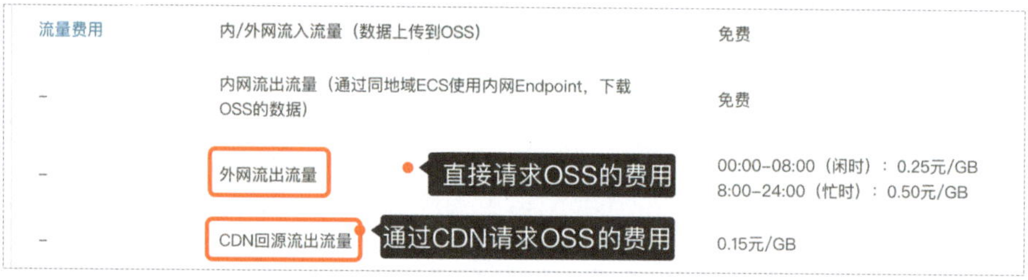

图 5-83

可以看到直接请求OSS的费用差不多是通过**CDN**请求OSS的两倍，考虑到费用，同时也为了让博客获取图片的速度更快，我就接入了CDN。

但看到这里，问题又来了。图5-84的红框里有个词叫“**回源**”。**回源是什么？**

当我们访问**https://cdn域名/图片地址.png**时，请求会打到**CDN**服务器上。但**CDN**服务器本质上就是一层缓存，并不是数据源，**对象存储才是数据源**。

第一次访问**CDN**获取某张图片时，大概率在**CDN**里并没有这张图片的数据，因此需要**回**到数据**源**去取出这份图片数据，然后再放到**CDN**上。下次再访问**CDN**时，只要缓存不过期，就能命中缓存直接返回，不需要再回源。于是访问的过程就变成了图5-84这样。

还有哪些情况会发生回源呢？

除了上面提到的**CDN**上拿不到数据会回源，还有**CDN**上的**缓存过期失效**也会导致回源。另外，就算有缓存，且缓存不过期，也可以通过**CDN**提供的**开放接口来触发主动回源**，但这种情形我们很少接触到。

另外，回源这件事情，其实用户是**感知不到**的，因为用户去读图片的时候，只能知道自己读到了还是读不到。同样是**读到了**，还细分为是**从CDN直接读的**，还是**CDN回源读对象存储之后返回的**，如图5-85所示。

那么，**我们有办法判断是否发生过回源吗？**

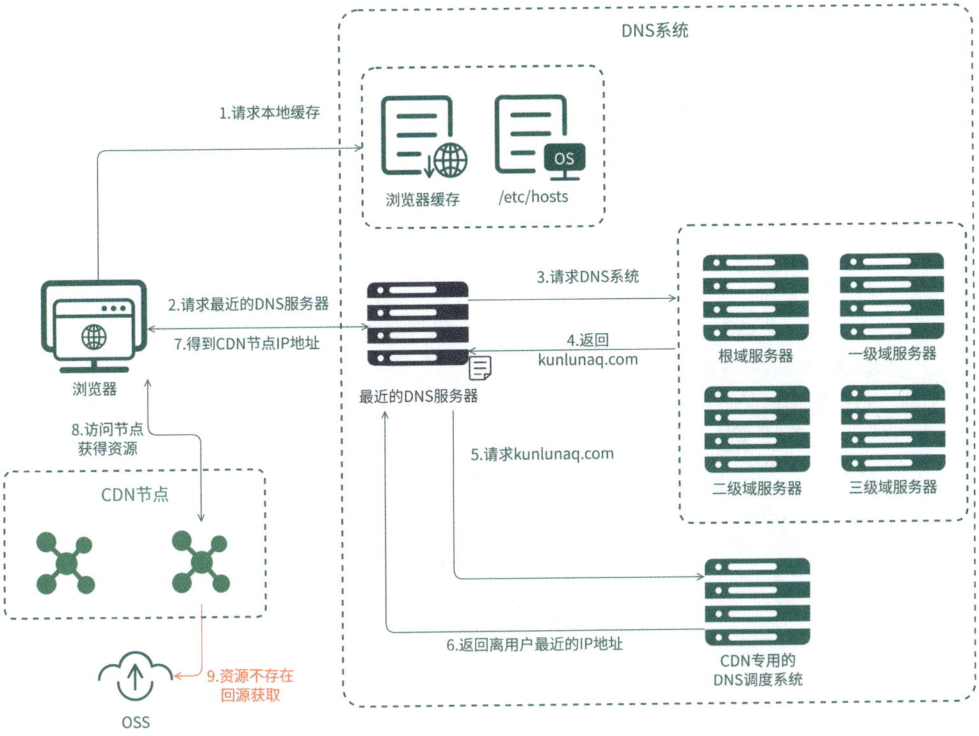

图5-84

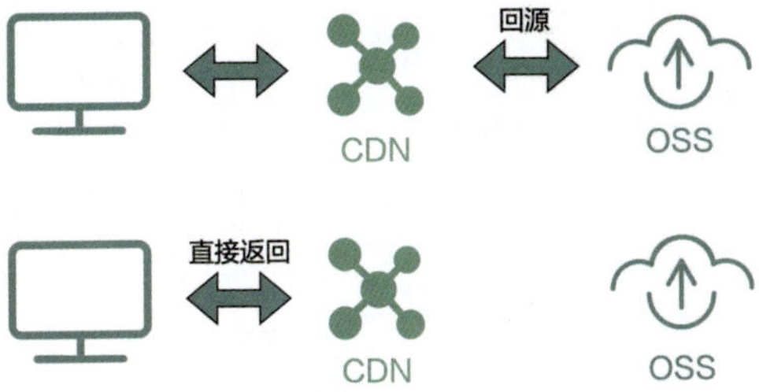

图5-85

有。接着往下看。

5.8.6　怎样判断是否发生回源？

我们以阿里云的对象存储和CDN为例。

假设我要请求这张图的URL为：`https://cdn.xiaobaidebug.top/image/image-20220404094549 46.png`。

为了更方便地查看响应数据的`http header`，可以用上`postman`。通过GET方法去请求图片数据。

然后通过下面的tab切换查看response header信息，如图5-86和图5-87所示。

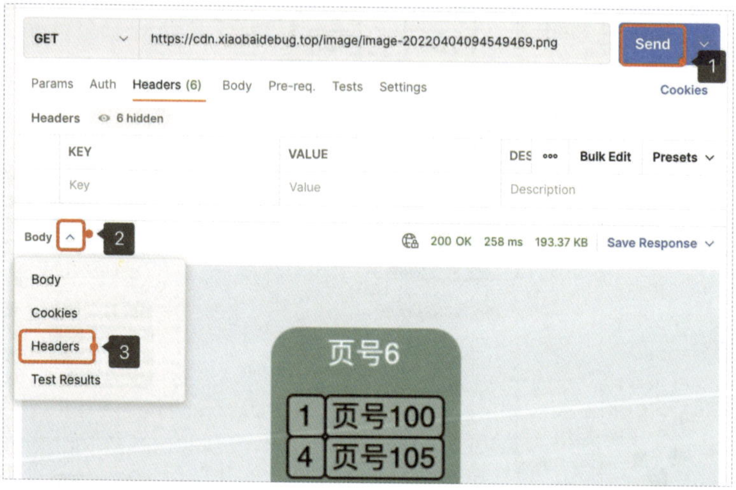

图5-86

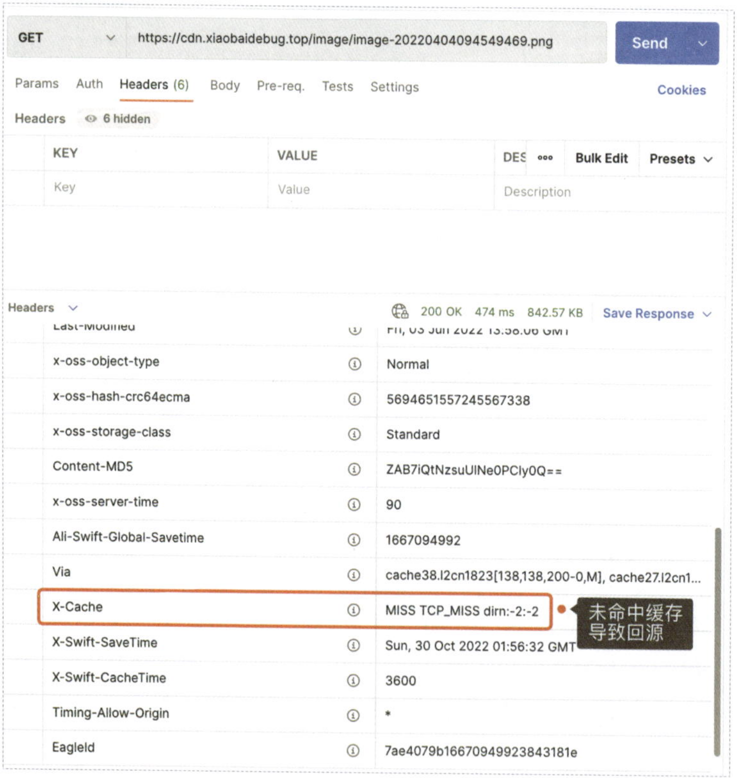

图5-87

此时查看response header下的X-Cache的值是MISS TCP_MISS，意思是未命中缓存导致CDN回源查OSS，拿到数据后再返回。

那此时CDN里肯定有这张图片的缓存了。我们可以试着**再执行**一次 GET 方法获取图片，如图5-88所示。

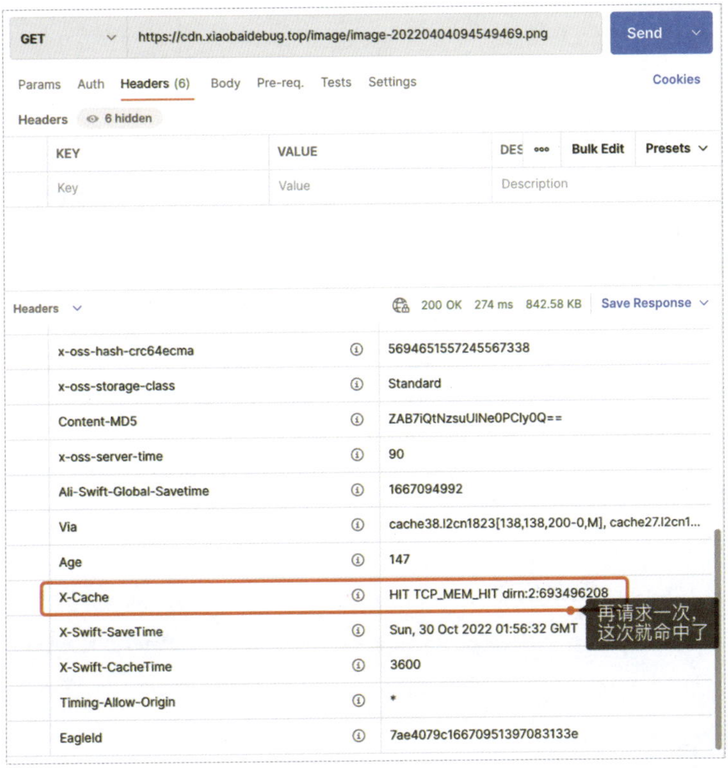

图5-88

X-Cache的值就变成了HIT TCP_MEM_HIT，这就是命中缓存了。

这是阿里云的做法，其他比如腾讯云，也都差不太多，几乎都可以从response header里找到相关的信息。

5.8.7 用了CDN一定比不用更快吗？

看到这里我们就可以回答本节开头的问题了。如果没有接入CDN，直接访问源站，流程是这样的，如图5-89所示。

图5-89

但如果接入了CDN，且CDN上没有缓存数据，就会触发回源，如图5-90所示。

图5-90

相当于在原来的流程上还多了一层CDN的调用流程。也就是说用了CDN，**未命中CDN缓存**导致**回源**，就会比不用的时候更慢。未命中缓存，可能是因为**CDN**里根本就没有这条数据，**也可能是**曾经有这条数据但后来过期失效了。**这两种情况都正常**，大部分时候并不需要做任何处理。

但对于极个别场景，我们可能需要做些优化。比如源站数据有大版本更新，**更换CDN域名**，那在上线的那一刻用户全用新**CDN**域名去请求图片，新CDN节点基本上百分百触发回源，严重的时候甚至可能会拖垮对象存储。这时候你可能需要提前将热点数据筛选出来，利用工具预先请求一拨，让CDN加载上热数据缓存。比如某里云上的CDN就有这样的"**刷新预热**"功能，如图5-91所示。

图5-91

当然也可以通过**灰度发布**的模式，先让少量用户体验新功能，让这些用户把CDN“热”起来，然后再逐步放开流量。

还有就是**曾经有这条数据但后来过期失效**了，对于热点数据，可以适当增加CDN数据的**缓存时间**，如图5-92所示。

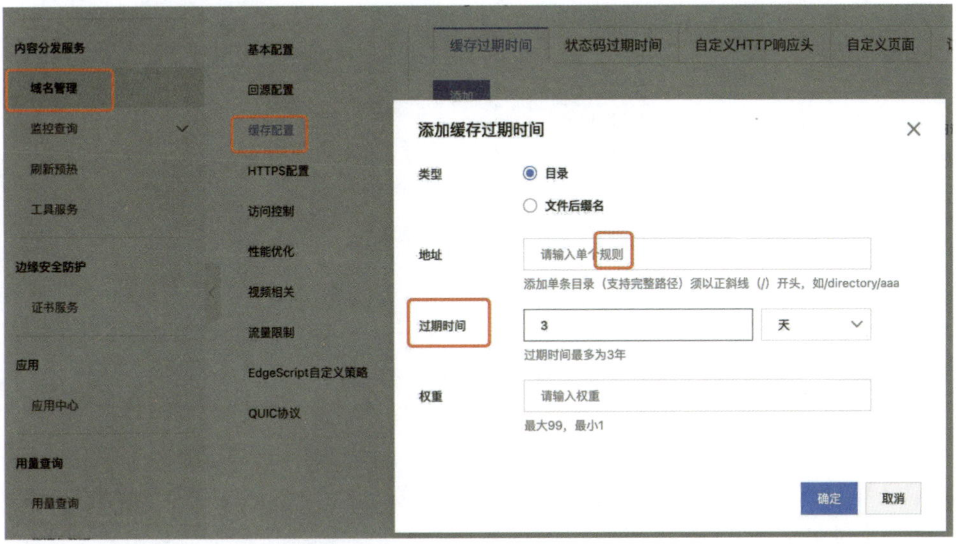

图5-92

5.8.8　什么情况下不应该使用CDN?

从上面的描述看下来，CDN的最大优势在于，对于来自世界各地的用户，它可以**就近分配CDN节点**获取数据，并且**多次重复获取同一个文件**数据的时候，有缓存加速的作用。

这对于网页图片这样的场景，再适合不过了。因为底层用的是**对象存储**，也就是说，只要是文件对象，比如**视频**等，都可以用这套流程接入CDN做加速。

那反过来想想，问题就来了。

什么情况下不应该使用CDN?

如果你有一个公司的**内网服务**，并且服务请求的图片等文件不太可能被**多次重复调用**，这时候其实没必要使用CDN。

注意上面两个**加粗**的关键点。

- **内网服务**，是为了保证你是了解服务的请求来源的，也能拿到对象存储的**读权限**，并且如果你的对象存储也是公司内部的，大概率和你的服务在**同一个机房**，这已经**很近了**。接入CDN也享受不到“就近分配CDN节点”所带来的好处。

- 图片或其他文件**不太可能被多次重复使用**，如果接入了CDN，那你每次去访问CDN获取图片的时候，CDN节点上大概率没有你要的数据，相当于每次都需要**回源**到对象存储去取。接入CDN就相当于给自己加了一层代理，多一层代理，就多一层耗时，如图5-93所示。

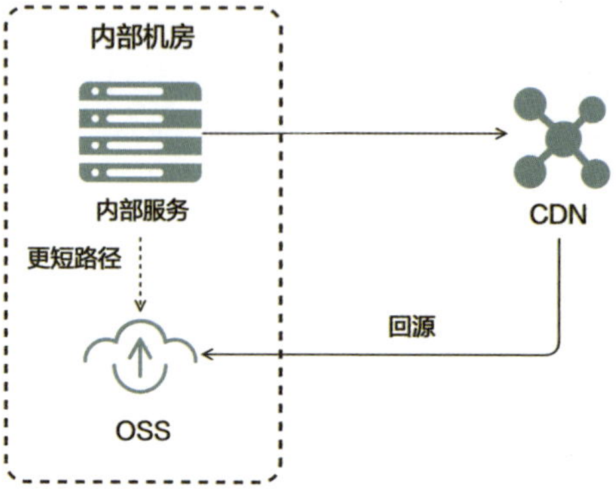

图5-93

关于第二点，如果你需要一个明确的指标去说服自己，那我可以给你一个。从上面介绍的内容我们知道，可以通过**CDN**响应的http header中的**X-Cache**字段，看到一个请求是否触发过回源，统计次数除以总的请求数，就能得到回源的比例，比如回源比例高达90%，那还接什么**CDN**。

5.8.9 小结

- 对于文本类数据我们习惯用MySQL做存储，Redis做缓存。但对于文件类数据，比如视频、图片，则需要使用OSS等做对象存储，CDN做缓存。
- 用了CDN如果发生回源，实际上会比不用的时候更慢一些。
- CDN的最大优势在于，对于来自世界各地的用户，它可以**就近分配CDN节点**获取数据，并且**多次重复获取同一个文件**数据的时候，有缓存加速的作用。如果你的服务和对象存储都在内网，并且文件数据也不太会有重复使用的可能性，其实没必要接入**CDN**。